机械工程
控制理论及新技术研究

JIXIE GONGCHENG

KONGZHI LILUN JI XINJISHU YANJIU

主　编　赵　巍　李焕英　叶振环
副主编　任　伟　朱艺锋　张春友

中国水利水电出版社
www.waterpub.com.cn

内 容 提 要

全书共 12 章主要阐述工程上广为应用的经典控制论中信息处理和系统分析与综合的基本方法,包括:控制系统的数学模型,控制系统的时间响应与误差分析,控制系统的频率特性分析,控制系统的稳定性分析,控制系统的性能分析与校正,非线性控制系统,MATLAB 在控制系统中的应用等内容。在论述上注重深入浅出、精讲多练、简洁实用。重点章节附有大量例题,方便分析理解。

本书可作为机械设计制造及其自动化、材料成形及控制和其他非电类专业学生的参考用书,也可供有关科技人员阅读使用。

图书在版编目(CIP)数据

机械工程控制理论及新技术研究/赵巍,李焕英,
叶振环主编 . --北京:中国水利水电出版社,2014.6(2022.10重印)
ISBN 978-7-5170-1908-4

Ⅰ.①机… Ⅱ.①赵…②李…③叶… Ⅲ.①机械工
程-控制系统-研究 Ⅳ.①TH-39

中国版本图书馆 CIP 数据核字(2014)第 075571 号

策划编辑:杨庆川　责任编辑:杨元泓　封面设计:崔　蕾

书　　名	机械工程控制理论及新技术研究
作　　者	主 编 赵 巍 李焕英 叶振环 副主编 任 伟 朱艺锋 张春友
出版发行	中国水利水电出版社 (北京市海淀区玉渊潭南路 1 号 D 座 100038) 网址:www. waterpub. com. cn E-mail:mchannel@263. net(万水) 　　　　sales@ mwr.gov.cn 电话:(010)68545888(营销中心) 、82562819(万水)
经　　售	北京科水图书销售有限公司 电话:(010)63202643,68545874 全国各地新华书店和相关出版物销售网点
排　　版	北京鑫海胜蓝数码科技有限公司
印　　刷	三河市人民印务有限公司
规　　格	184mm×260mm 16 开本 25 印张 640 千字
版　　次	2014 年 6 月第 1 版 2022年10月第2次印刷
印　　数	3001-4001册
定　　价	88.00 元

前　言

随着人类社会的发展,机械应用于在人们的日常生活、生产和交通运输、军事以及科学研究领域,发挥着越来越重要的作用。随着现代科学技术水平的发展,特别是计算机技术、电子技术的飞速发展,人们也开始不断地要求机械能够最大限度地代替人类的劳动,这就为控制理论在机械工程中的广泛应用提供了条件。目前,机械工程控制论所提供的理论和方法已经成为了机械工程类专业的重要理论和方法,并愈来愈多地成为了科技工作者分析和解决问题的有效手段。

现代机械工程控制理论不仅仅是一门重要的学科,它的形成、发展及其对相关理论的论述过程,本身也体现了科学的方法论。本书总结了编者多年来的实践及经验,并借鉴国内外同类优秀成果,力求在阐明机械工程控制理论的基础上,密切结合机械工程实际,注重加强数理基础和专业知识之间的联系,旨在为将机械控制理论应用于实践打下基础。

总体来说,本书具有以下四个特点。

(1)结合机械工程各专业的需求,从工程应用角度出发,对自动控制的基本概念、基本原理和基本方法进行阐述。

(2)与社会发展相结合,充分利用现代计算机工具——MATLAB 软件,强化了在传统理论教学中的计算机辅助分析与辅助设计。

(3)以机械系统为对象,将自动控制理论与机械系统控制中的一些具体问题有机结合,通过进一步的学习,来消化、理解和掌握控制理论和控制技术。

(4)每个知识点的后面都配有相应的实际应用例题分析,以此来加深对所学知识的理解,并做到与实践相联系。

全书共分 12 章:第 1 章绪论,主要阐述机械工程控制的相关理论、研究对象、工作原理、系统分类及基本要求等知识点;第 2 章控制系统的数学模型,主要对控制系统数学模型的相关知识进行叙述,包括控制系统的微分方程、传递函数、相似原理、结构图及简化等;第 3 章控制系统的时间响应,主要包括一阶系统、二阶系统及高阶系统的时间响应等内容;第 4 章控制系统的频域响应分析,包括典型环节的频域特性,最小相位系统和非最小相位系统等内容;第 5 章控制系统的稳定性分析,重点对系统稳定性的概念及条件、劳斯稳定判断、奈奎斯特稳定判断、系统的相对稳定等进行了叙述;第 6 章控制系统的根轨迹分析,讲述根轨迹的特性及绘制原则,并对广义根轨迹进行了说明;第 7 章控制系统的综合校正,包括系统的性能指标及系统校正,其中重点是各种校正方法,如串联校正、并联校正及 PID 校正等;第 8 章、第 9 章对线性和非线性控制系统进行了分析研究,并对它们的设计方法加以讨论;第 10 章现代控制与系统辨识理论;第 11 章 MATLAB 在控制工程中的应用,讲述了 MATLAB 仿真软件的概念及其在控制系统时域、频域分析中的应用方法;第 12 章控制系统的计算机仿真研究,进一步对控制系的仿真技术进行了探讨与总结。

由于编者水平和能力有限,加之时间仓促,书中难免存在不足之处,真诚地欢迎大家提出批评和改进意见,以帮助我们更好地完善本书。

编　者

2014 年 2 月

目 录

第1章 绪论 ·· 1

  1.1 机械工程控制理论概述 ·· 1

  1.2 控制系统的工作原理及组成 ······································ 3

  1.3 控制系统的类型 ·· 11

  1.4 对控制系统的要求 ··· 15

第2章 控制系统的数学模型 ··· 17

  2.1 控制系统的微分方程 ·· 17

  2.2 拉普拉斯变换及其逆变换 ··· 24

  2.3 控制系统的传递函数 ·· 26

  2.4 系统方框图及其简化方法 ··· 37

  2.5 信号流程图和梅逊公式 ·· 45

第3章 控制系统的时域响应分析 ·· 47

  3.1 时间响应及典型输入信号 ··· 47

  3.2 一阶系统的时间响应 ·· 52

  3.3 二阶系统的时间响应 ·· 55

  3.4 控制系统的时域性能指标 ··· 60

  3.5 高阶系统的时间响应 ·· 65

  3.6 稳态误差分析 ·· 68

第4章 控制系统的频域响应分析 ·· 75

  4.1 频率特性概述 ·· 75

  4.2 典型环节的频率特性 ·· 83

  4.3 开环频率特性曲线的绘制方法 ·································· 95

  4.4 闭环控制系统的频率特性 ··· 98

  4.5 最小相位系统与非最小相位系统 ······························ 99

  4.6 闭环控制系统 ·· 101

第5章 控制系统的稳定性分析 ··· 105

  5.1 系统稳定的概念及条件 ·· 105

  5.2 劳斯稳定判据 ·· 106

  5.3 奈奎斯特稳定判据 ··· 111

  5.4 伯德稳定判据 ·· 122

  5.5 控制系统的相对稳定性分析 ····································· 125

第6章 控制系统的根轨迹分析 ··· 131

  6.1 根轨迹与系统特性 ··· 131

6.2　根轨迹的幅值条件及相角条件 ·· 133

6.3　根轨迹绘制规则 ·· 134

6.4　广义根轨迹分析 ·· 140

第 7 章　控制系统的综合校正 ·· 148

7.1　系统综合与校正概述 ·· 148

7.2　控制系统的串联校正 ·· 163

7.3　控制系统的 PID 校正 ··· 172

7.4　控制系统的反馈和顺馈校正 ·· 179

第 8 章　线性离散控制系统 ·· 189

8.1　离散控制系统概述 ·· 189

8.2　信号的采样与保持 ·· 196

8.3　z 变换与反变换 ··· 205

8.4　线性离散控制系统的数学模型 ·· 213

8.5　线性离散控制系统的传递函数 ·· 214

8.6　线性离散控制系统的性能分析 ·· 225

8.7　线性离散控制系统的设计与校正 ·· 232

第 9 章　非线性控制系统 ·· 240

9.1　非线性控制系统概述 ·· 240

9.2　描述函数法 ··· 248

9.3　相平面法 ··· 256

第 10 章　现代控制理论及系统辨识理论 ···································· 274

10.1　现代控制理论 ··· 274

10.2　系统辨识理论 ··· 285

第 11 章　MATLAB 在控制工程中的应用 ···································· 291

11.1　MATLAB 仿真软件概述 ·· 291

11.2　控制系统数学模型的 MATLAB 描述 ······································ 310

11.3　控制系统的性能分析 ··· 316

11.4　控制系统的校正设计 ··· 321

第 12 章　控制系统的计算机仿真研究 ······································ 332

12.1　计算机仿真概述 ··· 332

12.2　控制系统仿真的数学模型 ··· 340

12.3　连续系统的数字仿真 ··· 347

12.4　采样控制系统的数字仿真 ··· 373

12.5　控制系统的优化设计及仿真 ··· 381

参考文献 ··· 394

第1章 绪论

1.1 机械工程控制理论概述

1.1.1 机械控制理论的发展历程

美国科学家、控制论创始人维纳(N. Wiener)在对火炮自动控制的研究中发现了极为重要的反馈(feed-back)概念,并于1948年出版了著名的《控制论——关于在动物和机器中控制和通信的科学》一书,由此奠定了控制论这门学科的基础。维纳发现,机器系统、生命系统及社会经济系统都有一个共同的特点,即通过信息的传递、加工处理和反馈来进行控制,也就是控制论的信息、反馈与控制三个要素,即控制论的中心思想。在控制论建立后不久,其中心思想便迅速渗透到其他学科领域,大大推动了近代科学技术的发展,并派生出许多新的边缘学科。1954年,我国著名科学家钱学森所著的《工程控制论》一书出版,他运用控制论的思想和方法把控制论推广到工程领域。而机械工程控制就是工程控制论在机械工程中的应用。

近年来,自动控制技术在农业、工业、国防和科学技术中的应用越来越广泛,它为人们提供了获得动态系统最佳性能的方法,使人们从繁重的体力劳动和大量重复性的人工操作中解放出来,大大提高了生产率。日常生活中,人们需要自动控制室内的温度和湿度;交通方面需要自动控制汽车和飞机使其正常运行;机械加工方面需要按照预设的工艺程序自动控制运行,加工出预期的工业产品;航空航天方面的自动攻击目标的导弹发射系统、无人驾驶的飞机,等等,这些都是自动控制系统的实例。

现代化工业生产的主要目的是探求最低成本、最低能耗、最高产品质量、最大效益及最大可靠性等最佳状态,对于机械系统和过程(例如生产过程、锻压、切削过程、焊接和热处理过程等)也要求最佳控制。因此,控制理论基础在机械系统以及机械工业生产中,得到了广泛的应用。自动控制技术之所以能有如此广泛的应用,是因为它使生产过程具有高度准确性,节约能源和降低材料消耗,并且能有效提高产品的性能和质量;极大地提高劳动生产率,同时改善劳动条件,减轻工人的劳动强度;在国防方面,能有效提高各种武器装备的现代化水平,增强攻击和防御能力等。随着电子技术和计算机技术的高速发展使其在自动控制领域的作用和地位日益突出,绝大部分现代机械系统都已离不开电子和计算机控制设备。

机械工程控制理论是研究以机械工程技术为对象的控制理论问题,是研究这一工程领域中广义系统的动力学问题,也是研究系统、输入及输出三者之间的动态关系。控制论的发展过程大体可分为三个阶段。

(1)经典控制(Classical Control)理论阶段

20世纪40至50年代为经典控制理论发展时期,是在复数域内以传递函数为基础的理论体系,主要研究单输入、单输出、线性定常系统的分析与设计。"经典控制理论"作为控制论的基础,在大多数实际工程中仍然是极为重要的,相当多的工程问题用它来解决还是非常有效的。

（2）现代控制（Modem Control）理论阶段

20 世纪 60 至 70 年代为现代控制理论发展时期，是在时间域内以状态方程为基础的理论体系，主要研究多输入、多输出系统的动态历程。该系统可以是线性的或非线性的，定常的或时变的，也可以是连续的或离散的，确定的或随即的。

（3）大系统与智能控制（Large Scale System ＆ Intelligent Control）理论阶段

20 世纪 70 年代末至今为大系统与智能控制理论发展时期，是自动控制理论发展的高级阶段，主要研究那些用传统方法难以解决的具有不确定性模型、高度非线性及复杂要求的复杂系统的控制问题。"大系统理论"是控制理论在广度上的拓展，用控制与信息的观点研究大系统的结构方案、总体设计中的分析方法和控制问题；而"智能控制理论"是控制理论在深度上的挖掘，通过研究、模拟人类活动的机理，研究具有仿人智能的工程控制和信息处理问题。目前，智能控制理论已经形成了模糊控制、专家系统和神经网络控制等重要的分支。

制造第一把石刀是人类文明的开始，与此同时，也开始了"制造工艺过程"，开始了对制造工艺过程的"控制"。这时，对劳动着的人类而言，执行装置是手，用以操作生产工具—石刀，检测装置是感觉器官，感受着制造过程中的各种信息，中枢控制装置是人脑，对所获得的信息进行分析、比较，作出判断、决策。

由此可见，即使在极为原始的制造工艺过程中，也已经有了执行、检测、控制诸环节，它们构成一个闭环的自动控制系统。我们可以发现在制造工艺不断发展的过程中，一个明显的特点是，人逐步从对制造过程诸环节的直接参与中解脱出来。首先从加工（或执行）中；其次从检测中；最后是从直接的控制中解脱出来。伴随这一解脱过程的，是制造赖以进行的基础由本能与经验逐步转移到理性与科学上来。这就是说，人们对制造过程规律性的认识逐步深化的历史是制造过程发展的历史。"实践没有止境，创新也没有止境。"制造也正在从制造技术向制造科学发展。该历史发展的主要线索是，从对制造过程片面的局部的认识发展到系统的认识；从对制造过程的每一环节只作为一个孤立的环节来认识发展到作为一个大系统中的子系统来认识；从对制造过程的每一环节静态的定性的认识发展到动态的定量的认识。

控制理论发展的历程反映了人类社会由机械化步入电气化，继而走向自动化、信息化和智能化的发展特征。表 1-1 简要列出了机械系统自动化程度发展历程。由表 1-1 可以看出，机械的发展是一个由简单到复杂的发展过程。随着机械的发展，机械所能完成的工作越来越复杂，在越来越大的程度上帮助人完成越来越高级的工作。

表 1-1 机械系统自动化程度发展历程

项目	使用目的	传感与检测	决策与控制	发展程度	典型例子
简单工具	工作方便、提高效率、省力	人的五官	人	单一操作	扳手、锤子、螺丝刀
简单机械	完成简单工作	人的五官	操作者	简单机械化	小型提升机、除草机
复杂机械	完成复杂工作	人的五官	技术工人	复杂机械化	普通机床、普通汽车
自动机器	自动完成确定工作	传感器	人与控制器	自动机器	数控机床、工业机器人
智能机器	无人操作，自主完成任务	多种传感器	智能控制器	自主机器	各类智能机器人

1.1.2 机械工程控制的研究对象和任务

由上面的简单介绍可知,工程控制论所要研究的问题在机械制造领域中是极为广泛的。譬如,在机床数控技术中所要解决的问题是,数控机床接受指令后,机床的有关运动应符合要求。此处,调整到一定状态的仪器本身是系统,外界条件是输入,测量结果是输出。显然,这里所研究的问题是系统及其输入、输出三者之间的动态关系。再如,在现代测试技术中应充分注意到,某一仪器调整到什么状态方能保证在给定的外界条件下,获得精确的测量结果,这仍然是前述三者之间的动态关系问题。

正如前述,所研究的系统是广义系统。而这个系统可繁可简,可大可小,甚至可"实"可"虚",完全由研究的需要而定。比如说,当研究某一产业集团(包括所谓的"虚拟企业"或"企业动态联盟")或某一机器制造厂应如何调整产品生产以适应市场变化的需要时,则此集团或此工厂就是一个广义系统,输入是市场情况,输出是产品生产情况;研究此厂的某台机床在切削加工过程中的动力学问题时,切削加工过程本身是一广义系统;研究此台机床所加工的工件的某些质量指标时,这一工件本身可作为一广义系统;而研究此台机床的操作者在加工过程中的作用时,操作者的思维或操作者本身等则可作为一广义系统。

控制论研究的对象是一个控制系统,该系统可以是一些部件的组合(这些部件组合完成一定的任务),也可以是一个比较抽象的动态现象(如经济学中的现象),可以是地理学、生物学、人类学等各个方面的系统。而机械工程控制研究的对象,则特指机械工程领域的系统,如机器人、数控机床等。

工程控制理论实质上是研究工程技术中广义系统中的动力学问题,具体地说,它研究的是工程技术中的广义系统在一定的外界条件(输入或激励,包括外加控制与干扰)作用下,从系统的一定的初始状态出发,所经历的由其内部的固有特性(由系统的结构与参数所决定的特性)所决定的整个动态历程,并同时研究这一系统、输入和输出三者之间的动态关系。

工程控制理论主要研究系统与输入、输出之间的动态关系,其研究任务内容大致可归纳为如下五个方面:

1)当系统已定、输入已知时,求出系统的输出,并通过输出来研究系统本身的有关问题,即系统分析问题。

2)当系统已定时,确定系统输入,并且所确定的输入应使得输出尽可能符合给定的最佳要求,即最优控制问题。

3)当输入已知时,确定系统,并且所确定的系统应使得输出尽可能符合给定的最佳要求,即最优设计问题。

4)当输出已知时,确定系统,并识别输入或输入中的有关信息,即滤波与预测问题。

5)当输入与输出均为已知时,确定系统的结构与参数,建立系统的数学模型,即系统识别或系统辨识问题。

1.2 控制系统的工作原理及组成

机械工程自动控制系统简称机械控制系统,它是一种自动控制系统,它的控制对象是机械。而不是指专门通过机械装置产生控制作用的系统。在机械自动控制系统的初级阶段或简单的机械自动控制系统中,常用机械装置产生自动控制作用,如图 1-1 所示的蒸汽机转速控制系统和图 1-2 所示的水位控制系统。

在图 1-1 所示的蒸汽机转速控制系统中,控制的目的是使蒸汽机的转速 n 保持在一个恒定数值上,这个恒定数值称为控制系统的目标值,转速称为控制系统的被控量或控制量。如果给蒸汽机通人额定的蒸汽流量 Q,负载为额定负载不变,又没有其他干扰,则蒸汽机的转速为额定转速 n,即目标值。但在负载变化的情况下,蒸汽机的转速必然跟着变化。为了控制系统的被控量 n,保持转速为目标值,采用离心机构检测被控量 n。离心机构连接小球的连杆张开角度的大小取决于小球离心作用的大小,蒸汽机的转速越大,小球离心作用越大,所产生的张开角度越大,所以离心机构称为控制系统的检测装置。检测被控量的检测装置是自动控制系统必须有的部分。

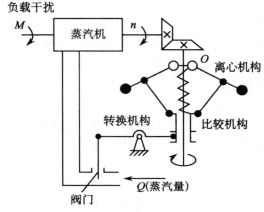

图 1-1 蒸汽机转速控制系统

如果负载增大,转速变小,使离心机构连接小球的连杆的张开角度变小,离心机构下部的滑块位置向下移动,通过由杠杆构成的转换机构增加阀门打开的程度,从而加大蒸汽量,提高蒸汽机的转速;如果负载减小,转速提高,增大了小球连杆的张开角度,使离心机构下部的滑块位置向上移动,通过转换机构减小阀门的开度,从而减小蒸汽量,降低蒸汽机的转速。

在图 1-2 所示的水位自动控制系统中,控制的目的是使水位保持在一定的高度上。水位高度是被控量。水位高度是通过浮球装置检测的,所以浮球装置是该系统的检测装置。浮球随水面高度的上升或下降通过杠杆转换成阀门的开闭程度。

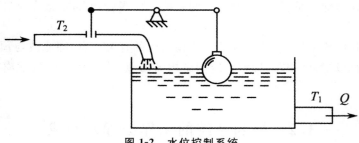

图 1-2 水位控制系统

通过以上两个用机械装置产生自动控制作用的例子可以看出自动控制系统自动调节的基本原理。同时通过分析也可以看到,用机械装置自动调节作用的调节范围、精度和可靠性都是很有限的。由于科学技术的发展,机械系统变得越来越复杂,用机构作为自动控制系统的调节装置已不能满足对系统越来越高的要求。电子学和电子技术的发展,使自动控制系统的检测手段和控制方法产生了巨大的变革。原来用机械方法构成的检测装置改用各种电子元器件构成的传感器。现代传感器不但体积小、重量轻、精度高,而且大大地增加了使用寿命和可靠性。与机械调节装置相比,由电子元器件构成的控制器以及放大器能完成复杂得多、先进得多的控制功能。在现代机械工程自动控制系统中,总是把机械与电子融合在一起,构成机电一体化系统。因此对机械工程自动控制系统进行性能分析和设计时,必须把机械系统和电子控制系统作为统一的整体来考虑。下面举例说明用电子设备构成控制系统的机械自动控制系统的基本组成、基本结构、工作原理和一些基本定义。这个例子可以作为学习后面各章自动控制理论的实际背景。有了这个背景,就会明确学习自动控制理论的具体意义。

如图 1-3 所示为一个工作台的位置自动控制系统,系统的控制功能是:操作者(人)通过指令电位器设置希望的工作台位置,工作台将自动运动到操作者所指定的位置上去。如果这个系统是一个性能良好的自动控制系统,工作台的运动是稳定、快速和精确的;如果这个系统是一个性能差的自动控制系统,工作台的运动可能是不稳定的,比如工作台在指定位置附近来回振动,或者可能运动速度缓慢,或者不能准确地运动到指定位置。问题是:如何才能获得性能良好的自动控制系统呢?大体上要解决两大方面的问题:高水平的设计和精心的制造。在高水平的设计中,特别强调的是,要根据对系统动态特性的要求,对机械系统进行动力学设计和根据自动控制理论对控制系统进行多次设计—仿真—设计的过程,力求使整个系统达到最佳状态。这就需要掌握自动控制方面的知识。当然,高水平设计还包括采用各种现代设计方法,特别是三化设计(动态优化、智能化和可视化)的综合设计法对提高系统设计水平和提高产品质量具有重要的指导意义。此外选择先进的、具有足够精度和高可靠性的元器件,较高的性能价格比,友好的人机界面以及赏心悦目的造型等都是要反复考虑的。

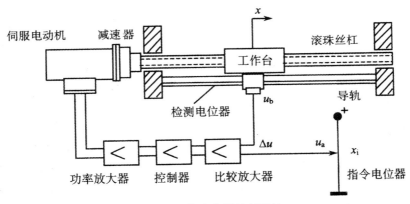

图 1-3　工作台位置控制系统

在图 1-3 中,系统的驱动装置是直流伺服电动机,它是将电能转换成机械运动的转换装置,是连接机和电的纽带。功率放大器提供给直流伺服电动机定子的直流电压为一定值,形成一个恒定的定子磁场。如果转子由永久磁铁制成,则称这种电动机为永磁直流伺服电动机。电动机的转子电枢接受功率放大器提供的直流电,此直流电的电压决定电动机的转速,电流的大小与电动机输出的扭矩成正比。

　　工作台的传动系统由减速器、滚珠丝杠和导轨等组成。减速器起放大电动机输出扭矩的作用。伺服系统中常用的有行星轮减速器和谐波减速器等。行星轮减速器有背隙，改变转动方向时电动机有空回程，小背隙高精度的行星轮减速器价格较高。波导减速器无背隙，但价格高，使用寿命较低。滚珠丝杠和导轨是将电动机的转动精确地转换成直线运动的装置。丝杠与减速器输出轴相连，滚珠丝杠的螺母与工作台相连。直流伺服电动机经减速器驱动滚珠丝杠转动，工作台在滚珠丝杠的带动下在导轨上滑动。滚珠丝杠较普通丝杠的优点不仅精度高，而且无回程间隙，有专门厂家生产，可以根据需要提供图纸订货。同样，导轨可以根据需要选型订货，如图 1-4 所示。

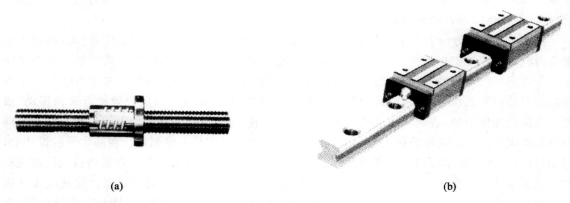

(a)　　　　　　　　　　　　　　　　　　　　(b)

图 1-4　滚珠丝杠

　　此工作台位置自动控制系统的控制量显然是工作台的位置。和任何其他机械自动控制系统一样，系统拥有输入控制量和检测控制量的环节——指令电位器和检测电位器。电位器按其结构形式可分成转动电位器和直线电位器，本系统中使用的电位器均为直线电位器。

　　操作者通过指令电位器将指令输入给系统。在本系统中，操作者通过指令电位器指定工作台运动目的位置，指令电位器将操作者指定的位置转化成相应的电压信号输出。检测电位器用来检测工作台的实际位置，将工作台的实际位置转化成电压信号输出。

　　在指令电位器面板上应有控制量刻度，刻度要与控制量相对应。例如，工作台的位置范围是 0～1 000 mm，在指令电位器面板的全量程上可以均匀地刻上 10 个小格，每个小格代表 100 mm，并在对应的刻度线上标注数字 0,1,2,3,…,10。电位器的 3 个引脚中，1 个是直流稳压电源输入端，将它与电源高电位相连；1 个公共端，即接地端；1 个电压信号输出端。电路接法如图 1-5 所示。设电源电压是 10 V，则刻线刻度板上的每个小格对应 1 V 电压，指令电位器的指针与电压信号输出端相连，这样，指针指到 0 时，输出端电压为 0；指针指到 10 时，输出端电压为 10。如果操作者把指令电位器的指针指到刻度为 6 的位置，就代表让工作台运动到 600 mm 的位置上，这时指令电位器的输出端电压为 6 V。操作者就这样把工作台的位置指令输入给了控制系统。指令电位器是把位置指令转换成电压信号的元件，在控制理论中也称为环节。如果用 x_i 表示给定的位置，即该环节的输入；用 u_a 表示对应的输出电压。这种转换关系可用如图 1-6 所示的框图表示，也可用下式表示

$$K_p = \frac{u_a}{x_i} \tag{1-1}$$

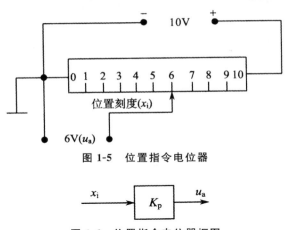

图 1-5　位置指令电位器

$$x_i \longrightarrow \boxed{K_p} \longrightarrow u_a$$

图 1-6　位置指令电位器框图

用于自动控制系统中的电位器应具有很好的线性度。选用具有良好线性度的电位器作为位置指令电位器,使式(1-1)中的 K_p 为常数,这里 $K_p = 0.01\ \text{V/mm}$。如果工作台的位置范围是 z,电位器的电源电压为 u,则可以根据 $K_p = \dfrac{u}{x}$ 来计算 K_p 的值,然后就可以根据式(1-1)计算对应 x_i 的 u_a 了。

检测电位器测量长度应与工作台的运动范围一致,供电电压一般与给定电位器的一样。检测电位器可以安装在导轨的侧面,电位器指针与工作台相连,把工作台的位置转换成相应的电压信号。例如,工作台运动到 500 mm 处,检测电位器输出电压为 5 V,如图 1-7 所示。检测到的位置 x 和检测电压 u_b 之间的关系如图 1-8 所示 6 在位置控制系统中,如果系统的输出已经达到控制目标后就不需要能量输入时,如本例的情况,让给定电位器电源电压与检测电位器的一样并使 $K_f = K_p$,是较方便的设计方法。

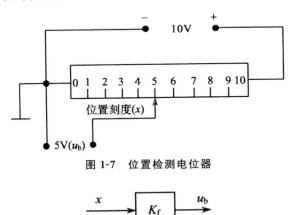

图 1-7　位置检测电位器

$$x \longrightarrow \boxed{K_f} \longrightarrow u_b$$

图 1-8　位置检测电位器框图

在了解指令电位器和检测电位器的工作原理以后,就不难理解如图 1-3 所示的位置控制系统的控制原理了:工作台的操作者通过指令电位器发出工作台的位置指令 x_i,指令电位器就对应输出一个电压 u_a。电压 u_a 与位置 x_i 成正比,比例系数为一常数 K_p。工作台在导轨上的实际

位置 x 由装在导轨侧向的位置检测电位器检测，位置检测电位器将实际位置 x 转换为电压 u_b 输出。电压 u_b 与工作台的实际位置 x 也成正比，比例系数 $K_f = K_p$。电压 u_b 需要反馈回去与 u_a 进行比较（相减），产生偏差电压为 $\Delta u = u_a - u_b$，由比较放大器完成这一工作，并同时可将偏差信号加以放大。比较放大器可由高阻抗差动运算电路实现，如图 1-9 所示。

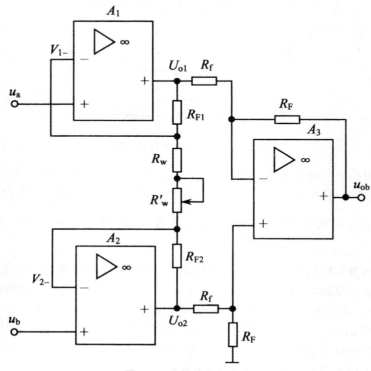

图 1-9　比较放大器电路

由图 1-9 可知，此比较放大器的输入为给定电位器输出 u_a 和检测电位器输出 u_b，其输出为

$$u_{ob} = K_q(u_a - u_b) = K_q \Delta u \tag{1-2}$$

其中，K_q 为比较放大器的增益

$$K_q = -\frac{R_F}{R_f}\left(1 + \frac{R_{F1} + R_{F2}}{R_w + R'_w}\right)$$

这样，当 x 和 x_i 有偏差时，对应偏差电压为 $\Delta u = u_a - u_b$，该偏差电压在比较放大器中被放大成 $K_q \Delta u$。经比较放大器放大后的偏差信号进入控制器，控制器中加一个反相器就可以将 K_q 中的负号"—"去掉。通过控制器处理后的信号经功率放大器放大驱动直流伺服电动机转动。电动机通过减速器和滚珠丝杠驱动工作台向给定位置 x_i 运动。随着工作台实际位置与给定位置偏差的减小，偏差电压 Δu 的绝对值也逐渐减小。当工作台实际位置与给定位置重合时，偏差电压 Δu 为零，伺服电动机停止转动。当工作台位置 x 和给定位置 x_i 相等时，u_b 和 u_a 也相等，没有偏差电压，也就没有电压和电流输入电动机，工作台不改变当前位置。当不断改变指令电位器的给定位置时，工作台就不断改变在机座上的位置，以保持 $x = x_i$ 的状态。在系统机械结构设计合理的情况下，控制器的设计是系统性能好坏的关键。好的控制器设计需要自动控制理论知识和丰富的经验。

　　为了简化系统的描述,进一步分析系统的性质以及进行系统设计,在自动控制理论中,常用方块图表示系统的结构及工作原理。上面介绍的工作台位置控制系统可用如图 1-10 表示。图中的比较环节和前置放大器实际上由比较放大器一个元件完成,为了更清楚地描述系统的原理,将分别画出来。图中每一个方框代表系统中的一个元器件,也称为一个环节,也可以代表几个环节按一定的方式连接在一起的部件,也可以用一个方框表示一个系统。在一个方框图中,方框之间用有向线段连接,表示环节之间信息的流通情况。

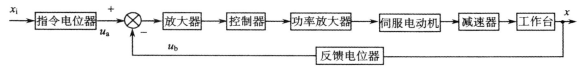

图 1-10　工作台位置控制原理方块图

　　由图 1-10 可知,系统的输入量为系统的控制量,是工作台的希望位置 x_i,是通过指令电位器给定的,所以指令电位器为系统的给定环节。给定环节是给定输入信号的环节。此系统的输出量为工作台的实际位置 x。系统通过检测电位器检测输出量,检测电位器为测量环节。测量环节的输出信号要反馈到输入端,经比较环节与输入信号比较得出偏差信号 Δu。用于比较模拟量(如连续的电压信号)的比较环节常用运算放大器配以外部电阻电路构成,在比较两个模拟量的同时,对它们的差进行一定的放大,即图中的前置放大器。但是,要比较的物理量必须是同种物理量。如若测量环节的输出信号与系统输入信号不是同一物理量,则需将其转化成同种物理量,以便比较。由前置放大器输出的信号经控制器、功率放大器后驱动伺服电动机。功率放大器必须线性度好、工作频率范围宽和响应迅速快。现代的功率放大器采用脉宽调制(PWM)技术,保证了自动控制系统对功率放大器的要求。线性度好的放大器在控制系统中作为比例环节。直流伺服电动机为执行环节。执行环节驱动被控对象,使其输出预定的输出量。系统的控制量被检测并反馈到输入端,与输入量比较,产生偏差信号,偏差信号控制系统的控制量,构成一个闭环,称这样的系统为闭环控制系统。精确的自动控制系统大多数采用闭环控制。

　　若系统控制量未被检测,未反馈到输入端参加控制,也没有其他与控制量相关的输出量被检测和参与控制,则称这样的系统为开环控制系统。对于运动控制系统,用步进电动机做驱动的开环系统也能实现较好的系统性能。而对于像温度、压力、流量等,采用开环控制就很难保证系统性能了。

　　当系统的自动调节作用使控制量达到给定值时,称系统达到平衡状态。当系统达到平衡状态时,比较环节输出的偏差有两种情况:一种为零,一种不为零。在上述工作台位置自动控制系统中,随着工作台位置不断接近给定位置,偏差电压 Δu 不断减小,当工作台位置达到给定位置时,系统调节到平衡状态,偏差电压 Δu 为零。另一种情况是当系统的控制量达到预定值时,起控制作用的偏差为一确定值,以维持系统的平衡状态。工作台的速度控制就属于这种情况,如图 1-11 所示。

　　系统的控制功能是,操作者通过指令电位器设置希望的工作台运动速度,工作台将在导轨上自动地按所设定的速度运动。

　　要控制工作台的运动速度,就需要检测并反馈工作台的运动速度。检测环节由测速发电机和比例调压电路组成,检测环节的输出电压 u_b 与工作台运动速度成比例关系,即

$$u_b = k_{vo} v \tag{1-3}$$

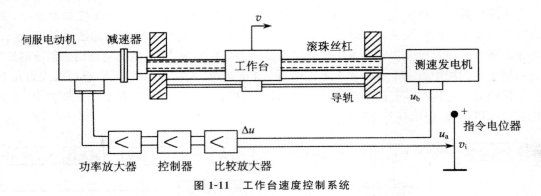

图 1-11　工作台速度控制系统

其中，k_{vo} 为测速反馈系数，是一个可以通过检测环节中的比例调压电路调解的系数，单位为 Vs/mm，其值为工作台运动速度为 1 mm/s 时的反馈电压。

如图 1-12 所示，系统通过指令电位器发出工作台运动速度指令 v_i，指令电位器的输出是电压 u_a，它与工作台的运动速度指令 v_i 对应。电压 u_a 与速度 v_i 成正比，设比例系数为 $K_{vi} = \dfrac{u_a}{v_i}$。在实际设计时，选取 K_{vi} 使 $K_{vi} > K_{vo}$。这样，当工作台速度 $v = v_i$ 时，也存在偏差电压 $\Delta u = u_a - u_b = K_{vi}v_a - K_{vo}v_b = (K_{vi} - K_{vo})v_i$。在设计系统时，调整放大器的放大倍数，使得工作台速度钞和给定速度秒 i 相等。显然，当偏差电压 Δu 为零时，电动机将停止转动，工作台速度为零。

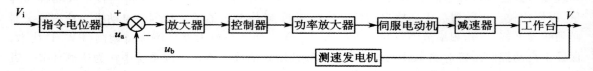

图 1-12　工作台速度控制原理图

此系统的速度自动控制作用在于：

如果系统受到某种干扰作用引起工作台速度变化，如速度小于给定值 v_i，检测环节输出的反馈电压 u_b 降低，偏差电压 $\Delta u = u_a - u_b$ 相应增大，使伺服电动机转速增高，工作台速度提高，直到工作台速度为给定值 v_i 时止，即调节达到了平衡状态；反之，如果工作台速度大于 v_i，则反馈电压 u_b 增高，偏差电压 $\Delta u = u_a - u_b$ 相应降低，使伺服电动机转速减低，工作台速度减小，直到工作台速度为给定值 v_i 时止。这样，工作台的速度只取决于给定的输入电压 u_a，而不受干扰的影响。

如果给定速度 v_i 提高，比如是原来速度的 2 倍，则指令电位计输出电压 u_a 提高到原来的 2 倍，偏差电压 Δu 提高，电动机的转速提高，工作台速度提高。由于工作台速度提高，反馈电压也随之提高。当工作台的速度达到新设定值时，反馈电压为原来的 2 倍，偏差电压也为原来的 2 倍，系统达到了新的平衡。

在以上两个例子中，系统的输出量不断地跟随系统的输入量，这种输出量能够迅速而准确地跟随输入量的系统称为随动系统。导弹、火炮和卫星跟踪天线等自动定位系统以及船用随动舵等都属于随动系统。具有机械量（如位移、速度、加速度）输出的随动系统称为伺服系统。因此，机械工程中的随动系统绝大多数为伺服系统。

1.3　控制系统的类型

1.3.1　开环控制系统、闭环控制系统和复合控制系统

按有无反馈划分可分为开环控制系统、闭环控制系统和复合控制系统三类。

1. 开环控制系统

如果自动控制系统的输出端和输入端之间不存在反馈通道,这样的系统称为开环控制系统,开环控制系统的输出量对系统的控制作用没有影响。开环控制系统的特点是:系统仅受输入量和扰动量控制,输入－输出关系需要经过事先准确调好;信号是单向传递的,输出端和输入端之间不存在反馈回路;在整个控制过程中输出量对系统的控制不产生任何影响,无抗干扰能力。开环控制系统的优点是:稳定、简单、可靠。若组成系统的元件特性和参数值比较稳定,并且外界干扰较小,则开环控制能够保持一定的精度。其缺点是:无自动纠偏能力,精度通常较低。一旦系统受到干扰,使得输出偏离了正常值,系统便不能使输出返回到预设值。故一般开环控制系统很难实现高精度的控制。图 1-13 表示了开环控制系统输入量与输出量之间的关系。

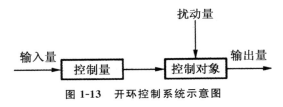

图 1-13　开环控制系统示意图

2. 闭环控制系统

反馈控制系统也称为闭环控制系统,控制系统的输出端和输入端之间存在反馈回路,即输出量对控制作用有直接影响。闭环控制系统的特点是:输出端和输入端之间存在反馈回路,有反馈检测环节,输出量对控制过程有直接影响;受偏差控制,有抗干扰的能力。闭环控制系统的优点是:对外部扰动和系统参数变化不敏感,精度高,不管出现什么干扰,只要被控制量的实际值偏离给定值,闭环控制就会产生控制作用来减小这一偏差。其缺点是:系统性能分析与设计比较困难,存在稳定、超调、振荡等问题。该系统是通过检测偏差来纠正偏差,或者说是靠偏差进行控制。在工作过程中系统总会存在着偏差,由于元件的惯性(如负载的惯性等),很容易引起振荡,使系统不稳定。因此,精度和稳定性是在闭环系统中存在的一对矛盾。闭环控制系统中闭环的作主要是应用反馈减少偏差。图 1-14 表示了闭环控制系统输入量、输出量和反馈量之间的关系。

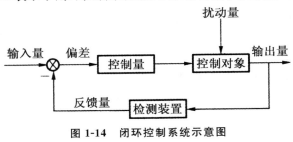

图 1-14　闭环控制系统示意图

图 1-15 是一个典型反馈控制系统的示意图,该图表示了各元件在系统中的位置及其相互之间的关系。由图可以看出,一个典型的反馈控制系统主要包括给定元件、反馈元件、比较元件、放大元件、执行元件、控制对象及校正元件等。

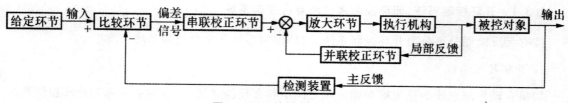

图 1-15　反馈控制系统组成

1)给定元件:根据期望的输出量来进行输入信号规律的给定,即产生输入信号或给定信号。

2)反馈元件:测量被控制量或输出量,产生反馈信号,该信号与输出量之间存在着确定的函数关系。

3)比较元件:用来比较输入信号和反馈信号之间的偏差。可以通过差动连接电路实现,它通常不是一个专门的物理元件,有时也叫比较环节;而自旋转变压器、整角机、机械式差动装置都是物理意义上的比较元件。

4)放大元件:对偏差信号进行信号放大和功率放大的元件,例如电液伺服阀等。

5)执行元件:直接对控制对象进行操作的元件,例如执行电机、液压马达等。

6)控制对象:控制系统所要操纵的对象,控制对象的输出量即为系统的被控制量,例如机床、液位等。

7)校正元件:又称校正装置,有反馈校正和串联校正等形式,用以提高控制系统动态性能。

实际的控制系统中,扰动总是不可避免的,扰动分为内部扰动和外部扰动。但在控制系统中,扰动集中表现在控制量与被控量的偏差上,因此,可以将控制系统的扰动等同为对被控对象的干扰。控制系统中的反馈元件、放大元件、执行元件和比较元件等共同起控制作用,统称为控制器。

3. 复合控制系统

复合控制系统是在闭环控制回路的基础上,附加一个输入信号或扰动作用的顺馈通路,来提高系统的控制精度,是由开环控制与闭环控制相结合的一种控制系统。

图 1-16 所示的就是一个典型的复合控制系统。该控制系统中,附加的开环控制通路的作用主要是提供输入补偿量,以补偿由闭环系统的原理性误差或内外扰动引起的控制精度的不足,同时改善系统的动态性能。根据补偿对象的不同,补偿方式分为按输入量的补偿(图 1-16(a))和按扰动量的补偿(图 1-16(b))两种。前者的补偿作用主要是为控制量提供一个补偿量,来减小或消除存在于闭环系统的原理性误差;后者的补偿作用主要是事先给扰动量提供一个补偿量,以便减小或消除扰动对输入量的影响。

复合控制系统具有动态性能好、控制精度高等优点,其应用十分广泛。在控制精度和动态性能两者同时要求较高的控制系统中,一般都采用复合控制。

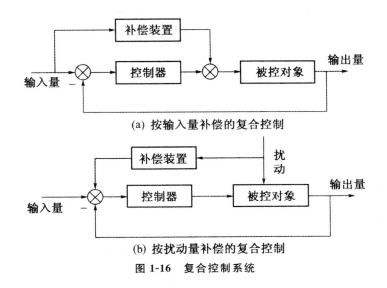

(a) 按输入量补偿的复合控制

(b) 按扰动量补偿的复合控制

图 1-16 复合控制系统

1.3.2 恒值控制系统、随动控制系统和程序控制系统

按输入信号的运动规律划分可分为恒值控制系统、随动控制系统和程序控制系统。

1. 恒值控制系统

恒值控制系统也称自动调节系统,恒值控制系统的输入量是一个恒定值。控制任务是保证在任何扰动作用下,系统的输出量为恒定不变即为恒值,如频率控制、湿度控制、恒温箱控制等。在恒值控制系统中,其控制量取常值,所以使被控制量偏离其期望值的主要因素为扰动量的存在。生产过程中的温度、液位、流量等自动控制系统多属于此类系统。

2. 随动控制系统

随动控制系统亦称自动跟踪系统,此类系统中,输入信号的变化规律是未知的,不能预先确定的,并且要求被控量迅速、精确、平稳地跟随输入量变化。雷达天线跟随系统、伺服位置系统等都属于此类系统。

3. 程序控制系统

程序控制系统输入量的变化规律是预先确定的,输入装置根据输入的变化规律(确定程序)发出控制指令,使被控对象根据程序指令的要求进行操作、运行,如数控加工系统。如闭环控制的数控机床驱动系统就是一个程序控制系统,其输入是按照一定的已知的图纸要求编制的加工指令,系统按照指令运行,以加工出符合要求的产品(如特定的形状或体积大小)。注意,程序控制系统可以是开环系统,也可以是闭环系统。

1.3.3 线性控制系统和非线性控制系统

按系统线性特性划分可分为线性控制系统和非线性控制系统。

1. 线性控制系统

系统中所有环节或元件的输入－输出关系都呈线性关系即组成控制系统的元件都具有线性特性，满足叠加定理和齐次性原理，可用线性系统理论来分析。

2. 非线性控制系统

系统中至少有一个元件的输入－输出关系是非线性的，不满足叠加定理和齐次性原理，必须采用非线性系统理论来分析。非线性控制系统一般都存在死区、间隙和饱和特性。

1.3.4　连续控制系统和离散控制系统

按系统信号类型划分可分为连续控制系统和离散控制系统。

1. 连续控制系统

系统中所有信号的变化均为时间的连续函数，系统中传递的信号都是模拟信号，控制规律是用硬件组成的控制器来实现的。系统的运动规律可用微分方程来描述。

2. 离散控制系统

系统中至少有一处信号是脉冲序列或数字量，系统中传递的信号都是数字信号，用软件来实现控制规律的，计算机为该系统的控制器，系统的运动规律必须用差分方程来描述。这种系统一般有采样控制系统和数字控制系统两种，其测量、放大、比较、给定等信号的处理均由微处理机实现，主要特征是系统中含有采样开关或 D/A、A/D 转换装置。

1.3.5　定常控制系统和时变控制系统

按系统参数的变化特征划分可分为定常控制系统和时变控制系统。

1. 定常控制系统

系统中所有参数不随时间而发生改变，其输入与输出关系可以用常系数的数学模型（常系数微分方程）来描述，并且可以不受时间限制地对它进行观察和研究。只要实际系统的参数变化不太明显，一般都视作定常控制系统，绝对的定常控制系统是不存在的。若该定常系统为线性系统，则称为线性定常系统。

2. 时变控制系统

系统中部分或全部参数随时间而发生变化，要用变系数微分方程描述其运动规律，系统的性质也会随时间变化，因此也就不允许用此刻观测的系统性能去代替另一时刻的系统性能。

实际生活中遇到的系统多少都有一些是非线性和时变性，但大多情况下都可以在一定的条件下合理近似地按照线性定常系统处理。

其他划分方式还有：按系统输入/输出变量数量，分为单变量系统和多变量系统；按系统结构和参数在工作过程中是否确定，分为确定系统和不确定系统；按系统能否用常微分方程来描述划分为集中参数系统和分布参数系统等。

1.4 对控制系统的要求

各种自动控制系统,为了完成一定任务,要求被控量必须迅速而准确地随给定量的变化而变化,并且尽量不受任何扰动的影响。然而,实际系统中,因控制对象和控制装置,以及各功能部件的特征参数匹配不同,系统在控制过程中差异很大,甚至因匹配不当而不能正常工作。因此,工程上对自动控制系统的性能提出了一些要求,主要有以下三个方面。

1. 稳定性

稳定性是指系统受到外作用后,其动态过程的振荡倾向和恢复平衡的能力。当扰动作用(或给定值发生变化)时,系统的输出量将会偏离原来的稳定值,这时,由于反馈环节的作用,通过系统内部的自动调节,系统可能回到(或接近)原来的稳定(或跟随给定值)稳定下来,称系统是稳定的,如图 1-17(a)所示。由于内部的相互作用,使系统出现发散而处于不稳定状态,称系统是不稳定的,如图 1-17(b)所示。

显然,不稳定的系统是无法进行工作的,因此,对任何自动控制系统,首要的条件便是系统能稳定正常运行。另外,对于系统稳定性的要求要达到一定的稳定裕量,以免由于系统参数随环境等因素的变化而导致系统进入不稳定状态。

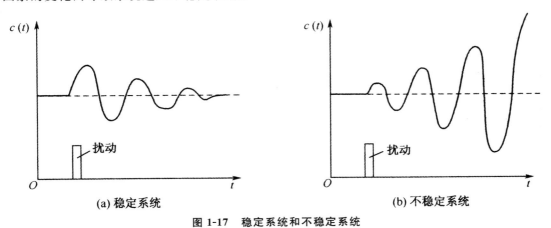

(a) 稳定系统   (b) 不稳定系统

图 1-17 稳定系统和不稳定系统

2. 快速性

快速性是通过动态过程时间长短来表征的,如图 1-18 所示。过渡过程时间越短,表明快速性越好,反之亦然。快速性表明了系统输出 $c(t)$ 对输入 $r(t)$ 响应的快慢程度。系统响应越快,说明系统的输出复现输入信号的能力越强。

3. 准确性

对于稳定系统,输出的稳态值与其期望值之间出现的偏差称为系统的稳态误差 e_{ss},如图 1-18 所示。系统稳态误差的大小反映了系统的稳定精度,说明了系统的准确程度。

然而,这些指标要求,在同一个系统中往往是相互矛盾的。这就需要根据具体对象所提出的要求,对其中的某些指标有所侧重,同时又要注意统筹兼顾。此外,在考虑提高系统的性能指标的同时,还要考虑系统的可靠性和经济性,就是要考虑性能指标是衡量自动控制系统技术品质的客观标准,它是订货、验收的基本依据,也是技术合同的基本内容。

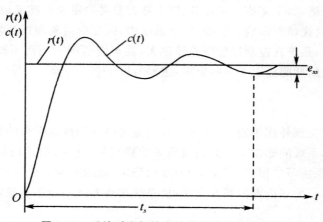

图 1-18 系统对突加给定信号的动态响应曲线

第 2 章　控制系统的数学模型

2.1　控制系统的微分方程

微分方程是在时域中描述元件或系统动态特征的数学模型,利用它可以得到描述元件或系统动态特性的其他形式的数学模型。通常,经典控制理论采用的数学模型主要以传递函数为基础;现代控制理论采用的数字模型主要以状态空间方程为基础。以物理定律和实验规律为依据的微分方程是列写传递函数和状态空间方程的基础,也是最基本的数学型。

2.1.1　建立微分方程的一般步骤

通常要建立一个控制系统的微分方程,首先必须了解整个系统的组成结构与工作原理,其次根据系统或各组成元件所遵循的运动规律和物理定律,确定系统的给定输入量或扰动输入量与输出量之间的函数关系,最后列写出整个系统的输入变量与输出变量之间的动态关系表达式即微分方程。因此,列写微分方程的一般步骤如下。

1)确定系统或各组成元件的输入量、输出量。首先要分析系统及各组成元件的组成结构和工作原理,然后找出各变量(物理量)之间的关系。最终确定系统或各组成元件的输入量和输出量。系统的输入量一般包括系统的给定输入量或干扰输入量,而系统的输出量是指系统的被控制量。对于一个环节或元件而言,应该按系统信号的传递情况来确定输入量和输出量。

2)按照信号的传递顺序,从系统输入端开始,根据各变量所遵循的运动规律或物理定律(如电网络中的基尔霍夫定律,力学中的牛顿定律,热力系统的热力学定律以及能量守恒定律等),列写出传递过程中各环节的动态微分方程(一般为微分方程组)。

列写时按照系统的工作条件,忽略一些次要因素,对已建立的原始动态微分方程进行数学处理,如对非线性项进行线性化处理等。并考虑相邻元件间是否存存负载效应,负载效应实质上是一种内在反馈。

3)消除所列各微分方程的中间变量,最终得到描述系统的输入量、输出量之间关系的微分方程。

4)整理所得微分方程。一般将与输出量有关的各项都放在微分方程等号的左侧,与输入量有关的各项放都在方程等号的右侧,并且降幂排列各阶导数项。

为了研究方便,一般情况下,若系统中包含非本质非线性的元件或环节,通常可将其进行线性化。在非线性特性中,有些具有间断点、折断点或非单值关系,这些非线性特性称为本质非线性。具有本质非线性的系统,只能用非线性理论去处理。对于具有非本质非线性特性的系统,可用线性化处理的数学模型来近似表示非线性系统。非线性系统线性化的方法是将变量的非线性函数在系统某一平衡点(亦称工作点)附近按泰勒级数展开,分解成这些变量在该平衡点附近的微增量表达式,然后除去高于一阶增量的项,将其写成增量坐标表示的微分方程。

下面就通过几个具体的例子来简单说明一下微分方程式的列写方法。

1. 电气系统微分方程

电气系统和元件种类非常多,但根据有关电、磁及电路的基本定律,电气系统的微分方程主要根据基尔霍夫定律和电磁感应定律等基本物理规律列写微分方程。无论其结构多么复杂,只要根据该定律总可以建立起相应的数学模型的。

在图 2-1 所示的无源网络中,$u_i(t)$ 为输入电压,$u_o(t)$ 为输出电压。

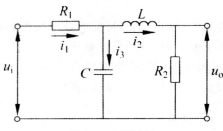

图 2-1　无源电路

根据欧姆定律和基尔霍夫定律,可得

$$u_i = i_1 R_1 + \frac{1}{C}\int i_3 \mathrm{d}t \qquad \frac{1}{C}\int i_3 \mathrm{d}t = L\frac{\mathrm{d}i_2}{\mathrm{d}t} + i_2 R_2 \qquad i_1 = i_2 + i_3 \qquad u_o = i_2 R_2$$

将上述方程进行联立求解,消去中间变量 $i_1(t)$、$i_2(t)$ 和 $i_3(t)$ 后,就可以得到电路方程式,该电路方程式是以 $u_i(t)$ 为输入量,$u_o(t)$ 为输出量的,即

$$R_1 LC\frac{\mathrm{d}^2 u_o(t)}{\mathrm{d}t^2} + (R_1 R_2 C + L)\frac{\mathrm{d}u_o(t)}{\mathrm{d}t} + (R_1 + R_2)u_o(t) = R_2 u_i(t)$$

2. 机械系统微分方程式

通常机械系统设备大致可以分为两类:旋转和平移。它们之间的区别在于前者施加的是扭矩产生的是转角,而后者施加的力而产生的是位移。建立机械系统数学模型的基础是牛顿、胡克等物理定律。

（1）机械位移系统。

图 2-2 为一机械位移系统,由质量块 m、弹性系数为 k 的弹簧和阻尼系数为 f 阻尼器组成的机械系统。$x(t)$ 为施加外力,研究在外力 $x(t)$ 的作用下,质量块 m 的位移 $y(t)$ 的运动方程。假设参考坐标 y_0 是静止的。

系统一开始微分方程的建立:对质量块 m 进行受力分析,根据牛顿第二定律,外力 $x(t)$ 应该与质量 m 产生的惯性力 $x_1(t)$、弹簧产生的弹性力 $x_2(t)$ 以及阻尼器产生的阻尼力 $x_3(t)$ 相平衡,则可得

$$x(t) = x_1(t) + x_2(t) + x_3(t) \qquad \text{公式一}$$

而上式中

$$x_1(t) = m\frac{\mathrm{d}^2 y(t)}{\mathrm{d}t^2} \qquad x_2(t) = ky(t) \qquad x_3(t) = f\frac{\mathrm{d}y(t)}{\mathrm{d}t}$$

故公式一,又可写成

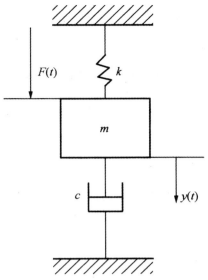

图 2-2　机械位移系统

$$m\frac{\mathrm{d}^2 y(t)}{\mathrm{d}t^2} + f\frac{\mathrm{d}y(t)}{\mathrm{d}t} + ky(t) = x(t)$$

（2）机械扭转系统。

【例 2-1】试列写出如图 2-3 所示的齿轮系的运动微分方程。

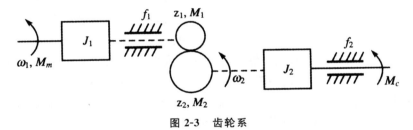

图 2-3　齿轮系

解：图中齿轮 1 和齿轮 2 的转速、齿数和半径分别用 ω_1, z_1, r_1 和 ω_2、z_2 和 r_2 表示；其黏性摩擦系数及转动惯量分别是 f_1, J_1 和 f_2, J_2；齿轮 1 和齿轮 2 的原动转矩及负载转矩分别是 M_m、M_1 和 M_2, M_c。

机械系统中负载与执行元件之间的通常都是通过齿轮系进行运动和动力的传递，来实现调速和增大力矩的目的。在齿轮传动的过程中，两个齿轮的传送功率和线速度都是相同的。故

$$M_1\omega_1 = M_2\omega_2 \quad r_1\omega_1 = r_2\omega_2$$

而齿数和半径是成正比的，故又可得

$$\frac{r_1}{r_2} = \frac{z_1}{z_2}$$

于是易知

$$\omega_2 = \frac{z_1}{z_2}\omega_1 \quad M_1 = \frac{z_1}{z_2}M_2$$

根据力学中定轴转动的动静法可以得出齿轮 1、2 的运动方程为

$$J_1 \frac{\mathrm{d}\omega_1}{\mathrm{d}t} + f_1\omega_1 + M_1 = M_m \quad J_2 \frac{\mathrm{d}\omega_2}{\mathrm{d}t} + f_2\omega_2 + M_c = M_2$$

接下来要消除 ω_2、M_1、M_2 等中间变量,得:

$$M_m = \left[f_1 + \left(\frac{z_1}{z_2}\right)^2 f_2 \right]\omega_1 + \left[J_1 + \left(\frac{z_1}{z_2}\right)^2 J_2 \right]\frac{\mathrm{d}\omega_1}{\mathrm{d}t} + M_c\left(\frac{z_1}{z_2}\right)$$

令 $J = J_1 + \left(\frac{z_1}{z_2}\right)^2 J_2$,$M = M_c\left(\frac{z_1}{z_2}\right)$,$f = f_1 + \left(\frac{z_1}{z_2}\right)^2 f_2$

于是便可得齿轮系的微分方程:

$$M + f\omega_1 + J\frac{\mathrm{d}\omega_1}{\mathrm{d}t} = M_m$$

由上面的公式含义知,折合到齿轮 1 的等效转动惯量、等效黏性摩擦系数和等效负载转矩分别是 J、f 和 M;其中,折算的等效值与齿轮系的速比有关,速比越大,即 z_2/z_1 值越大,折算的等效值越小。倘若齿轮系速比足够大,则可以不用考虑后级齿轮及负载的影响。

2.1.2 非线性微分方程的线性化

严格地讲,系统或元件都有不同程度的非线性,即一切系统都存在非线性因素,即使对所谓的线性系统来说,也只是在一定的工作范围内才保持真正的线性关系。也就是说输入与输出之间的关系不是一次关系,而是二次或高次关系,更可能是其他更加复杂的函数关系。其中,机械或液压系统的非线性往往比电系统更为明显。例如:元件的死区、传动的间隙和摩擦,在输入信号作用下元件的输出量的饱和以及元件存在的非线性函数关系等。因此,准确地反映各种因素对系统或元件的动态影响就会变得很复杂,以至难于获得解析解。再加上目前非线性系统的理论和分析方法都还不很成熟。在这种情况下,要解决问题就不得不首先略掉某些对控制过程不会产生重大影响的因素,使方程简化。然后将这些非线性方程式在一定的工作范围内或一定条件下用近似的线性方程来代替。这种近似的转化过程,称为系统的线性化。即在一定条件下或工作范围内,将非线性系统视为线性系统,加以进行分析、研究。一般,对于非线性函数的线性化方法有两种。一种是忽略非线性因素。若非线性因素对系统的影响很小,就可以忽略。如死区、磁滞以及某些干摩擦等,通常情况下都是可以忽略的。另一种方法就是切线法,或称微小偏差法。

系统通常都有一个预定工作点(平衡点),即系统处于某一平衡位置(状态)。对于自动调节系统或随动系统,只要系统的工作状态稍有偏离此平衡位置,整个系统就会立即作出反应,并力恢复到原来的平衡位置。系统各变量偏离预定工作点的偏差一般都很小。因此,只要作为非线性函数的各变量在预定工作点处有导数或偏导数存在,那么就可以在预定工作点(平衡点)处将系统的这一非线性函数以其自变量的偏差形式展成泰勒级数。若此偏差很小,则泰勒级数中此偏差的高次项就可以忽略不计,就只剩下一次项,最后获得以此偏差为变量的线性函数。这就是所谓的切线法或微小偏差法。

【例 2-2】图 2-4 为液面系统,Q_r 为流入液量,Q_c 为流入液量,h 为液面高度,S 为容器截面积,在 h 变动内位恒值。列出液面波动的运动方程式。

解:系统原始方程式:

以 Q_r 为输入量,h 为输出量,根据物质守恒定律可得:

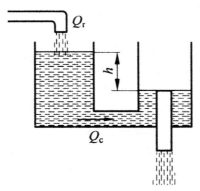

图 2-4　为液面系统

$$\frac{\mathrm{d}h}{\mathrm{d}t} = \frac{Q_r - Q_c}{S} \tag{2-1}$$

由流量公式知

$$Q_c = a\sqrt{h} \tag{2-2}$$

上式中，a 是决定于流通管道面积和其结构形式的参数，当结构一定时，在 Q_c 变化的一定范围内，可以近似地认为其是恒值。

将式(2-2)代入式(2-1)消去 Q_c，得液面运动方程式

$$\frac{\mathrm{d}h}{\mathrm{d}t} + \frac{a}{S}\sqrt{h} = \frac{1}{S}Q_r \tag{2-3}$$

显然，公式(2-3)是一个非线性方程式。

则对于公式(2-3)的处理，首先要既定的工作点（平衡点）和静态方程式：额定的工作点是 (Q_{r_0}, h_0)，则静态方程式是

$$a\sqrt{h_0} = Q_{r_0} \tag{2-4}$$

再将 $a\sqrt{h_0}$ 这个非线性方程线性化，可得

$$\sqrt{h} = \sqrt{h_0} + \left(\frac{\mathrm{d}\sqrt{h}}{\mathrm{d}h}\right)_{h_0} \times \Delta h = \sqrt{h_0} + \frac{1}{2\sqrt{h_0}} \times \Delta h$$

用方程的既定（额定）值和微小增量值之和来表示方程式的瞬时值

$$\frac{\mathrm{d}\Delta h}{\mathrm{d}t} + \frac{a}{S}\left(\sqrt{h_0} + \frac{1}{2\sqrt{h_0}} \times \Delta h\right) = \frac{1}{S}(Q_{r_0} + \Delta Q_r)$$

从上式中减去静态方程式(2-4)，即可得液面运动方程式(2-3)的线性化方程式

$$S\frac{\mathrm{d}\Delta h}{\mathrm{d}h} + \frac{a}{2}\frac{1}{\sqrt{h_0}} \times \Delta h = \Delta Q_r \tag{2-5}$$

通过上面举例和分析，可以看出线性化有如下特点：

1)线性化是相对某一既定（额定）工作点进行的。工作点（平衡点）不同，得到的线性化微分方程的数也不同。

2)若使线性化具有足够的精度，调节过程中变量偏离工作点（平衡点）的偏差信号必须足够小。若增量不是很小而要进行线性化时，为了验证容许的误差值，需要分析泰勒公式中的余项。

3)线性化只能运用没有折断点、间断点和非单值关系的函数。如果非线性函数是不连续的

（即非线性特性是不连续的），则在不连续点附近不能得到收敛的 Taylor 级数，这时就不能线性化，这类非线性称为本质非线性。

4）线性化后的微分方程是相对既定（额定）工作点以增量来描述的，是以增量为基础的增量方程。因此，可以认为其初始条件为零。

2.1.3 微分方程增量化

图 2-5 为电枢控制式直流电动机原理图，设 u_a 为电枢两端的控制电压，ω 为电动机旋转角速度，M_L 为折合到电动机轴上的总的负载力矩。当激磁不变时，用电枢控制的情况下，u_a 为给定输入，ω 为输出，M_L 为干扰输入。系统中 i_a 为电动机的电枢电流；e_d 为电动机旋转时电枢两端的反电势；M 为电动机的电磁力矩。

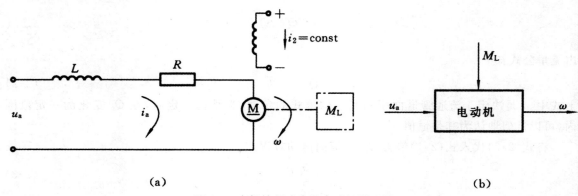

(a)　　　　　　　　　　　　　　　　　　(b)

图 2-5　电枢控制式直流电动机原理图

根据克希荷夫定律，电动机电枢回路的方程为

$$L\frac{\mathrm{d}i_a}{\mathrm{d}t}+i_aR+e_d=u_a \tag{2-6}$$

式中，L，R 分别为电感和电阻，当磁通固定不变时，e_d 与转速 ω 成正比，此时

$$e_d=k_d\omega$$

式中，k_d 是反电势常数，则代入式（2-6）中可得

$$L\frac{\mathrm{d}i_a}{\mathrm{d}t}+i_aR+k_d\omega=u_a \tag{2-7}$$

根据刚体的转动定律，电动机转子的运动方程式为

$$J\frac{\mathrm{d}\omega}{\mathrm{d}t}=M-M_L \tag{2-8}$$

式中，J 是转动部分折合到电动轴上的总的转动惯量，当激磁磁通固定不变时，电动机的电磁力矩 M 与电枢电流 i_a 成正比，即如下式所示，其中 k_m 是电动机电磁力矩常数。

$$M=k_mi_a \tag{2-9}$$

将式（2-9）代入式（2-8）中可得

$$J\frac{\mathrm{d}\omega}{\mathrm{d}t}=k_mi_a-M_L \tag{2-10}$$

式（2-10）中省略了阻尼力矩（与电动机的转速成正比）。

将公式（2-7）和公式（2-10）的中间变量 i_a 消去即可得公式

$$\frac{LJ}{k_{\mathrm{d}}k_m}\frac{\mathrm{d}^2\omega}{\mathrm{d}t^2}+\frac{RJ}{k_{\mathrm{d}}k_m}\frac{\mathrm{d}\omega}{\mathrm{d}t}+\omega=\frac{1}{k_{\mathrm{d}}}u_{\mathrm{a}}-\frac{L}{k_{\mathrm{d}}k_m}\frac{dM_{\mathrm{L}}}{\mathrm{d}t}-\frac{R}{k_{\mathrm{d}}k_m}M_{\mathrm{L}} \tag{2-11}$$

令 $L/R=T_{\mathrm{a}}$，$T_m/J=C_m$，$1/k_{\mathrm{d}}=C_{\mathrm{d}}$，$RJ/(k_{\mathrm{d}}k_m)=T_m$，则上式即为：

$$T_{\mathrm{a}}T_m\frac{\mathrm{d}^2\omega}{\mathrm{d}t^2}+T_m\frac{\mathrm{d}\omega}{\mathrm{d}t}+\omega=C_{\mathrm{d}}u_{\mathrm{a}}-C_mT_{\mathrm{a}}\frac{dM_{\mathrm{L}}}{\mathrm{d}t}-C_mM_{\mathrm{L}} \tag{2-12}$$

式（2-12）就是电枢控制式直流电动机的数学模型，从公式中易知，转速 ω 同时受电枢两端的控制电压 u_{a} 和干扰输入 M_{L} 的影响。

从上面的电枢控制式直流电动机的微分方程式（2-12）中可以看出，如果电动机处于平衡状态，则变量的各阶导数都为零，微分方程就变为代数方程。最终得到公式

$$\omega=C_{\mathrm{d}}u_{\mathrm{a}}-C_mM_{\mathrm{L}} \tag{2-13}$$

这种表示在平衡状态下输入量、输出量之间关系的数学式称为静态数学模型，公式（2-13）即为电动机的静态数学模型，静态数学模型可以用静态特性曲线来表示。在公式（2-13）中，当 u_{a} 为常数时，M_{L} 与 ω 的关系称为外特性或机械特性；当 M_{L} 为常数时，u_{a} 与 ω 的关系称为控制特性。

电动机工作在平衡状态下时，相对应的输入量和输出量可分别表示为

$$u_{\mathrm{a}}=u_{\mathrm{a0}} \qquad \omega=\omega_0 \qquad M_{\mathrm{L}}=M_{\mathrm{L0}}$$

于是就有

$$\omega_0=C_{\mathrm{d}}u_{\mathrm{a0}}-C_mM_{\mathrm{L0}} \tag{2-14}$$

其中，u_{a0}，ω_0，M_{L0} 分别表示某一平衡状态下 u_{a}，ω，M_{L} 所对应的具体数值。如果在某一时刻，输入量发生变化，其变化值分别为 Δu_{a}，ΔM_{L}，$\Delta \omega$ 是系统的原平衡状态将被破坏，输出量发生变化的变化值，这时输入量与输出量可以表示为

$$u_{\mathrm{a}}=u_{\mathrm{a0}}+\Delta u_{\mathrm{a}} \qquad \omega=\omega_0+\Delta\omega \qquad M_{\mathrm{L}}=M_{\mathrm{L0}}+\Delta M_{\mathrm{L}}$$

则代入公式（2-14），即可得如下公式

$$T_{\mathrm{a}}T_m\frac{\mathrm{d}^2(\omega_0+\Delta\omega)}{\mathrm{d}t^2}+T_m\frac{\mathrm{d}(\omega_0+\Delta\omega)}{\mathrm{d}t}+(\omega_0+\Delta\omega)$$

$$=C_{\mathrm{d}}(u_{\mathrm{a0}}+\Delta u_{\mathrm{a}})-C_mT_{\mathrm{a}}\frac{\mathrm{d}(M_{\mathrm{L0}}+\Delta M_{\mathrm{L}})}{\mathrm{d}t}-C_m(M_{\mathrm{L0}}+\Delta M_{\mathrm{L}})$$

而又知 $\omega_0=C_{\mathrm{d}}u_{\mathrm{a0}}-C_mM_{\mathrm{L0}}$，于是上式又可变化为

$$T_{\mathrm{a}}T_m\frac{\mathrm{d}^2\Delta\omega}{\mathrm{d}t^2}+T_m\frac{\mathrm{d}\Delta\omega}{\mathrm{d}t}+\Delta\omega=C_{\mathrm{d}}\Delta u_{\mathrm{a}}-C_mT_{\mathrm{a}}\frac{\mathrm{d}\Delta M_{\mathrm{L}}}{\mathrm{d}t}-C_m\Delta M_{\mathrm{L}} \tag{2-15}$$

上式就是电动机微分方程在某一平衡状态附近的增量化表示。比较公式（2-12）与公式（2-15），可知其形式是一样的，不同之处在于公式（2-15）的变量是以平衡状态为基础的增量，即把各变量的坐标零点（原点）放在原平衡点上。这样在求解增量化表示的方程（2-15）时，就可以把初始条件变为零，这样一来就给运算和分析带来诸多方便。基于这个原因，在自动控制理论中，微分方程一般都是用增量方程来表示，并且为了书写方便，一般习惯将增量符号"Δ"省略掉如下公式（2-16）所示。

如果在电动机工作过程中，$M_{\mathrm{L}}=$常数，则就有 $\Delta M_{\mathrm{L}}=0$，那么增量化方程就变为

$$T_{\mathrm{a}}T_m\frac{\mathrm{d}^2\Delta\omega}{\mathrm{d}t^2}+T_m\frac{\mathrm{d}\Delta\omega}{\mathrm{d}t}+\Delta\omega=C_{\mathrm{d}}\Delta u_{\mathrm{a}}$$

此时转速的变化就只与电枢电压有关。习惯上上式也可以写成

$$T_{\mathrm{a}}T_m\frac{\mathrm{d}^2\omega}{\mathrm{d}t^2}+T_m\frac{\mathrm{d}\omega}{\mathrm{d}t}+\omega=C_{\mathrm{d}}u_{\mathrm{a}} \tag{2-16}$$

2.2 拉普拉斯变换及其逆变换

微分方程可以表达出输入量和输出量之间的关系,通过解微分方程具体的看出系统输出随着时间变化的规律,这是一种系统分析方法,即系统的时域分析法。而利用拉普拉斯变换解方程,能使解答微分方程的过程大大简化。

2.2.1 拉普拉斯变换

拉普拉斯变换是在一定条件下,把实数域中的实变函数 $x(t)$ 变换到复数域内与之等价的复变函数 $X(s)$。时间函数 $x(t)$,当 $t<0$ 时,$x(t)=0$;当 $t\geqslant0$ 时,定义函数 $x(t)$ 的拉普拉斯变换为:

$$X(s) = L[x(t)] = \int_0^\infty x(t)e^{-st}\,dt$$

上式中 $X(s)$ 是像函数,L 是拉普拉斯变换符,$x(t)$ 是原函数。

由此可知,拉普拉斯变换是否存在取决于上述定义所规定的积分是否收敛,如果 $x(t)$ 满足下面条件,则拉普拉斯变换存在。

①当 $t\geqslant0$ 时,$x(t)$ 分段连续,只有有限个间断点。

②当 $t\rightarrow0$ 时,$x(t)$ 的增长速度不超过某一指数函数,即要满足

$$|x(t)|\leqslant Me^{at}$$

上式中的 M、a 均为实常数。在复平面上,对于 $\text{Res}>a$ 的所有复数 s(Res 表示 a 的实部)a 为收敛坐标,$\text{Res}>a$ 是拉普拉斯变换的定义域。

2.2.2 拉普拉斯逆变换

在已知函数 $x(t)$ 的拉普拉斯变换 $X(s)$ 情况下,求函数 $x(t)$,这一过程称之为拉普拉斯逆变换。拉普拉斯逆变换可表示为已知函数 $f(t)$ 的拉普拉斯变换 $F(s)$,求原函数 $f(t)$ 的运算也就称为拉普拉斯反变换。其公式为 $f(t) = \dfrac{1}{2\pi j}\int_{a-j\infty}^{a+j\infty} F(s)e^{st}\,ds$,通常也可简写为 $f(t) = L^{-1}[F(s)]$ 的形式。

在控制系统中利用基本的时间函数的拉普拉斯变换和拉普拉斯变换的基本定理可以进行复杂的时间函数的拉普拉斯变换。典型的时间函数的拉普拉斯变换是常用的信号的拉普拉斯变换。这些时间函数主要都有:单位阶跃函数、单位脉冲函数、单位速度函数、正弦信号函数和指数函数。一般情况下,求时间函数的拉普拉斯变换并不一定要按定义一步一步求解,可以直接通过查询拉普拉斯变换表直接得出答案。

2.2.3 拉普拉斯变换的基本性质

在对控制论的研究中,经常需要用到拉普拉斯变换的一些性质,了解和熟识相关性质对于深入研究机械工程控制有很重要的意义。

拉普拉斯变换的基本性质如下。

1. 加法定理

若有 $L[f_1(t)]=F_1(s)$，$L[f_2(t)]=F_2(s)$，则 $L[af_1(t)+bf_2(t)]=aF_1(s)+bF_2(s)$

2. 积分定理

$$L\left[\int f(t)\mathrm{d}t\right]=\frac{F(s)}{s}+\frac{f^{-1}(0)}{s}$$，公式中，$f^{-1}(0)=\int f(t)\mathrm{d}t$ 是在 $t=0$ 时的值。

3. 微分定理

$$L\left[\frac{\mathrm{d}f(t)}{\mathrm{d}t}\right]=sF(s)-f(0)$$

4. 延迟定理

设 $L[f(t)]=F(s)$，若 $f(t)$ 延时间轴延迟至一恒值 a，用 $f(t-a)$ 表示，则有
$$L[f(t-a)]=\mathrm{e}^{-as}F(s)$$

5. 初值定理

若 $f(t)$ 和 $\dfrac{\mathrm{d}f(t)}{\mathrm{d}t}$ 存在拉普拉斯变换，且 $\lim\limits_{s\to\infty}sF(s)$ 也存在，则有
$$f(0)=\lim_{s\to\infty}sF(s)$$

6. 终值定理

若 $f(t)$ 和 $\dfrac{\mathrm{d}f(t)}{\mathrm{d}t}$ 存在拉普拉斯变换，$\lim\limits_{t\to\infty}f(t)$ 存在且唯一，则有
$$\lim_{t\to\infty}f(t)=\lim_{s\to0}sF(s)$$

7. 衰减定理

$$L[\mathrm{e}^{-at}f(t)]=F(s+a)$$

8. 相似定理

$$L\left[f\left(\frac{t}{a}\right)\right]=aF(as)$$

9. 卷积的拉普拉斯变换

设 $f_1(t)$ 和 $f_2(t)$ 满足拉普拉斯变换条件，并且 $L[f_1(t)]=F_1(s)$，$L[f_2(t)]=F_2(s)$，则 $f_1(t)\cdot f_2(t)$ 的拉普拉斯变换一定存在，且有 $L[f_1(t)\cdot f_2(t)]F_1(s)F_2(s)$。

拉普拉斯变换方法可以用于求解微分方程，并且也是对控制系统进行时域分析的重要手段。根据定义拉普拉斯反变换是要进行复变函数积分来完成的，一般若要进行直接计算是非常难的。通常都是用部分分式展开法将复变函数展开成有理分式函数之和，然后通过拉普拉斯变换表表分别查出对应的反变换函数，即可求得所需求的原函数。

在控制论中,线性系统的像函数大多都是 s 的有理分式:

$$F(s)=\frac{B(s)}{A(s)}=\frac{b_m s^m+b_{m-1}s^{m-1}+\cdots+b_1 s+b_0}{a_n s^n+a_{n-1}s^{n-1}+\cdots+a_1 s+a_0},n\geqslant m \tag{2-17}$$

上式中,分母为零处的 s 值为极点,分子为零处的 s 值为零点,根据实系数多项式因式分解定理,可以将式(2-17)化简为如下形式:

$$F(s)=\frac{B(s)}{A(s)}=\frac{b_m s^m+b_{m-1}s^{m-1}+\cdots+b_1 s+b_0}{(s-p_1)^{r_1}(s-p_2)^{r_2}\cdots(s-p_n)^{r_n}} \tag{2-18}$$

上式中,$r_1+r_2+\cdots+r_l=n$,p_i 是 $F(s)$ 的极点,也是 $A(s)$ 的根。如果存在 $r_i>1$ 情况,则应该是存在重根的,也就是说有相同的极点;$r_i=1,(i=1,2,\cdots,n)$ 时,就是没有重根存在,亦表示没有相同的极点存在。此时

$$F(s)=\frac{B(s)}{A(s)}=\frac{b_m s^m+b_{m-1}s^{m-1}+\cdots+b_1 s+b_0}{(s-p_1)(s-p_2)\cdots(s-p_n)} \tag{2-19}$$

(1)无重根或相同极点。

若无相同极点时,则可将式(2-19)化简为部分分式

$$F(s)=\frac{A_1}{s-p_1}+\frac{A_2}{s-p_2}+\cdots+\frac{A_n}{s-p_n}=\sum_{i=1}^{n}\frac{A_i}{s-p_i}$$

上式中,A_i 是待定系数。这种情况下又可分为两种情形,一种是所有根都是实根,另一种是有共轭复根。

(2)有重根或相同极点。

假设 $F(s)$ 的 $A(s)$ 中,$r_i=3,r_2=r_3=\cdots=r_{n-2}=1$,也就是说有三重根 p_1,其他根都不是重根,则就可以将化简为以下形式

$$F(s)=\frac{B(s)}{A(s)}=\frac{b_m s^m+b_{m-1}s^{m-1}+\cdots+b_1 s+b_0}{(s-p_1)^3(s-p_2)(s-p_3)\cdots(s-p_{n-2})}$$

$$=\frac{A_{11}}{(s-p_1)^3}+\frac{A_{12}}{(s-p_1)^2}+\frac{A_{13}}{(s-p_1)}+\sum_{i=2}^{n-2}\frac{A_i}{(s-p_i)}$$

2.2.4 数学基础—复数概念和表示法

1.复数概念

复数 s 一般包括两个部分,一部分是实部用 σ 来表示,另一部分是虚部用 ω 来表示,即 $s=\sigma+j\omega$,其中 ω 和 σ 均为实数,$j=\sqrt{-1}$ 是虚数单位。若一个复数为零,必须且只需它的实部和虚部同时为零。通常,两个虚数相等是指,必须且只需它们的实部和虚部分别相等。

2.复数的表示法

在平面直角坐标系中,σ 为实轴(横坐标),$j\omega$ 为虚轴(纵坐标)。用实轴和虚轴所构成的平面称为复平面或 $[s]$ 平面。任何复数 $s=\sigma+j\omega$ 都可在复平面 $[s]$ 中用点 (σ,ω) 表示,任一复数 $s=\sigma+j\omega$ 与实数 σ、$j\omega$ 都是一一对应的关系。

2.3 控制系统的传递函数

一般来说,建立了系统或元件的数学模型之后,就可对其进行求解,得到输出量的变化规律,以

便对系统进行分析。但是,微分方程,尤其是复杂系统的高阶微分方程的求解非常复杂。若对微分方程进行拉普拉斯变换,即变成代数方程(在复域),这将使方程的求解大大简化。递函数是经典控制理论的基础,是极其重要的基本概念。传递函数就是在拉普拉斯变换的基础上产生的,用它来描述零初始条件的单输入输出系统方便直观,它是对元件及系统进行分析、研究与综合的有力工具。传可以根据传递函数在复平面上的形状直接判断系统的动态性能,找出改善系统品质的方法。

在线性定常系统中传递函数的定义为:在零初始条件下(初始输入和输出及其它们物理系统一般由若干元件按一定的形式连接而成,各元件在系统中承担着特定的作用,并具有各自的功能,通过它们的相互配合构成一个完整的系统。从控制理论的角度看,物理本质、工作原理不同的元件是完全可以具有相同的数学模型。在控制工程中,通常将具有某种确定信息传递关系的元件、元件组或元件的一部分称为一个环节,经常遇到的环节称为典型环节。任何复杂的系统都可以看作是若干个典型环节按某种形式组合而成。求出典型环节的传递函数,就可以求出系统的传递函数,经典控制理论中广泛应用的频率法和根轨迹法都是在传递函数的基础上建立起来的。这样一来便给复杂系统的学习、分析及研究带来极大的方便。

常用的典型环节有比例环节、惯性环节、微分环节、积分环节、振荡环节和延迟环节。

2.3.1　传递函数的概念

线性定常系统的传递函数:在零初始条件下,输出量 $y(t)$ 的拉氏变换 $Y(s)$ 与输入量 $x(t)$ 的拉氏变换 $X(s)$ 之比。

零初始条件:

1) $t<0$ 时,输入量及其各阶导数都为 0。

2) $t<0$ 时,输出量及其各阶导数也都为 0,即输入量施加于系统之前,系统处于稳定的工作状态。

设线性定常系统输入量为 $x(t)$,输出量为 $y(t)$,则描述系统的微分方程的一般形式为

$$a_n \frac{\mathrm{d}^n y}{\mathrm{d}t^n} + a_{n-1} \frac{\mathrm{d}^{n-1} y}{\mathrm{d}t^{n-1}} + a_{n-2} \frac{\mathrm{d}^{n-2} y}{\mathrm{d}t^{n-2}} + \cdots + a_1 \frac{\mathrm{d}y}{\mathrm{d}t} + a_0 y$$

$$= b_m \frac{\mathrm{d}^m x}{\mathrm{d}t^m} + b_{m-1} \frac{\mathrm{d}^{m-1} x}{\mathrm{d}t^{m-1}} + b_{m-2} \frac{\mathrm{d}^{m-2} x}{\mathrm{d}t^{m-2}} + \cdots + b_1 \frac{\mathrm{d}x}{\mathrm{d}t} + b_0 x \tag{2-20}$$

上式中,$n \geq m$;a_n、b_m 都是为系统结构参数所决定的定常数($n, m = 0, 1, 2, 3, \cdots$)。

如果变量及其各阶导数初值为零,则等式两边取拉氏变换后得

$$a_n s^n Y(s) + a_{n-1} s^{n-1} Y(s) + \cdots + a_1 s Y(s) + a_0 Y(s)$$

$$= b_m s^m X(s) + b_{m-1} s^{m-1} X(s) + \cdots + b_1 s X(s) + b_0 X(s) \tag{2-21}$$

根据传递函数的定义,系统的传递函数 $G(s)$ 为

$$G(s) = \frac{Y(s)}{X(s)} = \frac{b_m s^m + b_{m-1} s^{m-1} + \cdots + b_1 s + b_0}{a_n s^n + a_{n-1} s^{n-1} + \cdots + a_1 s + a_0} \tag{2-22}$$

传递函数是通过输入量和输出量之间的关系来描述系统本身特性的,但是系统本身的特性与输入量无关;传递函数不表明所描述系统的物理结构,对于不同的物理系统,只要它们的动态特性相同,就可用同一传递函数来描述。

传递函数分母多项式中 s 的最高幂数代表了系统的阶数,例如若 s 的最高幂数为 n,则该系统为 n 阶系统。

在控制工程中,传递函数是一个非常重要的概念,它是分析线性定常系统的有力数学工具,传递函数有如下特点:

1)比微分方程简单,通过拉氏变换,实数域内复杂的微积分运算已经转化为简单的代数运算。

2)令传递函数中的 $s=j\omega$,则系统可在频率域内分析。

3)当系统输入典型信号时,其输出与传递函数有一定的对应关系,当输入是单位脉冲函数时,输入的象函数为1,其输出象函数与传递函数相同。

4)$G(s)$ 的零点、极点分布决定系统的动态特性。

2.3.2 传递函数的零点、极点和放大系数

系统的传递函数 $G(s)$ 是以复变量 s 作为自变量的函数。通过因式分解后,传递函数 $G(s)$ 可以写成如下的一般形式:

$$G(s)=\frac{K(s-z_1)(s-z_2)\cdots(s-z_m)}{(s-p_1)(s-p_2)\cdots(s-p_n)} \quad (K \text{ 为常数}) \tag{2-23}$$

通过复变函数可知,在上式(2-23)中,当 $s=z_j(j=1,2,\cdots,m)$ 时,都能够使传递函数 $G(s)=0$,则就可以称 $z_1,z_2,\cdots,z_m$ 为传递函数的零点。当 $s=p_i(i=1,2,\cdots,n)$ 时,都能使传递函数 $G(s)$ 的分母等于零,也即是使传递函数 $G(s)$ 取极值

$$\lim_{s\to p_i}G(s)=\infty \quad (i=1,2,\cdots,n) \tag{2-24}$$

所以,称 $p_1,p_2,\cdots,p_n$ 为传递函数 $G(s)$ 的极点,也就是系统微分方程的特征根即系统传递函数的极点。

如果用拉氏变换求解系统的微分方程可以得到系统的瞬态响应,其瞬态响应一般由以下形式的分量所构成

$$e^{pt}, e^{\delta t}\cos\omega t, e^{\delta t}\sin\omega t$$

上述三个分量中,p 和 $\delta+j\omega$ 是系统微分方程的特征根,也就是系统传递函数的极点。

如果所有的极点是负数或是具有负实部的复数,也就是说,$p<0$,$\delta<0$,当 $t\to 0$ 时,上面的几个分量都将趋近于零,瞬态响应是收敛的。在这种情况下,就可以称该系统是稳定的,也就是说系统的极点性质决定系统是否稳定。而控制工程研究的重要内容之一就是系统的稳定性问题。

从上面的拉氏变换求解系统的微分方程过程中,不难发现,当系统的输入信号一定时,系统的零点、极点决定着系统的动态性能,也就是说零点对系统的稳定性没有影响,但它对瞬态响应曲线的形状有影响。

当 $s=0$ 时

$$G(0)=\frac{K(-z_1)(-z_2)\cdots(-z_m)}{(-p_1)(-p_2)\cdots(-p_n)}=\frac{b_0}{a_0}$$

若系统输入为单位阶跃信号,即 $X_i(s)=\dfrac{1}{s}$,根据拉氏变换的终值定理,可以得出系统的稳态输出值应该为:

$$\lim_{t\to\infty}x_0(t)=x_0(\infty)=\lim_{s\to 0}sx_0(s)=\lim_{s\to 0}sG(s)x_i(s)=\lim_{s\to 0}G(s)=G(0)$$

所以 $G(0)$ 决定着系统的稳态输出值,由上式可知,$G(0)$ 就是系统的放大系数,而系统微分方程的常数项常决定放大系数。由上述可知,系统传递函数的零点、极点和放大系数决定着系统

的瞬态性能和稳态性能。所以,对系统的研究可变成对系统传递函数零点、极点以及放大系数的研究,非常重要。

通过利用控制系统传递函数零点、极点的分布可以简明扼要、直观明确地表达控制系统的性能的众多规律。控制系统的时域、频域特性集中地以其传递函数零点、极点特征表现出来,从系统的观点来看,对于输入－输出的控制模型的描述,往往只需从系统的输入、输出特征,即控制系统传递函数的零点、极点特征来考察、分析和处理控制系统中的各种问题。并不关心组成系统内部的结构和参数。

2.3.3　典型环节的传递函数

通常对于一个复杂的控制系统来说,它总可以被分解为有限的简单因式的组合,这些简单因式可以构成独立的控制单元,并具有各自独特的动态性能,我们称这些简单因式作为传递函数构成的控制单元为典型环节。典型环节分别为:比例环节、惯性环节、微分环节、积分环节、振荡环节和延迟环节。

在实际工程应用中,常常将这些典型环节通过串联、并联和反馈等方式构成复杂的控制系统。因此,将一个复杂的控制系统分解为由有限的典型环节组成,并求出这些典型环节的传递函数来,这将为分析、研究和设计复杂系统带来巨大便捷。

以下介绍这些典型环节的传递函数及其推导。

1. 比例环节

比例环节也称为无惯性环节、放大环节及零阶环节,它的输出量和输入量是成正比的,输出不失真也不延迟。而是按照比例反映输入量的环节称之为比例环节。即

$$x_0(t) = kx_i(t)$$

式中,$x_0(t)$ 是输出量,$x_i(t)$ 是输入量,K 是环节的放大系统或增益(常数)。它的传递函数是

$$G(s) = \frac{X_o(s)}{X_i(s)} = K$$

【例 2-3】求如图 2-6 所示的运算放大器的传递函数,图中,$u_i(t)$ 是输入电压,而 $u_o(t)$ 则是输出电压;R_1、R_2 是电阻。

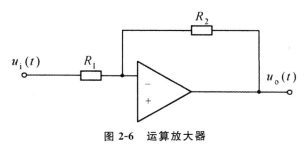

图 2-6　运算放大器

解: 输入电压 $u_i(t)$ 和输出电压 $u_o(t)$ 的关系是

$$u_o(t) = -\frac{R_2}{R_1} u_i(t)$$

经过拉氏变换后,可得

$$U_o(s) = -\frac{R_2}{R_1}U_i(s)$$

于是易知运算放大器的传递函数为

$$G(s) = \frac{U_o(s)}{U_i(i)} = -\frac{R_2}{R_1} = K$$

【例 2-4】 求如图 2-7 所示的齿轮传动副的传递函数。其中,输入和输出轴的转速分别为 $n_i(t)$、$n_o(t)$。而 z_1、z_2 则为齿轮的齿数。

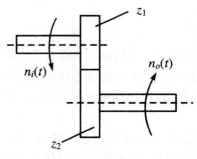

图 2-7 齿轮传动副

解: 若齿轮副无传动间隙,且传动系统的刚性为无穷大,那么,一旦有输入转速 $n_i(t)$,就会产生输出转速 $n_o(t)$,所以有

$$n_i(t)z_1 = n_o(t)z_2$$

经过拉氏变换后,即可得:

$$N_i(s)z_1 = N_o(s)z_2$$

于是齿轮传动副的传递函数是:

$$G(s) = \frac{N_o(s)}{N_i(s)} = -\frac{z_1}{z_2} = K$$

式中,K 为齿轮副的传动比。

通常,此种类型的环节很多,在机械系统中作为测量元件的测速发电机(输入为转速、输出为电压时)、略去弹性的杠杆以及电子放大器等,在一定条件下都可以认为是比例环节。

2. 惯性环节

惯性环节又称非周期环节或一阶惯性环节。在惯性环节中,总是含有一个储能元件,对于突变形式的输入 $x_i(t)$,其对应的输出 $x_o(t)$ 不能立即复现,输出 $x_o(t)$ 通常总是落后于输 $x_i(t)$。惯性环节一般包括一个储能元件和一个耗能元件。

其一阶微分方程形式是:

$$T\frac{dx_o(t)}{dt} + x_o(t) = Kx_i(t)$$

假设初始状态为零,则将上式中两边同时进行拉氏变换,可得:

$$TsX_o(s) + X_o(s) = Kx_i(s)$$

于是有

$$G(s) = \frac{X_o(s)}{X_i(s)} = \frac{K}{Ts+1}$$

式中，T 是惯性环节的时间常数，K 是惯性环节的放大系数或增益。

【**例 2-5**】求如图 2-8 所示的质量－弹簧－阻尼系统的传递函数。而 $x_i(t)$ 为输入位移，$x_p(t)$ 为输出位移，c 为阻尼器的阻尼系数，k 为弹簧的系数。

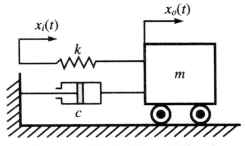

图 2-8　忽略质量的阻尼—弹簧系统

解：如果质量块的质量 m 相对很小，则可以忽略它的影响。根据牛顿第二定律，有

$$c \frac{\mathrm{d}x_o(t)}{\mathrm{d}t} + kx_o(t) = kx_i(t)$$

经拉氏变换后，可得

$$csX_o(s) + kX_o(s) = kX_i(s)$$

所以，它的传递函数是

$$G(s) = \frac{X_o(s)}{X_i(s)} = \frac{k}{cs+k} = \frac{1}{Ts+1}$$

式中，$T = \dfrac{c}{k}$，并且 T 是惯性系统的时间常数。

本控制系统中包含有储能元件弹簧 k 和耗能元件阻尼器 c，因此，构成了惯性环节。

许多热力系统，包括热电偶等在内的系统，都是惯性系统，具有惯性环节传递函数的一般表达式。因此，不同的物理系统是可以具有相同的传递函数的。

3. 微分环节

凡是输出量正比于输入量的微分方程的环节都称为微分环节，就是具有

$$x_o(t) = Tx_i(t)$$

关系的环节，也就是说微分环节的输出反映了输入的微分关系。易知，微分环节的传递函数是

$$G(s) = \frac{X_o(s)}{X_i(s)} = Ts$$

式中，T 是微分环节的时间常数。

图 2-9 是微分运算电路，输入电压是 u_i，输出电压是 u_o，R 是电阻，C 是电容。

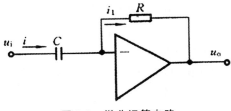

图 2-9　微分运算电路

根据图中所示的相关关系可以列出以下

$$u_o = -Ri_1 = -Ri$$

所以,系统的微分方程为

$$i = C\frac{\mathrm{d}u_i}{\mathrm{d}t} \quad u_o = -RC\frac{\mathrm{d}u_i}{\mathrm{d}t}$$

于是,可得其传递函数为

$$G(s) = \frac{U_o(s)}{U_i(s)} = -RCs$$

若当输入为单位阶跃函数时,那么输出就为脉冲函数,这在实际中是不可能的。这证明了对于传递函数来说,分子的阶数不可能高于分母的阶数。因此,微分环节不可能单独存在,它应该是与其他环节同时存在的。

总地来说微分环节的控制作用主要是:

1)使输出提前。微分环节的输出是输入的导数,它反映了输入的变化趋势,也就是对系统的有关输入变化趋势进行提前预测。

2)增加系统的阻尼。从上面的例子中,不难发现,采用微分环节后,系统的阻尼一般都会增加。

3)强化干扰(噪声)的作用。由于对输入的预测,同时也预测了相关的干扰(噪声),增加了对干扰的灵敏度,也增加了因为干扰而造成的误差。

4. 积分环节

凡在时域中,具有输出量正比于输入量对时间的积分,即具有

$$x_o(t) = \frac{1}{T}\int x_i(t)\mathrm{d}t$$

形式的环节就可以称之为积分环节。其则传递函数为

$$G(s) = \frac{X_o(s)}{X_i(s)} = \frac{1}{Ts}$$

上式中,T 是积分环节的时间常数。

当系统的输入为单位阶跃信号 $u(t)$ 时,即 $X_i(s) = 1/s$,则系统的输出应为:

$$X_o(s) = \frac{1}{Ts} \times \frac{1}{s} = \frac{1}{Ts^2}$$

经过拉氏逆变换后,积分环节的输出是:

$$x_o(t) = \frac{1}{T}t$$

该环节的特点是输出量为输入量对时间的积累,输出量的幅值呈线性增长,如图 2-10 所示。对阶跃输入,输出要在 $t=T$ 时才能等于输入,故有滞后作用。经过一段时间的积累后,当输入变为零时,输出量也就不再增加,但具有记忆功能,会保持该值不变。一般在系统中只要有累积或存储特点的元件,就会具有积分环节的特性。

【例 2-6】 如图 2-11 所示的水箱,以流量 $Q(t) = Q_1(t) - Q_2(t)$ 为输入量,液面高度变化量 $h(t)$ 为输出量,γ 为水的密度,A 为水箱截面积。试求该水箱系统的传递函数。

解:根据质量守恒定律可得

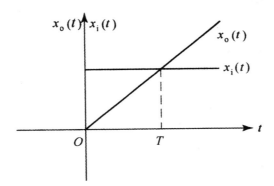

图 2-10　积分环节的输入输出关系

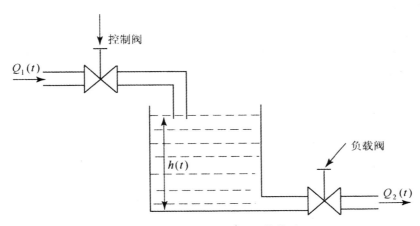

图 2-11　水箱 $Q(t)$ 和 $h(t)$ 的关系

$$\gamma \int Q(t)\mathrm{d}t = Ah(t)\gamma$$

对上式进行拉氏变换后,可得

$$Q(s) = AsH(s)$$

所以,其传递函数为

$$G(s) = \frac{H(s)}{Q(s)} = \frac{1}{As}$$

5. 振荡环节

振荡环节又称二阶振荡函数,是一个二阶环节,在时域中,若输出量 $x_o(t)$ 与输入量 $x_i(t)$ 可以用微分方程表示为:

$$T^2 \frac{\mathrm{d}^2 x_o(t)}{\mathrm{d}t^2} + 2\xi T \frac{\mathrm{d}^2 x_o(t)}{\mathrm{d}t^2} + x_o(t) = x_i(t)$$

则就可称该环节为振荡环节或二阶环节。

将上式经过拉氏变换后,可得

$$T^2 s^2 X_o(s) + 2\xi Ts X_o(s) + X_o(s) = X_i(s)$$

所以,它的传递函数是

$$G(s) = \frac{X_o(s)}{X_i(s)} = \frac{1}{T^2 s^2 + 2\xi Ts + 1}$$

令 $T = 1/\omega_n$，则上式可以化简为

$$G(s) = \frac{\omega_n^2}{s^2 + 2\xi\omega_n s + \omega_n^2}$$

上式中，T 是振荡环节的时间常数，ω_n 是无阻尼固有频率，ξ 为阻尼，且 $0 \leqslant \xi < 1$。

通常对于二阶环节做阶跃输入时，其输出有两种情况：

1）当 $\xi \geqslant 1$ 时，系统的输出呈指数上升曲线而不振荡，最终会达到常值输出。此时，该二阶环节就不是振荡环节，而是一个由两个一阶惯性环节组成的组合。所以，振荡环节一定是二阶环节，但二阶环节不一定是振荡环节。

当 T 很小，而 ξ 较大时，从式 $G(s) = \frac{X_o(s)}{X_i(s)} = \frac{1}{T^2 S^2 + 2\xi Ts + 1}$ 中可知，$T^2 S^2$ 可以忽略不计，此时分母变为一阶，二阶环节则近似为惯性环节。

2）当 $0 \leqslant \xi < 1$ 时，系统的输出为振荡过程，该二阶环节是振荡环节。也就是：设系统的输入量是单位阶跃函数 $x_i(t) = u(t)$，如图 2-12（a）所示。

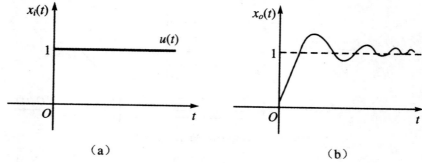

图 2-12　单位阶跃输入、输出曲线

即 $X_i(s) = \frac{1}{s}$，则二阶系统的响应：

$$X_o(s) = \frac{\omega_n^2}{s^2 + 2\xi\omega_n s + \omega_n^2} \cdot \frac{1}{s}$$

经过拉氏变换后，可得：

$$x_o(t) = 1 - \frac{1}{\sqrt{1-\xi^2}} e^{\xi\omega_n t} \sin(\omega_n \sqrt{1-\xi^2} \cdot t + \arccos\xi)$$

振荡环节一般含有两个储能元件和一个耗能元件，由于两个储能元件之间有能量交换，使系统的输出发生振荡。从数学模型来看，当式 $G(s) = \frac{\omega_n^2}{s^2 + 2\xi\omega_n s + \omega_n^2}$ 所表示的传递函数的极点是一对复极点时，系统输出就会发生振荡。并且，阻尼比 ξ 越小，振荡就会越激烈。由于耗能元件的存在，所以振荡也是逐渐衰减的。

如图 2-13 所示是电感 L、电阻 R 和电容 C 的串、并联电路，其中，u_i 是输入电压，u_o 是输出电压。

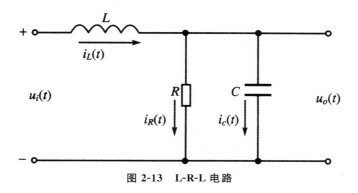

图 2-13　L-R-L 电路

根据克希荷夫定理,可得

$$u_i = L\frac{\mathrm{d}i_{\mathrm{L}}}{\mathrm{d}t} + u_o$$

已知

$$u_0 = Ri_R = \frac{1}{C}\int i_{\mathrm{C}}\,\mathrm{d}t$$

$$i_{\mathrm{L}} = i_{\mathrm{C}} + i_R$$

所以,它的微分方程为

$$LC\ddot{u}_o + \frac{L}{R}\dot{u}_o + u_o = u_i$$

所对应的传递函数为

$$G(s) = \frac{\omega_n^2}{s^2 + 2\xi\omega_n s + \omega_n^2}$$

或者为

$$G(s) = \frac{U_o(s)}{U_i(s)} = \frac{1}{LCs^2 + \frac{L}{R}s + 1}$$

上式中的 $\omega_n = \sqrt{\dfrac{1}{LC}}$,$\xi = \dfrac{1}{2R}\sqrt{\dfrac{L}{C}}$,其中 ξ 是电路的阻尼比,ω_n 是电路的固有振荡频率。

6. 延迟环节

延迟环节或称延时环节,是输出滞后输入的时间 τ,而不失真地,反映输入的环节。它一般不单独存在,而是与其他环节共同存在的。

延迟环节的输入和输出一般都满足以下关系

$$x_o(t) = x_i(t - \tau)$$

式中,τ 表示延迟时间。延迟函数也是线性函数符合叠加原理。

根据拉氏变换可以得出延迟环节的传递函数为

$$G(s) = \frac{L[x_o(t)]}{L[x_i(t)]} = \frac{L[x_i(t-\tau)]}{L[x_i(t)]} = \frac{X_i(s)\mathrm{e}^{-\tau s}}{X_i(s)} = \mathrm{e}^{-\tau s}$$

图 2-14 是当延时环节受到阶跃信号作用时延迟环节输入、输出之间的关系图。

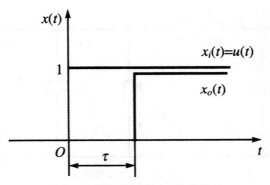

图 2-14　延时环节输入、输出关系

　　延迟环节与惯性环节不同,惯性环节的输出从输入的瞬间就有了,但需要延迟一段时间才接近于所要求的输出量。延迟环节在输入开始的时间 τ 内并无输出,而是在 τ 时间后,输出就完全等于从一开始起的输入,并且不再有其他滞后过程,从波形上来说是整体向后平移了一个 τ 时间。即输出等于输入,只是在时间上延时了一段 τ 时间间隔。

　　如图 2-15 所示是轧钢时带钢厚度检测的示意图。带钢在 A 点轧出时,产生厚度偏差 Δh_1（图中为 $\Delta h_1 + h$,h 为要求的预期厚度）。

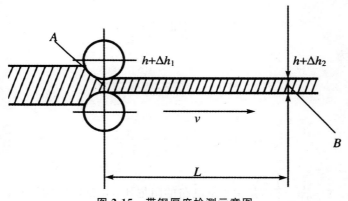

图 2-15　带钢厚度检测示意图

　　但是,这一厚度偏差只有在到达 B 点时才能被测厚仪所检测到。测厚仪检测到的带钢厚度偏差 Δh_2 就是其输出信号 $x_o(t)$。如果测厚仪距机架的距离为 L,带钢速度为 ν,则延迟时间为 $\tau = L/\nu$。所以测厚仪输出信号 Δh_2 与厚度偏差这一输入信号 Δh_1 之间有如下关系

$$\Delta h_2 = \Delta h_1(t - \tau)$$

式中,在 $t < \tau$ 时,$\Delta h_2 = 0$,也就是说测厚仪不反映 Δh_1 的量。此处,Δh_1 是延迟环节的输入量 x_i,Δh_2 是其输出量 x_o。所以

$$x_o(t) = x_i(t - \tau)$$

于是就有

$$G(s) = \frac{X_o(s)}{X_i(s)} = e^{-\tau s}$$

上面的例子是纯时间延迟的例子。但是在控制系统中,单纯的延迟环节是很少的,延迟环节通常都是与其他环节一起出现的。在液压、气动系统中,施加输入后,往往由于管长而延缓了信号传

递的时间,因而出现延时环节。切削过程实际上也是一个具有延时环节的系统。许多机械传动系统也表现出具有延时环节的特性。但是,应注意,机械传动副(如丝杠螺母副等)中的间隙,不是延迟环节,而是典型的死区的非线性环节。它们的相同之处是在输入开始一段时间后,才有输出;但它们的输出却有重大的不同:死区的输出只反映同一时间的输入的作用,而对开始一段时间中的输入的作用,输出却无任何反映,而延迟环节的输出完全等于从一开始起的输入。

1)传递函数的环节是根据运动微分方程划分的。一个环节并不代表一个物理的元件(物理的环节或子系统),一个物理的元件(物理的环节或子系统)也不一定就是一个传递函数环节。就是说,也许几个物理元件的特性才组成一个传递函数环节,也许一个物理元件的特性分散在几个传递函数之中。

2)同一个物理元件(物理的环节或子系统)当在不同系统中作用不同时,其传递函数也可不同。

3)由于物理元件(物理的环节或子系统)之间可能有负载效应,同一个物理结构在不同的系统中可能具有不同的传递函数,所不能简单地将物理结构中每一个物理元件(环节节、子系统)本身的传递函数代入到物理结构中,作为传递函数环节进行数学分析。

4)不同物理元件(物理的环节或子系统)可能具体有相同的传递函数,这是因为不同的物理元件(物理的环节或予系统)在不同的系统中可能起到相同的作用。

2.4　系统方框图及其简化方法

2.4.1　方框图的组成要素

一个系统由若干个环节按一定的关系组成,将这些环节用方框形式表示,方框间用相应的变量及信号流向联系起来,就构成了系统的方框图。

1. 函数方框

函数方框图是描述元件或环节输入、输出关系的方框。如图 2-16 所示。

$$X_i(s) \qquad G(s) \qquad X_o(s)$$

图 2-16　函数方框

图中,信号传递方向用箭头表示,在控制系统方框图中,信号一般都是只沿单向传递。指向方框的箭头表示输入信号的拉氏变换;离开方框的箭头表示输出信号的拉氏变换;方框中表示的是该环节的传递函数。所以,方框输出的拉氏变换等于方框中的传递函数乘以其输入的拉氏变换,即

$$X_o(s) = G(s)X_i(s)$$

2. 相加点(或称比较点)

相加点也称比较点,它是两个或两个以上输入信号之间的代数求和运算元件,也称为比较器。如图 2-17 所示。

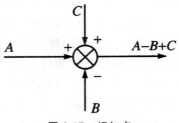

图 2-17　相加点

在比较点处,输出(用离开相加点的箭头表示)信号等于各输入(用指向相加点的箭头表示)信号的代数和,每一个指向相加点的箭头前方的"+"号或"-"号表示该输入信号在代数运算中的符号(即表示信号相加还是相减)。在相加点处加、减的信号必须是同种变量,运算时的量纲也要相同。相加点可以有多个输入,但输出是唯一的。

3. 分支点

分支点也称引出点,如图 2-18 所示。分支点表示信号引出和测量的位置,说明同一信号向不同方向的传递。在同一分支点处引出的信号不仅量纲相同,而且数值也相等。

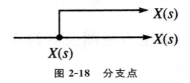

图 2-18　分支点

2.4.2　系统方框图的建立

通常建立系统方框图的建立的步骤如下:

1)根据系统的工作原理及相关特性将系统划分为若干个环节。

2)建立系统或各个环节的原始微分方程。

3)对所建立的各个环节原始微分方程进行拉氏变换,根据拉氏变换的结果建立对应传递函数、绘制对应方框图。

4)按照信号在系统中传递、变换的关系,即信号的流向,依次将各传递函数方框图连接起来(同一变量的信号通路连接在一起),系统输入量置于左端,输出量置于右端,从而得到系统的传递函数方框图。

值得注意的是:虽然系统方框图是从系统各个环节的数学模型得到的,而各个环节是由相应的物理元部件所构成的,但方框图中的方框与实际系统的物理元部件并不一定是一一对应的。一个实际物理元部件可以用一个方框或几个方框表示;同时一个方框也可以代表几个物理元件或一个子系统,甚至一个大的复杂系统。还有就是在运算、分析环节的传递函数时,隐含地假定环节的输出不受后面连接环节的影响,也就是,认为各个环节之间没有负载效应。

如图 2-19 所示为两级 RC 滤波网络的方框图。

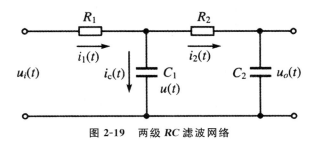

图 2-19　两级 RC 滤波网络

图中,所示的系统为两级 RC 串联电路,第一级 RC 电路由 R_1、C_1 组成,第二级 RC 电路由 R_2、C_2 组成。第二级电路是第一级电路的负载,因此,第一级 RC 电路的输出值将受到第二级 RC 电路的影响,也就是说这两级之间存在负载效应问题。

由于方框图中的环节之间应该是无负载效应,对于这个问题,我们有两种处理方式:一是将整个系统作为一个环节来处理;二是将整个系统划分为若干个无负载效应的环节来处理。

1. 将整个系统作为一个环节来处理

$$\frac{1}{C}\int[i_1(t)-i_2(t)]\mathrm{d}t+i_1(t)R_1=u_i(t)$$

$$\frac{1}{C}\int[i_2(t)-i_1(t)]\mathrm{d}t+i_2(t)R_2=-\frac{1}{C_2}\int i_2(t)\mathrm{d}t=u_o(t) \tag{2-25}$$

在零初始条件下对上式进行拉氏变换,得:

$$\frac{I_1(s)-I_2(s)}{C_1 s}+R_1 I_1(s)=U_i(s)$$

$$\frac{I_2(s)-I_1(s)}{C_1 s}+R_2 I_2(s)=-\frac{I_2(s)}{C_2 s}=-U_o(s)$$

消除中间变量,便可的系统的传递函数为:

$$G(s)=\frac{U_o(s)}{U_i(s)}=\frac{1}{(R_1 C_1 s+1)(R_2 C_2 s+1)+R_1 C_2 s}$$

$$=\frac{1}{R_1 C_1 R_2 C_2 s^2+(R_1 C_1+R_2 C_2+R_1 C_2)s+1}$$

其中,$R_1 C_2 s$ 项就是由于两级电路之间负载效应而产生的,于是最终可绘制出系统的方框图为图 2-20 所示。

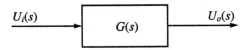

图 2-20　两级 RC 滤波网络方框图

2. 将整个系统划分为若干个无负载效应的环节来处理

通过式(2-25)可将系统划分为若干个无负载效应的环节,各个环节的微分方程式:

$$u_i(t)=i_1(t)R_1+u(t)\quad[u_i(t)-u(t)]/R_1=i_1(t)$$

$$i_1(t)-i_2(t)=i_C(t)\quad i_1(t)-i_2(t)=i_C(t)$$

$$u(t) = \frac{1}{C_1} \int i_C(t) \, \mathrm{d}t \qquad \frac{1}{C_1} \int i_C(t) \, \mathrm{d}t = u(t)$$

$$u(t) = i_2(t) R_2 + u_o(t) \quad [u(t) - u_o(t)]/R_2 = i_2(t)$$

$$u_o(t) = \frac{1}{C_2} \int i_2(t) \, \mathrm{d}t \qquad \frac{1}{C_2} \int i_2(t) \, \mathrm{d}t = u_o(t)$$

接着,对上面的各个方程式进行拉氏变换,并令初始条件为零,于是便可得到各环节的传递函数:

环节 1: $\dfrac{I_1(s)}{U_i(s) - U(s)} = G_1(s) = \dfrac{1}{R_1}$

环节 2: $I_C(s) = I_1(s) - I_2(s)$

环节 3: $\dfrac{U(s)}{I_C(s)} = G_2(s) = \dfrac{1}{C_1 s}$

环节 4: $\dfrac{I_2(s)}{U(s) - U_o(s)} = G_3(s) = \dfrac{1}{R_2}$

环节 5: $\dfrac{U_o(s)}{I_2(s)} = G_4(s) = \dfrac{1}{C_2 s}$

最后便可绘制各环节的方框图,并将各个环节的方框图连接起来,于是便得系统的方框图图 2-21(f)所示。在图中的上部由 $I_2(s)$ 引至相加点的反馈所表示的,就是第二级 RC 电路对第一级的负载效应。

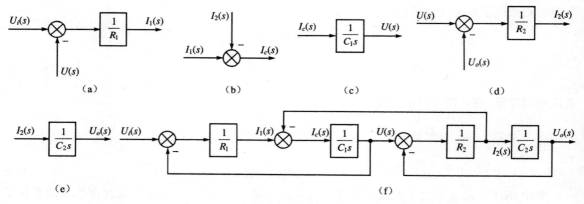

图 2-21 两级 RC 滤波网络另一形式方框图

从上述分析中,可知:①各环节的方框图间应无负载效应。在系统的方框图中各环节方框之间应该无负载效应问题。②系统的方框图不是唯一的。由于分析研究的角度不同或者所划分的环节不同,对于同一控制系统可以绘制多种不同形式的方框图。上面的例子中就是同一系统的两种不同形式的方框图。但是它们所描述的系统的输入输出特性或传递函数却都是一致的。

2.4.3 方框图的等效变换和简化规则

在控制系统中,一个复杂的系统方框图中一般有三种基本连接方式:串联、并联和反馈连接。对于实际工程应用中的复杂控制系统,系统方框图通常用多回路的方框图表示,其结构相当复杂。为了便于分析、研究与计算这类复杂的控制系统,常常需要利用传递函数方框图的等效变换原则对系统方框图进行简化。

传递函数方框图的等效变换原则是：变换前后整个系统的输入输出传递函数保持不变。具体来说就是，变换前后前向通道中的传递函数的乘积应保持不变，回路中传递函数的乘积应保持不变。

方框图简化的一般方法是移动引出点或比较点，交换比较点，进行方框运算将串联、并联和反馈连接的方框合并，即对系统传递函数方框图进行等效变换。

1. 方框图的等效变换

（1）串联环节的等效变换。

各个环节按照顺序连接即为串联，即前一环节的输出为后一环节的输入的连接方式称为环节的串联。如图 2-22 所示。

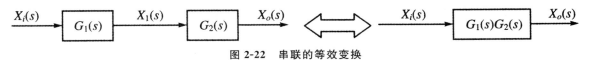

图 2-22　串联的等效变换

当各环节之间不存在或可忽略负载效应时，串联后的传递函数为：

$$G(s)=\frac{X_o(s)}{X_i(s)}=\frac{X_1(s)X_o(s)}{X_i(s)X_1(s)}=G_1(s)G_2(s)$$

从上式中易知当由串联环节所构成的系统无负载效应时，则它的总传递函数应该等于各个环节传递函数的乘积。若系统是由 n 个环节串联而成时，则总传递函数应该为：

$$G(s)=\prod_{i-1}^{n}G_i(s)$$

上式中，$G_i(s)(i=1,2\cdots,n)$ 是第 i 个串联环节的传递函数。

（2）并联环节的等效变换。

各环节的输入相同，输出相加或相减的连接方式称为环节的并联，如图 2-23 所示。

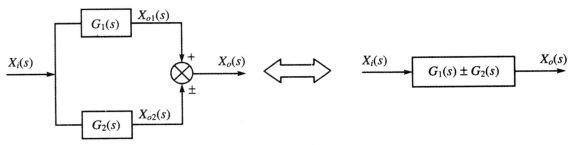

图 2-23　并联的等效变换

则总的输出 $X_o(s)$ 为：

$$X_o(s)=X_{o1}(s)\pm X_{o2}(s)$$

系统总的传递函数 $G(s)$ 为：

$$G(s)=\frac{X_o(s)}{X_i(s)}=\frac{X_{o1}(s)\pm X_{o2}(s)}{X_i(s)}=G_1(s)\pm G_2(s)$$

上述说明并联环节所构成的系统总传递函数等于各并联环节传递函数之和（或差）。推广到 n 个环节并联，则其总的传递函数应该等于各并联环节传递函数的代数和，也就是：

$$G(s) = \sum_{i=1}^{n} G_i(s)$$

上式中，$G_i(s)(i=1,2,\cdots,n)$ 是第 i 个并联环节的传递函数。

（3）反馈连接的变换。

所谓反馈，是将系统或某一环节的输出量，全部或部分地通过反馈回路回输到输入端，然后又重新输入到系统中去的连接方式，一般称反馈与输入相加为正反馈，反馈与输入相减为负反馈。如图 2-24 所示为反馈连接的基本形式和其等效变换。

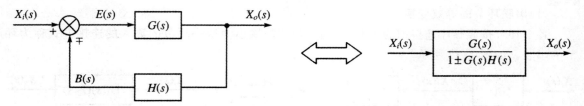

图 2-24　反馈连接的等效变换

上图是闭环系统传递函数方框图的最基本形式。但只要是输入作用的闭环系统，不管组成系统的环节有多复杂，它的传递函数都可以简化为如上图所示的方框图形式。

上图中，作为输出 $X_o(s)$ 与偏差 $E(s)$ 之比的前向通道传递函数 $G(s)$ 为：

$$G(s) = \frac{X_o(s)}{E(s)}$$

反馈回路传递函数 $H(s)$ 为：

$$H(s) = \frac{B(s)}{X_o(s)}$$

系统的开环传递函数 $G_K(s)$ 是反馈信号 $B(s)$ 与偏差 $E(s)$ 之比，它同时也是前向通道传递函数 $G(s)$ 与反馈回路传递函数 $H(s)$ 之积：

$$G_K(s) = \frac{B(s)}{E(s)} = G(s)H(s)$$

开环传递函数可以理解为：封闭回路在相加点断开以后，以偏差 $E(s)$ 作为输入，经前向通道传递函数 $G(s)$ 与反馈回路传递函数 $H(s)$ 而产生输出 $B(s)$，输出与输入的比值为 $B(s)$ 与 $E(s)$ 的比值，是一个无反馈的开环系统的传递函数。由于 $B(s)$ 与 $E(s)$ 在相加点的量纲相同，因此，开环传递函数无量纲，并且 $H(s)$ 的量纲是 $G(s)$ 的量纲的倒数。

系统的闭环传递函数 $G_B(s)$ 是输出信号 $X_o(s)$ 与输入信号 $X_i(s)$ 之比，即

$$G_B(s) = \frac{X_o(s)}{X_i(s)}$$

偏差信号 $E(s)$ 为：

$$E(s) = X_i(s) \mp B(s) = X_i(s) \mp X_o(s)H(s)$$

从图中可知

$$X_o(s) = G(s)E(s) = G(s)[X_i(s) \mp X_o(s)H(s)]$$
$$= G(s)X_i(s) \mp G(s)X_o(s)H(s)$$

于是可得反馈环节的传递函数为：

$$G_B(s) = \frac{X_o(s)}{X_i(s)} = \frac{G(s)}{1 \pm G(s)H(s)}$$

从上式中可知,反馈连接时,其等效传递函数等于前向通道传递函数 $G(s)$ 除以 1 加(或减)前向通道传递函数 $G(s)$ 与反馈回路传递函数 $H(s)$ 的乘积。

1)若相加点 $B(s)$ 处为正号,则 $E(s)=X_i(s)-B(s)$,此时反馈环节的传递函数为

$$G_B(s)=\frac{X_o(s)}{X_i(s)}=\frac{G(s)}{1+G(s)H(s)}$$

2)若相加点 $B(s)$ 处为负号,则 $E(s)=X_i(s)+B(s)$,此时反馈环节的传递函数为

$$G_B(s)=\frac{X_o(s)}{X_i(s)}=\frac{G(s)}{1-G(s)H(s)}$$

相加点的 $B(s)$ 处的符号由物理现象及 $H(s)$ 本身的符号决定,如果人为地将 $H(s)$ 改变符号,则相加点的 $B(s)$ 处也要相应地改变符号,反馈环节的传递函数不会改变。但闭环系统的反馈是正反馈还是负反馈,与反馈信号在相加点取正号还是负号,无直接联系。正反馈是反馈信号加强输入信号,使偏差信号 $E(s)$ 增大时的反馈;而负反馈是反馈信号减弱输入信号,使偏差信号 $E(s)$ 减小时的反馈。一般,在可能的情况下,应尽量使相加点的 $B(s)$ 处的正负号与反馈的正负号一致。

闭环传递函数的量纲决定于 $X_o(s)$ 与 $X_i(s)$ 的量纲,二者可以相同也可以不同。若反馈回路传递函数 $H(s)=1$,则称为单位反馈。此时的系统称为单位反馈系统,其传递函数为:

$$G_B(s)=\frac{G(s)}{1\pm G(s)}$$

在实际系统中,通常用多回路的方框图表示系统。为了便于计算、分析,求出传递函数来研究各输入信号对系统性能的影响。

2. 分支点移动规则

(1)分支点前移。

分支点由方框之后移到该方框之前,为了保持移动后分支信号为不变,应在分支路上串入一个方框,所串的方框必须与分支点前移时所越过的方框具有相同的传递函数,如图 2-25(a)所示。

(2)分支点后移。

分支点由方框前移到该方框后,为了保持分支信号 X_3 不变,应在分支路上串入的方框中的传递函数是分支点后移时所越过的方框中传递函数的倒数,如图 2-25(b)所示。

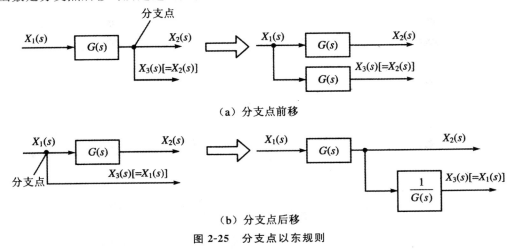

（a）分支点前移

（b）分支点后移

图 2-25　分支点以东规则

3. 相加点移动规则

(1)相加点后移。

相加点由方框之前移到方框之后,为了保持总的输出信号为不变,应在移动的支路上串入的方框必须具有与相加点后移时所越过的方框相同的传递函数。如图 2-26(a)所示。

(2)相加点前移。

相加点由方框之后移到该方框之前,应在移动支路上串入方框的传递函数是所越过方框传递函数的倒数。如图 2-26(b)所示。

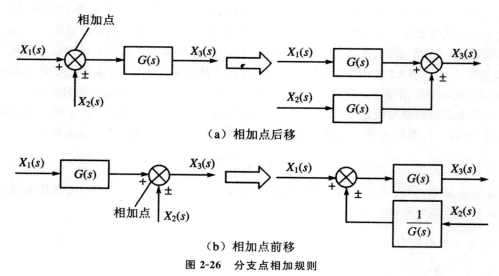

（a）相加点后移

（b）相加点前移

图 2-26 分支点相加规则

4. 分支点之间、相加点之间相互移动规则

分支点之间、相加点之间相互移动,都不会改变原有的数学关系,因此可以进行移动,如图 2-27(a)、图 2-27(b)所示。但分支点和相加点之间不能相互移动,因为它们不等效。

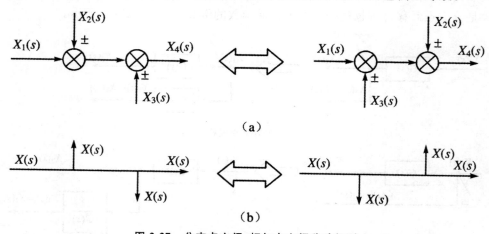

（a）

（b）

图 2-27 分支点之间、相加点之间移动规则

方框图简化的方法主要是通过移动分支点或相加点,从而消除交叉连接,使其成为独立的回

路,以便使用串联、并联和反馈连接的基本形式进一步简化,一般情况下,先解内回路,再逐步解外回路,一环环地简化,最后求得系统的闭环传递函数。需要注意的是,前移是逆着信号输出方向移动,后移是顺着信号输出方向移动。

2.5 信号流程图和梅逊公式

2.5.1 信号流图

信号流程图简称信号流图,是与框图等价的描述变量之间关系的图形表示方法,可以利用梅逊公式直接求得系统中任意两个变量之间的关系。图 2-28 所示的方框图,可用,图 2-29 所示信号流图表示。

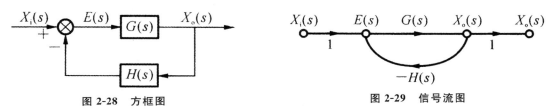

图 2-28 方框图   图 2-29 信号流图

信号流图是由一些定向线段将一些节点连接起来而组成的。在信号流图中,用符号"○"(小圆圈)表示变量,称为节点。节点用来表示变量或信号。输入节点也称为源点或源节点,输出节点也称为汇节点,混合节点是指既有输入又有输出的节点。

节点之间用单向线段连接,称为支路。支路上的箭头表明信号的流向,支路是有权的。沿支路箭头方向穿过各相连支路的路径称为通路。从输入节点到输出节点的通路上通过任何节点不多于一次的通路称为前向通道;起点与终点重合且与任何节点相交不多于一次的通路称为回路。回路中各支路传递函数的乘积,称为回环传递函数,也就是上图中的 $G(s)$,通常在支路上标明前后两变量之间的关系,称为传输(在控制系统中就是传递函数)。若系统中包括若干个没有任何公共节点的回环,则称不接触回环。

在信号流图中:

1)节点代表变量。源节点代表输入量,汇节点代表输出量,混合节点代表的是所有流入该点信号的代数和,而从节点流出的各支路信号均为该节点的信号。

2)增加一个具有单位传输的支路,可以把混合节点变为汇节点。

3)以支路表示变量或信号的传输和变换过程,信号只能沿着支路的箭头方向传输。在信号流图中每经过一条支路,相当于在方框图中经过一个用方框表示的环节。

4)同一个系统的信号流图的形式不是唯一的。

结合图 2-30 所示,信号流图的简化规则。可归纳信号流图的简化规则如下:

1)串联支路的总传输等于各支路传输之乘积,如图 2-30(a)所示。

2)并联支路的总传输等于各支路传输之和,如图 2-30(b)所示。

3)混合节点可以通过移动支路的方法消去,如图 2-30(c)所示。

4)回环可以根据反馈连接的规则式化为等效支路,如图 2-30(d)所示。

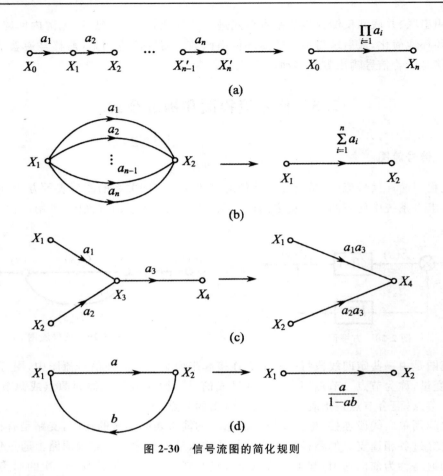

图 2-30 信号流图的简化规则

2.5.2 梅逊公式

在比较复杂的控制系统中,其方框图或信号流图的变换和简化方法都会显得无比繁琐、费事,此时就可根据梅逊公式直接来求系统的传递函数。梅逊公式为

$$G = \frac{1}{\Delta} \sum_{k=1}^{n} P_k \Delta_k$$

式中,G 是系统的传递函数;P_k 是第 k 条前向通路的通路传递函数;Δ_k 是余因式,是第 k 条前向通路特征式的余因式,其值是指在 Δ 中除去与第 k 条前通路相接触回路传递函数以后的值。Δ 是信号流程图的特征式,其表达式为

$$\Delta = 1 - \sum L_a + \sum L_b L_c - \sum L_d L_e L_f + \cdots + (-1)^m \sum L_m$$

式中,$\sum L_a$ 是所有不同回路的传递函数之和;$\sum L_b L_c$ 是任意两个互不接触回路传递函数乘积之和;$\sum L_d L_e L_f$ 是任意三个互不接触回路传递函数乘积之和;$\sum L_m$ 是任意 m 个互不接触回路传递函数乘积之和。

第 3 章　控制系统的时域响应分析

3.1　时间响应及典型输入信号

3.1.1　时间响应

1. 时间响应概述

机械工程系统在输入信号作用下(或外加作用激励下),其输出量随时间变化的函数关系称之为系统的时间响应,通过对时间响应的分析可揭示系统本身的动态特性。

在分析和设计系统时,需要有一个对各种系统性能进行比较的基础,这种基础就是预先规定一些具有特殊形式的试验信号作为系统的输入,然后比较各种系统对这些输入信号的响应。不同的系统或参数不同的同一系统,它们对同一典型输入信号的时间响应不同,反映出各种系统动态性能的差异,从而可定出相应的性能指标对系统的性能予以评定。在时域分析法中,常采用的典型输入信号有阶跃函数、脉冲函数、斜坡函数和加速度函数等。这些都是简单的时间函数。

系统在外加作用激励下,其输出量随时间变化的函数关系称为系统的时间响应,其数学表达式就是描述系统的微分方程的解。它由瞬态响应和稳态响应两部分组成。

(1)瞬态响应:系统受到外加作用激励后,从初始状态到稳定状态的响应过程称为瞬态(或暂态)响应。图 3-1 表示某系统在单位阶跃信号作用下的时间响应。在 $0 \rightarrow t_s$ 时间内的响应过程为瞬态响应。当 $t > t_s$ 时,系统趋于稳定。

(2)稳态响应:$t \rightarrow \infty$ 时,系统的输出 $c(t)$ 称为稳态响应。

当 $t \rightarrow \infty$ 时,$c(t)$ 收敛于某一稳态值,则系统是稳定的;若 $c(t)$ 呈等幅振荡或发散,则系统不稳定。瞬态响应反映系统的动态性能;稳态响应表征系统输出量最终复现输入量的程度,反映系统的稳态性能。

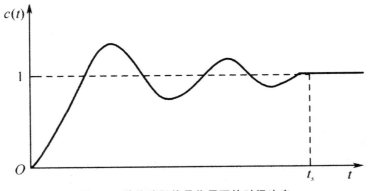

图 3-1　单位阶跃信号作用下的时间响应

2. 时间响应组成

设系统的动力学方程为

$$a_n x_o^{(n)}(t) + a_{n-1} x_o^{(n-1)}(t) + \cdots + a_1 x_o(t) + a_0 x_o(t) = x_i(t) \qquad (3\text{-}1)$$

分析较一般的情况,方程的解也就是系统的时间响应由 $x_{o1}(t)$(零输入响应)与 $x_{o2}(t)$(零状态响应)组成,也即是:

$$x_o(t) = x_{o1}(t) + x_{o2}(t)$$

由微分方程解的理论可知,若式(3-1)的齐次方程的特征根 $s_i(i=1,2,\cdots,n)$ 各不相同,则

$$x_{o1}(t) = \sum_{i=1}^{n} A_i e^{s_i t}$$

$$x_{o2}(t) = B(t) + \sum_{i=1}^{n} B_i e^{s_i t}$$

上式中,$B(t)$ 是强迫分量,也即是

$$x_o(t) = B(t) + \sum_{i=1}^{n} B_i e^{s_i t} + \sum_{i=1}^{n} A_i e^{s_i t} \qquad (3\text{-}2)$$

其中 $B(t)$ 和 $\sum_{i=1}^{n} B_i e^{s_i t}$ 构成零状态响应,$\sum_{i=1}^{n} B_i e^{s_i t}$ 和 $\sum_{i=1}^{n} A_i e^{s_i t}$ 构成自由分量,$\sum_{i=1}^{n} A_i e^{s_i t}$ 是零输入状态。

上式中,n 与 s_i 决于系统的结构与参数,同系统的初始状态以及系统的输入无关。在定义系统的传递函数时,由于已指明系统的初态为零,故取决于系统初态的零输入响应为零,从而对 $X_o(s) = G(s) X_i(s)$ 进行拉氏逆变换得到的 $x_o(t) = L^{-1}[X_o(s)]$ 就是系统的零状态响应。

线性微分方程的解由特解和齐次微分方程的通解组成。通解由微分方程的特征根决定,代表自由响应运动,称为响应的自由分量;相应的特解对应强迫响应运动,称为响应的强迫分量。若微分方程的特征根是 $\lambda_1,\lambda_2,\cdots,\lambda_n$ 且无重根,那么函数 $e^{\lambda_1 t},e^{\lambda_2 t},\cdots,e^{\lambda_n t}$ 就是该微分方程所描述运动的模态。若特征根中有多重根 λ,则模态是具有 $te^{\lambda t},t^2 e^{\lambda t}\cdots$ 形式的函数。若特征根中有共轭复根 $\lambda=\sigma\pm j\omega$,则其共轭复模态 $e^{(\sigma+j\omega)t}$ 和 $e^{(\sigma-j\omega)t}$ 写成实函数模态 $e^{\sigma t}\sin\omega t$ 与 $e^{\sigma t}\cos\omega t$ 的组合。

其实,每一种模态可以看成线性系统自由响应最基本的运动形态,线性系统自由响应则是其相应模态的线性组合。

若线性常微分方程的输入函数有导数项,则方程的形式应该为

$$a_n x_o^{(n)}(t) + a_{n-1} x_o^{(n-1)}(t) + \cdots + a_1 x_o(t) + a_0 x_o(t)$$
$$= b_m x_i^{(m)}(t) + b_{m-1} x_i^{(m-1)}(t) + \cdots + b_1 \dot{x}_i(t) + b_0 x_i(t) \quad (n \geqslant m) \qquad (3\text{-}3)$$

对上式进行两边求导:

$$a_n [x_o^{(n)}(t)]' + a_{n-1}[x_o^{(n-1)}(t)]' + \cdots + a_1 [\dot{x}_o(t)]' + a_0 [x_o(t)]'$$
$$= [b_m x_i^{(m)}(t) + b_{m-1} x_i^{(m-1)}(t) + \cdots + b_1 \dot{x}_i(t) + b_0 x_i(t)]' \quad (n \geqslant m) \qquad (3\text{-}4)$$

从上式中可以看出,如果以 $[x_i(t)]'$ 作为新的输入函数,则 $[x_o(t)]'$ 为新的输出函数,即此方程的解为方程式(3-1)的解 $x_o(t)$ 的导数 $[x_o(t)]'$。可见,当 $x_i(t)$ 取 $x_i(t)$ 的 n 阶导数时,方程式(3-1)的解 $x_o(t)$ 变为 $x_o(t)$ 的 n 阶导数。由此,从系统的角度出发,对同一线性定常系统而言,如果输入函数等于某一函数的导函数,则该输入函数的响应函数等于这一函数的响应函数的导函数。利用这一结论和方程(3-1)的解(3-2),可分别求出 $\dot{x}_i(t),\ddot{x}_i(t),\cdots,x_i^{(m)}(t)$ 作用时的响应

函数,然后利用线性系统的叠加性质,就可以求得方程(3-4)的解,即系统的响应函数。

机械工程控制中着重研究的三个问题,也就是对系统的三个要求:系统稳定性、响应快速性、响应准确性,这都是同自由响应密切相关的。特征根 s_i 的实部小于或大于零,决定了自由响应是衰减还是发散,进而决定了系统的稳定性;当系统稳定时,s_i 实部的绝对值的大小,决定了自由响应是快速衰减还是慢速衰减,从而决定了系统的快速性;而 s_i 的虚部在很大程度上决定了自由响应的振荡情况,从而决定了系统的响应在规定时间内接近稳态响应的情况,这影响着系统的准确性。

3.1.2　典型输入信号

通过研究输入信号,分析、考察系统的过渡过程即瞬态响应来评价系统的动态性能是研究控制系统动态性能的基本方法。系统的瞬态响应主要取决于系统本身的特性以及输入信号的形式。

在实际的机械控制系统中,输入信号可以分为非确定性信号和确定性信号。非确定性信号是其变量和自变量之间的关系不能用某一确定性函数描述的信号。即它的变量与自变量之间关系是随机的,只服从于某些统计规律。例如,在车床上加工工件时,切削力就是非确定性信号。由于工件材料的不均匀性和刀具实际角度的变化等随机因素的影响,所以无法用一个确定的时间函数来表示切削力的变化规律。确定性信号是其变量和自变量之间能够用某一确定性函数描述的信号。例如,为了研究机床的动态特性,用给机床输入一个作用力 $F=A\sin\omega t$,这个作用力就是一个确定性时间函数信号。

由于系统的输入具有多样性,在分析和设计系统时,需要假定一些基本的输入函数形式,称为典型输入信号。所谓典型输入信号,是指根据系统中常遇到的输入信号形式,在数学描述上加以理想化的一些基本输入函数。控制系统中常用的典型输入信号有:单位脉冲函数、单位斜坡函数、单位抛物线函数和正弦函数等。

实际中经常使用下述两类输入信号,一是系统正常工作时的输入信号,使用这类输入信号,既方便又不会因外加扰动而破坏系统的正常运行,但是,使用这些信号未必会对系统动态特性全面了解;二是外加测试信号,经常采用的有脉冲函数、阶跃函数、斜坡函数、

正弦函数等,由于这些函数是简单的时间函数,所以控制系统的数学分析和实验工作都比较容易进行。然而在许多实际生产过程中,往往不能使用外加测试信号。因为大多数外加的测试信号对生产过程的正常运行干扰太大,即使有的生产过程能承受这样大的干扰,实验也往往要受严格的限制。

实际应用时,究竟采用哪一种典型信号,取决于系统常见的工作状态。如果控制系统的输入信号大多具有突变性质,则采用阶跃函数较恰当如果控制系统的实际输入大部分是随时间逐渐变化的函数,则应用斜坡函数作为典型试验信号比较合适;如果系统的输入信号是随时间变化往复运动,则采用正弦函数比较好;如果系统的输入信号是冲击输入量,则采用脉冲函数较合适。

一般选取实验信号时需考虑下述原则:一是实验信号应能使系统在最不利的情况下工作;二是实验信号的形式应尽可能简单,便于分析处理;三是实验信号应具有典型性,能够反映系统工作的大部分实际情况。

在时域分析中,经常采用的典型实验信号有下面几种。

1. 阶跃信号

阶跃信号输入表示参考输入量的一个瞬间突变过程,如图 3-2 所示,阶跃输入信号的数学表达式为

$$x_i(t)=\begin{cases}0 & t<0 \\ A & t\geqslant0\end{cases}$$

上式中,A 是常数,若 $A=1$,则称该阶跃信号为单位阶跃信号,用 $u(t)$ 表示。单位阶跃信号的拉氏变换为

$$L[u(t)]=\frac{1}{s}$$

2. 脉冲信号

脉冲信号可视为一个持续时间极短的信号,如图 3-3 所示,脉冲信号的数学表达式为:

$$x_i(t)=\begin{cases}0 & t<0,t>\varepsilon \\ A/\varepsilon & 0<t<\varepsilon\end{cases}$$

上式中,A 是常数,若 $A=1$,$\varepsilon\to0$,则称该脉冲信号为单位脉冲信号,用 $\delta(t)$ 表示。

单位脉冲信号的拉氏变换为

$$L[\delta(t)]=1$$

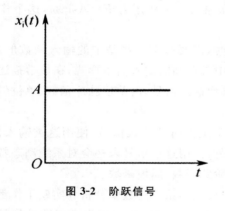

图 3-2　阶跃信号

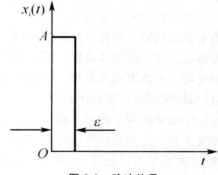

图 3-3　脉冲信号

3. 斜坡信号

斜坡信号又称速度信号,表示从零值开始随时间 t 作线性增长,也称恒速信号,如图 3-4 所示,它的数学表达式为:

$$x_i(t)=\begin{cases}0 & t<0 \\ At & t\geqslant0\end{cases}$$

上式中,A 为常数,若 $A=1$ 时,则称为单位斜坡信号,用 $r(t)$ 表示。

单位斜坡信号的拉氏变换为:

$$L[r(t)]=\frac{1}{s^2}$$

4. 抛物线信号

抛物线信号又称加速度信号,表示输入变量是等加速度变化的,如图 3-5 所示,它的数学表达式为

$$x_i(t) = \begin{cases} 0 & t < 0 \\ \dfrac{1}{2}At^2 & t \geq 0 \end{cases}$$

上式中,A 为常数,若 $A = 1$ 时,则称为单位抛物线信号。

单位抛物线信号的拉氏变换为:

$$L\left[\frac{1}{2}t^2\right] = \frac{1}{s^3}$$

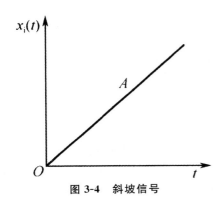

图 3-4　斜坡信号

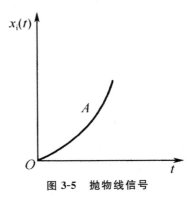

图 3-5　抛物线信号

5. 正弦信号

正弦信号表示输入信号是正弦周期变化的,常用来模拟系统受周期信号作用,如图 3-6 所示。它的数学表达式为

$$x_i(t) = \begin{cases} 0 & t < 0 \\ A\sin\omega t & t \geq 0 \end{cases}$$

上式中,A 为正弦信号的幅值。正弦信号的拉氏变换为

$$L[\sin\omega t] = \frac{\omega}{s^2 + \omega^2}$$

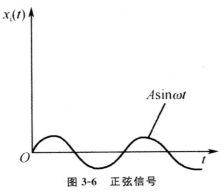

图 3-6　正弦信号

正弦信号主要用于对系统频率的求取,以此为基础辅助分析和研究控制系统。

3.2　一阶系统的时间响应

由于计算高阶微分方程的时间解是相当复杂的,因此时域分析法通常用于分析一阶、二阶系统。另外在工程上,许多高阶系统常常具有一阶、二系统的时间响应,高阶系统也常常被简化成一阶、二阶系统。因此深入研究一阶、二阶系统有着广泛的实际意义。

控制系统的过渡过程,凡可用一阶微分方程描述的,称作一阶系统。一阶系统在控制工程实践中应用广泛。一些控制元部件及简单系统,例如,RC 网络、发电机、空气加热器、液面控制系统等都是一阶系统。

描述一阶系统动态特性的微分方程式的一般标准形式如下

$$T \frac{\mathrm{d}x_o(t)}{\mathrm{d}t} + x_o(t) = x_i(t) \tag{3-5}$$

式中,$x_o(t)$ 为输出量;$x_i(t)$ 为输入量;T 为时间常数,表示系统的惯性。

由式(3-5)可求得一阶系统的闭环传递函数为

$$G(s) = \frac{x_i(t)}{x_o(t)} = \frac{1}{Ts+1} = \frac{1}{\frac{s}{K}+1} \tag{3-6}$$

式(3-5)和式(3-6)就称为一阶系统的数学模型。由于时间常数丁是表征系统惯性的一个主要参数,所以一阶系统有时也被称为惯性环节。应该注意,对不同的环节,时间常数 T 可能具有不同的物理意义,但有一点是共同的,就是它总是具有时间"s"的量纲。

一阶系统的典型结构如图 3-7 所示。

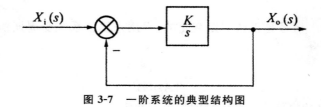

图 3-7　一阶系统的典型结构图

3.2.1　一阶单位阶跃响应

系统在当系统的输入信号为单位阶跃函数时,即

$$x_i(t) = 1(t), X_i(t) = L[1(t)] = \frac{1}{s}$$

则一阶系统的单位阶跃响应函数的拉氏变换式为

$$X_o(t) = G(s)X_i(s) = \frac{1}{Ts+1}\frac{1}{s}$$

展开成部分分式,得

$$X_o(t) = \frac{1}{s} - \frac{1}{Ts+1} \tag{3-7}$$

对上式进行拉氏反变换得系统的过渡过程函数,也就是时间响应函数为

$$x_o(t) = L^{-1}[X_o(s)] = 1 - \mathrm{e}^{\frac{-t}{T}} \quad (t \geqslant 0) \tag{3-8}$$

其中，$-\mathrm{e}^{-\frac{t}{T}}$ 是瞬态项，1 是稳态项。由上式可得表 3-1。

表 3-1　一阶单位阶跃响应

t	$x_o(t)$	$\dot{x}_o(t)$
0	0	$\dfrac{1}{T}$
T	0.632	$0.368\,\dfrac{1}{T}$
$2T$	0.865	$0.135\,\dfrac{1}{T}$
$4T$	0.982	$0.018\,\dfrac{1}{T}$
∞	1	0

式(3-7)表示的一阶系统的单位阶跃响应如图 3-8 所示。是一条单调上升的指数曲线，稳态值为 $x_o(\infty)$。由图可知，该曲线有两个重要的特征点：一个是 A 点，其对应的时间 $t=T$ 时，系统的响应 $x_o(t)$ 达到稳态值的 63.2%；另一个是原点，其对应的时间 $t=0$ 时，系统的响应 $x_o(t)$ 的切线斜率（它表示系统的响应速度）等于 $1/T$。

由图 3-7 可知，指数曲线的斜率，即一阶系统的响应速度 $\dot{x}_o(t)$ 是随时间 t 的增大而单调减小的。当 $t\rightarrow\infty$ 时，其响应速度为零；当 $t\geqslant4T$ 时，一阶系统的响应达到稳态值的 98% 以上。系统的过渡过程时间 $t=4T$。易知，时间常数 T 确实反映了一阶系统的固有特性，其值愈小，系统的惯性就愈小，系统的响应也就愈快。

从上分析可得，若要求用实验方法求出一阶系统的传递函数 $G(s)$，首先应对系统输入一单位阶跃信号，并测出它的响应曲线，（包括其稳态值 $x_o(\infty)$），然后从响应曲线上找出特征点 A（即 $0.632\,x_o(\infty)$ 处）所对应的时间 t，这个 t 就是系统的时间常数 T。

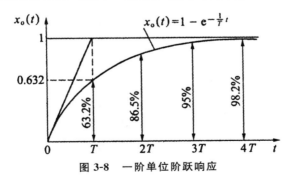

图 3-8　一阶单位阶跃响应

3.2.2　一阶单位脉冲响应

单位脉冲的拉氏变换为 $X_i(s)=1$，则一阶系统的单位脉冲响应的拉氏变换式为

$$X_o(s)=G(s)X_i(s)=\frac{1}{Ts+1}$$

取其拉氏反变换,可得出其时间响应函数

$$x_o(t) = \frac{1}{T}e^{-\frac{t}{T}} \quad (t \geqslant 0) \tag{3-9}$$

由式(3-7)可得表3-2。

表3-2　一阶单位脉冲响应

t	$x_o(t)$	$\dot{x}_o(t)$
0	$\frac{1}{T}$	$-\frac{1}{T^2}$
T	$0.368\frac{1}{T}$	$-0.368\frac{1}{T^2}$
$2T$	$0.135\frac{1}{T}$	$-0.135\frac{1}{T^2}$
$4T$	$0.018\frac{1}{T}$	$-0.018\frac{1}{T^2}$
∞	0	0

图 3-9 所示就是式(3-9)表示的一阶系统的单位脉冲响应,它也表明,一阶系统的单位脉冲响应函数是一单调下降的指数曲线,初值为 $\frac{1}{T}$,当 t 趋于无穷时,它的值将趋于零,所以稳态分量为零。若将上述指数曲线衰减到初值的 2% 之前的过程定义为过渡过程,可以算得相应的时间为 $4T$,则称此时间 $4T$ 为过渡过程时间或调整时间 t_s 。因此,系统的时间常数 T 愈小,它对应的过渡过程的持续时间愈短。这就是说系统的惯性愈小,系统对输入信号反应的快速性能愈好。上述表明一阶系统的惯性较大,所以一阶系统又称为一阶惯性系统。

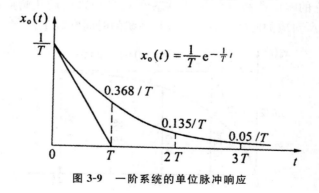

图3-9　一阶系统的单位脉冲响应

3.2.3　一阶单位斜坡响应

当系统的输入信号为单位斜坡函数时,此时, $X_i(s) = \frac{1}{s^2}$ 则一阶系统的单位阶跃响应函数的拉氏变换式为

$$X_o(s) = G(s)X_i(s)) = \frac{1}{Ts+1}\frac{1}{s^2} = \frac{1}{s^2} - \frac{T}{s} + \frac{T^2}{Ts+1}$$

由拉氏反变换,可得其时间响应函数 $x_o(t)$ 为

$$x_o(t) = t - T + Te^{-\frac{t}{T}} \quad (t \geqslant 0) \tag{3-10}$$

误差信号为

$$e(t) = x_i(t) - x_o(t) = t - (t - T + Te^{-\frac{t}{T}})$$

当 $t \to \infty$ 时,$e(t) \to 0$,故 $e(\infty) = T$

式(3-10)表示的一阶系统的单位斜坡响应(速度响应)如图 3-10 所示,输入信号 $x_i(t)$ 与输出信号 $x_o(t)$ 两线在垂直方向的距离,表明输入信号与输出信号二者之间的误差。

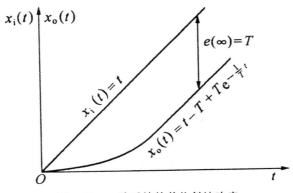

图 3-10　一阶系统的单位斜坡响应

通过上面的分析,注意到对时间变量而言,单位脉冲函数是单位阶跃函数的导数,而单位脉冲响应(3-9)是单位阶跃响应(3-8)的导数;单位阶跃函数是单位斜坡函数的导数,而单位阶跃响应式(3-8)是单位斜坡响应式(3-10)的导数。即有如下关系:

$$x_i(t)_{脉冲} = \frac{\mathrm{d}}{\mathrm{d}t} x_i(t)_{阶跃} = \frac{\mathrm{d}^2}{\mathrm{d}t^2} x_i(t)_{斜坡}$$

$$X_o(s)_{脉冲} = \frac{\mathrm{d}}{\mathrm{d}t} X_o(s)_{阶跃} = \frac{\mathrm{d}^2}{\mathrm{d}t^2} X_o(s)_{斜坡}$$

由此可以看出:系统对输入信号导数的响应,可以通过系统对输入信号响应的微分来求出。反之,也可以看出:系统对原信号积分的响应,等于系统对原信号响应的积分,而积分常数则由零输出初始条件确定。这是线性定常系统的一个重要特性,不仅适用于一阶线性定常系统,而且适用于任何线性定常系统。

3.3　二阶系统的时间响应

凡是能够以二阶微分方程描述的控制系统,就称为二阶系统。在实际工程中,一般的控制系统都是高阶系统,二阶系统也较为普遍,并且很多时候一些高阶系统也常被近似成二阶系统来研究。例如,描述力反馈型电液伺服阀的微分方程一般为四阶或五阶高次方程,但在实际中,电液控制系统按二阶系统来分析已足够准确了。常见的控制系统如 RLC 电网络,质量—弹簧—阻尼机械系统等都二阶系统实例,因此研究二阶系统具有较大的实际意义。

3.3.1　二阶系统的数学模型

凡是能够用二阶微分方程描述的系统,就称为为二阶系统,其典型形式是振荡环节。二阶系

统的微分方程和传递函数的表达式为：

$$\frac{\mathrm{d}^2 x_o(t)}{\mathrm{d}t^2} + 2\xi\omega_n \frac{\mathrm{d}x_o(t)}{\mathrm{d}t} + \omega_n^2 x_o(t) = \omega_n^2 x_i(t)$$

$$G(s) = \frac{X_o(s)}{X_i(s)} = \frac{\omega_n^2}{s^2 + 2\xi\omega_n s + \omega_n^2} \tag{3-11}$$

上式中，ω_n 为无阻尼固有频率；ξ 为阻尼比。二者都是二阶系统的特征参数，它们表明了二阶系统本身与外界无关的特性。

令系统传递函数的分母等于 0，得到二阶系统的特征方程：

$$s^2 + 2\xi\omega_n s + \omega_n^2 = 0$$

此方程的两个特征根是：

$$s_{1,2} = -\xi\omega_n \pm \omega_n \sqrt{\xi^2 - 1} \tag{3-12}$$

由此可见，随着阻尼比 ξ 取值的不同，二阶系统的特征根也不同。

当 $0 < \xi < 1$ 时，为欠阻尼系统，特征根为一对共轭复数，即系统具有一对共轭复数极点为

$$s_{1,2} = -\xi\omega_n \pm j\omega_n \sqrt{1 - \xi^2} = -\xi\omega_n \pm j\omega_d$$

上式中 $\omega_d = \omega_n \sqrt{1 - \xi^2}$，是二阶系统的有阻尼固有频率。

当 $\xi = 0$，为无阻尼系统，特征根为一对共轭纯虚数，即系统具有一对共轭虚数极点为

$$s_{1,2} = \pm j\omega_n$$

当 $\xi = 1$ 时，为临界阻尼系统，特征根为两个相等的负实数，即系统具有两个相等的负实数极点为

$$s_{1,2} = -\omega_n$$

当 $\xi > 1$ 时，为过阻尼系统，特征根为两个不相等的实数，即系统具有两个不相等的负实数极点为

$$s_{1,2} = -\xi\omega_n \pm j\omega_n \sqrt{\xi^2 - 1}$$

下图 3-11 是二阶系统的特征根图示：从（a）到（d）分别是 ξ 的不同取值范围图示。

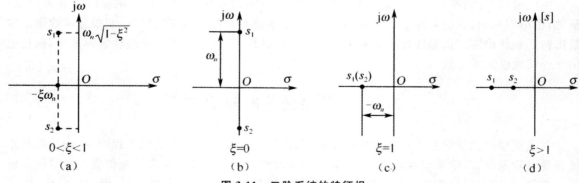

图 3-11　二阶系统的特征根

3.3.2　二阶单位阶跃响应

二阶系统的输入信号是单位阶跃响应，就是有：

$$x_i(t) = 1(t), L[1(t)] = \frac{1}{s}$$

二阶系统的阶跃响应函数的拉氏变换式为:

$$X_0(s) = G(s)\frac{1}{s} = \frac{\omega_n^2}{s^2 + 2\xi\omega_n s + \omega_n^2}\frac{1}{s} = \frac{1}{s} - \frac{s + 2\xi\omega_n}{(s + \xi\omega_n + j\omega_d)(s + \xi\omega_n - j\omega_d)} \quad (3-13)$$

令 $\omega_d = \omega_n\sqrt{1-\xi^2}$,其中,$\omega_d$ 是二阶系统的有阻尼固有频率。它的响应函数:

1. 欠阻尼状态($0 < \xi < 1$)

由(3-13)可得:

$$x_0(t) = L^{-1}\left[\frac{1}{s}\right] - L^{-1}\left[\frac{s + \xi\omega_n}{(s + \xi\omega_n)^2 + \omega_d^2}\right] - L^{-1}\left[\frac{\xi}{\sqrt{1-\xi^2}}\frac{\omega_d}{(s + \xi\omega_n)^2 + \omega_d^2}\right]$$
$$= 1 - e^{-\xi\omega_n t}\left(\cos\omega_d t + \frac{\xi}{\sqrt{1-\xi^2}}\sin\omega_d t\right) \quad (t \geq 0) \quad (3-14)$$

或是

$$x_o(t) = 1 - e^{-\xi\omega_n t}\frac{1}{\sqrt{1-\xi^2}}\sin\left(\omega_d t + \arctan\frac{\sqrt{1-\xi^2}}{\xi}\right) \quad (t \geq 0) \quad (3-15)$$

上式(3-15)中的第二项是减幅正弦振荡函数,其振幅是随着时间 t 的增加而减小,是瞬态项。

2. 无阻尼状态($\xi = 0$)

从式(3-13),可得

$$x_0(t) = L^{-1}\left[\frac{1}{s} - \frac{s}{s^2 + \omega_n^2}\right] = 1 - \cos\omega_n t \quad (t \geq 0) \quad (3-16)$$

3. 临界阻尼状态($\xi = 1$)

从式(3-13),可得

$$x_0(t) = L^{-1}[X_o(s)] = 1 - (1 + \omega_n t)e^{-\omega_n t} \quad (3-17)$$

它的响应的变化速度是:

$$\dot{x}_o(t) = \omega_n^2 t e^{-\omega_n t}$$

从上式可知,当 $t = 0$ 时,$\dot{x}_o(t) = 0$;当 $t = \infty$ 时,$\dot{x}_o(t) = 0$;当 $t > 0$ 时,$\dot{x}_o(t) > 0$。这一过程表明过渡过程是单调上升的,在开始时刻和最终时刻的变化速度为零。

4. 过阻尼状态($\xi > 1$)

从式(3-13)可得

$$x_0(t) = L^{-1}[X_o(s)]$$
$$= 1 + \frac{1}{2\sqrt{\xi^2-1}(\xi + \sqrt{\xi^2-1})}e^{-(\xi - \sqrt{\xi^2-1})\omega_n t} - \frac{1}{2\sqrt{\xi^2-1}(\xi - \sqrt{\xi^2-1})}e^{-(\xi - \sqrt{\xi^2-1})\omega_n t}$$
$$= 1 + \frac{\omega_n}{2\sqrt{\xi^2-1}}\left(\frac{e^{s_1 t}}{-s_1} - \frac{e^{s_2 t}}{-s_2}\right) \quad (t \geq 0) \quad (3-18)$$

上式中,$s_1 = -(\xi + \sqrt{\xi^2-1})\omega_n$,$s_2 = -(\xi - \sqrt{\xi^2-1})\omega_n$。

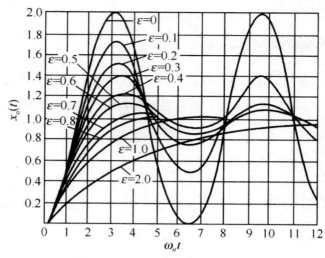

图 3-12 二阶系统的单位阶跃响应

根据 ξ 取不同值时，二阶系统的单位阶跃响应如图 3-12 所示。由图可知，欠阻尼系统的单位阶跃响应由两部分组成：稳态分量为 1；瞬态分量是一个以 ω_d 为频率的衰减正弦振荡过程，衰减快慢取决于衰减指数 $\xi\omega_d$，且随着阻尼 ξ 的减小，其振荡特性愈加强烈。无阻尼状态时，响应呈等幅振荡；临界阻尼状态时，响应为单调上升的指数曲线；过阻尼状态时，响应同样也是一条单调上升的指数曲线，而响应速度较临界阻尼状态时缓慢，过渡过程时间较长。在欠阻尼系统中，当 $\xi=0.4\sim0.8$ 时，其过渡过程时间比临界阻尼状态时更短，振荡也不太严重。在工作 $\xi=0.4\sim0.8$ 的欠阻尼状态有一个振荡特性适度而持续间又较短的过渡过程。由分析可知，决定过渡过程特性的是瞬态响应这部分，所以合适的过渡过程实际上是选择合适的瞬态响应，即选择合适的特征参数 ξ 和 ω_n 值。

3.3.3 二阶单位脉冲响应

当系统输入信号 $x_i(t)$ 时，系统输出信号 $x_o(t)$ 的拉氏变换是：

$$X_o(s)=G(s)X_i(s)$$

上式中，$X_i(s)$ 是系统输入信号的拉氏变换，$X_o(s)$ 为系统输出信号的拉氏变换。$\delta(t)$ 是单位脉冲函数，它的拉氏变换是 $X_i(s)=L[\delta(t)]=1$，所以单位脉冲信号的拉氏变换为

$$W(s)=G(s)X_i(s)=G(s)$$

系统的单位脉冲响应 $\omega(t)$ 是

$$\omega(t)=L^{-1}[G(s)]=L^{-1}\left[\frac{\omega_n^2}{s^2+2\xi\omega_n s+\omega_n^2}\right]=L^{-1}\left[\frac{\omega_n^2}{(s+\xi\omega_n)^2+(\omega_n\sqrt{1-\xi^2})^2}\right] \quad (3\text{-}19)$$

可以根据 ξ 取值的不同，可将二阶系统单位脉冲划分如下：

1. 欠阻尼状态（$0<\xi<1$）

当 $0<\xi<1$ 时，系统为欠阻尼系统时，系统的单位脉冲响应可由式（3-19）知：

$$\omega(t)=L^{-1}\left[\frac{\omega_n}{\sqrt{1-\xi^2}}\frac{\omega_n\sqrt{1-\xi^2}}{(s+\xi\omega_n)^2+\omega_d^2}\right]$$

$$= \frac{\omega_n}{\sqrt{1-\xi^2}} e^{-\xi \omega_n t} \sin \omega_d t \quad (t \geqslant 0) \tag{3-20}$$

上式中，$\omega_d = \omega_n \sqrt{1-\xi^2}$，是二阶系统的有阻尼固有频率或阻尼振荡频率。

2. 无阻尼状态（$\xi = 0$）

当 $\xi = 0$ 时，系统为无阻尼系统时，系统的单位脉冲响应可由式（3-19）知：

$$\omega(t) = L^{-1}\left[\omega_n \frac{\omega_n}{s^2 + \omega_n}\right] = \omega_n \sin \omega_n t \quad (t \geqslant 0) \tag{3-21}$$

此时，二阶系统的响应表现为等幅振荡。

3. 临界阻尼状态（$\xi = 1$）

$$\omega(t) = L^{-1}\left[\frac{\omega_n^2}{(s + \omega_n)^2}\right] = \omega_n^2 t e^{-\omega_n t} \quad (t \geqslant 0) \tag{3-22}$$

此时，二阶系统的响应表现为指数衰减的响应曲线。

4. 过阻尼状态（$\xi > 1$）

$$\omega(t) = \frac{\omega_n}{2\sqrt{\xi^2-1}} \left\{ L^{-1}\left[\frac{1}{s + (\xi - \sqrt{\xi^2-1})}\right] - L^{-1}\left[\frac{1}{s + (\xi + \sqrt{\xi^2-1})\omega_n}\right] \right\}$$

$$= \frac{\omega_n}{2\sqrt{\xi^2-1}} \left[e^{-(\xi - \sqrt{\xi^2+1})\omega_n t} - e^{-(\xi + \sqrt{\xi^2+1})\omega_n t} \right] \quad (t \geqslant 0) \tag{3-23}$$

此时，二阶系统的响应表现为指数衰减的响应曲线，但是比 $\xi = 1$ 的速度要慢。

由式（3-23）可知：过阻尼系统的 $\omega(t)$ 可看着是两个并联的一阶系统的单位脉冲响应函数的叠加。当 ξ 取不同值时，二阶欠阻尼系统的单位脉冲响应如图 3-12 所示。

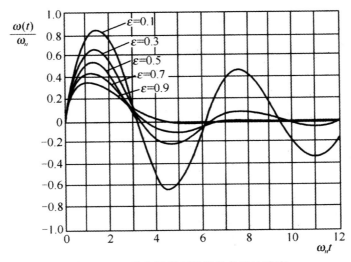

图 3-13　二阶欠阻尼系统的单位脉冲响应

由图可知，从上述分析中可知，二阶系统的阻尼比取不同的值，单位脉冲响应表现为不同的特性。二阶欠阻尼系统的单位脉冲响应曲线是减幅的正弦振荡曲线，并且 ξ 越小，衰减越慢，固

有频率 ω_d 越大。所以欠阻尼系统也称二阶振荡系统,其幅值衰减的快慢取决于 $\xi\omega_n$ 的值。

3.3.4 二阶单位斜坡响应

当二阶系统的输入信号是单位斜坡函数时,$x_i(t)=t$,则 $X_i(s)=1/s^2$,那么对应输出信号的拉氏变换式为:

$$X_i(s)=\frac{\omega_n^2}{s^2+2\xi\omega_n s+\omega_n^2}\frac{1}{s} \tag{3-24}$$

1. 欠阻尼状态($0<\xi<1$)

在欠阻尼状态下,式(3-22)可以展开为:

$$X_i(s)=\frac{1}{s^2}-\frac{\dfrac{2\xi}{\omega_n}}{s}+\frac{\dfrac{2\xi}{\omega_n}(s+\xi\omega_n)+(2\xi^2-1)}{s^2+2\xi\omega_n s+\omega_n^2}$$

再经过拉氏变换就可得:

$$x_o(t)=t-\frac{2\xi}{\omega_n}+e^{-\xi\omega_n t}\left(\frac{2\xi}{\omega_n}\cos\omega_d t+\frac{2\xi^2-1}{\omega_n}\frac{1}{\sqrt{1-\xi^2}}\sin\omega_d t\right)$$

$$=t-\frac{2\xi}{\omega_n}+\frac{e^{-\xi\omega_n t}}{\omega_n}\frac{1}{\sqrt{1-\xi^2}}\sin(\omega_d t+\arctan\frac{2\xi\sqrt{1-\xi^2}}{2\xi^2-1}) \quad (t\geqslant 0)$$

上式中,$\arctan\dfrac{2\xi\sqrt{1-\xi^2}}{2\xi^2-1}=2\arctan\dfrac{\sqrt{1-\xi^2}}{\xi}$

2. 无阻尼状态($\xi=0$)

$$x_o(t)=t+\frac{1}{\omega_n}\sin\omega_n t \quad (t\geqslant 0)$$

3. 临界阻尼状态($\xi=1$)

从式(3-24)可以得出:

$$x_o(t)=t-\frac{2}{\omega_n}+\frac{2}{\omega_n}e^{-\omega_n t}\left(1+\frac{\omega_n t}{2}\right) \quad (t\geqslant 0)$$

4. 过阻尼状态($\xi>1$)

从式(3-24)可以得出:

$$x_o(t)=t-\frac{2\xi}{\omega_n}-\frac{2\xi^2-1-2\xi\sqrt{\xi^2-1}}{2\omega_n\sqrt{\xi^2-1}}e^{-(\xi-\sqrt{\xi^2-1})\omega_n t}+\frac{2\xi^2-1+2\xi\sqrt{\xi^2-1}}{2\omega_n\sqrt{\xi^2-1}}e^{-(\xi-\sqrt{\xi^2-1})\omega_n t} \quad (t\geqslant 0)$$

$$\tag{3-25}$$

二阶系统反映单位斜坡函数的过渡过程也可以通过对反映单位阶跃函数的过渡过程的积分取得。其中积分常数可以根据 $t=0$ 时,过渡过程 $x_o(t)$ 的初始条件来确定。

3.4 控制系统的时域性能指标

在许多实际情况中,评价系统动态性能的好坏,常以时域的几个特征量表示。二阶系统是最普遍的形式．瞬态响应过程往往以衰减振荡的形式出现。因此,下面有关性能指标的定义及计算公式,是在欠阻尼二阶系统对单位阶跃输入的瞬态响应情况下导出的。单位阶跃响应曲线与性能指标见图 3-14。

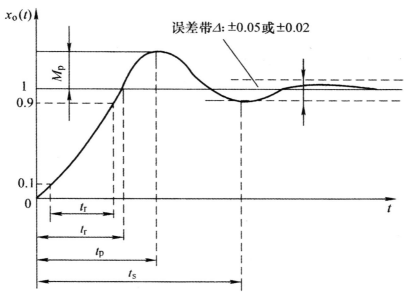

图 3-14　单位阶跃响应曲线与性能指标

3. 4. 1　上升时间 t_r

1. 定义

响应曲线从原始工作状态出发,第一次达到输出稳态值所需要的时间定义为上升时间,用 t_r 表示;对于过阻尼情况,一般定义响应曲线从稳态值的 10% 上升到 90% 所需的时间为上升时间。它可以反映响应曲线的上升趋势,是表示系统响应速度的指标。下面给出的计算公式是欠阻尼情况下的。

2. 上升时间的计算

根据定义,当 $t = t_r$ 时,$x_o(t_r) = 1$,由式(3-25)得

$$t = t_r \quad x_o(t_r) = 1 - \left[\frac{e^{-\xi \omega_n t_r}}{\sqrt{1 - \xi^2}} \sin(\omega_d t_r + \beta) \right] = 1$$

式中,$\beta = \arctan\left(\dfrac{\sqrt{1 - \xi^2}}{\xi} \right)$。若使上式成立,只有 $\sin(\omega_d t_r + \beta) = 0$,所以

$$\omega_d t_r + \beta = k\pi \quad k = 1, 2, \cdots$$

取 $k = 1$,因为上升时间 t_r 是 $x_o(t)$ 第一次到达输出稳态值的时间,所以

$$t_r = \frac{\pi - \beta}{\omega_d} = \frac{\pi - \beta}{\omega_n \sqrt{1 - \xi^2}} \tag{3-26}$$

由式(3-26)知,当 ξ 一定时,增大 ω_n,t_r 减小;当 ω_n 一定时,增大 ξ,t_r 增大。

3.4.2 峰值时间 t_p

1. 定义

响应曲线从零时刻到达超调量第一个峰值所需要的时间定义为峰值时间，用 t_p 表示。

2. 峰值时间的计算

由式(3-25)，将 $x_o(t)$ 对时间求导数并令其为零，可得峰值时间，即

$$\frac{dx_o(t)}{dt}\bigg|_{t=t_p}=0$$

整理后可得到

$$\xi\sin(\omega_d t_p+\beta)-\sqrt{1-\xi^2}\cos(\omega_d t_p+\beta)=0$$

即

$$\tan(\omega_d t_p+\beta)=\frac{\sqrt{1-\xi^2}}{\xi}$$

由 β 角定义 $\beta=\arctan(\sqrt{1-\xi^2}/\xi)$ 及正切函数的多值解，有

$$\omega_d t_p=0,\pi,2\pi,3\pi,\cdots,k\pi$$

因为 $\omega_d t_p\neq0$，且峰值时间对应于振荡第一个周期内的极大值，所以取 $\omega_d t_p=\pi$，即

$$t_p=\frac{\pi}{\omega_d}=\frac{\pi}{\omega_n\sqrt{1-\xi^2}} \tag{3-27}$$

式(3-27)表明，峰值时间等于阻尼振荡周期 $\frac{2\pi}{\omega_d}$ 的一半。t_p 随 ω_n 及 ξ 的变化情况与 t_r 相同。

3.4.3 最大超调量 M_p

1. 定义

响应曲线上超出稳态值的最大偏离量定义为最大超调量，用 M_p 表示。对于衰减振荡曲线，最大超调量发生在第一个峰值处。若用百分比表示最大超调量，采用符号 $\sigma\%$ 表示，即

$$M_p=\frac{x_o(t_p)-x_o(\infty)}{x_o(\infty)} \tag{3-28}$$

$$\sigma\%=\frac{x_o(t_p)-x_o(\infty)}{x_o(\infty)}\times100\%$$

超调量的大小直接反映了系统瞬态过程的平稳性。

2. 最大超调量的计算

根据式(3-25)和式(3-28)，将 $t=t_p=\frac{\pi}{\omega_d}$ 代入，可得

$$M_p=\frac{x_o(t_p)-x_o(\infty)}{x_o(\infty)}=x_o(t_p)-1$$

$$=-\frac{\mathrm{e}^{\frac{\xi\omega_n\pi}{\omega_d}}}{\sqrt{1-\xi^2}}\sin\left[\left(\frac{\omega_d\pi}{\omega_d}\right)+\beta\right]=\frac{\mathrm{e}^{-\frac{\xi\pi}{\sqrt{1-\xi^2}}}}{\sqrt{1-\xi^2}}\sin\beta \tag{3-29}$$

式中,$\beta=\arctan\left(\dfrac{\sqrt{1-\xi^2}}{\xi}\right)$,$\sin\beta=\sqrt{1-\xi^2}$。

代入式(3-29),得

$$M_{\mathrm{p}}=\mathrm{e}^{-\frac{\xi\pi}{\sqrt{1-\xi^2}}} \tag{3-30}$$

或

$$\sigma\%=\mathrm{e}^{-\frac{\xi\pi}{\sqrt{1-\xi^2}}}\times100\% \tag{3-31}$$

可见,超调量 M_{p} 只与阻尼比 ξ 有关,与 ω_n 无关,所以 M_{p} 的大小直接说明系统的阻尼特性。电就是说,当二阶系统阻尼比 ξ 确定后,即可求得与之相对应的最大超调量 M_{p}。反之,如果给出了系统所需要的 M_{p},也可由此确定相对应的阻尼比。当 ξ 在 $0.4\sim0.8$ 之间时,相应均超调量 $\sigma\%$ 从 25% 减至 1.5%,$\sigma\%$ 与 ξ 的关系曲线如图 3-15 所示。

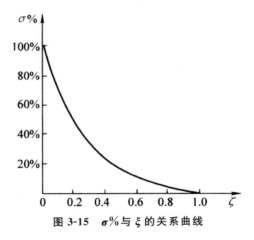

图 3-15　$\sigma\%$ 与 ξ 的关系曲线

3.4.4　调整时间 t_{s}

1. 定义

在响应曲线的稳态值附近取稳态值的 $\pm5\%$ 或 $\pm2\%$ 作为误差带(即允许误差 $\Delta=0.05$ 或 $\Delta=0.02$),响应曲线达到并不再超出误差带的范围,所需要的最小时间称为调整时间,又称调节时间,用 t_{s} 表示。调整时间表示系统瞬态响应持续的时间,从总体上反映系统的快速性。

2. 调整时间的计算

由式(3-25)可以看出,指数曲线 $1\pm\left(\dfrac{\mathrm{e}^{\xi\omega_n t}}{\sqrt{1-\xi^2}}\right)$ 是阶跃响应衰减振荡的一对包络线,响应曲线 $x_o(t)$ 的幅值总包含在这对包络线之内,如图 3-16 所示。包络线的衰减时间常数为 $\dfrac{1}{(\xi\omega_n)}$。

由调整时间的定义,当 $t\geqslant t_{\mathrm{s}}$ 时应满足下面不等式:

$$|x_o(t)-x_o(\infty)|\leqslant\Delta x_o(\infty) \tag{3-32}$$

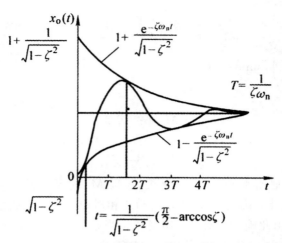

图 3-16 二阶系统单位阶跃响应的包络线

式中，$x_o(\infty)=1$；Δ 为允许的误差，一般取 Δ 为 0.02~0.05 之间。由式(3-32)可以导出计算 t_s 的近似关系，当 $0<\xi<0.8$ 时常采用下式进行计算：

$$t_s=\frac{4}{\xi\omega_n}\text{（当 }\Delta=0.02\text{ 时）}\tag{3-33}$$

$$t_s=\frac{3}{\xi\omega_n}\text{（当 }\Delta=0.05\text{ 时）}\tag{3-34}$$

调整时间 t_s 和 ξ 之间的关系曲线如图 3-15 所示。图中纵坐标采用无因次时间 $\omega_n t$，可以看出，当 ω_n 一定时，t_s 随 ξ 的增大开始减小，当 $\Delta=0.02$ 时，在 $\xi=0.76$ 附近 t_s 达到最小值。当 $\Delta=0.05$ 时，在 $\xi=0.68$ 附近达到最小值。当 $\xi>0.8$ 以后，调整时间不但不减小，反而趋于增大，这是因为系统阻尼过大，会造成响应迟缓，虽然从瞬态响应的平稳性方面看 ξ 越大越好，但快速性变差。所以当系统允许有微小的超调量时，应着重考虑快速性的要求。另外，由图 3-13 中 ξ 与 $\sigma\%$ 的关系曲线可以看出，在 $\xi=0.7$ 附近，$\sigma\%\approx5\%$，平稳性也是令人满意的，所以在设计二阶系统时，一般取 $\xi=0.707$ 为最佳阻尼比。

图 3-15 中的曲线具有不连续性，是由于 ξ 值的微小变化会使 t_s 发生显著变化造成的。另外应当指出，由式(3-33)和式(3-34)表示的调整时间是和 ξ 及 ω_n 的乘积成反比的，ξ 值通常先由最大超调量 M_p 来确定，所以 t_s 主要依据 ω_n 来确定，调整 ω_n 可以在不改变 M_p 的情况下来改变瞬态响应时间。

综上所述，要使二阶系统具有满意的性能指标，必须选择合适的阻尼比 ξ 和无阻尼固有频率 ω_n。提高 ω_n，可以提高二阶系统的响应速度，从性能指标公式上显示出右 r、t、ts 是随 ω_n 的增大而减小的。增大 ξ 可以减弱系统的振荡性能，动态平稳性好，M_p 随 ξ 的增大而减小。以上性能指标主要从瞬态响应性能的要求来限制系统参数的选取，对于分析、研究及设计系统，它们都是十分有用的。具体到一个二阶系统，传递函数写出以后首先化成 $\omega_n^2/(s^2+2\xi\omega_n s+\omega_n^2)$ 的形式，也就是把传递函数化成首 1 型，然后由其常数项和 s 一次方项的系数来确定 ω_n 和 ξ 两个参数。至于传递函数的分子可以是 ω_n^2，也可以是 ω_n^2 与其他常数的乘积，并不影响上述各项性能指标。

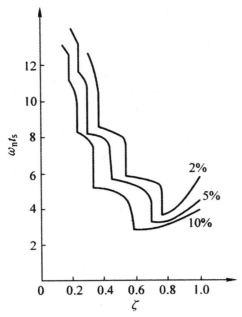

图 3-17　不同误差带的调整时间与阻尼比关系曲线

3.5　高阶系统的时间响应

　　控制工程中,所有的控制系统都可以用高阶微分方程来描述,一般三阶以上的系统就称为高阶系统。对于高阶系统的研究和分析,比较复杂。工程上常用闭环主导极点这一概念,在一定的条件下简化高阶系统,然后对高阶系统进行近似分析研究。

3.5.1　三阶系统的单位阶跃响应

　　以下是以在 s 左半平面具有一对共轭复数极点和一个实极点的分布模式为例。设在原二阶系统的基础上增加一个负实数闭环极点,则三阶系统的闭环传递函数为:

$$\Phi(s)=\frac{\omega_n^2 s_0}{(s^2+2\xi\omega_n s+\omega_n^2)}=\frac{K_1}{(s-s_1)(s-s_2)(s-s_3)}\quad(0<\xi<1)$$

上式中,$s_3=-s_0$ 是三阶系统的闭环复实数极点,闭环复数极点为:

$$s_{1,2}=-\xi\omega_n\pm j\omega_n\sqrt{1-\xi^2}$$

其极点分布如图 3-18 所示。

　　当输入为单位阶跃函数,且 $0<\xi<1$ 时,输出量的拉氏变换为

$$X_o(s)=\Phi(s)X_i(s)=\frac{1}{s}\frac{\omega_n^2 s_0}{(s^2+2\xi\omega_n s+\omega_n^2)+(s+s_0)}$$

$$=\frac{1}{s}+\frac{A}{s+s_0}+\frac{B}{s+\xi\omega-j\omega_n\sqrt{1-\xi^2}}+\frac{C}{s+\xi\omega_n+j\omega_n\sqrt{1-\xi^2}}$$

(3-35)

上式中,$A=\dfrac{-\omega_n^2}{s_0^2-2\xi\omega_n s_0+\omega_n^2}$,$B=\dfrac{s_0(2\xi\omega_n-s_0)-js_0(2\xi^2\omega_n-\xi s_0-\omega_n)/\sqrt{1-\xi^2}}{2[(2\xi^2\omega_n-\xi s_0+\omega_n)^2+(2\xi\omega_n-s_0)^2(1-\xi^2)]}$,

$$C = \frac{s_0(2\xi\omega_n - s_0) + js_0(2\xi^2\omega_n - \xi s_0 - \omega_n)/\sqrt{1-\xi^2}}{2[(2\xi^2\omega_n - \xi s_0 + \omega_n)^2 + (2\xi\omega_n - s_0)^2(1-\xi^2)]}$$

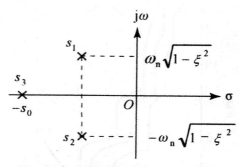

图 3-18　三阶系统极点在 S 平面的分布

对式(3-3)进行拉氏变换,令 $b = \dfrac{s_0}{\xi\omega_n}$ 可得:

$$h(t) = 1 + Ae^{-s_0 t} + 2\mathrm{Re}\,Be^{-\xi\omega_n t}\cos\omega_n\sqrt{1-\xi^2}t - 2\mathrm{Im}\,Be^{-\xi\omega_n t}\sin\omega_n\sqrt{1-\xi^2}t \quad (t \geqslant 0)$$

上式中,$A = \dfrac{1}{b\xi^2(b-2)+1}$,$\mathrm{Re}B = \dfrac{b\xi^2(b-2)}{2[b\xi^2(b-2)+1]}$,$\mathrm{Im}B = \dfrac{b\xi[b\xi^2(b-2)+1]}{2[b\xi^2(b-2)+1]\sqrt{1-\xi^2}}$

将 A、$\mathrm{Re}B$ 和 $\mathrm{Im}B$ 代入到 $h(t)$ 的表达式中,加以整理就可得这个三阶系统在 $0 < \xi < 1$ 时的单位阶跃响应为:

$$h(t) = 1 - \frac{e^{-s_0 t}}{b\xi^2(b-2)+1} \times$$

$$\frac{e^{-\xi\omega_n t}}{b\xi^2(b-2)+1}\left[b\xi^2(b-2)\cos\omega_n\sqrt{1-\xi^2}t + \frac{b\xi[\xi^2(b-2)+1]}{\sqrt{1-\xi^2}}\sin\omega_n\sqrt{1-\xi^2}t\right] (t \geqslant 0)$$

$$(3-36)$$

当 $\xi = 0.5$,$b \geqslant 1$ 时,三阶系统的单位阶跃响应曲线如图 3-19 所示。在式(3-36)中,由于:

$$b\xi^2(b-2)+1 = \xi^2(b-1)^2 + (1-\xi^2) > 0$$

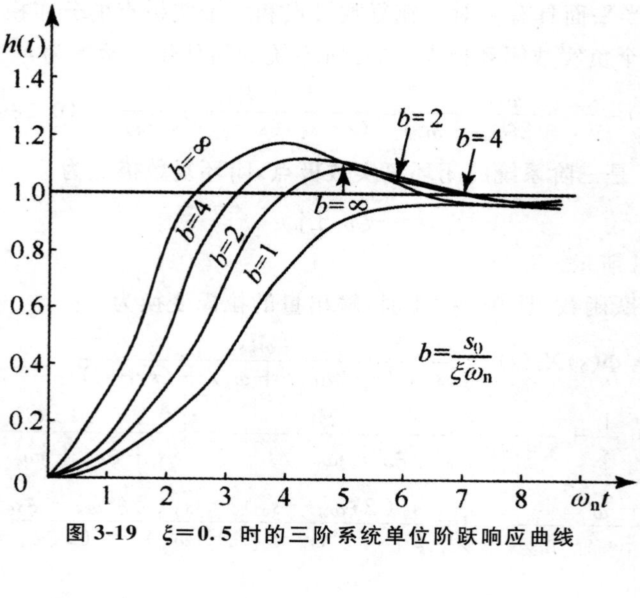

图 3-19　$\xi = 0.5$ 时的三阶系统单位阶跃响应曲线

故,无论闭环实数极点在共轭复数极点的左边还是右边,也就是 b 无论大于 1 还是小于 1,$e^{-s_0 t}$ 的系数总是负数。所以,实数极点 $s_3 = -s_0$ 可使调节时间延长,使单位阶跃响应的超调量下降。

从图 3-17 中易见:当系统阻尼 ξ 不变时,当实数极点向虚轴方向移动,也就是随着 b 值的下降,响应的峰值时间、上升时间和调节时间不断加长,超调量则不断下降。当闭环实数极点的数值小于或等于闭环复数极点的实部数值时,三阶系统将会有明显的过阻尼特性。三阶系统的响应特性主要决定于距离虚轴较近的闭环极点,该极点是系统的闭环主导极点。

3.5.2　高阶系统的单位阶跃响应

高阶系统均可转化为零阶、一阶、二阶环节的组合,而一般所重视的是系统中的二阶环节,特别是二阶振荡环节。考虑到控制工程中通常要求控制系统既要有较好的平稳性,又要有较高的反应速度,一般将控制系统设计成具有衰减振荡的响应特性。

高阶系统闭环传递函数的一般形式表示为:

$$G(s) = \frac{b_m s^m + b_{m-1} s^{m-1} + \cdots + b_0}{a_n s^n + a_{n-1} s^{n-1} + \cdots + a_0} \quad (n \geqslant m)$$

经过拉氏变换后,系统特征方程式为:$a_n s^n + a_{n-1} s^{n-1} + \cdots + a_0 = 0$

特征方程有 n 个特征根,设其中 n_1 个为实数根,n_2 对为共轭复数虚根,所以共有 $n = n_1 + n_2$。

于是可以将特征方程分解为 n_1 个一次因式 $(s + p_j)(j = 1, 2, \cdots, n_1)$ 及 n_2 个二次因式 $(s^2 + 2\xi_k \omega_{nk} s + \omega_{nk}^2)(k = 1, 2, \cdots, n_1)$ 的乘积。

设系统传递函数的 m 个零点为 $-z_i(i = 1, 2, \cdots, m)$,则系统的闭环传递函数可写为:

$$G(s) = \frac{K \prod\limits_{i=1}^{m} (s + z_i)}{\prod\limits_{j=1}^{n_1} (s + p_j) \prod\limits_{k=1}^{n_2} (s^2 + 2\xi_k \omega_{nk} s + \omega_{nk}^2)}$$

在单位阶跃输入 $X_i(s) = \dfrac{1}{s}$ 的作用下,高阶系统的输出为:

$$X_o(s) = G(s) \times \frac{1}{s} = \frac{K \prod\limits_{i=1}^{m} (s + z_i)}{s \prod\limits_{j=1}^{n_1} (s + p_j) \prod\limits_{k=1}^{n_2} (s^2 + 2\xi_k \omega_{nk} s + \omega_{nk}^2)}$$

上式按部分分式展开得:

$$X_o(s) = \frac{A_0}{s} + \sum_{j=1}^{n_1} \frac{A_j}{s + p_j} + \sum_{k=1}^{n_2} \frac{B_k s + C_k}{(s^2 + 2\xi_k \omega_{nk} s + \omega_{nk}^2)} \tag{3-37}$$

上式中,A_j、B_k、A_0、C_k 是由部分分式所确定的常数。为此,对 $X_o(s)$ 的表达式进行拉氏逆变换后,可得高阶系统的单位阶跃响应为:

$$x_o(t) = A_0 + \sum_{j=1}^{n_1} A_j e^{-p_j t} + \sum_{k=1}^{n_2} D_k e^{-\xi_k \omega_{nk} t} \sin(\omega_{dk} + \beta_k) \quad (t \geqslant 0) \tag{3-38}$$

上式中,$\beta_k = \arctan \dfrac{\beta_k \omega_{dk}}{C_k - \xi_k \omega_{nk} B_k}$,$D_k = \sqrt{B_k^2 + (\dfrac{C_k - \xi_k \omega_{nk} B_k}{\omega_{dk}})^2}$,$(k = 1, 2, \cdots, n_2)$。

一个高阶系统的响应可以看成由多个一阶环节和二阶环节响应的叠加。式(3-25)中第一项为稳态分量,第二项为指数曲线(一阶系统),第三项为振荡曲线,(二阶系统)。上述一阶环节及二阶环节的响应，与零点、极点的分布有关联。因此，了解零点、极点的分布情况，有助于对系统的性能进行定性分析。

1）衰减项中各项的幅值 A_j、D_k 是与它们对应的极点有关的。当然也与系统的零点有关，系统的零点对过渡过程的影响就反映在幅值上。极点位置距原点越远，对应项的幅值就越小，对系统过渡过程的影响就越小。当极点与零点很靠近时，对应项的幅值也很小，即这对零极点对系统过渡过程的影响将很小。系数大而且衰减慢的那些分量，将在动态过程中起主导作用。

2）当系统闭环极点全部在 s 平面左半平面时，其特征根为负实根和有负实部的复根，于是式（3-37）的第二、三项均是衰减的，因此系统总是稳定的。各分量衰减的快慢，取决于极点距虚轴的距离。距虚轴越远时，衰减越快。

3）主导极点的概念更多地用于一般高阶系统的动态响应分析之中。所谓主导极点是指在系统的所有闭环极点中，距离虚轴最近且周围没有闭环零点的极点，而所有其它极点都远离虚轴。主导极点对系统响应起主导作用，其它极点的影响在近似分析中则可忽略不计。因此，闭环主导极点通常总是以共轭复数极点的形式出现。利用主导极点的概念，可将主导极点为共扼复数极点的高阶系统，降阶近似为二阶系统来处理。

3.6 稳态误差分析

评价一个系统的性能包括瞬态性能和稳态性能两大部分。瞬态响应的性能指标可以评价系统的快速性和平稳性，系统的准确性能指标要用误差来衡量。系统的误差又可分为稳态误差和动态误差两部分。控制系统的稳态误差是控制系统的稳态性能指标。由于控制系统自身的结构参数、外作用的类型（控制量或扰动量）以及外作用的形式（阶跃、斜坡或加速度等）不同，控制系统的稳态输出不可能在任意情况下都与输入量（希望的输出）一致，因而会产生稳态误差。此外，系统中存在的不灵敏区、间隙、零漂等非线性因素也会造成附加的稳态误差。本节主要讨论控制系统的稳态误差及其计算方法。

3.6.1 稳态误差的定义

某一控制系统的框图如图 3-20 所示。其中，实线部分与实际系统具有对应关系，而虚线部分则是为了说明概念额外画出来的。

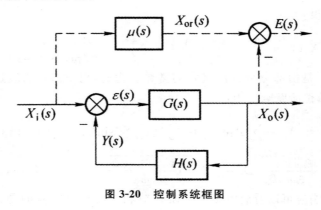

图 3-20 控制系统框图

1. 误差的定义

系统的误差 $e(t)$ 定义为希望输出与实际输出之差,即

$$e(t) = 希望输出 - 实际输出 \tag{3-39}$$

如图 3-18 所示,$X_{or}(s)$ 表示系统的希望输出,若系统需要完成的任务已确定,$X_{or}(s)$ 与输入 $X_i(s)$ 之间的传输形式 $\mu(s)$ 便为已知。可以证明,$\mu(s)$ 与系统反馈通道的传递函数 $H(s)$ 的倒数相等,即 $\mu(s) = 1/H(s)$。$H(s)$ 是将系统的实际输出 $X_o(s)$ 经过比例、微分或积分作用,变成与输入同物理量的值,在输入端进行比较,得到偏差信号 $\varepsilon(s)$。$\mu(s)$ 是将输入量变成一个与实际输出同物理量的希望输出,与实际输出进行比较,这个差值定义为误差。希望输出在理论上是存在的,但实际中无法直接测量。

按上述定义,式(3-39)写成

$$e(t) = x_{or}(t) - x_o(t) \tag{3-40}$$

其拉氏变换为

$$E(s) = X_{or}(s) - X_o(s) \tag{3-41}$$

从图 3-18 可知:$X_{or}(s) = \mu(s)X_i(s)$,又 $\mu(s) = 1/H(s)$,并且偏差信号 $\varepsilon(s) = X_i(s) - H(s)X_o(s)$,因此可得一般情况下误差与偏差信号之间的关系为

$$E(s) = \varepsilon(s)/H(s) \tag{3-42}$$

对于实际使用的控制系统来说。$H(s)$ 往往是一个常数,因此通常误差信号与偏差信号之间存在简单的比例关系。特别是当反馈通道传递函数 $H(s) = 1$,即单位反馈时,误差与偏差相等,物理量纲也相同。

2. 稳态误差

在时域中,误差 $e(t)$ 是时间的函数,求解误差 $e(t)$ 与求解系统的输出 $x_o(t)$ 一样,对于高阶系统是困难的,然而,如果只关心系统的控制过程平稳下来以后的误差,即系统误差 $e(t)$ 的瞬态分量消失后的稳态误差,问题就变得简单。稳态误差是衡量系统最终控制精度的性能指标。

稳定系统误差的终值称为稳态误差。当 t 趋于无穷大时,$e(t)$ 的极限存在,则稳态误差 e_{ss} 为

$$e_{ss} = \lim_{t \to \infty}(t) \tag{3-43}$$

显然,对于不稳定的系统讨论稳态误差是没有意义的。

下面利用拉氏变换的终值定理求系统的稳态误差,由图 3-18 可知

$$e_{ss} = \lim_{t \to \infty}(t) = \lim_{s \to 0}E(s) \tag{3-44}$$

式中,$E(s)$ 为误差响应 $e(t)$ 的拉氏变换。使用式(3-44)的条件是:$sE(s)$ 在 $[s]$ 平面的右半部和虚轴上必须解析,即 $sE(s)$ 的全部极点都必须分布在 $[s]$ 平面的左半部。坐标原点的极点一般归入 $[s]$ 平面的左半部来考虑。

当系统的传递函数确定以后,由输入信号引起的误差与输入信号之间的关系可以确定,由式(3-42)可得

$$E(s) = X_{or}(s) - X_o(s) = \frac{1}{H(s)}X_i(s) - \frac{G(s)}{1 + G(s)H(s)}X_i(s)$$
$$= \frac{1}{H(s)[1 + G(s)H(s)]}X_i(s) = \varphi_e(s)X_i(s) \tag{3-45}$$

式中，$\phi_e(s)$ 为误差对于输入信号(控制信号)的闭环传递函数，$\phi_e(s) = \dfrac{E(s)}{X_i(s)} = \dfrac{1}{H(s)[1+G(s)H(s)]}$

将式(3-45)代入式(3-44)中，得稳态误差计算公式

$$E(s) = \lim_{s \to 0} s \frac{1}{H(s)[1+G(s)H(s)]} X_i(s) \qquad (3\text{-}46)$$

式中，$H(s)$、$G(s)$ 分别为系统的反馈通道传递函数和前向通道传递函数；$G(s)H(s)$ 为系统的开环传递函数。用式(3-46)可以计算不同输入信号 $X_i(s)$ 产生的稳态误差。

当系统为单位反馈时，有 $H(s)=1$，式(3-46)可简化为

$$E(s) = \lim_{s \to 0} s \frac{1}{[1+G(s)]} X_i(s) \qquad (3\text{-}47)$$

3.6.2 系统的结构与稳态误差

1. 系统的类型

当系统只有输入信号作用时，一般控制系统的框图如图 3-18 中的实线所示，其开环传递函数为

$$B(s)/E(s) = G(s)H(s)$$

将 $G(s)H(s)$ 写成典型环节串联相乘的形式，即尾 1 型。

$$G(s)H(s) = \frac{K(\tau_1 s+1)(\tau_2 s+1)\cdots}{s^\gamma(T_1 s+1)(T_2 s+1)\cdots} \qquad (3\text{-}48)$$

式中，K 为开环增益；γ 为开环传递函数中包含积分环节的数目。根据系统拥有积分环节的个数 γ 将系统进行分类：

当 $\gamma=0$ 时，无积分环节，称为 0 型系统；

当 $\gamma=1$ 时，有一个积分环节，称为 I 型系统；

当 $\gamma=2$ 时，有两个积分环节，称为 II 型系统。

依次类推，一般 $\gamma>2$ 的系统难以稳定，实际上很少见。

需要注意的是，系统的类型与系统的阶次是完全不同的两个概念。例如：

由于 $\gamma=1$，有一个积分环节，故为 I 型系统。但就系统的最高阶次而言，由分母部分可知系统是三阶系统。

将式(3-48)代入式(3-47)，可得

$$\begin{aligned}
e_{ss} &= \lim_{s \to 0} E(s) = \lim_{s \to 0} s \frac{1}{[1+G(s)]} X_i(s) \\
&= \lim_{s \to 0} s = \frac{1}{1+\dfrac{K(\tau_1 s+1)(\tau_2 s+1)\cdots}{s^\gamma(T_1 s+1)(T_2 s+1)\cdots}} X_i(s) \\
&= \lim_{s \to 0} s \frac{1}{1+\dfrac{K}{s^\gamma}} X_i(s)
\end{aligned} \qquad (3\text{-}49)$$

由式(3-49)可以看出：系统的稳态误差和系统的开环增益 K、系统的型别 γ、输入信号 $X_i(s)$ 有关。下面将进一步讨论不同类型的系统，在不同输入信号作用下的静态误差系数与稳态误差。

2. 静态误差系数与稳态误差

稳态误差与系统的型别有关,下面分析位置、速度和加速度三种信号输入时系统的稳态误差。为了便于说明,下面以 $H(s)=1$ 的情况进行讨论。

(1)静态位置误差系数 K_p。

当单位阶跃信号 $x_i(t)=1$ 作为输入信号时,系统引起的稳态误差称为位置误差,输入信号的拉氏变换 $X_i(s)=\dfrac{1}{s}$,利用式(3-46)得系统的稳态误差为

$$e_{ss}=\lim_{s\to 0}s\,\frac{1}{H(s)\left[1+G(s)H(s)\right]}\frac{1}{s}=\lim_{s\to 0}\frac{1}{1+G(s)H(s)}$$
$$=\frac{1}{1+\lim\limits_{s\to 0}G(s)H(s)}=\frac{1}{1+G(0)H(0)} \tag{3-50}$$

静态位置误差系数 K_p 定义为

$$K_p=\lim_{s\to 0}G(s)H(s)=G(0)H(0) \tag{3-51}$$

位置误差为

$$e_{ss}=\frac{1}{1+K_p} \tag{3-52}$$

对于 0 型系统

$$K_p=\lim_{s\to 0}\frac{K(\tau_1 s+1)(\tau_2 s+1)\cdots}{(T_1 s+1)(T_2 s+1)\cdots}=K$$

0 型系统的位置误差为

$$e_{ss}=\frac{1}{1+K}$$

对于 I 型系统或高于 I 型的系统

$$K_p=\lim_{s\to 0}\frac{K(\tau_1 s+1)(\tau_2 s+1)\cdots}{s^\gamma(T_1 s+1)(T_2 s+1)\cdots}=\infty$$

I 型系统或高于 I 型的系统的位置误差

$$e_{ss}=\frac{1}{1+K_p}=0$$

以上表明,在阶跃信号作用下,系统消除误差的条件是 $\gamma\geqslant 1$,即在开环传递函数中至少要有一个积分环节。

(2)静态速度误差系数 K_v。

当单位斜坡信号 $x_i(t)=t$ 作为输入信号时,系统引起的稳态误差称为速度误差,输入信号的拉氏变换 $X_i(s)=\dfrac{1}{s^2}$,利用式(3-46)得系统的稳态误差为

$$e_{ss}=\lim_{s\to 0}s\,\frac{1}{H(s)\left[1+G(s)H(s)\right]}\frac{1}{s^2}=\frac{1}{\lim\limits_{s\to 0}G(s)H(s)}$$

静态速度误差系数 K_v,定义为

$$K_v=\lim_{s\to 0}sG(s)H(s)$$

速度误差为

$$e_{ss} = \frac{1}{K_v}$$

对于 0 型系统

$$K_v = \lim_{s \to 0} s \left[\frac{K(\tau_1 s + 1)(\tau_2 s + 1)\cdots}{s^\gamma (T_1 s + 1)(T_2 s + 1)\cdots} \right] = 0$$

0 型系统的速度误差为

$$e_{ss} = \frac{1}{K_v} = \infty$$

对于 I 型系统

$$K_v = \lim_{s \to 0} s \left[\frac{K(\tau_1 s + 1)(\tau_2 s + 1)\cdots}{s^\gamma (T_1 s + 1)(T_2 s + 1)\cdots} \right] = K$$

I 型系统的速度误差为

$$e_{ss} = \frac{1}{K_v} = \frac{1}{K}$$

对于 II 型系统及高于 II 型的系统

$$K_v = \lim_{s \to 0} \frac{sK(\tau_1 s + 1)(\tau_2 s + 1)\cdots}{s^\gamma (T_1 s + 1)(T_2 s + 1)\cdots} = \infty$$

II 型及以上系统的速度误差为

$$e_{ss} = \frac{1}{K_v} = 0$$

以上表明,斜坡信号作用下系统消除误差的条件是 $\gamma \geqslant 2$。

（3）静态加速度误差系数 K_a。

当单位加速度信号 $x_i(t) = \frac{1}{2} t^2$ 作为输入信号时,系统引起的稳态误差称为加速度误差,输

入信号的拉氏变换 $X_i(s) = \frac{1}{s^3}$,利用式(3-46)得系统的稳态误差为

$$e_{ss} = \lim_{s \to 0} s \frac{1}{H(s)[1 + G(s)H(s)]} \frac{1}{s^3} = \lim_{s \to 0} \frac{1}{s^2 G(s)H(s)}$$

静态加速度误差系数 K_a 定义为

$$K_a = \lim_{s \to 0} s^2 G(s)H(s)$$

加速度误差为

$$e_{ss} = \frac{1}{K_a}$$

对于 0 型系统和 I 型系统

$$K_a = \lim_{s \to 0} s^2 \left[\frac{K(\tau_1 s + 1)(\tau_2 s + 1)\cdots}{s^\gamma (T_1 s + 1)(T_2 s + 1)\cdots} \right] = 0$$

0 型系统和 I 型系统的加速度误差

$$e_{ss} = \frac{1}{K_a} = \infty$$

对于 II 型系统

$$K_a = \lim_{s \to 0} s^2 \left[\frac{K(\tau_1 s + 1)(\tau_2 s + 1)\cdots}{s^\gamma (T_1 s + 1)(T_2 s + 1)\cdots} \right] = K$$

Ⅱ型系统的加速度误差为

$$e_{ss}=\frac{1}{K_a}=K$$

对于Ⅱ型以上系统

$$K_a=\lim_{s\to0}s^2\left[\frac{K(\tau_1s+1)(\tau_2s+1)\cdots}{s^\gamma(T_1s+1)(T_2s+1)\cdots}\right]=\infty$$

Ⅱ型以上系统的加速度误差为

$$e_{ss}=\frac{1}{K_a}=0$$

以上可以看出,加速度信号作用下系统消除误差的条件是 $y\geqslant3$,即开环传递函数中至少有三个积分环节。

通过上面的分析看出,同样一种输入信号,对于结构不相同的系统产生的稳态误差不同,系统型别越高,误差越小,即跟踪输入信号的无差能力越强。所以系统的型别反映了系统无差的度量,故又称无差度。Ｏ型、Ⅰ型和Ⅱ型系统又分别称为Ｏ阶无差、一阶无差和二阶无差系统。因此型别是从系统本身结构的特征上,反映了系统跟踪输入信号的稳态精度。另一方面,型别相同的系统输入不同信号引起的误差不同,即同一个系统对不同信号的跟踪能力不同,从另一个角度反映了系统消除误差的能力。

增加系统开环传递函数中的积分环节 γ 和增大开环增益 K,是消除和减小系统稳态误差的途径。但 γ 和 K 值的增大,都会造成系统的稳定性变坏,设计者的任务在于合理地解决这些相互制约的矛盾,选取合理的参数。

应当指出,上述信号中的位置、速度和加速度是广义的,比如在温度控制系统中的"位置"表示温度信号,"速度"则表示温度的变化率。

3.6.3　干扰作用下系统的稳态误差

控制系统除了承受输入信号作用外,还经常会受到各种干扰的作用,如负载的突变、温度的变化、电源的波动等,系统在扰动作用下的稳态误差反映了系统抗干扰的能力。显然,我们希望干扰引起的稳态误差越小越好,理想情况下误差为零。

如果干扰不是随机的,而是能测量出来的简单信号,并且知道其作用点,这时可以计算由干扰引起的稳态误差。对于线性系统,系统同时受到输入信号和干扰信号的作用,系统的总误差为输入信号及干扰信号单独作用时产生的稳态误差的代数和。

输入信号 $X_i(s)$ 产生的稳态误差可按式(3-46)计算,此时视干扰为零。

在计算干扰引起的误差时,如图 3-19 所示,视输入 $X_i(s)$ 为零。此时希望干扰引起的输出 $X_{or}(s)$ 也为零,因此干扰引起的误差为

$$\begin{aligned}E_N(s)&=X_{or}(s)-X_{oN}(s)\\&=0-X_{oN}(s)\\&=-\Phi_N(s)N(s)\end{aligned}$$

式中,$N(s)$ 为干扰信号;$X_{oN}(s)$ 为干扰信号单独作用时的实际输出;$E_N(s)$ 为干扰引起的误差;$\Phi_N(s)=\frac{X_{oN}(s)}{N(s)}$,而 $\frac{X_{oN}(s)}{N(s)}$ 是由于干扰单独作用时实际输出与干扰间的闭环传递函数。

此时

$$X_{oN}(s)/N(s)=\frac{G_2(s)}{1+G_2(s)G_1(s)H(s)}$$

所以有

$$E_N(s)=\frac{-G_2(s)}{1+G_2(s)G_1(s)H(s)}N(s)$$

由干扰引起的稳态误差为

$$e_{ssn}=\lim_{s\to 0}sE_N(s)=\lim_{s\to 0}\frac{-sG_2(s)}{1+G_2(s)G_1(s)H(s)}N(s) \tag{3-53}$$

系统的总误差为

$$E_i(s)+E_N(s)=\frac{X_i(s)-G_2(s)H(s)}{1+G_2(s)G_1(s)H(s)}$$

系统总的稳态误差为

$$e_{ss}=e_{ssi}+e_{ssn}$$

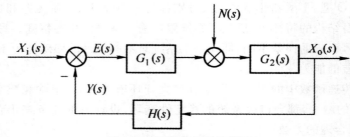

图 3-21　干扰作用系统框图

第 4 章　控制系统的频域响应分析

4.1　频率特性概述

频率特性分析是经典控制理论中研究与分析系统特性的主要方法。利用此方法,将传递函数从复域引到具有明确物理概念的频域来分析系统的特性是极为有效的。用时域法分析控制系统的稳定性、快速性和准确性是最为直接和直观的方法。但对高阶系统的时域性能若不借助于计算机是很难用解析法确定的,并且难以确定如何调整系统的结构或参数才能获得期望的性能指标。频域分析是应用频率特性研究线性定常系统的广泛应用的一种方法,可以不用求解系统的特征根,而用一些较为简单的图解方法就可以根据开环频率特性研究闭环系统的性能,并能方便地分析出系统中各参数对于系统性能的影响,进而提出改善控制系统性能的有效方法。

频率特性分析法的一个重要特点是从系统的开环频率特性去分析闭环控制系统的各种特性,而开环频率特性又是容易绘制或通过实验获得的。系统的频率特性和系统的时域响应之间也存在着联系,我们可以通过系统的频率特性分析系统的稳定性、快速性和准确性。频率特性分析可建立起系统的时间响应与其频谱以及单位脉冲响应与频率特性之间的直接关系,而且可沟通在时域与在频域对系统的研究与分析。

频率特性由幅频特性和相频特性组成,它在频率域里全面地描述了系统输入和输出之间的关系即系统的特性。该方法可以通过分析系统对不同频率的稳态响应来获得系统的动态特性。可以不解闭环特征方程。由开环频率特性即可研究闭环系统的瞬态响应、稳态误差和稳定性。频率特性有明确的物理意义,能够用实验的方法获得。对那些不能或难于用分析方法建立数学模型的系统或环节,具有非常重大的意义。即使对于那些能够用分析法建模的系统,也可以通过频率特性实验对其模型加以验证和修改。

频率特性分析法不仅适用于线性系统,并且也可以推广到非线性系统。

4.1.1　频率特性概述

1. 频率响应

线性定常控制系统(或元件)的对正弦谐波信号(输入信号)的稳态正弦输出响应称为频率响应。下图 4-1 所示的是一线性定常系统。

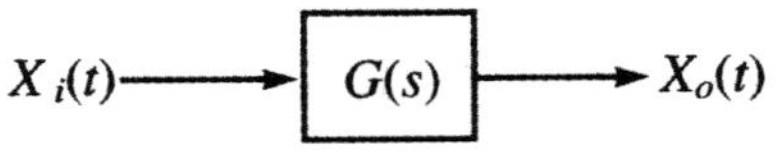

$$X_i(t) \longrightarrow \boxed{G(s)} \longrightarrow X_o(t)$$

图 4-1　线性定常系统

系统是稳定的,对其输入一正弦信号

$$x_i(t) = X_i \sin\omega t$$

根据微分方程解得理论,系统稳态输出信号为

$$x_o(t) = X_o(\omega)\sin[\omega t + \varphi(\omega)]$$

上述信号也是一个正弦信号,它的频率与输入信号相同,但其幅值和相位却都发生了变化,如图 4-2 所示。

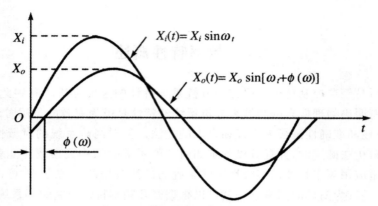

图 4-2 系统及稳态的输入输出波形

设系统的传递函数为

$$G(s) = \frac{K}{Ts+1}$$

输入信号为 $x_i(t) = X_i\sin\omega t$,经过拉氏变换后的得:

$$X_i(s) = \frac{X_i\omega}{s^2 + \omega^2}$$

于是可以得出系统的输出的拉氏变换:

$$X_o(s) = G(s)X_i(s) = \frac{K}{Ts+1} \times \frac{X_i\omega}{s^2 + \omega^2}$$

取拉氏逆变换并加以整理可得:

$$x_o(t) = \frac{X_i KT\omega}{1 + T^2\omega^2}e^{-\frac{1}{T}t} + \frac{X_i K}{\sqrt{1 + T^2\omega^2}}\sin(\omega t - \arctan T\omega)$$

上式中 $x_o(t)$ 即是输入而引起的响应。其中,等式右边 $\dfrac{X_i KT\omega}{1 + T^2\omega^2}e^{-\frac{1}{T}t}$ 是瞬态分量,而 $\dfrac{X_i K}{\sqrt{1 + T^2\omega^2}}\sin$

$(\omega t - \arctan T\omega)$ 是稳态分量。$-\dfrac{1}{T}$ 是 $G(s)$ 的极点或系统微分方程的特征根 s_i,因为 s_i 是负值,所以系统是稳定的,随着时间的推移,当 $t \to \infty$ 时,瞬态分量迅速衰减至零,此时系统只剩下稳态输出:

$$x_o(t) = \frac{X_i K}{\sqrt{1 + T^2\omega^2}}\sin(\omega t - \arctan T\omega) \qquad (4-1)$$

从上式(4-1)易知,系统的稳态输出是一个与输入有着相同频率的正弦信号,其幅值 $X_o(s) = \dfrac{X_i K}{\sqrt{1 + T^2\omega^2}}$,相位 $\varphi(\omega) = -\arctan T\omega$,当正弦的频率 ω 变化时,幅值 $X_o(\omega)$ 和相位 $\varphi(\omega)$ 都会随之变化,因此频率响应是线性定常系统对正弦输入的稳态响应,上例中式(4-1)即为该系统的频率响应。

2. 频率特性

线性定常系统在正弦输入信号的作用下,其稳态输出信号与输入信号的相位之差称为相频特性,记作 $\varphi(\omega)$;输出信号的幅值和输入信号的幅值之比称为幅频特性,记作 $A(\omega)=\dfrac{X_o(\omega)}{X_i(\omega)}$。相频特性和幅频特性都是频率 ω 函数,系统的频率特性也是由这二者组成,记作 $A(\omega)\mathrm{e}^{\mathrm{j}\varphi(\omega)}$ 或 $A(\omega)\angle\varphi(\omega)$。若将频率特性定义为 ω 的复变函数,则 $A(\omega)$ 应该为其幅值,$\varphi(\omega)$ 便是其对应的相位。

3. 频率特性的数学本质

设描述系统的微分方程为

$$a_n x_o^{(n)}(t)+a_{n-1}x_o^{(n-1)}(t)+\cdots+a_1\dot{x}_o(t)+a_0 x_o(t)$$
$$=b_m x_i^{(m)}(t)+b_{m-1}x_i^{(m-1)}(t)+\cdots+b_1\dot{x}_i(t)+b_0 x_i(t) \tag{4-2}$$

则系统的传递函数为

$$G(s)=\frac{X_o(s)}{X_i(s)}=\frac{b_m s^m+b_{m-1}s^{m-1}+\cdots+b_1 s+b_0}{a_n s^n+a_{n-1}s^{n-1}+\cdots+a_1 s+a_0}\quad(n\geqslant m) \tag{4-3}$$

当给系统输入正弦信号时,也即是 $x_i(t)=X_i\sin\omega t$,则对应的拉氏变换为

$$X_i(s)=\frac{X_i\omega}{s^2+\omega^2} \tag{4-4}$$

将式(4-4)代入式(4-3),可得系统的输出信号

$$X_o(s)=G(s)X_i(s)=\frac{b_m s^m+b_{m-1}s^{m-1}+\cdots+b_1 s+b_0}{a_n s^n+a_{n-1}s^{n-1}+\cdots+a_1 s+a_0}\times\frac{X_i\omega}{s^2+\omega^2} \tag{4-5}$$

如果系统无重极点,则式(4-5)写成:

$$X_o(s)=\sum_{i=1}^{n}\frac{A_i}{s-s_i}+\left(\frac{B}{s-\mathrm{j}\omega}+\frac{B^*}{s+\mathrm{j}\omega}\right) \tag{4-6}$$

上式中的 A_i、B 和 B^* 是待定系数 B^* 是 B 的共轭复数,s_i 为系统特征方程的根,再对式(4-6)进行拉氏逆变换就可得系统的输出:

$$x_o(t)=\sum_{i=1}^{n}A_i\mathrm{e}^{s_i t}+(B\mathrm{e}^{\mathrm{j}\omega t}+B^*\mathrm{e}^{-\mathrm{j}\omega t}) \tag{4-7}$$

通常对稳定系统来说,系统的特征根 s_i,均具有负实部,当 $t\to\infty$ 时,瞬时响应为为零,则式(4-7)只剩下稳态分量,故系统的稳态响应为:

$$x_o(t)=B\mathrm{e}^{\mathrm{j}\omega t}+B^*\mathrm{e}^{-\mathrm{j}\omega t} \tag{4-8}$$

若系统含有 k 个重极点,则 $x_o(t)$ 将含有 $t^k\mathrm{e}^{s_i t}(k=1,2,\cdots,k-1)$ 这样一系列项。对于稳定的系统,由于 s_i 的实部为负,$\mathrm{e}^{s_i t}$ 的增长比 t^k 的衰减快。所以 $t^k\mathrm{e}^{s_i t}$ 的各项会随着 $t\to\infty$ 也都趋于零。因此,对于稳定的系统来说,无论系统是否有重极点,其稳态响应应都如式(4-8)所示。式(4-8)中的待定系数 B^* 和 B 可待定系数法求得,即

$$B=G(s)\frac{X_i\omega}{(s-\mathrm{j}\omega)(s+\mathrm{j}\omega)}(s-\mathrm{j}\omega)\Big|_{s=\mathrm{j}\omega}=G(s)\frac{X_i\omega}{s+\mathrm{j}\omega}\Big|_{s=\mathrm{j}\omega}$$
$$=G(\mathrm{j}\omega)\cdot\frac{X_i}{2\mathrm{j}}=|G(\mathrm{j}\omega)|\,\mathrm{e}^{j\angle G(\mathrm{j}\omega)}\times\frac{X_i}{2\mathrm{j}}$$

同理可求得:

$$B^* = G(\mathrm{j}\omega) \times \frac{X_i}{-2\mathrm{j}} = |G(\mathrm{j}\omega)| \mathrm{e}^{\mathrm{j}\angle G(\mathrm{j}\omega)} \times \frac{X_i}{-2\mathrm{j}}$$

将 B^* 和 B 代入式（4-8）中，可得系统稳态响应为：

$$x_o(t) = |G(\mathrm{j}\omega)| X_i \frac{\mathrm{e}^{\mathrm{j}[\omega t + \angle G(\mathrm{j}\omega)]} - \mathrm{e}^{-\mathrm{j}[\omega t + \angle G(\mathrm{j}\omega)]}}{2\mathrm{j}} = |G(\mathrm{j}\omega)| X_i \sin[\omega t + \angle G(\mathrm{j}\omega)]$$

根据频率特性的定义易知，系统的幅频特性和相频特性应该为：

$$\left. \begin{aligned} A(\omega) &= \frac{X_o(\omega)}{X_i} = |G(\mathrm{j}\omega)| \\ \varphi(\omega) &= \angle G(\mathrm{j}\omega) \end{aligned} \right\}$$

综合上式推导过程，知 $G(\mathrm{j}\omega) = |G(\mathrm{j}\omega)| \mathrm{e}^{\mathrm{j}\angle G(\mathrm{j}\omega)}$ 即是系统的频率特性。明显，频率特性的量纲和传递函数的量纲是相同的。也即是输出信号和输入信号的量纲之比。

而 $G(\mathrm{j}\omega)$ 是一个复变函数，可以写成实部和虚部之和的形式。

$$G(\mathrm{j}\omega) = \mathrm{Re}[G(\mathrm{j}\omega)] + \mathrm{Im}[G(\mathrm{j}\omega)] = u(\omega) + \mathrm{j}v(\omega)$$

上式中 $u(\omega)$ 是 $G(\mathrm{j}\omega)$ 的实部即实频特性又称同相分量，$v(\omega)$ 是 $G(\mathrm{j}\omega)$ 的虚部即虚频特性又称异相分量。

4.1.2 频率特性的求法

求频率特性包括对其相频特性的求取和对其幅频特性的求取。一般可以有三种求取方法。

（1）定义法。

根据已知系统的微分方程，把输入以正弦函数（谐波输入信号）代入微分方程，求解微分方程即求其稳态解，便可求出系统输出变量的稳态解与输入变量的复数（谐波输入的幅值）之比以及相位之差，即系统的频率特性；

（2）代替法。

根据传递函数求取，将传递函数 $G(s)$ 中的 s 用就 $\mathrm{j}\omega$ 替代，即为频率特性 $G(\mathrm{j}\omega)$；

（3）实验法。

根据试验测得。这是对实际系统求取频率特性的常用又重要的方法。根据频率特性的定义，首先，保持输入正弦信号的幅值和初相角不变，只改变频率 ω，测出输出信号的幅值和相位角；然后，作出幅值比-频率函数曲线，此即幅频特性曲线 $A(\omega)$；最后，作出相位差-频率函数曲线，也就是相频特性曲线 $\varphi(\omega)$。

由上可知，一个系统可以用微分方程或传递函数来描述，也可以用频率特性来描述。它们之间的相互关系如图 4-3 所示。将微分方程的微分算子 $\dfrac{\mathrm{d}}{\mathrm{d}t}$ 变成 s 后，由方程便可获得传递函数；而将传递函数中的 s 再换成 $\mathrm{j}\omega$，传递函数就变成了频率特性。

【例 4-1】已知系统的传递函数 $G(s) = \dfrac{K}{Ts+1}$，求其频率特性。

解：

（1）定义法。

因为 $x_i(t) = X_i \sin\omega t$，由拉氏变换得：$X_i(s) = \dfrac{X_i\omega}{s^2 + \omega^2}$

输出信号的拉氏反变换得

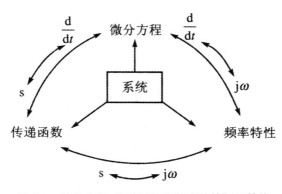

图 4-3　微分方程、传递函数和频率特性相互转换

$$X_o(s) = G(x)X_i(s) = \frac{K}{Ts+1}\frac{X_i\omega}{s^2+\omega^2}$$

经过拉氏变换,输出信号为

$$x_o(t) = \frac{X_i K T \omega}{1+T^2\omega^2}\mathrm{e}^{-\frac{1}{T}} + \frac{X_i K}{\sqrt{1+T^2\omega^2}}\sin[\omega t - \arctan(T\omega)]$$

上式中:第一项 $\dfrac{X_i K T \omega}{1+T^2\omega^2}\mathrm{e}^{-1/T}$ 为瞬态分量,是个负指数函数,$-1/T$ 是 $G(s)$ 的极点并且是负数,当 $t\to\infty$ 时,本项迅速衰减为零。第二项 $\dfrac{X_i K}{\sqrt{1+T^2\omega^2}}\sin[\omega t - \arctan(T\omega)]$ 为稳态分量,是个正弦函数,振动频率是 ω,幅值是 $\dfrac{X_i K}{\sqrt{1+T^2\omega^2}}$,相位是 $-\arctan(T\omega)$,当 $t\to\infty$ 时 系统的稳态响应为

$$x_o(t) = \frac{X_i K}{\sqrt{1+T^2\omega^2}}\sin[\omega t - \arctan(T\omega)]$$

依据定义可得系统的幅频特性为:

$$A(\omega) = \frac{K}{\sqrt{1+T^2\omega^2}}$$

系统的相频特性为:

$$\varphi(\omega) = -\arctan(T\omega)$$

（2）替代法。

系统的频率特性为

$$G(\mathrm{j}\omega) = G(s)\big|_{s=\mathrm{j}\omega} = \frac{K}{1+\mathrm{j}T\omega} = \frac{K(1-\mathrm{j}T\omega)}{(1+\mathrm{j}T\omega)(1-\mathrm{j}T\omega)}$$

幅频特性为

$$A(\omega) = |G(\mathrm{j}\omega)| = \frac{K}{\sqrt{1+T^2\omega^2}}$$

相频特性为

$$\varphi(\omega) = \angle G(\mathrm{j}\omega) = -\arctan(T\omega)$$

4.1.3　频率特性的表示法

1. 系统频率特性的解析式表示法

指数形式为

$$G(s)H(s) = A(\omega)e^{j\varphi(\omega)}$$

三角函数形式为

$$G(s)H(s) = A(\omega)\cos\varphi(\omega) + jA(\omega)\sin\varphi(\omega)$$

幅频－相频形式为

$$G(s)H(s) = |G(s)H(s)| \angle G(s)H(s)$$

实频－虚频形式为

$$G(s)H(s) = \text{Re}(\omega) + j\text{lm}(\omega)$$

通常,控制系统常用的频率特性表达式是幅频－相频形式。

2. 系统频率特性图示法

从前所述,频率特性 $G(j\omega)$ 以及幅频特性和相频特性都是频率 ω 的函数,于是就可以绘制对应曲线表示它们随频率变化的关系,用曲线图形表示系统的频率特性,具有直观方便的优点。常用的方法有:幅相频率特性图示法、对数频率特性图示法以及对数幅相频率特性图示法。其中,奈奎斯特图示法和伯德图示法,更为常用。

(1)极坐标图。

频率特性的极坐标图也称为幅相频特性图或称为奈奎斯特图。

由于频率特性 $G(j\omega)$ 是 ω 的复变函数,所以可以在复平面$[G(j\omega)]$上进行表示。当 ω 从 $0 \to \infty$ 变化时,$G(j\omega)$ 作为一个矢量,其端点在$[G(j\omega)]$复平面上所形成的轨迹就是频率特性的极坐标曲线,该曲线连同坐标一起则称为极坐标图,也称奈奎斯特图。这里规定极坐标图的实轴正方向为相位的零度线,由零度线起,矢量逆时针转过的角度为正,顺时针转过的角度为负。图中用箭头标明 ω 从小到大的方向。

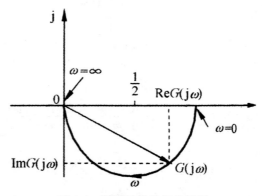

图 4-4　频率特性的极坐标图

极坐标图在一幅图上同时给出了系统在整个频率域的实频特性、虚频特性、幅频特性和相频特性。简洁直观地表明了系统的频率特性。缺点是不能明显地表示出系统传递函数各个环节的组成情况以及各个环节在系统中的作用,当系统有多个环节组成时,图形的绘制会比较繁琐。

对于给定的 ω,频率特性可由复平面上相应的矢量 $G(j\omega)$ 描述,如图 4-4 所示。

(2)伯德图。

伯德图也称为对数频率特性图。用两个坐标图分别表示幅频特性和相频特性。

幅频特性图的纵坐标(线性分度)表示了幅频特性幅值的分贝值,单位是 dB,是 $L(\omega)=20\lg|G(j\omega)|$;横坐标(对数分度)表示频率 ω 的值,单位是 rad·s^{-1}。相频特性图的纵坐标 $\varphi(\omega)$(线性分度)表示 $G(j\omega)$ 的相位,单位是(°);横坐标(对数分度)表示 ω 值,单位是 rad·s^{-1}。

这两个图分别叫做对数幅频特性图和对数相频特性图,统称为频率特性的对数坐标图,也即是伯德图。

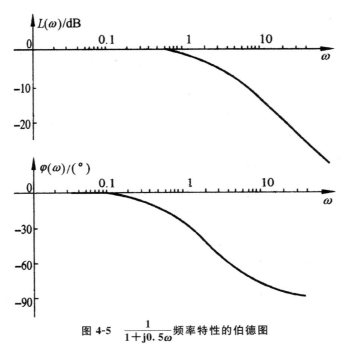

图 4-5　$\dfrac{1}{1+j0.5\omega}$ 频率特性的伯德图

图 4-5 表示了伯德图的坐标。通常为了方便,它的横坐标虽然是对数分度,但是习惯上其刻度值不标 $\lg\omega$ 值,而是标真数 ω 的值。所以对数幅频特性为:

$$L(\omega)=20\lg|G(j\omega)|$$

对数相频特性为:

$$\varphi(\omega)=\angle G(j\omega)$$

需注意的是:当 $G(j\omega)=1$ 时,其分贝值为零时,表示输出幅值等于输入幅值。分贝是电信技术名词,表示信号功率的衰减程度。

用伯德图表示频率特性有如下优点:

1)可将串联环节幅值的乘、除转化为幅值的加、减,大大简化了计算与作图过程。

2)可用近似方法作图。先分段用直线做出对数幅频特性的渐近线,再用修正曲线对渐近线进行修正,便可得到较为准确的对数幅频特性图。此方法给作图带来了极大方便。

3)可分别作出各个环节的伯德图,然后用叠加方法得出系统的伯德图,并由此可以看出各个环节对系统总特性的影响。

4)由于横坐标为对数分度,所以能把较宽频率范围的图形紧凑地表示出来,而 $\omega=0$ 的频率不可能在横坐标上表现出来,因此,在分析和研究系统时横坐标的起点可根据实际所需的最低频率 ω 来决定。

(3)增益相位图(Nichols 图)。

增益相位图又称尼科尔斯(Nichols)图或对数幅相频率特性图。其纵坐标为 $L(\omega)$,单位为 dB,横坐标为 $\varphi(\omega)$,单位为单位是(°),都是线性分度,频率 ω 是参变量。图 4-6 是 RC 网络 $T=0.5$ 时的尼科尔斯图。

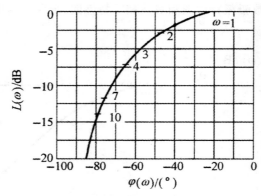

图 4-6　RC 网络 $T=0.5$ 时的尼科尔斯图

在尼科尔斯图对应的坐标系中,可以根据系统开环和闭环的关系,绘制关于闭环幅频特性的等 M 簇线和闭环相频特性的等 a 簇线,所以能够根据频域指标要求确定和校正网络,简化系统的分析、设计过程。

4.1.4　频率特性的特点和作用

频率特性分析方法广泛应用于机械、电气和液压等各种控制系统的分析中,是分析线性定常系统的基本方法之一,是经典控制理论的重要组成部分。

用试验法求取频率特性,是实际系统既常用又重要的一种方法。根据频率特性的定义,首先改变输入正弦信号 $X_i \mathrm{e}^{\mathrm{j}\omega t}$ 的频率 ω,并测出与其相应的输出幅值 $X_o(\omega)$ 与相移 $\varphi(\omega)$。然后做出幅值 $\dfrac{X_o(\omega)}{X_i}$ 比对频率 ω 的函数曲线,也就是幅频特性曲线;作出相移 $\varphi(\omega)$ 对频率 ω 的函数曲线,也即是相频特性曲线。

假设某系统的输出为

$$X_o(s)=G(s)X_i(s)$$

由频率特性与传递函数的关系有

$$X_o(\mathrm{j}\omega)=G(\mathrm{j}\omega)X_i(\mathrm{j}\omega)$$

当 $x_i(t)=\delta(t)$ 时,

$$X_i(\mathrm{j}\omega)=F[\delta(t)]=1$$

所以有

$$X_o(\mathrm{j}\omega)=G(\mathrm{j}\omega)$$

或者

$$F[X_o(t)] = G(j\omega)$$

上述过程表明系统的频率特性就是单位脉冲响应函数的 Fourier 变换或其频谱,所以对频率特性的分析实际上就是对单位脉冲响应函数的频谱进行分析。

在研究系统结构及参数的变化对系统性能的影响时,很多情况下(例如对于单输入、单输出系统),在频域中分析比在时域中分析要容易。根据频率特性可以比较方便地判别系统的稳定性和稳定性储备,并且可以通过频率特性进行参数选择或对系统进行校正,使系统达到预期的性能指标。更易于选择系统工作的频率范围,或者根据系统工作的频率范围,设计具有合适的频率特性的系统。

通过分析线性系统过渡过程,以获得系统的动态特性这是时间响应分析。而频率特性分析则是通过分析不同的正弦输入时系统的稳态响应,来获得系统的动态特性。如果线性系统的阶次较高,求系统的微分方程很困难时,用实验的方法获得频率特性会很方便。例如,对于机械系统或液压系统,动柔度或动刚度这一动态性能是非常重要的。但是,若无法用分析法或不能较精确地用分析法求得系统的微分方程或传递函数时,这一动态性能也就无法求得。此时就可以用实验方法在系统的输入端加上一个幅值和相位相同但频率不同的谐波力信号,记录下系统的对应位移的稳态输出的幅值和相位,则相对于不同频率可求出位移的稳态值与力的输入的幅值比 $A(\omega)$ 与相位 $\varphi(\omega)$,也就可得 $G(j\omega) = G(j\omega)e^{j\varphi(\omega)}$,此处 $G(j\omega)$ 就是系统的动柔度(其量纲是位移/力),其倒数就是系统的动刚度(其量纲是力/位移)。

如果系统的输入信号中带有严重的噪声干扰,则对系统采用频率特性分析法可设计出合适的通频带,以抑制噪声的影响。可见,在经典控制理论中,频率特性分析比时间响应分析更具优越性。然而,频率特性分析法也有其不足之处。由于实际系统往往存在非线性,尤其是在机械工程中更是如此,因此,即使能给出准确的准确的输入谐波信号,系统的输出常常也不是一个严格的谐波信号。这便使得建立在严格谐波信号基础上的频率特性分析与实际情况之间有一定的距离,也就会使频率特性分析产生误差。此外,频率特性分析很难应用于时变系统、多输入多输出系统。

4.2　典型环节的频率特性

自动控制系统的开环传递函数总可以分解为一些常见因式的乘积,这些常见的因式称为典型环节。归纳起来,典型环节通常有比例环节、积分环节、惯性环节、振荡环节、微分环节和延时环节。

4.2.1　比例环节

比例环节的传递函数为

$$G(s) = \frac{C(s)}{R(s)} = K$$

令 $s = j\omega$,于是可得比例环节的频率特性为

$$G(j\omega) = K$$

所以,幅频特性为

$$A(\omega) = |G(j\omega)| = K$$

相频特性为

$$\varphi(\omega)=\angle G(\mathrm{j}\omega)=0°$$

1. 极坐标图

比例环节的特点是:当输入端为正弦信号时,输出能够无延迟、无失真地复现输入信号。幅频特性为 $A(\omega)=K$,对于比例环节,实频特性恒为 K,虚频特性恒为 0。相频特性为

$$\varphi(\omega)=0°$$

幅频特性 $A(\omega)=K$、相频特性 $\varphi(\omega)=0°$ 都与 ω 无关。这表明,当 ω 从 $0\to\infty$ 时,$G(\mathrm{j}\omega)$ 的幅值总是 K,相位总是 0。$G(\mathrm{j}\omega)$ 在极坐标图上为实轴上的一定点 K,如图 4-7 所示。

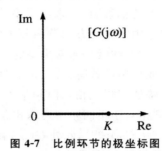

图 4-7　比例环节的极坐标图

2. 伯德图

对数幅频特性为

$$L(\omega)=20\lg\big|G(\mathrm{j}\omega)\big|=20\lg K$$

其图形是一条分贝值为 $20\lg K$ 的直线。

对数相频特性为

$$\varphi(\omega)=\angle G(\mathrm{j}\omega)=0°$$

如图 4-8 所示,其对数相频特性曲线是与 $0°$ 重合的一直线。K 值改变时,只是对数幅频特性上下移动而对数相频特性不变。

4.2.2　惯性环节

惯性环节的传递函数为

$$G(s)=\frac{C(s)}{R(s)}=\frac{1}{1+Ts}$$

令 $s=\mathrm{j}\omega$,于是可得惯性环节的频率特性为

$$G(\mathrm{j}\omega)=\frac{1}{1+\mathrm{j}\omega T}=\frac{1}{\sqrt{1+T^2\omega^2}}\mathrm{e}^{-\mathrm{j}\arctan(T\omega)} \tag{4-9}$$

对数幅频特性为

$$A(\omega)=\big|G(\mathrm{j}\omega)\big|=\frac{1}{\sqrt{1+T^2\omega^2}} \tag{4-10}$$

对数相频特性为

$$\varphi(\omega)=\angle G(\mathrm{j}\omega)=-\arctan(T\omega) \tag{4-11}$$

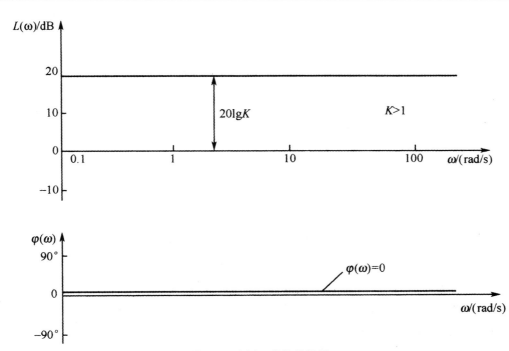

图 4-8　比例环节的伯德图

1. 极坐标图

由于 $G(s)=\dfrac{1}{1+Ts}$ 即

$$G(\mathrm{j}\omega)=\frac{1}{1+\mathrm{j}\omega T}=\frac{1-\mathrm{j}T\omega}{1+T^2\omega^2}$$

故，

对数幅频特性　　$|G(\mathrm{j}\omega)|=\dfrac{1}{\sqrt{1+T^2\omega^2}}$

对数相频特性　　$\angle G(\mathrm{j}\omega)=-\arctan(T\omega)$

对于任一给定的频率 ω，可由式(4-9)和式(4-10)计算出相应的 $A(\omega)$ 和 $\varphi(\omega)$，从而得到极坐标中的一个点。当 $\omega=0$ 时，$A(\omega)=1$，$\varphi(\omega)=0°$；当 $\omega=1/T$ 时，$A(\omega)=\dfrac{1}{\sqrt{2}}$，$\varphi(\omega)=-45°$；当 $\omega\to\infty$ 时，$A(\omega)=0$，$\varphi(\omega)=-90°$。故可绘出其幅相频率特性曲线，如图 4-9 所示其惯性环节的极坐标图是一个以 $(1/2,\mathrm{j}0)$ 为圆心、$1/2$ 为半径的半圆。

2. 伯德图

由 $G(\mathrm{j}\omega)=\dfrac{1}{\sqrt{1+T^2\omega^2}}\mathrm{e}^{-\mathrm{jarctan}(T\omega)}=A(\omega)\mathrm{e}^{\mathrm{j}\varphi(\omega)}$ 可得惯性环节的对数幅频特性为

$$L(\omega)=20\lg A(\omega)=20\lg\frac{1}{\sqrt{1+T^2\omega^2}}=-20\lg\sqrt{1+T^2\omega^2}$$

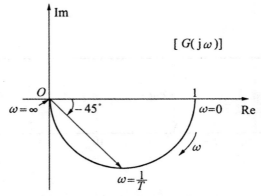

图 4-9　惯性环节的极坐标图

ω 从 $0\rightarrow\infty$，可计算出对应的 $L(\omega)$，并绘出对数幅频特性曲线，如图 4-10 所示。在工程实际中，常采用分段直线（渐近线）近似地表示其对数幅频特性。

当 $T\omega\ll1$ 时，可近似认为 $T\omega=0$，于是，$L(\omega)=20\lg1=0(dB)$

对数幅频特性在低频段近似认为是 0dB 水平线，该水平线是低频渐近线，止于点 $(\omega_T,0)$。

当 $T\omega\gg1$ 时，可近似认为，$L(\omega)=-20\lg\sqrt{T^2\omega^2}=-20\lg(T\omega)$

在 $\omega=\omega_i$ 时，$L(\omega)=-20\lg(T\omega_i)$

在 $\omega=10\omega_i$ 时，$L(\omega)=-20\lg(10T\omega_i)=-20\lg(T\omega_i)-20$

惯性环节的对数幅频特性可以近似地用渐近线来代替，在 $T\omega\gg1$ 时为斜率等于 -20 dB/dec 的直线。在两条渐近线的交接处的频率 $\omega=\omega_T=\dfrac{1}{T}$，称为转折（或转角）频率。由于 $L(\omega)=-20\lg$ $\sqrt{1+T^2\omega^2}$ 在 $\omega_T=\dfrac{1}{T}$ 处有 $L(\omega)=20\lg1-20\lg\sqrt{2}=-3(dB)$。所以采用渐近线表示对数幅频特性，在接近转折频率处会出现误差，且最大误差发生在转折频率为 $\omega_T=\dfrac{1}{T}$ 处，误差为 $-3(dB)$。

对数相频特性为

$$\varphi(\omega)=-\arctan(T\omega)$$

对数相频特性的绘制没有类似对数幅频特性的简化方法，只能给定若干 ω 值，按照式 (4-11) 逐点求出相应的 $\varphi(\omega)$ 值，当 $\omega=0$ 时，$\varphi(\omega)=0°$；$\omega=\dfrac{1}{T}$ 时，$\varphi(\omega)=-45°$；$\omega\rightarrow\infty$ 时，$\varphi(\omega)=-90°$，然后用平滑曲线连接，如图 4-10 所示。

由以上分析易知，转折频率 $\omega_T=\dfrac{1}{T}$ 是一个重要参数，它数值的变化，能引起对数频率特性曲线的向左或向右的平移，但不改变其曲线形状。

4.2.3　微分环节

微分环节通常包括纯微分、一阶微分和二阶微分。传递函数分别为

$$G_1(s)=s$$
$$G_2(s)=1+Ts$$
$$G_1(s)=1+2\xi Ts+T^2s^2$$

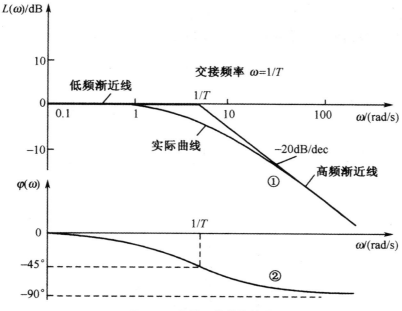

图 4-10　惯性环节的伯德图

令 $s=j\omega$，可得频率特性分别为

$$G_1(j\omega)=j\omega=\omega e^{j90^\circ} \tag{4-12}$$

$$G_2(j\omega)=1+j\omega T=\sqrt{1+T^2\omega^2}\,e^{j\arctan(T\omega)} \tag{4-13}$$

$$G_3(j\omega)=(1-T^2\omega^2)+j2\xi T\omega=\sqrt{(1-T^2\omega^2)^2+(2\xi T\omega)^2}\,e^{j\arctan\frac{2\xi T\omega}{1-T^2\omega^2}} \tag{4-14}$$

幅频特性分别为

$$A_1(\omega)=|G_1(j\omega)|=\omega \tag{4-15}$$

$$A_2(\omega)=|G_2(j\omega)|=\sqrt{1+T^2\omega^2} \tag{4-16}$$

$$A_3(\omega)=|G_3(j\omega)|=\sqrt{(1-T^2\omega^2)^2+(2\xi T\omega)^2} \tag{4-17}$$

相频特性分别为

$$\varphi_1(\omega)=90^\circ \tag{4-18}$$

$$\varphi_2(\omega)=\arctan(T\omega) \tag{4-19}$$

$$\varphi_3(\omega)=\arctan\left(\frac{2\xi T\omega}{1-T^2\omega^2}\right) \tag{4-20}$$

1. 极坐标图

（1）纯微分。

纯微分环节的幅频特性 $A_1(\omega)$ 等于频率 ω，相频特性 $\varphi_1(\omega)$ 恒为 90°，其幅相频率特性如图 4-11(a)所示。当 ω 从 0 变化到 ∞ 时，特性曲线与正虚轴重合。

（2）一阶微分。

由式(4-13)表明，一阶微分的幅相频特性曲线是在复平面上由(1,0)点出发，平行于虚轴向上的一条直线，如图 4-11(b)所示。

（3）二阶微分。

由式(4-14)可得，对于给定的参变量 ξ，当频率从 0 变化到 ∞ 时，按照频率的几个特征值和适当修正的办法，可绘制出二阶微分的极坐标图，如图 4-11(c) 所示。

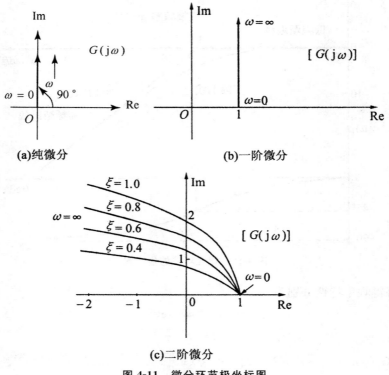

(a)纯微分　　　　　　　　　(b)一阶微分

(c)二阶微分

图 4-11　微分环节极坐标图

2. 伯德图

（1）纯微分。

对数幅频特性为

$$L_1(\omega) = 20\lg A_1(\omega) = 20\lg \omega$$

它与 0 dB 线交于 $\omega = l$ 点，是一条斜率为 20 dB/dec 的直线，如图 4-12 所示。对数相频特性为

$$\varphi_1(\omega) = 90°$$

它是一条平行于 ω 轴的直线，纵坐标为 $90°$，如图 4-12 所示。由于积分环节和纯微分环节的传递函数互为倒数，所以它们的对数幅频特性和对数相频特性是以 ω 轴互为镜像。

（2）一阶微分。

对数幅频特性为

$$L_2(\omega) = 20\lg A_2(\omega) = 20\lg \sqrt{1 + T^2 \omega^2}$$

对数相频特性为

$$\varphi_2(\omega) = \arctan(T\omega)$$

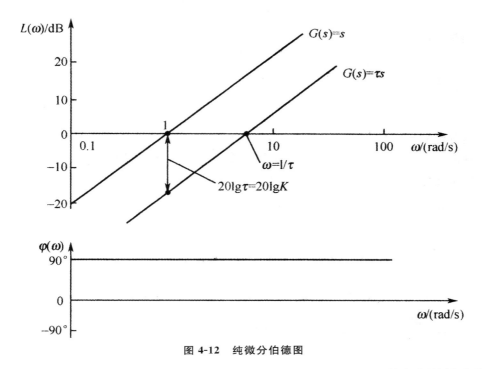

图 4-12   纯微分伯德图

一阶微分环节和惯性环节的传递函数互为倒数,故一阶微分环节对数幅频特性曲线和惯性环节对数幅频特性曲线以 0 dB 线互为镜像,一阶微分环节对数相频特性曲线和惯性环节对数相频特性曲线以 ω 轴互为镜像。一阶微分环节的伯德图如图 4-13 所示。

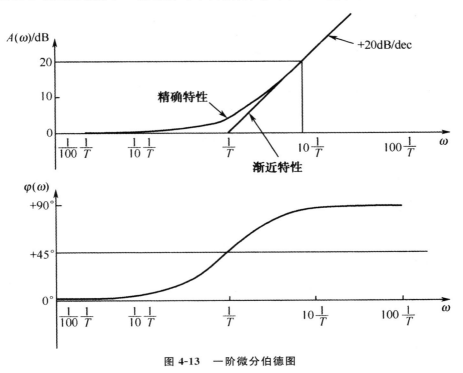

图 4-13   一阶微分伯德图

（3）二阶微分。

对数幅频特性为

$$L_3(\omega)=20\lg A_3(\omega)=20\lg \sqrt{(1-T^2\omega^2)^2+(2\xi T\omega)^2}$$

对数相频特性为

$$\varphi_3(\omega)=\arctan\left(\frac{2\xi T\omega}{1-T^2\omega^2}\right)$$

二阶微分环节和振荡环节的传递函数互为倒数，所以二阶微分环节对数幅频特性曲线和对数相频特性曲线与振荡环节的对数幅频特性曲线和对数相频特性曲线，关于各自的横轴成镜像对称。二阶微分环节对数幅频特性和对数相频特性曲线如图 4-14 所示。

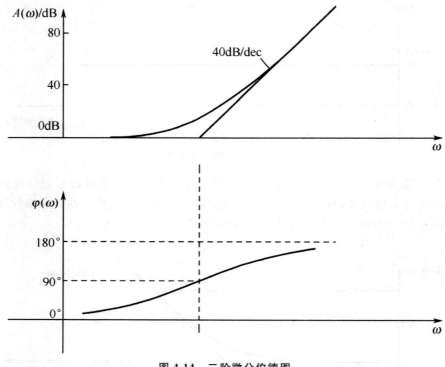

图 4-14　二阶微分伯德图

4.2.4　积分环节

积分环节的传递函数为

$$G(s)=\frac{C(s)}{R(s)}=\frac{1}{s}$$

令 $s=j\omega$，可得其频率特性为

$$G(j\omega)=\frac{1}{j\omega}=0-j\frac{1}{\omega}=\frac{1}{\omega}e^{-j90^\circ}=-j\frac{1}{\omega}$$

幅频特性为

$$A(\omega)=|G(j\omega)|=\frac{1}{\omega}$$

相频特性为

$$\varphi(\omega) = -90°$$

1. 极坐标图

由 $A(\omega) = |G(j\omega)| = \dfrac{1}{\omega}$ 可知,积分环节的幅相频率特性与频率成反比,而相频特性 $\varphi(\omega)$ 恒为 $-90°$。对应的幅相频率特性如图 4-15 所示。

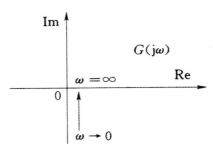

图 4-15 积分环节极坐标图

2. 伯德图

对数幅频特性为

$$L(\omega) = 20\lg A(\omega) = -20\lg\omega$$

由上式可知,$L(\omega)$ 与 $\lg\omega$ 的关系式是直线方程。直线的斜率为 $\lg\omega$ 的系数 -20,即斜率为 $-20\ \text{dB/dec}$。故其对数幅频特性为一条斜率为 $-20\ \text{dB/dec}$ 的直线,此直线通过 $L(\omega) = 0$,$\omega = l$ 的点,如图 4-16 所示。

对数相频特性为

$$\varphi(\omega) = -90°$$

是一条平行于 ω 轴的直线,其纵坐标为 $-90°$。

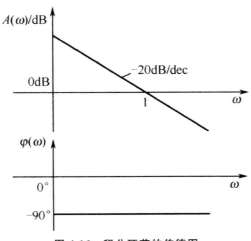

图 4-16 积分环节的伯德图

若传递函数中含有 ν 个积分环节串联,则这时的对数幅频特性为

$$L(\omega)=20\lg A(\omega)=-20\nu\lg\omega$$

这是一条斜率为 -20ν dB/dec,在 $\omega=1$ 处通过横轴的直线。相频特性为 $-\nu 90°$。

4.2.5 振荡环节

振荡环节的传递函数为

$$G(s)=\frac{C(s)}{R(s)}=\frac{1}{T^2s^2+2\xi Ts+1} \quad 0<\xi<1$$

令 $s=j\omega$,可得振荡环节的频率特性为

$$G(j\omega)=\frac{1}{(1-T^2s^2)+2\xi Tj\omega}=\frac{1}{\sqrt{(1-T^2\omega^2)^2+(2\xi T\omega)^2}}e^{-j\arctan\frac{2\xi T\omega}{1-T^2\omega^2}}$$

幅频特性为

$$A(\omega)=|G(j\omega)|=\frac{1}{\sqrt{(1-T^2\omega^2)^2+(2\xi T\omega)^2}}$$

相频特性为

$$\varphi(\omega)=-\arctan\frac{2\xi T\omega}{1-T^2\omega^2}$$

1. 极坐标图

以 ξ 为参变量,给定若干 $\omega(0\rightarrow\infty)$ 值,得出对应的 $A(\omega)$ 和 $\varphi(\omega)$ 值,画出幅相频率特性曲线。当 $\omega=0$ 时,$A(\omega)=1$,$\varphi(\omega)=0°$;特性曲线为正实轴上一点 $(1,j0)$;当 $\omega=\frac{1}{T}$ 时,$A(\omega)=\frac{1}{2\xi}$,$\varphi(\omega)=-90°$,特性曲线与负虚轴相交,且 ξ 值越小,它们的交点离原点越远;当 $\omega\rightarrow\infty$ 时,$A(\omega)\rightarrow0$,$\varphi(\omega)\rightarrow-180°$ 即特性曲线沿负实轴方向趋向原点。如图 4-17 所示为振荡环节的极坐标图,

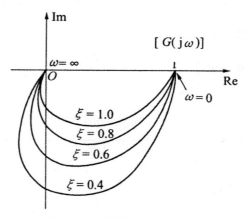

图 4-17 振荡环节的极坐标图

2. 伯德图

由 $A(\omega)=\dfrac{1}{\sqrt{(1-T^2\omega^2)^2+(2\xi T\omega)^2}}$ 可求得振荡环节的对数幅频特性为

$$L(\omega)=20\lg A(\omega)=-20\lg \sqrt{(1-T^2\omega^2)^2+(2\xi T\omega)^2}$$

当 $T\omega\ll1$，在低频段时

$$L(\omega)\approx-20\lg1=0\ \text{dB}$$

当 $T\omega\gg1$，在高频段时

$$L(\omega)\approx-20\lg(T\omega)^2=-40\lg T\omega\text{dB}$$

低频段是一条 0 dB 的水平线，高频段是一条斜率为 -40 dB/dec 的直线。这两条直线相交处的转折频率为 $\omega_T=\omega_n=\dfrac{1}{T}$，故无阻尼自然频率 ω_n 就是振荡环节的转折频率。振荡环节的对数幅频特性曲线是一种对数渐近的幅频特性曲线实际频率特性与渐近特性之间最大误差出现在 $\omega_T=\omega_n=\dfrac{1}{T}$ 附近，其误差的大小取决于系统阻尼比 ξ 的大小，如图 4-18 所示。

对数相频特性为

$$\varphi(\omega)=-\arctan\frac{2\xi T\omega}{1-T^2\omega^2}$$

对数相频特性的曲线形状因阻尼比 ξ 的不同而异，振荡环节的对数相频特性曲线如图 4-18 所示。

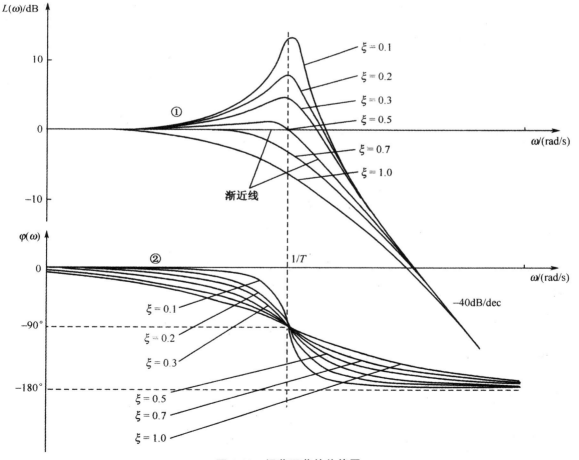

图 4-18　振荡环节的伯德图

在 ω 变化时,振荡环节的对数幅频特性和对数相频特性曲线会左右移动但形状不变。

4.2.6　延迟环节

延时环节的运动特性为:输出量 $c(t)$ 完全复现输入量 $r(t)$,但比输入量 $r(t)$ 要滞后一个固定的时间 T,也即是

$$c(t) = r(t-T) \quad (t \geq T)$$

其传递函数为

$$G(s) = \frac{C(s)}{R(s)} = e^{-Ts}$$

令 $s = j\omega$,可得延时环节频率特性为

$$G(j\omega) = e^{-jT\omega}$$

幅频特性为

$$A(\omega) = |G(j\omega)| = 1$$

相频特性为

$$\varphi(\omega) = -T\omega$$

1. 极坐标图

延时环节的幅频特性 $A(\omega)$ 恒为 1,与 ω 无关;相频 $\varphi(\omega) = -T\omega$,与 ω 成正比。故它的幅相频率特性是一个以坐标原点为圆心、以 1 为半径的圆,如图 4-19 所示。

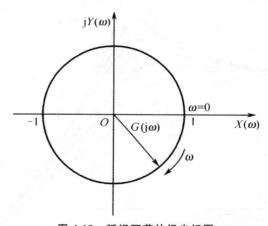

图 4-19　延迟环节的极坐标图

2. 伯德图

对数幅频特性为

$$L(\omega) = 20\lg A(\omega) = 20\lg 1 = 0$$

对数相频特性为

$$\varphi(\omega) = -T\omega$$

由下图 4-20 所示的延时环节的伯德图,可知,在延时系统中 T 值越大,相角滞后就越大,系统的稳定性越差。

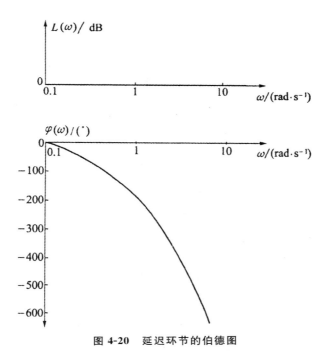

图 4-20　延迟环节的伯德图

4.3　开环频率特性曲线的绘制方法

　　系统的开环频率特性是和闭环频率特性是直接关联的,通常是根据系统的开环频率特性来判断系统的稳定性,或者根据开环系统的频率特性绘制闭环系统的频率特性,然后估算闭环系统时域响应的各项性能指标。所以对系统进行频域分析时,先要了解系统的开环频率特性曲线的绘制和相关特性。

　　开环系统的幅相曲线简称开环幅相曲线,曲线的绘制方法和典型环节幅相曲线的方法相同。精确的开环幅相曲线可以根据系统的开环幅频特性和相频特性的表达式,通过解析计算法绘制,实际应用中常用图解法绘制。

　　设反馈控制系统的开环传递函数为 $G(s)H(s)$,一般形式为

$$G(s)H(s) = \frac{K\prod_{i=1}^{m}(T_i s + 1)}{s^N\prod_{j=1}^{n-N}(T_j s + 1)} \quad (n \geqslant m)$$

上式中,K 是开环增益就,N 是系统中积分环节的个数。

　　将 $G(s)H(s)$ 中的 s 用 $j\omega$ 来替代,可得开环频率特性

$$G(j\omega)H(j\omega) = \frac{K\prod_{i=1}^{m}(j\omega T_i + 1)}{(j\omega)^N\prod_{j=1}^{n-N}(j\omega T_j + 1)} \quad (4-21)$$

一般来说,若要绘制该系统的概略开环幅相曲线可以通过下面几个步骤在完成。

1. 开环幅相曲线的起点

在低频段当 $\omega \to 0$ 时，由式(4-21)可得

$$\lim_{\omega \to 0} G(j\omega)H(j\omega) = \lim_{\omega \to 0} \frac{K}{(j\omega)^N} = \lim_{\omega \to 0} \frac{K}{\omega^N} e^{j(-N \cdot 90°)} \tag{4-22}$$

由式(4-22)易知，当 $\omega \to 0$ 时，开环幅相曲线的起点与开环传递函数中积分环节的个数 N 以及开环增益 K 有关。如图 4-21 所示。

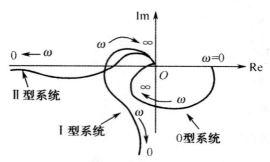

图 4-21 不同类型系统的幅相频率特性起点

由图可知，$N=0$(0 型系统)，$A(\omega)=K=|G(j\omega)|$，$\varphi(\omega)=\varphi(0)=0°$;
$N=1$(I 型系统)，$A(\omega)=\infty$，$\varphi(\omega)=-90°=-1\times90°$;
$N=2$(II 型系统)，$A(\omega)=\infty$，$\varphi(\omega)=-180°=-2\times90°$;
进而分析得，$N>0$，$A(\omega)=\infty$，$\varphi(\omega)=-N\times90°$;

2. 幅相频率特性终点

$n=m$ 时，$A(\omega) = \dfrac{K\displaystyle\prod_{i=1}^{m} T_i}{\displaystyle\prod_{j=1}^{n} T_j}$，$\varphi = 0°$

如图 4-22 所示，开环幅相曲线以 $-(n-m)\times90°$ 方向终止于坐标原点。

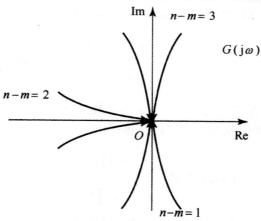

图 4-22 不同类型系统的幅相频率特性终点

3. 开环幅相曲线与坐标轴的交点

开环幅相曲线与实轴的交点频率 ω_x 可由令式（4-21）的虚部为零，而得到。开环幅相曲线与虚轴的交点频率 ω_y，可由 $\mathrm{Re}[G(\mathrm{j}\omega)H(\mathrm{j}\omega)]=0$ 求得，将得到的交点频率代入式（4-21）的实部和虚部，便可计算出开环幅相曲线与坐标轴交点的坐标值。

4. 渐近线

低频渐近线可根据下式获得

$$\lim_{\omega \to 0}\mathrm{Re}[G(\mathrm{j}\omega)]$$
$$\lim_{\omega \to 0}\mathrm{Im}[G(\mathrm{j}\omega)]$$

5. 曲线凹凸性

在式（4-21）中，若 $T_i=0(i=1,2,\cdots,m)$，也即是不存在一阶微分环节时，则当 ω 从 0 到 ∞ 的过程中，开环幅相曲线的相位将单调减小，曲线平滑地变化；若式（4-21）中有一阶微分环节，根据这些环节时间常数的数值大小不同，开环幅相曲线的位相不会再以同一方向单调地变化，此时的曲线会出现凹凸现象。

通常我们可以根据典型环节的对数频率特性曲线，方便地绘制出开环对数频率特性曲线。一个复杂系统的开环传递函数 $G(s)$ 一般都是由 n 个典型环节串联而成，也即是

$$G(s)=G_1(s)G_2(s)\cdots G_n(s)$$

其频率特性为

$$G(\mathrm{j}\omega)=G_1(\mathrm{j}\omega)G_2(\mathrm{j}\omega)\cdots G_n(\mathrm{j}\omega)=A_1(\omega)\mathrm{e}^{\mathrm{j}\varphi_1(\omega)}A_2(\omega)\mathrm{e}^{\mathrm{j}\varphi_2(\omega)}\cdots A_n(\omega)\mathrm{e}^{\mathrm{j}\varphi_n(\omega)}=A(\omega)\mathrm{e}^{\mathrm{j}\varphi(\omega)}$$

上式中 $A(\omega)=A_1(\omega)A_2(\omega)\cdots A_i(\omega)$，$\varphi(\omega)=\varphi_1(\omega)+\varphi_2(\omega)+\cdots+\varphi_n(\omega)$

对数幅频特性为

$$L(\omega)=20\lg A(\omega)=20\lg A_1(\omega)+20\lg A_2(\omega)+\cdots+20\lg A_i(\omega)$$
$$=L_1(\omega)+L_2(\omega)+\cdots+L_i(\omega)$$

上式中，$G_i(s)(i=1,2,\cdots,n)$ 表示各典型环节的传递函数，$G_i(\mathrm{j}\omega)(i=1,2,\cdots,n)$ 表示各典型环节的频率特性；$A_i(\omega)(i=1,2,\cdots,n)$ 表示各典型环节的幅频特性；$L_i(\omega)(i=1,2,\cdots,n)$ 表示各典型环节的对数幅频特性，$\varphi_i(\omega)(i=1,2,\cdots,n)$ 表示各典型环节的相频特性。由上式可知，若系统开环传递函数由 n 个典型环节串联组成，其对数幅频特性曲线和对数相频特性曲线可由各典型环节的对数频率特性曲线叠加而得。

绘制系统的开环对数频率特性曲线即伯德图的步骤为：

1）把系统的开环传递函数化为标准形式也就是典型环节的传递函数之积，然后分析各环节。

2）确定各环节的交接频率 $\omega_1,\omega_2,\cdots$，并按大小将它们标在频率轴上。

3）在 $\omega=1$ 处找出点 $(1,20\lg K)$，K 为开环放大倍数。通过该点画出低频渐近线，其斜率为 $-20N(\mathrm{dB/dec})$。N 是系统含有积分环节的个数。

4）每遇到一个交接频率，就改变一次渐近线斜率。遇到 $(1+T\mathrm{j}\omega)^{\pm 1}$，斜率改变 $\pm 20~\mathrm{dB/dec}$。

5）对渐近线进行修正，便可画出精确的对数幅频特性曲线 $L(\omega)$。

6）画出系统每个组成环节的对数相频特性曲线，然后将它们在各个相同频率下相加，就可得系统的开环对数相频特性曲线 $\varphi(\omega)$。

4.4 闭环控制系统的频率特性

如图 4-23 所示的系统,其开环频率特性为 $G(\mathrm{j}\omega)H(\mathrm{j}\omega)$ 而该系统闭环频率特性为

$$\Phi(s)=\frac{Y(\mathrm{j}\omega)}{X(\mathrm{j}\omega)}=\frac{G(\mathrm{j}\omega)}{1+G(\mathrm{j}\omega)H(\mathrm{j}\omega)}$$

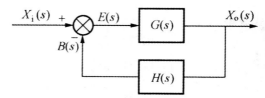

图 4-23 典型闭环系统框图

因此,已知开环频率特性,就可以求出系统的闭环频率特性,也就可以绘出闭环频率特性。

设系统为单位反馈也即是 $H(\mathrm{j}\omega)=1$

$$\Phi(s)=\frac{Y(\mathrm{j}\omega)}{X(\mathrm{j}\omega)}=\frac{G(\mathrm{j}\omega)}{1+G(\mathrm{j}\omega)}$$

由于上式中都是 ω 的复变函数,所以上式的幅值 $M(\omega)$ 和相位 $\alpha(\omega)$ 可分别表示为:

$$M(\omega)=20\lg\frac{\left|G(\mathrm{j}\omega)\right|}{\left|1+G(\mathrm{j}\omega)\right|}$$

$$\alpha(\omega)=\angle G(\mathrm{j}\omega)-\angle[1+G(\mathrm{j}\omega)]$$

对各个点逐一进行取值,得出在不同频率时 $G(\mathrm{j}\omega)$ 的幅值和相位,便可分别作出闭环幅频特性图 ($M-\omega$ 图)和闭环相频特性图($\alpha-\omega$ 图),如图 4-24 所示。

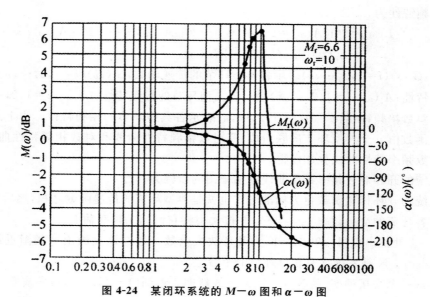

图 4-24 某闭环系统的 $M-\omega$ 图和 $\alpha-\omega$ 图

也可以根据开环幅频特性,定性地估算闭环频率特性。

一般实用系统的开环频率特性具有低通滤波的性质,低频时 $\left|G(\mathrm{j}\omega)\right|\gg1$,$G(\mathrm{j}\omega)$ 与 1 相比,1

可以忽略不计,于是

$$|\Phi(j\omega)|=\left|\frac{G(j\omega)}{1+G(j\omega)}\right|\approx 1$$

高频时,$|G(j\omega)|\ll 1$,$G(j\omega)$ 与 1 相比,$G(j\omega)$ 可以忽略不计,则

$$|\Phi(s)|=\left|\frac{G(j\omega)}{1+G(j\omega)}\right|\approx|G(j\omega)|$$

在中频段($L(\omega)=0$ 附近),可通过计算描点画出图形。

对于一般单位反馈的最小相位系统,低频输入时,输出信号的幅值和相位与输入信号基本相等,这正是闭环反馈控制系统所需要的工作频段及结果;高频输入时输出信号的幅值和相位均与开环特性基本相同,而中间频段的形状随系统阻尼的不同有较大变化。系统开环及闭环频率特性对照如图 4-25 所示。

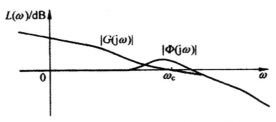

图 4-25　系统开环及闭环幅频特性对照图

一般情况下,

$$\Phi(s)=\frac{G(j\omega)}{1+G(j\omega)H(j\omega)}=\frac{1}{H(j\omega)}\frac{G(j\omega)H(j\omega)}{1+G(j\omega)H(\omega)}$$

上式中,右边的的后一项可以看着是单位反馈系统的频率特性,其前向通道的频率特性为 $G(j\omega)H(j\omega)$,再乘以 $\frac{1}{H(j\omega)}$,就可以得到 $\Phi(j\omega)$。所以在研究单位反馈系统的 $\Phi(j\omega)$ 与 $G(j\omega)$ 之间的关系并不丧失问题的一般性。

4.5　最小相位系统与非最小相位系统

当两个系统的幅频特性完全相同,而相频特性却不同时。为了说明幅频特性和相频特性的关系,便引入了最小相位系统和非最小相位系统的概念。

4.5.1　最小相位系统与非最小相位系统

如果系统传递函数的所有零点和极点都在 s 平面的左半平面内,则该系统称为最小相位系统;反之,则称为非最小相位系统。对于最小相位系统,当频率从零变化到无穷大时,相位角的变化范围最小,当 $\omega=\infty$ 时,其相位角为 $-(n-m)\times 90°$。对于非最小相位系统,当频率从零变化到无穷大时,相位角的变化范围总是大于最小相位系统的相角范围,当 $\omega=\infty$ 时,其相位角不等于 $-(n-m)\times 90°$。

假设有两个系统,其传递函数分别为

$$G_1(j\omega)=\frac{Ts+1}{T_1 s+1},G_2(j\omega)=\frac{-Ts+1}{T_1 s+1}\quad(0<T<T_1)$$

$G_1(s)$ 的零点为 $z=-\dfrac{1}{T}$，极点为 $p=-\dfrac{1}{T_1}$，如图 4-26（a）所示。$G_2(s)$ 的零点为 $z=\dfrac{1}{T}$，极点为 $p=-\dfrac{1}{T_1}$，如图 4-26（b）所示。根据最小相位系统的定义，具有 $G_1(s)$ 系统是最小相位系统；而具有 $G_2(s)$ 的系统是非最小相位系统。

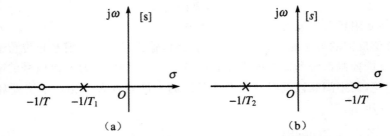

图 4-26　最小相位系统和非最小相位系统

对于稳定系统而言，可知：最小相位系统的相位变化范围最小。因为

$$G_1(\mathrm{j}\omega)=\frac{K(1+j\tau_1\omega)(1+j\tau_2\omega)\cdots(1+j\tau_m\omega)}{(1+jT_1\omega)(1+jT_2\omega)\cdots(1+jT_n\omega)}\quad(n\geqslant m)$$

对于稳定系统而言，$T_1,T_2,\cdots,T_n$ 都是正值，$\tau_1,\tau_2,\cdots,\tau_n$ 可正可负，而最小相位系统的 $\tau_1,\tau_2,\cdots,\tau_n$ 都是正值，于是有

$$\angle G_1(\mathrm{j}\omega)=\sum_{i=1}^{m}\arctan\tau_i\omega-\sum_{j=1}^{n}\arctan T_j\omega$$

非最小相位系统，如果有 q 个零点在 s 平面的右半平面，则有

$$\angle G_1(\mathrm{j}\omega)=\sum_{i=q+1}^{m}\arctan\tau_i\omega-\sum_{k=1}^{q}\arctan\tau_k\omega-\sum_{j=1}^{n}\arctan T_j\omega$$

从上面的两个表达式中可以看出，稳定系统中最小相位系统的相位变化范围最小。在前例中，两个系统具有同一幅频特性，而它们的相频特性如，图 4-27 所示，这也证实了上述结论。这一结论可以用来判断稳定系统是否为最小相位系统。在对数频率特性曲线上，可以通过检验幅频特性的高频渐近线斜率和频率 ω 为无穷大时的相位来确定该系统是否为最小相位系统。如果频率趋于无穷大时，幅频特性的渐近线斜率为 $-20(n-m)\mathrm{dB/dec}$（n、m 分别是传递函数中分母、分子多项式的阶数），相角在频率 ω 趋于无穷大时为 $-90°(n-m)$，则该系统为最小相位系统，否则为非最小相位系统。

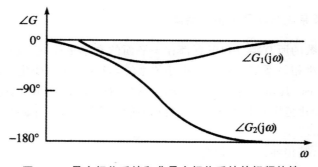

图 4-27　最小相位系统和非最小相位系统的相频特性

4.5.2　产生非最小相位的环节

1. 延迟环节 $e^{-\tau s}$

将 $e^{-\tau s}$ 展开成幂级数,可有

$$e^{-\tau s} = 1 - \tau s + \frac{1}{2}\tau^2 s^2 - \frac{1}{3}\tau^3 s^3 + \cdots$$

上式表示延迟环节使系统有零点位于 s 平面右半平面,也就是使系统成为非最小相位系统。

2. 不稳定的一阶惯性环节和导前环节

不稳定的一阶惯性环节 $\dfrac{1}{1-Ts}$ 和不稳定的导前环节 $1-Ts$,在 s 平面的右半平面分别有极和零点。

3. 不稳定的振荡环节和二阶微分环节

不稳定的振荡环节 $\dfrac{\omega_n^2}{s^2 - 2\xi\omega_n s + \omega_n^2}$ 和不稳定的二阶微分环节 $\dfrac{s^2 - 2\xi\omega_n s + \omega_n^2}{\omega_n^2}$,在 s 平面的右半平面分别有极点和零点。

4.6　闭环控制系统

4.6.1　频域指标与时域指标之间的关系

在时间响应分析中定义和计算了控制系统的时域性能指标,本章又介绍了闭环系统的频域性能指标,这两种性能指标都表征控制系统的性能,明确它们之间的关系将有利于直接根据闭环系统频率特性进行系统性能分析。下面先研究典型二阶系统的频域指标与时域指标之间的关系,然后近似推广到高阶系统中。

对于标准二阶系统,其谐振峰值为

$$M_r = \frac{1}{(2\xi\sqrt{1-\xi^2})}$$

最大超调量为

$$M_p = e^{\frac{-\xi\pi}{\sqrt{1-\xi^2}}}$$

由此可见,最大超调量 M_p 和谐振峰值 M_r 都随着阻尼比拿的增大而减小。同时随着 M_r 的增加,相应地 M_p 也增加,其物理意义在于:当闭环幅频特性有谐振峰时,系统的输入信号的频谱在 $\omega = \omega_r$ 附近的谐波分量通过系统后显著增强,从而引起振荡。

二阶系统的谐振频率为

$$\omega_r = \omega_n\sqrt{1-2\xi^2}$$

其过渡过程时间为

$$t_s \approx \frac{(3\sim4)}{\xi\omega_n} = \frac{(3\sim4)\sqrt{1-2\xi^2}}{\xi\omega_r}$$

由此可见,当阻尼比 ξ 一定时,调整时间 t_s 与谐振频率 ω_r 成反比。ω_r 大的系统,瞬态响应速度快;ω_r 小,则瞬态响应速度慢。

高阶系统的阶跃响应与频率响应之间的关系较复杂。如果高阶系统的控制性能主要由一对共轭复数主导极点来支配,则其频域性能指标与时域性能指标之间的关系就可近似视为二阶系统。对于高阶系统,通常采用两个经验公式

$$M_p = 0.16 + 0.4(M_r - 1)$$

$$t_s = \frac{\pi}{\omega_c}[2 + 1.5(M_r - 1) + 2.5(M_r - 1)^2]$$

4.6.2 闭环系统性能分析

在这里主要讲述的是,用系统开环频率特性来分析闭环系统的性能。通常,控制系统精确的开环对数幅频特性完全反映了闭环系统的性能,开环对数频率特性的低频段、中频段、高频段分别表征了系统的稳定性、动态特性和抗干扰能力。下面具体来说明三个频段对闭环系统性能的影响。

1. 低频段

低频段是指开环对数幅频特性在第一个转折频率以前的频率区段。在低频段,根据幅频特性曲线的幅值 $L(\omega) = 20\lg K$ 和斜率,就可确定开环增益 K 和积分环节个数 v,这两个参数反映了闭环系统的稳态特性。因此,闭环系统的稳态性能可通过分析开环对数幅频特性曲线的低频段来确定。

需要注意的是,有时给出的开环对数幅频特性曲线上,并未明确标注出 $\omega = 1$ 时所对应的幅值 $L(\omega) = 20\lg K$,这时可以通过以下关系求出不同类型系统的 K。

1)0 型系统:$v = 0$,对数幅频特性曲线的斜率为 0 dB/dec,$G(j\omega)$ 在低频时的幅值为 $20\lg K_0$。此时,K 可以由频率特性 $G(j\omega)$ 确定,即 $K = K_0$,K_0 为 0 型系统的开环增益。

2)Ⅰ 型系统:$v = 1$,其低频段是斜率为 -20 dB/dec 的直线,该直线或其延长线与零分贝线(横轴)的交点频率为 ω_v,此时,$K = \omega_v$。

3)Ⅱ 型系统:$v = 2$,其低频段是斜率为 -40 dB/dec 的直线,该直线或其延长线与零分贝线(横轴)的交点频率为 ω_a,此时,$K = \omega_a^2$。

2. 中频段

中频段是指穿越频率叫 c 附近的频率区段。对于二阶系统,令 $|G(j\omega)| = 1$,可以求得幅值穿越频率为

$$\omega_c = \omega_n \sqrt{\sqrt{1 + 4\xi^4} - 2\xi^2}$$

式中,若阻尼比 ξ 保持不变,则 ω_c 与 ω_n 成正比。对于二阶系统,其动态性能指标 t_r、t_p、t_s 均与 ω_n 成反比,即与 ω_c 成反比。因此,幅值穿越频率 ω_c 反映了闭环系统动态响应的快速性。

中频段的斜率和宽度决定了系统动态响应的平稳性。如果中频段斜率为 -20 dB/dec,并设中频段两端对应的斜率为 ω_2 和 ω_3,则可以按照如下算式求出

$$\omega_2 \leqslant \omega_c \frac{M_r - 1}{M_r}$$

$$\omega_3 \geqslant \omega_c \frac{M_r - 1}{M_r}$$

在中频段,通过穿越频率 ω_c(反映 ω_b)及剪切斜率(反映 v)来说明闭环系统的动态特性,这集中反映了闭环系统动态响应的快速性和平稳性。因此,分析闭环系统的动态性能时,应主要分析开环对数幅频特性的中频段。

3. 高频段

高频段是指过中频段以后 $\omega \to \infty$ 的频率区段。高频段是小参数寄存区段,主要反映了系统抗高频干扰的能力。因此,要求高频段频率特性曲线应具有较陡的斜率和较负的幅值,以提高系统的抗干扰能力。

三频段的划分并没有严格的准则,但它反映了对控制系统性能影响的主要方面。三频段的概念为直接运用开环频率特性分析闭环系统性能及工程设计指出了原则和方向。

4.6.3 频率特性法设计实例

雕刻机控制系统的控制任务是驱动雕刻针运动,使之达到指定的位置。雕刻机配有两个驱动电机,一个用于 x 方向,另一个用于 y 或 z 方向。图 4-28 所示为 x 方向位置控制系统的方框图。

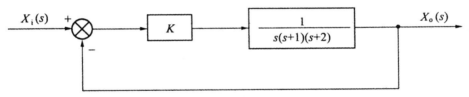

图 4-28　雕刻机控制系统方框图

设计目标是:用频率响应法选择增益 K 的值,使系统阶跃响应的性能指标 $t_s \leqslant 20$ s。设计的基本思路为:首先选择增益 K 的初始值,绘制系统的开环和闭环伯德图,然后用闭环伯德图来估算系统时间响应的性能指标;若得到的系统不能满足设计要求,则要调整 K 的取值,再重复上面的设计过程;最后,再用实际计算来检验设计结果。

由雕刻机系统方框图可得系统的开环频率特性和闭环频率特性为

$$G(\mathrm{j}\omega) = \frac{K}{\mathrm{j}\omega(\mathrm{j}\omega + 1)(\mathrm{j}\omega + 2)}$$

$$\Phi(\mathrm{j}\omega) = \frac{K}{(\mathrm{j}\omega)^3 + 3(\mathrm{j}\omega)^2 + 2\mathrm{j}\omega + 2} = \frac{K}{(2 - 3\omega^2) + \mathrm{j}\omega(2 - \omega^2)}$$

选取增益 K 的初始值为 $K = 2$,可用 MATLAB 绘出雕刻机系统开环伯德图和闭环伯德图,如图 4-29、图 4-30 所示。

由系统闭环伯德图可知,当 $\omega_r = 0.8$ 时,对数幅值达到最大值,即

$$20\lg M_r = 5 \quad M_r = 1.78$$

假设系统的二阶极点为主导极点,根据标准二阶系统的谐振频率 ω_r 和谐振峰值 M_r 与阻尼比 ξ 的关系式

$$\omega_r = \omega_n \sqrt{1 - 2\xi^2}$$

$$M_r = \frac{1}{2\xi \sqrt{1 - \xi^2}}$$

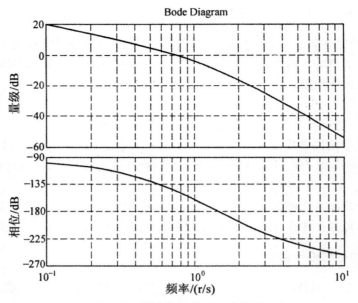

图 4-29　雕刻机系统开环伯德图

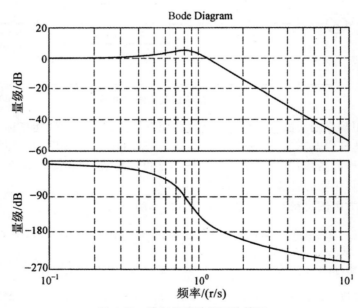

图 4-30　雕刻机系统闭环伯德图

可以求出对应的阻尼比 $\xi=0.29$ 和固有频率 $\omega_n=0.88$，则雕刻机控制系统的二阶近似模型为

$$\Phi(s)\approx\frac{\omega_n^2}{s^2+2\xi\omega_ns+\omega_n^2}$$

根据近似模型，估算得到的系统超调量 $M_p=37\%$，调节时间 $t_s=15.7$ s（$\Delta=2\%$）。

按实际系统进行计算，得到的超调量 $M_p=34\%$，调节时间 $t_s=17$ s。由此表明，雕刻机二阶近似模型是合理的，可以用它来调节系统的参数。若要求更小的超调量，可以将 K 的取值调整为 $K=1$，然后重复上面的设计过程。

第 5 章　控制系统的稳定性分析

5.1　系统稳定的概念及条件

一个自动控制系统的正常工作,前提是它必须是一个稳定的系统,也就是说系统应具有这样的性能:在系统受到外界的扰动后,其原平衡状态被打破,但在扰动消失之后,系统能够自动地返回原平衡状态或者以另一新的平衡状态继续工作。所谓系统的稳定性,就是系统在受到小的外界扰动后,被控量与期望值之间偏差值的过渡过程的收敛性。显然,稳定性是系统的一个动态属性。在控制系统设计过程中需要考虑的众多性能指标中,最重要的是系统的稳定性指标。不稳定的系统是无法使用的。对于不同的系统,如线性的、非线性的、定常的以及时变的等,其稳定性的定义也不同。从分析和设计的角度来说,稳定性可以分为绝对稳定性和相对稳定性。绝对稳定性是指系统是否稳定;相对稳定性是在明确系统稳定的前提下,进一步地考察系统的稳定程度。

随着控制理论与工程所涉及的领域,由线性时不变系统扩展为时变和非线性系统,稳定性分析的复杂程度也在急剧地增长。

5.1.1　系统稳定的概念

如果一个系统受到扰动,偏离了原来的平衡状态,而当扰动取消后,这个系统又能逐渐恢复到原来的状态,则称系统是稳定的。否则,称系统是不稳定的。

稳定性反映干扰消失后过渡过程的性质,是系统自身的一种恢复能力,它是系统的固有特性。这种固有特性只与系统的结构参数有关,而与输入无关。这样,干扰消失的时刻,系统与平衡状态的偏差可以看作系统的初始偏差。因此,系统的稳定性可以定义如下:

若控制系统在初始偏差的作用下,其过渡过程随着时间的推移,逐渐衰减并趋于零,则称系统为稳定。否则,系统称为不稳定。图 5-1 所示系统 1 在扰动消失后,它的输出能回到原来的平衡状态,该系统稳定。而系统 2 的输出呈等幅振荡;系统 3 的输出则发散,故它们都不稳定。线性控制系统的稳定性是由系统本身的结构所决定的,而与输入信号的形式无关(非线性系统的稳定性与输入有关)。

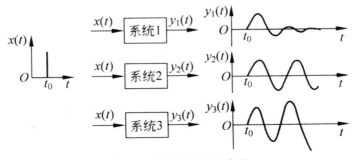

图 5-1　系统稳定性示意图

5.1.2 系统稳定的条件

设线性定常系统的为微分方程为

$$a_n \frac{\mathrm{d}^n}{\mathrm{d}t^n} x_o(t) + a_{n-1} \frac{\mathrm{d}^{n-1}}{\mathrm{d}t^{n-1}} x_o(t) + \cdots + a_1 \frac{\mathrm{d}}{\mathrm{d}t} x_o(t) + a_0 x_o(t)$$

$$= b_m \frac{\mathrm{d}^m}{\mathrm{d}t^m} x_i(t) + b_{m-1} \frac{\mathrm{d}^{m-1}}{\mathrm{d}t^{m-1}} x_i(t) + \cdots + b_1 \frac{\mathrm{d}}{\mathrm{d}t} x_i(t) + b_0 x_i(t) \quad (n \geqslant m)$$

(5-1)

对式(5-1)进行拉氏变换,可得

$$X_o(s) = \frac{M(s)}{D(s)} X_i(s) + \frac{N(s)}{D(s)}$$

(5-2)

上式(5-2)中,$M(s) = b_m s^m + b_{m-1} s^{m-1} + \cdots + b_1 s + b_0$,$D(s) = a_n s^n + a_{n-1} s^{n-1} + \cdots + a_1 s + a_0$

系统的传递函数是 $\frac{M(s)}{D(s)} = G(s)$;$N(s)$ 是 s 的多项式,与初始条件有关的。

根据稳定性定义,研究系统在初始状态下的时间响应(即零输入响应),取 $X_i(s) = 0$ 可以得到

$$X_o(s) = \frac{N(s)}{D(s)}$$

如果 s_i 是系统特征方程 $D(s) = 0$ 的根(即系统传递函数的极点 $i = 1, 2, \cdots, n$),且 s_i 都不相同时,有

$$x_o(t) = L^{-1}[X_o(s)] = L^{-1}\left[\frac{N(s)}{D(s)}\right] = \sum_{i=1}^n A_i \mathrm{e}^{s_i t}$$

(5-3)

上式(5-3)中,A_i 是与初始条件有关的系数。

若系统所有特征根 s_i 的实部 $\mathrm{Re}[s_i] < 0$,则零输入响应随着时间的增长将衰减到零,即

$$\lim_{t \to \infty} x_o(t) = 0$$

(5-4)

此时系统是稳定的。反之,如果特征根中有一个或多个根具有正实部,则零输入响应随着时间的增长而发散,也就是

$$\lim_{t \to \infty} x_o(t) = \infty$$

(5-5)

此时系统就是不稳定的状态。

若系统的特征根具有重根时,只要满足 $\mathrm{Re}[s_i] < 0$,且有 $\lim_{t \to \infty} x_o(t) = 0$,则系统就是稳定的。

从上面的分析可知,系统稳定的条件是:系统特征方程的根全部具有负实部。系统的特征根就是系统闭环传递函数的极点,所以,系统稳定的充分必要条件还可以表述为系统闭环传递函数的极点全部位于 s 平面的左半平面,一旦特征方程出现右根时,系统就不稳定。

如果系统有一对共轭极点位于虚轴上或有一极点位于原点,其余极点均位于 s 平面的左半平面,则零输入响应趋于等幅振荡或恒定值,此时系统处于临界稳定状态。由于临界稳定状态往往会导致系统的不稳定,因此,临界稳定系统属于不稳定系统。

5.2 劳斯稳定判据

全部特征根均具有负实部是线性定常系统稳定的充要条件。而判别系统的稳定性,就是要解出系统特征方程的根,判断是否都具有负实部。但在实际控制系统中,特征方程式的阶次往往

较高,当阶次高于 4 时,根的求解就非常困难。为避开对特征方程的直接求解,

只好讨论特征根的分布,看其是否全部具有负实部,以此来判别系统的稳定性,由此形成了

一系列稳定性判据。其中,最重要的一个判据就是 Routh(劳斯)稳定判据(Routh Stability Criterion)。

劳斯稳定判据是又称为代数判据,是基于特征方程的根与系数的关系而建立的,通过对系统特征方程式的各项系数进行代数运算,得出全部根具有负实部的条件,从而判断系统的稳定性。

5.2.1　系统稳定的必要条件

设系统的特征方程为

$$D(s)=a_n s^n+a_{n-1}s^{n-1}+\cdots+a_1 s+a_0=0 \tag{5-6}$$

将上式(5-6)中各项同时除以 a_n 并分解因式,从而有

$$s^n+\frac{a_{n-1}}{a_n}s^{n-1}+\cdots+\frac{a_1}{a_n}s+\frac{a_0}{a_n}=(s-s_1)(s-s_2)\cdots(s-s_n) \tag{5-7}$$

上式中,$s_1,s_2,\cdots,s_n$ 是系统的特征根,将(5-7)展开,得

$$(s-s_1)(s-s_2)\cdots(s-s_n)=s^n-(\sum_{i=1}^{n}s_i)s^{n-1}+(\sum_{\substack{i<j \\ i=1,j=2}}^{n}s_i s_j)s^{n-2}-\cdots+(-1)^n\prod_{i=1}^{n}s_i \tag{5-8}$$

比较式(5-7)和式(5-8),可看出根和系数有如下的关系:

$$\begin{cases} \dfrac{a_{n-1}}{a_n}=-(s_1+s_2+\cdots+s_n) \\[2mm] \dfrac{a_{n-2}}{a_n}=-(s_1 s_2+s_2 s_3+\cdots+s_{n-1}s_n) \\[2mm] \dfrac{a_{n-3}}{a_n}=-(s_1 s_2 s_3+s_2 s_3 s_4+\cdots+s_{n-2}s_{n-1}s_n) \\[2mm] \dfrac{a_0}{a_n}=(-1)^n(s_1 s_2\cdots s_{n-1}s_n) \end{cases} \tag{5-9}$$

从上式(5-9)中可知,要使全部特征根 $s_1,s_2,\cdots,s_n$ 都具有负实部,就必须满足下面两个条件,也就是系统稳定的必要条件:

1)特征方程的各项系数 $a_i(i=0,1,2,\cdots,n-1,n)$ 都不为零。若有一个系数为零,则必出现实部为零的特征根或实部有正有负的特征根,才能满足式(5-9),此时,系统为根在虚轴上的临界稳定或根实部为正的不稳定系统。

2)特征方程的各项系数 a_i 的符号要都相同,这样才能满足式(5-12)中的各式。因此,上述两个条件可归结为系统稳定的一个必要条件,即特征方程的各项系数 $a_i>0$。这是系统稳定的必要条件而非充要条件。

5.2.2　系统稳定的充要条件

1. 劳斯计算表

将式(5-6)所示的系统特征方程式的系数按下列式排列成两行,即

$$
\begin{array}{ccccc}
a_n & a_{n-2} & a_{n-4} & a_{n-6} & \cdots \\
a_{n-1} & a_{n-3} & a_{n-5} & a_{n-7} & \cdots
\end{array}
$$

然后按照下列形式排列成劳斯(Routh)计算表,如下:

$$
\begin{array}{c|ccccc}
s^n & a_n & a_{n-2} & a_{n-4} & a_{n-6} & \cdots \\
s^{n-1} & a_{n-1} & a_{n-3} & a_{n-5} & a_{n-7} & \cdots \\
s^{n-2} & A_1 & A_2 & A_3 & A_1 & \cdots \\
s^{n-3} & B_1 & B_2 & B_3 & B_4 & \cdots \\
\vdots & \vdots & \vdots & \vdots & \vdots \\
s^2 & D_1 & D_2 \\
s^1 & E_1 \\
s^0 & F_1
\end{array}
$$

其中,第一行与第二行由特征方程的系数直接列出,第三行中的各元素由下式计算:

$$
A_1 = \frac{a_{n-1}a_{n-2} - a_n a_{n-3}}{a_{n-1}}
$$

$$
A_2 = \frac{a_{n-1}a_{n-4} - a_n a_{n-5}}{a_{n-1}}
$$

$$
A_3 = \frac{a_{n-1}a_{n-6} - a_n a_{n-7}}{a_{n-1}}
$$

$$
\vdots
$$

一直进行到所有的 A_i 值全部等于零为止。第四行中的素 $B_i(i=1,2,\cdots)$ 由下式计算

$$
B_1 = \frac{A_1 a_{n-3} - a_{n-1} A_2}{A_1}
$$

$$
B_2 = \frac{A_1 a_{n-5} - a_{n-1} A_3}{A_1}
$$

$$
B_3 = \frac{A_1 a_{n-7} - a_{n-1} A_4}{A_1}
$$

$$
\vdots
$$

一直进行到其余的 B_i 值等于零为止。用同样的方法,递推计算第五行以及后面的各行,直到第 n 行(s^1 行)为止。第 $n+1$ 行(s^0 行)仅有一项,并等于特征方程常数项 a_0。有时为简化运算,可以用一个正整数去乘或除某一行的各项,也就是进行矩阵的化简。

2. 劳斯稳定判据

劳斯判据指出,劳斯表中第一列各项符号改变的次数等于系统特征方程具有正实部特征根的个数。因此,系统稳定的充要条件是,劳斯表中第一列各项的符号均为正,且值不为零。

对于较低阶的系统,劳斯判据可以化为如下简单形式,以便于应用。

1)二阶系统($n=2$),特征方程为 $D(s)=a_2 s^2 + a_1 s + a_0 = 0$,劳斯表为

$$
\begin{array}{c|cc}
s^2 & a_2 & a_0 \\
s^1 & a_1 \\
s^0 & a_0
\end{array}
$$

根据劳斯判据得,二阶系统稳定的充要条件为

$$a_2 > 0, a_1 > 0, a_0 > 0 \tag{5-10}$$

2）三阶系统（$n = 3$），特征方程为 $D(s) = a_3 s^3 + a_2 s^2 + a_1 s + a_0 = 0$，劳斯表为

$$
\begin{array}{c|cc}
s^3 & a_3 & a_1 \\
s^2 & a_2 & a_0 \\
s^1 & \dfrac{a_2 a_1 - a_3 a_0}{a_2} & 0 \\
s^0 & a_0 & 0
\end{array}
$$

由劳斯判据，三阶系统稳定的充要条件为

$$a_3 > 0, a_2 > 0, a_1 > 0, a_0 > 0, a_1 a_2 > a_0 a_3 \tag{5-11}$$

【例 5-1】系统的特征方程为

$$D(s) = s^2 + 7.69s + 42.3 = 0$$

试用劳斯判据判别该系统的稳定性。

已知 $a_2 = 1, a_1 = 7.69, a_0 = 42.3$ 各项系数均大于 0，由二阶系统劳斯判据式（5-13）知，该系统稳定。

【例 5-2】设系统的特征方程为

$$D(s) = s^4 + 2s^3 + 3s^2 + 4s + 3 = 0$$

试用劳斯判据判断系统的稳定性。

由特征方程的各项系数可知，系统已满足稳定的必要条件。列劳斯表

$$
\begin{array}{c|ccc}
s^4 & 1 & 3 & 3 \\
s^3 & 2 & 4 & 0 \\
s^2 & 1 & 3 & \\
s^1 & -2 & & \\
s^0 & 3 & &
\end{array}
$$

可以从劳斯表的第一列看出：各项系数符号不全为正值，从 $+1 \rightarrow -2 \rightarrow +3$，符号改变两次，这说明闭环系统有两个正实部的根，也就是在 s 的右半平面有两个极点，所以控制系统不稳定。

【例 5-3】设系统的特征方程为

$$D(s) = s^5 + 2s^4 + 24s^3 + 48s^2 - 25s - 50 = 0$$

试用劳斯表判别系统的稳定性。

根据特征方程的系数，可得劳斯表如下

$$
\begin{array}{c|ccc}
s^5 & 1 & 24 & -25 \\
s^4 & 2 & 48 & -50 \\
s^3 & 0 & 0 & 0
\end{array}
$$

由第二行各元求得辅助方程（$2p = 4, p = 2$）

$$F(s) = 2s^4 + 48s^2 - 50 = 0$$

上式表明，有两对大小相等符号相反的根存在。这两对根可以通过解 $F(s) = 0$ 得到。取 $F(s)$ 对 s 的导数，可得新方程

$$8s^3 + 96s = 0$$

s^3 行中各项，可用此方程中的系数，也就是 8 和 96 代替，然后继续进行运算，最后便可得到如下的劳斯表

s^5	1	24	-25
s^4	2	48	-50
s^3	8	96	0
s^2	24	-50	0
s^1	112.70	0	0
s^0	-50	0	0

此表第一列各项符号改变次数为 1,因此断定该系统应该包含一个具有正实部的特征根,系统是不稳定的。可以通过解辅助方程

$$2s^4 + 48s^2 - 50 = 0$$

即得出两组数值相同、符号相异的根 $s = \pm1$；$s = \pm j5$。

5.2.3 劳斯判据的特殊情况

在应用劳斯判据判别系统稳定时,有时会遇到以下两种特殊情况。

1. 某行的第一列元素为零,而其余各元素都不为零

若在计算劳斯表中各元素的值时,发现某一行的第一列元素为零,但该行其余元素不全为零,则在计算下一行第一个元素时,该元素必将趋于无穷,劳斯表的计算将无法进行。为了解决这一问题,此时就可以用一个很小的正数 ε 来代替第一列等于零的元素,然后再计算。

【例 5-4】设某系统的特征方程为

$$D(s) = s^4 + 2s^3 + s^2 + 2s + 1 = 0$$

试用劳斯判据判别系统的稳定性。

根据特征方程的各项系数,列出劳斯表

s^4	1	1	1
s^3	2	2	0
s^2	$0 \approx \varepsilon$	1	
s^1	$2 - \dfrac{2}{\varepsilon}$		
s^0	1		

当 $\varepsilon \to 0$ 时,$(2 - 2/\varepsilon) < 0$,劳斯表中第一列各元素符号不全为正,第一列各元素符号改变两次,则说明特征方程在 s 平面的右半面内有两个根,该闭环系统不稳定。

2. 某行全部元素都为零

如果劳斯阵列中某一行各元素都为零时,说明系统的特征根中,有对称于复平面原点的根存在,这些根应具有以下情况:

1)存在两个符号相异,绝对值相同的实根,即系统响应单调发散,系统不稳定。

2)存在一对共轭纯虚根即系统自由响应会维持某一频率的等幅振荡,系统临界稳定。

3)存在实部符号相异、虚部数值相同的两对共轭复根即系统响应振荡发散,系统不稳定。

4)以上几种根的组合。

这种情况下,劳斯阵列表将在全为零的一行处中断,为了构造完整的劳斯阵列,以具体确定

使系统不稳定根的数目和性质,可将全为零一行的上一行的各项组成一个"辅助方程式 $A(s)$"。将方程式对 s 求导,用求导得到的各项系数来代替为零的一行系数,然后按照劳斯阵列表的列写方法,计算余下各行直到计算完 $(n+1)$ 行为止。因为根对称于复平面的原点,故辅助方程式的次数总是偶数,它的最高方次就是特征根中对称复平面原点的根的数目。而这些大小相等、符号相反的特征根,可由辅助方程 $A(s)=0$ 求得。

【例 5-5】 已知系统的特征方程为

$$D(s)=s^6+2s^5+8s^4+12s^3+20s^2+16s+16=0$$

试用劳斯判据判别系统的稳定性。

根据特征方程的各项系数,列出劳斯表

$$
\begin{array}{c|cccc}
s^6 & 1 & 8 & 20 & 16 \\
s^5 & 2 & 12 & 16 & 0 \\
s^4 & 2 & 12 & 16 & 0 \\
s^3 & 0 & 0 & 0 & \\
\end{array}
$$

由于 s^3 行的元素全为零,由其上一行构成辅助多项式

$$A(s)=2s^4+12s^3+16$$

$A(s)$ 对 s 求导,得方程

$$\frac{\mathrm{d}A(s)}{\mathrm{d}s}=8s^3+24s$$

用上式各项系数作为 s^3 行的各项元素,由此行计算劳斯表中 $s^2 \sim s^0$ 行各项元素,得到劳斯表。

$$
\begin{array}{c|cccc}
s^6 & 1 & 8 & 20 & 16 \\
s^5 & 2 & 12 & 16 & 0 \\
s^4 & 2 & 12 & 16 & 0 \\
s^3 & 0\to8 & 0\to24 & 0 & \\
s^2 & 6 & 16 & 0 & \\
s^1 & 8/3 & 0 & & \\
s^0 & 16 & 0 & & \\
\end{array}
$$

上表中第一列各元素符号都为正,说明系统没有右根,s^3 行的各项系数全为零,说明虚轴上有共轭虚根,其根可解辅助方程 $2s^4+12s^3+16=0$,从而得两根 $s_{1,2}=\pm\sqrt{2}\mathrm{j}$,$s_{3,4}=\pm2\mathrm{j}$。可见,系统处于临界稳定状态。

5.3 奈奎斯特稳定判据

奈奎斯特(Nyquist)稳定判据是根据系统稳定的充分必要条件导出的一种稳定判别方法。利用系统开环奈奎斯特图,来判断系统闭环后的稳定性,是一种几何判据。

应用奈奎斯特稳定判据不必求解闭环系统的特征根就可以判别系统的稳定性,还可以了解系统的稳定储备—相对稳定性,可以进一步提高和改善系统动态性能(包括稳定性)的途径。如果系统不稳定,奈奎斯特判据还可可以像劳斯判据那样,找出系统的不稳定的闭环极点的个数。因此,在控制工程中,得到了广泛的应用。

5.3.1 幅角原理

奈奎斯特判据需要引用幅角原理,而幅角原理主要是阐明闭环特征方程零点、极点分布与开环幅角变换的关系。

设有一复变函数

$$F(s) = \frac{K(s-z_1)(s-z_2)\cdots(s-z_m)}{(s-p_1)(s-p_2)\cdots(s-p_n)} \tag{5-12}$$

上式中 s 是复变量,用 $[s]$ 复平面上的 $s=\sigma+j\omega$,来表示。复变函数 $F(s)$ 用在 $[F(s)]$ 复平面上的 $F(s)=u+jv$ 来表示。设 $F(s)$ 为在 $[s]$ 平面上(除有限个奇点外)单值的连续正则函数。并设 $[s]$ 平面上解析点 s 映射到 $[F(s)]$ 平面上为点 $F(s)$,或为从原点指向此映射点的向量 $F(s)$。若在 $[s]$ 平面上任意选定一封闭曲线 L_s,只要该曲线不经过 $F(s)$ 的奇点,则在 $[F(s)]$ 平面上必有一对应的映射曲线 L_F(也是封闭曲线),如图 5-8 所示。当解析点 s 顺时针方向沿 L_s 变化一周时,向量 $F(s)$ 将会按顺时针方向旋转 N 周,也就是说 $F(s)$ 以原点为中心顺时针旋转 N 周,这也等于曲线 L_F 顺时针包围原点 N 次。如果令:Z 为包围于 L_s 内的 $F(s)$ 的零点数,P 为包围于 L_s 内的 $F(s)$ 的极点数,则有:

$$N = Z - P \tag{5-13}$$

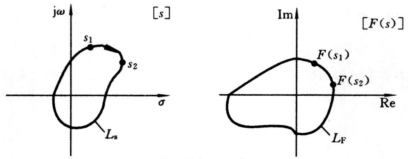

图 5-2 幅角原理

根据上式(5-12),可得向量 $F(s)$ 的相位为

$$\angle F(s) = \sum_{i=1}^{m} \angle(s-z_i) - \sum_{j=1}^{n}(s-p_j) \tag{5-14}$$

假设 L_s 内只包围了 $F(s)$ 的一个零点 z_i,其他零极点均位于 L_s 之外,当 s 沿 L_s 顺时针方向移动一周时,向量 $(s-z_i)$ 的相位角变化 -2π 弧度,而其他各向量的相位角变化为零。即 $F(s)$ 在 $[F(s)]$ 平面上沿 L_F 绕原点顺时针转了一周,如图 5-3 所示。

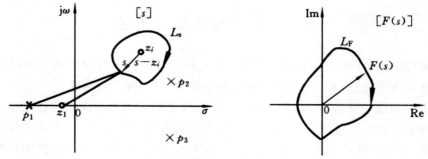

图 5-3 幅角与零、极点关系

如果[s]平面上的封闭曲线包围着$F(s)$的Z个零点,则在[$F(s)$]平面上的映射曲线L_F将绕原点顺时针转Z圈。同理可知,若[s]平面内的封闭曲线包围着$F(s)$的P个极点,则在[$F(s)$]平面上的映射曲线L_F将绕原点逆时针转P圈。当L_s围了$F(s)$的Z个零点和P个极点时,则[$F(s)$]平面上的映射曲线L_F将绕原点顺时针转N圈。

5.3.2　奈奎斯特判据

图 5-4 所示的闭环系统的开环传递函数为

$$G_K(s) = G(s)H(s) = \frac{K(s-z_1)(s-z_2)\cdots(s-z_m)}{(s-p_1)(s-p_2)\cdots(s-p_n)} \quad (n \geqslant m) \tag{5-15}$$

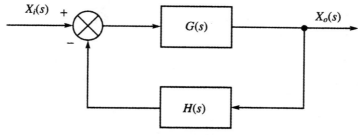

图 5-4　闭环系统框图

系统的闭环传递函数为

$$G_B(s) = \frac{G(s)}{1+G(s)H(s)} \tag{5-16}$$

则系统的特征方程为

$$1+G(s)H(s) = 0$$

令

$$1+G(s)H(s) = F(s) \tag{5-17}$$

则可得

$$\begin{aligned} F(s) &= \frac{(s-p_1)(s-p_2)\cdots(s-p_n)+K(s-z_1)(s-z_2)\cdots(s-z_m)}{(s-p_1)(s-p_2)\cdots(s-p_n)} \\ &= \frac{(s-s_1)(s-s_2)\cdots(s-s_{n'})}{(s-p_1)(s-p_2)\cdots(s-p_n)} \quad (n \geqslant n') \end{aligned} \tag{5-18}$$

从上式中可知,$F(s)$的零点为$s_1, s_2, \cdots, s_{n'}$,它们是系统特征方程的根也是系统闭环传递函数$G_B(s)$的极点;开环传递函数$G_K(s)$的极点,也即是$F(s)$的极点$p_1, p_2, \cdots, p_n$。下图 5-5 所示的即是上述各函数零点与极点之间的对应关系:

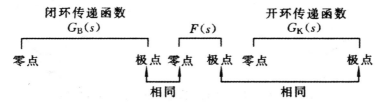

图 5-5　函数零点与极点之间的对应关系

线性定常系统稳定的充要条件是,其闭环系统的特征方程$1+G(s)H(s)=0$的全部根具有负实部,即 $G_B(s)$ 在[s]平面的右半平面没有极点。由此,应用幅角原理,可导出奈奎斯特稳定判据。

如图 5-6(a) 所示。选择一条包围整个[s]右半平面的封闭曲线 L。L_s 由两部分组成,L_1 为 $\omega = -\infty$ 到 $+\infty$ 的整个虚轴,L_2 是半径为 R 的趋于无穷大的半圆弧。因此,L_s 封闭地包围了整个[s]平面的右半平面。曲线 L_s 就是[s]平面上的奈奎斯特轨迹。

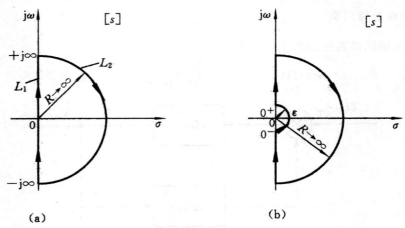

(a)   (b)

图 5-6 [s]平面上的奈奎斯特轨迹

在应用幅角原理时,L_s 不能通过 $F(s)$ 函数的任何极点,所以当函数 $F(s)$ 有若干个极点处于[s]平面的虚轴或原点处时,L_s 应以这些点为圆心,以无穷小为半径的圆弧按逆时针方向绕过这些点,如上图 5-6(b)所示。因为绕过这些点的圆弧的半径是无穷小的,故,可以认为曲线是包围了整个[s]平面的右半平面的。

设 $1+G(s)H(s)=F(s)$ 在[s]右半平面有 Z 个零点和 P 个极点,由幅角原理,当 s 沿[s]平面上的奈奎斯特轨迹移动一周时,在[$F(s)$]平面上的映射曲线 L_F 将顺时针包围原点 N 圈。考察 $F(s)$,由式(5-17),可得 $G(s)H(s)=F(s)-1$。可见[$G(s)H(s)$]平面是将[$F(s)$]平面的虚轴右移一个单位所构成的复平面。[$F(s)$]平面上的坐标原点,就是[$G(s)H(s)$]平面上的点(-1,j0),$F(s)$ 的映射曲线 L_F 包围原点的圈数就等于 $G(s)H(s)$ 的映射曲线 L_{GH} 包围点(-1,j0)的圈数,如图 5-7 所示。

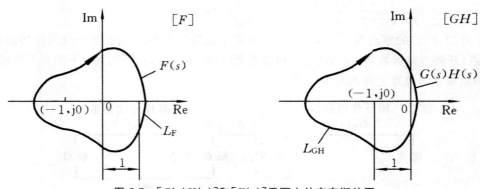

图 5-7 [$G(s)H(s)$]和[$F(s)$]平面上的奈奎斯特图

由于任何物理上可实现的开环系统,其 $G_K(s)$ 的分母的阶次 n 必不小于分子的阶次 m,也就是说是在 $n \geqslant m$

$$\lim_{s\to\infty}G(s)H(s)=\begin{cases}0 & (n>m)\\ 常量 & (n=m)\end{cases}$$

注意,此处的 $s\to\infty$ 是指其模。$[s]$ 平面上半径为 ∞ 的半圆映射到 $[G(s)H(s)]$ 平面上为原点或实轴上的一点。

因为 L_s 是 $[s]$ 平面上的整个虚轴加上半径为 ∞ 的半圆弧,而 $[s]$ 平面上半径为 ∞ 的半圆弧映射到 $[G(s)H(s)]$ 平面上的只是一个点,对于 $G(s)H(s)$ 的映射曲线 L_{GH} 对某点的包围情况没有影响,所以 $G(s)H(s)$ 的绕行情况只需考虑 $[s]$ 平面的 $j\omega$ 轴映射到 $[G(s)H(s)]$ 平面上的开环奈奎斯特轨迹 $G(j\omega)H(j\omega)$ 即可。

由于闭环系统稳定的充要条件是 $F(s)$ 在 $[s]$ 平面的右半平面无零点,也就是 Z 等于零。即 $G(s)H(s)$ 的奈奎斯特轨迹逆时针包围 $(-1,j0)$ 点的圈数 N 等于 $G(s)H(s)$ 在 $[s]$ 平面的右半平面的极点数 P 时,结合式(5-13)得 $Z=0$,所以闭环系统稳定。

综上所述,归纳总结奈奎斯特稳定判据:当 ω 从 $-\infty$ 到 $+\infty$ 时,在 $[G(s)H(s)]$ 平面上开环特性 $G(j\omega)H(j\omega)$ 逆时针方向包围 $(-1,j0)$ 点 P 圈,则闭环系统稳定。$G(s)H(s)$ 在 $[s]$ 平面的右半平面的极点数为 P。对于开环稳定的系统,再有 $P=0$ 时,闭环系统稳定的充要条件是,系统的开环频率($G(j\omega)H(j\omega)$)不包围点 $(-1,j0)$。

应用奈奎斯特稳定判据的一般步骤为:

1)求出开环传递函数 $G(s)H(s)$ 在 $[s]$ 平面右半平面上的极点个数 P,判定开环系统的稳定性。

2)绘制 ω 从 $-\infty$ 到 $+\infty$ 时 $G(j\omega)H(j\omega)$ 的奈奎斯特曲线,然后根据该曲线是关于实轴对称的,将 ω 从 $-\infty$ 到 0 时,对应的 $G(j\omega)H(j\omega)$ 的奈奎斯特曲线补充完整。

【例 5-6】单位反馈控制系统的开环传递函数为

$$G_K(s)=\frac{K}{Ts-1}$$

试讨论该闭环系统的稳定性。

该系统是一个不稳定的惯性环节,开环特征方程在 $[s]$ 右半平面有一个根,即 $p=1$。

当 $K>1$ 时,开环奈奎斯特曲线如图 5-7 中的 a,当 $\omega+$ 从 $-\infty$ 到 $+\infty$ 时时,$G_K(j\omega)$ 逆时针方向包围 $(-1,j0)$ 点一圈,由奈奎斯特稳定判据知闭环系统是稳定的。

当 $0<K<1$ 时,开环奈奎斯特曲线如图 5-8 中的 b,当 ω 从 $-\infty$ 到 0 时,$G_K(j\omega)$ 不包围点 $(-1,j0)$ 点,这时的闭环系统是不稳定的。

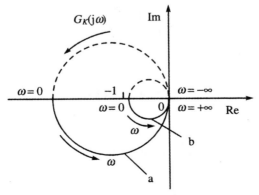

图 5-8　系统奈奎斯特图

5.3.3 开环含有积分环节的奈奎斯特图

开环系统中含有积分环节,也就是有零特征根时,可设开环传递函数为

$$G_K(\mathrm{j}\omega) = \frac{M_K(\mathrm{j}\omega)}{(\mathrm{j}\omega)^v D_K(\mathrm{j}\omega)} \qquad (5-19)$$

对于 I 型系统(含有一个积分环节):$\omega=0$ 时,$G_K(\mathrm{j}\omega)=-\mathrm{j}\infty$;$\omega=\infty$,$G_K(\infty)=0$,如图 5-9 (a)中实线;

对于 II 型系统:$\omega=0$ 时,$G_K(\mathrm{j}\omega)=-\infty$;$\omega=\infty$,$G_K(\infty)=0$,如图 5-9(b)中实线;

对于 III 型系统:$\omega=0$ 时,$G_K(\mathrm{j}\omega)=+\mathrm{j}\infty$;$\omega=\infty$,$G_K(\infty)=0$,如图 5-9(c)中实线。

当 $\omega=\infty$ 时,$G_K(\infty)=0$,$\angle G_K(\mathrm{j}\omega)=(m-n)\times\dfrac{\pi}{2}$

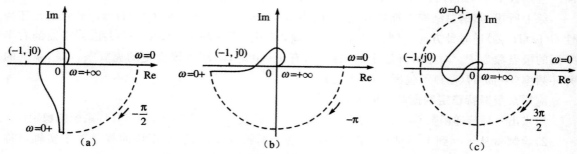

图 5-9 含有积分环节的奈奎斯特图

开环特性在 $\omega=0$ 处,$G_K(\mathrm{j}\omega)\rightarrow\infty$,奈奎斯特轨迹不连续,不知是否包围$(-1,\mathrm{j}0)$点。此种情况时,可作如下处理。把沿 $\mathrm{j}\omega$ 轴闭环的路线在原点处作一修改,以为 $\omega=0$ 圆心,r 为半径,在右半平面作很小的半圆,如图 5-10 所示。小半圆的表达式为 $s=re^{\mathrm{j}\theta}$。

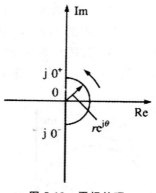

图 5-10 零根处理

令 $r\rightarrow 0$,$s=re^{\mathrm{j}\theta}$代入式(5-18)得

$$G_K(\mathrm{j}\omega) = \frac{K\displaystyle\prod_{j=1}^{m}(T_j re^{\mathrm{j}\theta}+1)}{r^v e^{\mathrm{j}v\theta}\displaystyle\prod_{i=1}^{n-v}(T_i re^{\mathrm{j}\theta}+1)} = \frac{K}{r^v}e^{-\mathrm{j}v\theta} = \infty e^{-\mathrm{j}v\theta}$$

从上式中可知,幅相特性为$\infty e^{-\mathrm{j}v\theta}$。

当 ω 从 0 变到 0^+ 时,对于 I 型、II 型、III 型系统,相角分别由 0 转到 $-\pi/2$、$-\pi$ 和 $-3\pi/2$,得到了连续变化的奈奎斯特轨迹,如图 5-15 中的虚线。用奈奎斯特稳定判据易知图中的轨迹都不包围 $(-1,j0)$ 点,故闭环系统稳定。所以,通常可把开环系统的零根作为左根处理。如图 5-10 所示。

5.3.4　具有延迟环节的系统的稳定分析

在机械工程的许多系统中存在着延迟环节,而延迟环节是线性环节这非常不利系统的稳定。通常延迟环节串联在闭环系统的前向通道或反馈通道中。

下图 5-11 所示是一具有延迟环节的系统方框图,其中 $G_1(s)$ 是除延时环节以外的前向通道传递函数。此时整个系统的开环传递函数为

$$G_K(s)=G_1(s)\mathrm{e}^{-\tau s}$$

其对应的开环频率特性为

$$G_K(j\omega)=G_1(j\omega)\mathrm{e}^{-j\tau\omega}$$

幅频特性为 $|G_K(j\omega)|=|G_1(j\omega)|$,相频特性为 $\angle G_K(j\omega)=\angle G_1-\tau\omega$

可见,延迟环节会使相频特性发生改变,使滞后增加,且 τ 越大,产生的滞后越多。但不改变系统的幅频特性。

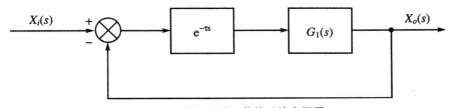

图 5-11　具有延时环节的系统方框图

【例 5-7】在图 5-11 所示的系统中,若有

$$G_1(s)=\frac{1}{s(s+1)}$$

则开环传递函数和开环频率特性分别为

$$G_K(s)=\frac{1}{s(s+1)}\mathrm{e}^{-\tau s},\quad G_K(j\omega)=\frac{1}{j\omega(j\omega+1)}\mathrm{e}^{-j\tau\omega}$$

则其对应的奈奎斯特如图 5-12 所示。

从上图中易知,当 $\tau=0$ 时也就无延时环节时,奈奎斯特图的相位不超过 $-180°$,只在第三象限,此二阶系统是稳定的。随着 τ 值增加,相位也增加,奈奎斯特图向左上方偏转,进入第一和第二象限。当 τ 增加到使奈奎斯特图包围 $(-1,j0)$ 点时,闭环系统就不稳定了。

该系统的闭环传递函数为

$$G_B(s)=\frac{G_1(s)\mathrm{e}^{-\tau s}}{1+G_1(s)\mathrm{e}^{-\tau s}}$$

则系统的特征方程为、

$$1+G_1(s)\mathrm{e}^{-\tau s}=0$$

当 $G_1(s)\mathrm{e}^{-\tau s}=-1$ 时,系统处于临界稳定状态。于是就有

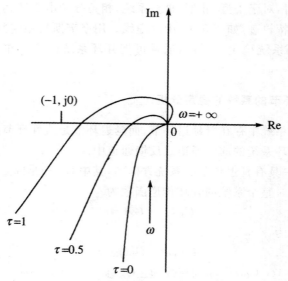

图 5-12　具有延迟环节的开环奈奎斯特图

$$|G_1(j\omega)| = \frac{1}{\omega}\frac{1}{\sqrt{1+\omega^2}} = 1 \tag{5-20}$$

$$\angle G_1(j\omega) - \tau\omega = -\frac{\pi}{2} - \arctan\omega - \tau\omega = -\pi \tag{5-21}$$

由式(5-20)解出 $\omega = 0.786$，代入下式(5-21)得 $\tau = 1.15$。故 $\tau < 1.15$ 时闭环系统稳定；$\tau > 1.15$ 时，闭环系统不稳定。

从图 5-12 所示的开环奈奎斯特图可以明显看出，串联延时环节对稳定性是不利的。虽然一阶或二阶系统总是稳定的，但若存在延迟环节，系统可能变为不稳定。因此，对存在延迟环节的一阶或二阶系统，为了保证这些系统的稳定性，其开环放大系数 K 就应限在很低的范围，并且延迟时间 τ 还应该尽可能地减小。

【例 5-8】若控制系统的开环传递函数为

$$G(s)H(s) = \frac{K}{s(1+T_1 s)(1+T_2 s)}$$

试求 K 取不同值时，系统的稳定性。

系统的开环幅相频特性是

$$G(j\omega)H(j\omega) = \frac{K}{j\omega(1+T_1 j\omega)(1+T_2 j\omega)} = U(\omega) + jV(\omega)$$

当 K 取不同的值时，系统的奈奎斯特图如图 5-13 所示。

开环奈奎斯特特性曲线与负实轴交点处的频率是 ω_2，若令虚部 $V(\omega) = 0$，则可得

$$\omega_2 = \frac{1}{\sqrt{T_1 T_2}}$$

如果要使系统稳定，则必须满足开环奈奎斯特曲线不包围$(-1, j0)$点，也就是满足

$$U(\omega) = \frac{K(T_1 T_2)}{(T_1 + T_2)} > -1$$

由上式可得：

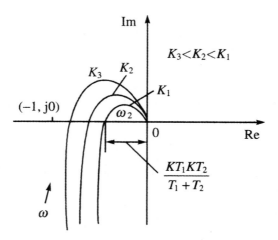

图 5-13 系统的奈奎斯特图

$$K < \frac{T_1 + T_2}{T_1 T_2}$$

由此可见,当 $K < \dfrac{T_1 + T_2}{T_1 T_2}$ 时,闭环系统稳定,开环奈奎斯特特性曲线不包围 $(-1, j0)$ 点;当 $K = \dfrac{T_1 + T_2}{T_1 T_2}$ 时,闭环系统临界稳定,开环奈奎斯特特性曲线刚好通过 $(-1, j0)$ 点;当 $K > \dfrac{T_1 + T_2}{T_1 T_2}$ 时,闭环系统不稳定,开环奈奎斯特特性曲线包围了 $(-1, j0)$ 点。

【例 5-9】若控制系统的开环传递函数为

$$G(s)H(s) = \frac{K(1 + T_4 s)}{s(1 + T_1 s)(1 + T_2 s)(1 + T_3 s)}$$

试判断系统的稳定性。

当 $\omega = 0$ 时,$|G(j\omega)H(j\omega)| = \infty$,$\angle G(j\omega)H(j\omega) = -90°$

当 $\omega = \infty$ 时,$|G(j\omega)H(j\omega)| = 0$,$\angle G(j\omega)H(j\omega) = -270°$

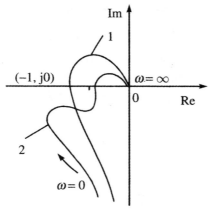

图 5-14 开环奈奎斯特曲线

1)当导前环节作用小,也就是 T_4 时,$G(s)H(s)$ 曲线包围 $(-1, j0)$ 点,闭环系统不稳定,即图

5-20 中的曲线 1。

2)当导前环节作用大,也就是 T_4 大时,$G(s)H(s)$ 曲线不包围$(-1,j0)$点,相位减小闭环系统稳定,即图 5-14 中的曲线 2。

【例 5-10】已知系统的开环传递函数为

$$G_K(s) = G(s)H(s) = G_1(s)e^{-\tau s} = \frac{e^{-\tau s}}{s(s+1)(s+2)}$$

试分析系统的稳定性。

系统是由一个积分环节、两个一阶惯性环节和一个延迟环节 $e^{-\tau s}$ 组成,$P_1 = 0$,$P_2 = -1$,$P_3 = -2$,开环传递函数在$[s]$平面的右半平面内无极点,$P = 0$,开环稳定。

开环频率特性分别为

$$G(j\omega)H(j\omega) = G_1(j\omega)e^{-j\tau\omega} = \frac{e^{-j\tau\omega}}{j\omega(j\omega+1)(j\omega+2)}$$

幅值特性为 $|G_K(j\omega)| = |G_1(j\omega)|$,相频特性为 $\angle G_K(j\omega) = \angle G_1(j\omega) - \tau\omega$。

分别计算当 τ 取 0、0.8、2、和 4 时,系统的开环频率特性的奈奎斯特曲线,如图 5-15 所示。

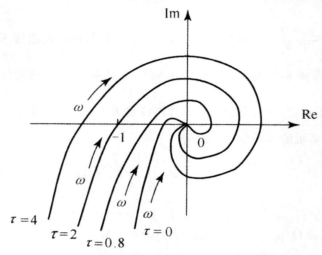

图 5-15 具有延迟环节的系统奈奎斯特曲线

系统开环系统奈奎斯特曲线图随着延时时间 τ 的变化而变化。随着 τ 增大,闭环系统的稳定性变坏。当 $\tau = 0$,0.8 时,奈奎斯特曲线图不包围$(-1,j0)$点,闭环系统稳定;当 $\tau = 2$ 时,曲线图经过$(-1,j0)$点,闭环系统临界稳定。当 $\tau \geqslant 2$ 时,闭环系统不稳定。

对存在延迟环节的一阶、二阶系统而言,其开环增益不宜太大,太大的增益会增加系统的不稳定性。

5.3.5 电液伺服系统实例

现以电液伺服系统为例,研究稳定性分析方法的实际应用。

伺服系统最重要的特性就是稳定性,系统动态特性的设计一般也是以稳定性要求为中心来进行的。图 5-16 是电液伺服系统框图。

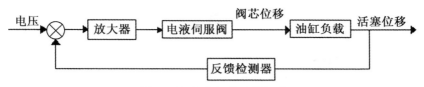

图 5-16　电液伺服系统框图

　　该系统是由电液伺服阀控制一个油缸负载(纯惯性负载),各环节所对应的传递函数及系统方框图示如图 5-17 所所示。

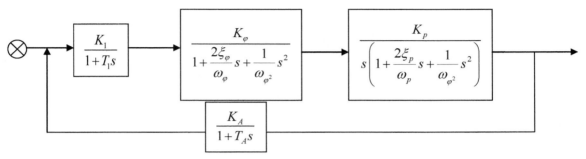

图 5-17　系统方框图

　　可通过开环传递函数用奈奎斯特法分析稳定性。上述系统可作如下简化:

　　放大器的时间常数很小,一般。$T < 0.001$ 可以略去不计。则

$$\frac{\Delta I}{E} = \frac{K_1}{1 + T_1 s} \approx K_1 \quad (放大器增益)$$

QDY_1—C32 型电液伺服阀的有关参数为:

　　无阻尼自然频率 $\omega_\varphi = 680 (\mathrm{s}^{-1})$

　　阻尼比 $\xi_\varphi = 0.7$

　　系统频率受负载无阻尼自然频率限制,油缸的无阻尼自然频率 ω_φ 和活塞面积及容积有关。因此在低频下,电液伺服阀的传递函数

$$\frac{X_\varphi}{\Delta I} = \frac{K_\varphi}{1 + \dfrac{2\xi_\kappa}{\omega_\varphi} s + \dfrac{s^2}{\omega_\kappa^2}} \approx K_\varphi$$

反馈检测器的时间常数 T_h, l 也很小,一般小于 0.001,则有

$$\frac{E_h}{X_\mathrm{p}} = \frac{K_h}{1 + T_h s} \approx K_h$$

基于上述的简化,图 5-23 所示系统的开环传递函数可表示为

$$KG(s)H(s) = K_1 K_\varphi K_\mathrm{p} K_h \frac{1}{s\left(1 + \dfrac{2\xi_\mathrm{p}}{\omega_\mathrm{p}} + \dfrac{s^2}{\omega_\mathrm{p}^2}\right)} = K_v \frac{1}{s\left(1 + \dfrac{2\xi_\mathrm{p}}{\omega_\mathrm{p}} + \dfrac{s^2}{\omega_\mathrm{p}^2}\right)} \tag{5-22}$$

上式中,K_v 是速度放大系数,$K_v = K_1 \cdot K_\varphi \cdot K_\mathrm{p} \cdot K_h$(这是 Ⅰ 型系统)。

　　则通过上式(5-22)可画出系统的奈奎斯特图如图 5-18 所示。由式可知开环传递函数中没有极点和零点在 s 的右半平面,若要系统稳定,只要奈奎斯特图不包围(-1,j0)点。为此要找奈奎斯特图与实轴的交点,就是要求相位角为 $-\pi$ 时的幅值 $|G_m|$。

　　将 $s = \mathrm{j}\omega$ 代入式(5-22)得

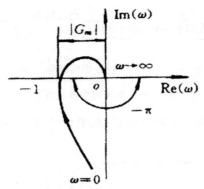

图 5-18　系统奈奎斯特图

$$KG(j\omega)H(j\omega)=\frac{K_v}{j\omega\left(1-\dfrac{\omega^2}{\omega_p^2}+2\xi_p\dfrac{\omega}{\omega_p}j\right)}$$

与负实轴交点的相位角应为 $-\pi$,即

$$K=-\frac{\pi}{2}-\arctan\frac{2\xi_p\dfrac{\omega}{\omega_p}}{1-\dfrac{\omega^2}{\omega_p^2}}=-\pi$$

故,可知 $\arctan\dfrac{2\xi_p\dfrac{\omega}{\omega_p}}{1-\dfrac{\omega^2}{\omega_p^2}}=\dfrac{\pi}{2}$

解上式可得

$$\frac{2\xi_p\dfrac{\omega}{\omega_p}}{1-\dfrac{\omega^2}{\omega_p^2}}\to\infty$$

进一步化简即为 $1-\dfrac{\omega^2}{\omega_p^2}=0$,即是 $\omega=\omega_g=\omega_p$

由此可求得与负实轴之交点的幅值

$$|G_m|=\frac{K_v}{\omega\left[\left(1-\dfrac{\omega^2}{\omega_p^2}\right)^2+4\xi_p^2\dfrac{\omega^2}{\omega_p^2}\right]^{1/2}}\Big|_{\omega=\omega_p}=\frac{K_v}{2\xi_p\omega_p}$$

而要使系统稳定必须满足 $\dfrac{K_v}{2\xi_p\omega_p}<1$,也即是 $K_v<2\xi_p\omega_p$ 。

5.4　伯德稳定判据

奈奎斯特稳定判据是利用开环频率特性 $G_K(j\omega)$ 的极坐标图(奈奎斯特图)来判定闭环系统的稳定性。若将开环极坐标图改为开环对数坐标图也就是伯德图,同样可以利用它来判定系统的稳定性。这种方法称为对数频率特性判据,简称为对数判据或伯德判据,它实质上是奈奎斯特判据的引申,是奈奎斯特稳定判据的另一种形式。

如图 5-19 所示,系统开环频率特性的奈奎斯特图和伯德图有如下对应关系。

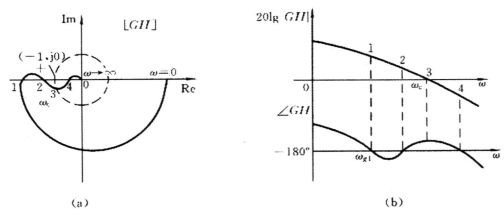

图 5-19　奈奎斯特图和其对应的伯德图

1)奈奎斯特图上的单位圆对应于伯德图上的 0 分贝线,也就是对数幅频特性图的横轴。因为此时,$20\lg|G(j\omega)H(j\omega)| = 20\lg|1| = 0$ dB 而单位圆之外即对应于对数幅频特性图的 0 分贝线之上。

2)奈奎斯特图上的负实轴相当于伯德图上的 $-180°$ 线,即对数相频特性图的横轴。因为此时,$\angle G(j\omega)H(j\omega) = -180°$。

奈奎斯特轨迹与负实轴交点的频率,亦即对数相频特性曲线与横轴交点的频率,称为相位穿越频率或相位交界频率,记为 ω_g。奈奎斯特轨迹与单位圆交点的频率,即对数幅频特性曲线与横轴交点的频率,也即是输入与输出幅值相等时的频率,称为剪切频率或幅值穿越频率、幅值交界频率,记为 ω_c。

如果开环系统在 $[s]$ 的右半平面有 p 个极点,则闭环系统稳定的充要条件是:在开环对数幅频特性为正值的频率范围内,其对数相频特性曲线在 $-180°$ 线上正负穿越次数之差为 $p/2$。如果开环系统是稳定的,即 $p=0$,则在开环对数幅频特性为正值的频率范围内,其对数相频特性曲线不超过 $-180°$ 线,闭环系统稳定。

开环奈奎斯特轨迹在点 $(-1,j0)$ 以左穿过负实轴称为"穿越";若沿频率叫增加的方向,开环奈奎斯特轨迹自上而下穿过点 $(-1,j0)$ 以左的负实轴称为正穿越。沿频率 ω 增加的方向,开环奈奎斯特轨迹自下而上穿过点 $(-1,j0)$ 以左的负实轴称为负穿越。若沿频率叫增加的方向,开环奈奎斯特轨迹自点 $(-1,j0)$ 以左的负实轴开始向下称为半次正穿越;反之,沿频率叫增加的方向,开环奈奎斯特轨迹自点 $(-1,j0)$ 以左的负实轴开始向上称为半次负穿越。

对应于伯德图上,在开环对数幅频特性为正值的频率范围内,沿 ω 增加的方向,对数相频特性曲线自下而上穿过 $-180°$。线为正穿越;沿倒增加的方向,对数相频特性曲线自上而下穿过 $-180°$。线为负穿越。若对数相频特性曲线自 $-180°$ 线开始向上,为半次正穿越;对数相频特性曲线自 $-180°$。线开始向下,为半次负穿越。

如图 5-20 为半次穿越的情况,上图 5-25 所示,点 1 处为负穿越一次,点 2 处为正穿越一次。

分析图 5-19(a)易知,奈奎斯特轨迹逆,时针包围点 $(-1,j0)$ 一圈,正穿越一次;奈奎斯特轨迹顺;时针包围点 $(-1,j0)$ 一圈,负穿越一次。开环奈奎斯特轨迹逆时针包围,点 $(-1,j0)$ 的次数就等于正穿越和负穿越的次数之差。

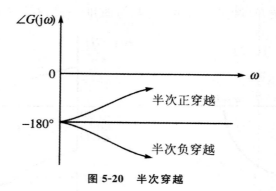

图 5-20　半次穿越

【例 5-11】下图所示的四种开环伯德图,试用伯德稳定判据判断系统闭环后的稳定性。

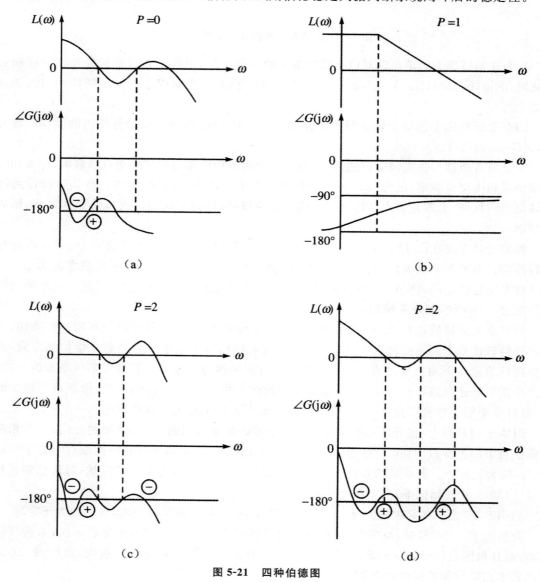

图 5-21　四种伯德图

图 5-21(a),已知开环是稳定的,即 $p=0$,在 $L(\omega)\geqslant0$ 的范围内,相频特性在 $-180°$ 线上正负穿越之差为 0,易知系统闭环后是稳定的。

图 5-21(b),已知开环传递函数在 $[s]$ 右半平面有一极点,$p=1$,在 $L(\omega)\geqslant0$ 的范围内,相频特性在 $-180°$ 线上只有半次正穿越,所以闭环系统是稳定的。

图 5-21(c),已知 $p=2$,在 $L(\omega)\geqslant0$ 的范围内,相频特性在 $-180°$ 线上正负穿越之差为 $-1=\frac{p}{2}$,所以系统闭环后不稳定。

图 5-21(d),已知 $p=2$,在 $L(\omega)\geqslant0$ 的范围内,相频特性在 $-180°$ 线上正负穿越之差为,$1=\frac{p}{2}$,所以系统闭环后稳定。

伯德稳定判据判别稳定性较用奈奎斯特稳定判据判别稳定性的优势在于:

1)可以采用渐近线的方法做出伯德图,比较简洁、方便。

2)通过伯德图上的渐近线,就可以粗略地判别系统的稳定性。

3)在调整开环增益 K 时,只要将伯德图中的对数幅频特性曲线上下平移即可,所以很比较容易看出为保证稳定性所需的增益值。

4)在伯德图中,可以分别做出各环节的对数幅频及对数相频特性曲线,能够明确哪些环节是造成不稳定的主要因素,从而对其中参数进行合理选择或校正。

应用伯德图的稳定判据的一般步骤:

1)求出开环传递函数 $G(s)H(s)$ 的在 $[s]$ 平面的右半平面上的极点个数 P 并判定系统的稳定性。

2)绘制开环 $G(j\omega)H(j\omega)$ 的伯德曲线。

3)检查开环 $G(j\omega)H(j\omega)$ 系统在 $20\lg|G(j\omega)H(j\omega)|\geqslant0$ 的所有频率段内正负穿越 $-180°$ 线的次数之差 N。判断 N 是否等于 $\frac{p}{2}$,然后根据伯德稳定判据判定对应的闭环系统是否是稳定的。

5.5　控制系统的相对稳定性分析

从稳定性的角度将系统分为稳定系统、临界稳定系统和不稳定系统。对于那些稳定又接近于临界稳定的系统,当系统参数发生变化时,系统就有可能从稳定变成不稳定,即系统的参数对系统的稳定程度有很大影响。所以,正确选取系统的参数,不仅可以使系统获得较好的稳定性,而且可以使系统具有良好的动态性能。

从奈奎斯特稳定判据可推知:若 $p=0$ 的闭环系统稳定,且当开环奈奎斯特轨迹离点 $(-1,j0)$ 越远,则其闭环系统的稳定性越高;开环奈奎斯特轨迹离点 $(-1,j0)$ 越近,则其闭环系统的稳定性越低。这就是通常所说的系统的相对稳定性,它通过 $GK(j\omega)$ 对点 $(-1,j0)$ 的靠近程度来表征,其定量表示为相位裕度 γ 和幅值裕度 K_g,如图 5-22 所示。

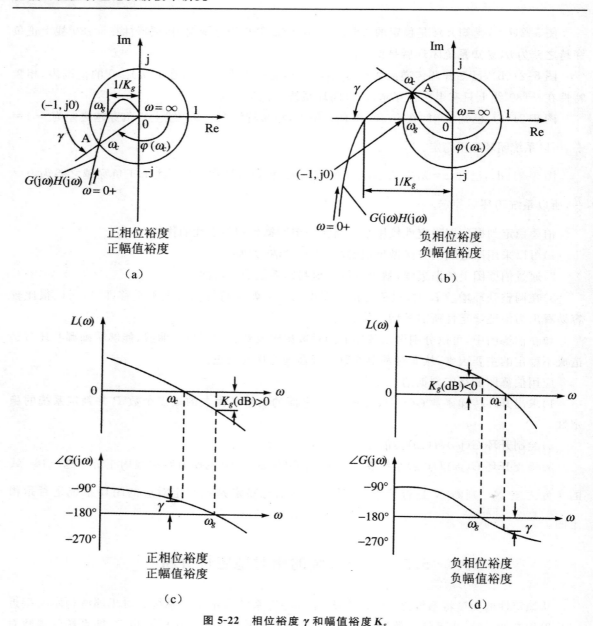

图 5-22   相位裕度 γ 和幅值裕度 K_g

5.5.1 相位裕度和幅度裕度

1. 相位裕度 γ

当 ω 是剪切频率 $\omega_c (\omega_c > 0)$ 时，相频特性距离 $-180°$ 线的相位差称为相位裕度，用 γ 表示。将上图 5-23(c) 所示的有正相位裕度的系统不仅稳定，而且还有相当的稳定性储备，它可以在 ω_c 的频率下，允许相位再增加 γ 度才达到 $\omega_c = \omega_g$ 的临界稳定条件。因此相位裕度也被称着相位稳定性储备。

对于稳定的系统,γ 必在伯德图$-180°$线线以上,此时称为正相位裕度,也就是有正的稳定性储备,如图 5-23(c)所示;对于不稳定的系统,γ 必在伯德图$-180°$线线以下,这时称为负相位裕度,也就是有负的稳定性储备,如图 5-23(d)所示。

在奈奎斯特图中,如图 5-23(a)和(b)所示,γ 即为奈奎斯特曲线与单位圆的交点 A 对负实轴的相位差。它表示在幅值比为 1,频率为 ω_c 时,

$$\gamma = 180° + \varphi(\omega_c)$$

其中,$G_K(j\omega)$ 的相位 $\varphi(\omega_c)$ 通常都为负值。

对于稳定的系统,γ 必在奈奎斯特图负实轴以下,如图 5-23(a)所示;对于不稳定的系统,γ 必在奈奎斯特图负实轴以上,如图 5-23(b)所示。例如,当 $\varphi(\omega_c) = -150°$。时,$\gamma = 180° - 150° = 30°$,相位裕度为正;而 $\varphi(\omega_c) = -210°$ 时,$\gamma = 180° - 210° = -30°$,相位裕度为负。

2. 幅度裕度 K_g

在 ω 为相位交界频率 $\omega_g(\omega_g > 0)$ 时,开环幅频特性 $|G(j\omega)H(j\omega)|$ 的倒数,称为幅值裕度,记做 K_g,即

$$K_g = \frac{1}{|G(j\omega)H(j\omega)|}$$

在伯德图上,幅值裕度改以分贝(dB)表示为 $K_g(dB)$

$$K_g(dB) = 20\lg K_g = -20\lg|G(j\omega)H(j\omega)|$$

对于稳定的系统,$K_g(dB)$ 必在 0 dB 线以下,$K_g(dB) > 0$,称为正幅值裕度,如图 5-29(c)所示;对于不稳定的系统,$K_g(dB)$ 必在 0 dB 线以上,$K_g(dB) < 0$,称为负幅值裕度,如图 5-29(d)所示。

上述表明,在图 5-29(c)中,对数幅频特性还可以上移 $K_g(dB)$,才使系统满足 $\omega_c = \omega_g$ 的临界稳定条件,也就是只有增加系统的开环增益 K_g 倍,才能刚满足临界稳定条件。因此幅值裕度也称增益裕度。

在奈奎斯特图上,由于

$$|G(j\omega)H(j\omega)| = \frac{1}{K_g}$$

所以奈奎斯特曲线与负实轴的交点至原点的距离即为 $1/K_g$,它代表在 ω_g 频率下开环频率特性的模。显然对于稳定系统,$1/K_g < 1$,如图 5-29(a)所示;对于不稳定系统,$1/K_g > 1$,如图 5-23(b)所示。

综上所述,对于开环稳定的系统(在 $[s]$ 的右半平面没有极点,$p=0$)$G(j\omega)H(j\omega)$ 具有正幅值裕度及正相位裕度时,其闭环系统是稳定的;$G(j\omega)H(j\omega)$ 具有负幅值裕度及负相位裕度时,其闭环系统是不稳定的。由此可见,利用奈奎斯特图或伯德图所计算出的 K_g 和 γ 相同。

工程实践中,为了使系统达到满意的稳定性储备,一般最好的是

$$\gamma = 30° \sim 60°, \quad K_g(dB) > 6dB, \quad 也就是 \quad K_g > 2$$

需要注意的是,为了确定上述系统的相对稳定性,必须同时考虑相位裕度和幅值裕度两个指标,若只是应用其中一个不足以充分说明系统的相对稳定性。

【例 5-12】某一单位反馈系统的开环传递函数为

$$G(s) = \frac{K}{s(1+0.2s)(1+0.05s)}$$

试求当 K 为 1 时,系统的相位裕度和幅值裕度;调整增益 K,使系统的幅值裕度 $20\lg K_g = 20\ dB$,相位裕度为 $\gamma \geqslant 40°$。

开环频率特性为

$$G(j\omega) = \frac{K}{j\omega(1+0.2j\omega)(1+0.05j\omega)}$$

对数幅频特性和相频特性分别为

1)开环频率特性在 ω_g 处的相位为

$$L(\omega) = 20\lg K - 20\lg\omega - 20\lg\sqrt{1+\frac{\omega^2}{25}} - 20\lg\sqrt{1+\frac{\omega^2}{400}}$$

$$\varphi(\omega) = -90° - \arctan 0.2\omega - \arctan 0.05\omega$$

$$\varphi(\omega_g) = -90° - \arctan 0.2\omega_g - \arctan 0.05\omega_g = -180°$$

也就是

$$\arctan 0.2\omega_g + \arctan 0.05\omega_g = 90°$$

上式两边取正切,得

$$\frac{0.2\omega_g + 0.05\omega_g}{1 - 0.2\omega_g \times 0.05\omega_g} = \infty$$

解上式得 $\omega_g = 10$

当 $K=1$ 时,在 ω_g 处的对数幅值为

$$L(\omega_g) = 20\lg 1 - 20\lg 10 - 20\lg\sqrt{1+\frac{100}{25}} - 20\lg\sqrt{1+\frac{100}{400}}$$

$$= -20\lg 10 - 20\lg 2.236 - 20\lg 1.118 \approx -28\ dB$$

幅值裕度为 $20\lg K_g = -L(\omega_g) = 28\ dB$

当根据 $K=1$ 时的开环传递函数,可知系统的 $\omega_c = 1$,据此得

$$\varphi(\omega_c) = -90° - \arctan 0.2 - \arctan 0.05 = -104.17°$$

相位裕度

$$\gamma = 180° + \varphi(\omega_c) \approx 76°$$

2)由题意 $20\lg K_g = 20\ dB$,即 $L(\omega_g) = -20\ dB$,在 $\omega_g = 10$ 处的对数幅值为

$$20\lg K - 20\lg 10 - 20\lg\sqrt{1+\frac{100}{25}} - 20\lg\sqrt{1+\frac{100}{400}} = 20\lg 0.1$$

解上式可得,$K = 2.5$

根据相位裕度 $\gamma = 40°$ 的要求

$$\varphi(\omega_c) = -90° - \arctan 0.2\omega_c - \arctan 0.05\omega_c = -140°$$

也就是

$$\arctan 0.2\omega_g + \arctan 0.05\omega_g = 50°$$

对上式取正切,求得 $\omega_c = 4$,于是就有

$$L(\omega_c) = 20\lg K - 20\lg 4 - 20\lg\sqrt{1+\frac{16}{25}} - 20\lg\sqrt{1+\frac{16}{400}} = 0$$

化简解得上式有 $K = 5.22$,易知,$K = 2.5$ 就能同时满足 γ 和 K_g 的要求。

【例 5-13】系统的 $G_K(s)$ 为

$$G(s)H(s) = \frac{\omega_n^2}{s(s^2 + 2\xi\omega_n s + \omega_n^2)}$$

试分析当 ξ 阻尼比很小(可忽略为 0)时,该闭环系统的相对稳定性。

当 ξ 很小时,该系统的 $G(j\omega)H(j\omega)$ 如图 5-23 所示。

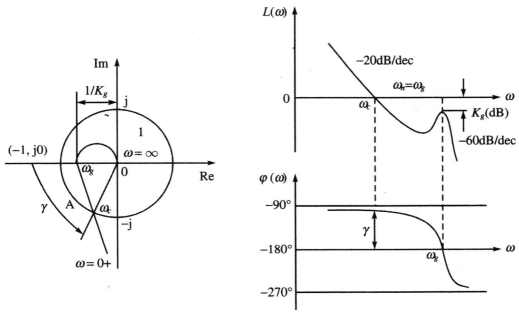

图 5-23　系统的奈奎斯特图及伯德图

由于 ξ 很小时,振荡环节的幅频特性峰值很高,所以系统相位裕度 γ 虽较大,但幅值裕度 K_g (dB)却太小。也就是说,$G(j\omega)H(j\omega)$ 的剪切频率 ω_c 虽较低,相位裕度 γ 较大,但在频率 ω_g 附近,幅值裕度太小,曲线很靠近 $[GH]$ 平面上的点 $(-1, j0)$。所以,如果仅以相位裕度 γ 来评定该系统的相对稳定性,就会得出系统稳定程度高的结论,而系统的实际稳定程度绝不是高,而是低。如果同时根据相位裕度 γ 及幅值裕度 K_g 全面地评价系统的相对稳定性,就可避免得出这种不合实际的结论。

由于在最小相位系统的开环幅频特性与开环相频特性之间具有一定的对应关系,相位裕度 $\gamma = 30° \sim 60°$。表明开环对数幅频特性在剪切频率上的斜率应大于 -40 dB/dec(称为剪切率)。因此,为保证有合适的相位裕度,一般希望剪切率等于 -20 dB/dec。如果剪切率等于 -40 dB/dec,则闭环系统可能稳定也可能不稳定,即使稳定,其相对稳定性也会很差。如果剪切率为 -60 dB/dec或更陡,则系统一般是不稳定的。由此可知,有时只要讨论系统的开环对数幅频特性就可以大致判别其稳定性。

5.5.2　条件稳定系统

一个开环稳定的系统,开环传递函数为

$$G(s)H(s) = \frac{K(1 + \tau_1 s)(1 + \tau_2 s)\cdots}{s(1 + T_1 s)(1 + T_2 s)\cdots} \qquad (5-23)$$

当开环传递函数 $G(s)H(s)$ 的奈奎斯特曲线不包围 $(-1, j0)$ 点时,系统稳定,而且随着 K 值的增大,系统的稳定储备减小,当 K 值增加到一定程度时,$G(s)H(s)$ 的曲线有可能包围 $(-1,j0)$ 点,系统由稳定变成不稳定的系统,如图 5-24 所示,只有当 K 值在一定范围内时,系统才稳定。

当系统开环传递函数 $G(s)H(s)$ 的奈奎斯特曲线如图 5-26 所示,K 值增大或减小到一定程度时,系统都可能由稳定变成不稳定,这种系统称为条件稳定系统。对于工程中的系统,不希望其为条件稳定系统,因为工程系统在运行过程中通常参数都在一定程度上会发生变化,这就可能产生不稳定的状态。例如,电动机在工作过程中由于温度的升高电阻变大。

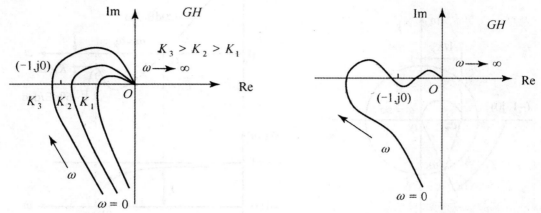

图 5-24　不同 K 值的奈奎斯特图　　　　图 5-25　条件稳定系统的奈奎斯特图

归纳总结影响系统稳定性的主要因素:

(1)系统开环增益。

由奈奎斯特稳定判据或伯德稳定判据,都可知降低系统开环增益,可增加系统的幅值裕度和相位裕度。从而提高系统的相对稳定性,这是提高系统相对稳定性的最简便的方法。

(2)积分环节。

由系统的相对稳定性要求可知,Ⅰ型系统的稳定性好,Ⅱ系统稳定性较差,Ⅲ型及Ⅲ型以上系统难以稳定。所以开环系统含有积分环节的数目一般最好不要超过 2。

(3)延迟环节和非最小相位环节。

延迟环节和最小相位环节会带来系统的相位滞后,从而减小相位裕度,降低稳定性,故应尽量避免延迟环节或是使其延迟的时间尽量的小,当然也应该避免非最小相位环节的出现。

第 6 章 控制系统的根轨迹分析

6.1 根轨迹与系统特性

由于求解高阶系统的闭环特征方程根通常是比较困难的,这就在某种程度上限制了时域分析法在二阶以上的控制系统中的应用,进而给系统分析带来很大的不便。对此,1948 年,美国人伊文思(W. R. Evans)根据反馈系统中开、闭环传递函数间的内在联系,提出了求解闭环特征方程根的一种简单图解方法——根轨迹分析法,简称根轨迹法(Root Locus Method)。

根轨迹法是立足于复域的一套完整的系统研究方法,由于其具有直观形象的特点,因此在控制工程中获得了广泛应用。

所谓根轨迹是指当系统开环传递函数中的某个参数从 0 变到∞时,闭环特征根(即闭环极点)在 s 平面上移动的轨迹。闭环系统特征方程的根即闭环系统的闭环极点,它决定了控制系统的稳定性,而系统的稳态性能和动态性能也依赖于闭环传递函数的零点和极点,因此确定系统极点的分布就是分析和设计控制系统的关键。

在这里,我们不仅要根据已知的系统,确定闭环极点的位置及其随系统参数变化的趋势(分析问题),而且还要根据对系统特性的要求,合理地选择系统的结构和参数,将闭环极点配置到需要的位置上,以满足性能指标的要求(设计问题)。但是,由于大多数控制系统往往是高阶的,而高于四次的多项式方程的根是不可以用公式形式直接表达出来的,也就是说,不能一般性地处理变系数问题。因此,这项工作采用解析法来求解是很困难的,采用数值解法来完成也非易事。同时,大多数控制系统闭环极点的分布与系统参数之间的关系是非线性的,且在改变参数时还需要反复求解,这就显得既麻烦又不够形象直观。

对于上述问题,就可以采用根轨迹法。根轨迹法能够根据系统开环传递函数零点和极点的分布,当系统的可变参数在可能的取值范围内变化时,依照一些简单的绘制法则及作图的方法画出系统闭环极点,即特征方程的根在 s 平面中变化的轨迹。

根轨迹法是一种图解法,它能够代替对特征方程一次又一次地求根的数值计算,较好地解决了高阶系统平稳性、快速性的分析,以及 $\sigma\%$、t_s 指标的估算问题。下面通过一个实例,介绍根轨迹的基本概念。

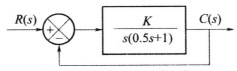

图 6-1 单位负反馈系统方块图

由上图可知,单位负反馈系统的开环传递函数为

$$G(s)H(s)=\frac{K}{s(s+1)} \tag{6-1}$$

相应闭环传递函数为

$$\frac{Y(s)}{X(s)}=\frac{K}{s^2+s+K} \tag{6-2}$$

该闭环系统的特征方程为

$$D(s) = s^2 + s + K \tag{6-3}$$

其特征方程的根（闭环极点）为

$$s_{1,2} = -\frac{1}{2} \pm \frac{1}{2}\sqrt{1-4K} \tag{6-4}$$

这样，当 K 从 0 变为 ∞ 时，特征方程根的变化轨迹，即为所谓的根轨迹。

根轨迹能够直观显示参数和系统闭环特征根分布的关系，因此可以利用根轨迹对系统的各种性能进行分析。下面通过一个例子来说明如何根据系统根轨迹分析系统的特性。

【例 6-1】某一单位负反馈系统的开环传递函数为

$$G(s) = \frac{K}{s(0.5s+1)} \tag{6-5}$$

试绘出当系统的开环增益 K 从 0 到 ∞ 的根轨迹，并根据根轨迹分析系统特性。

对该例题进行分析，由于该系统是二阶系统，可直接解出系统两个特征根的解析表达式，通过特征根的解析表达式就可以方便地画出系统的根轨迹。下面首先写出系统特征方程

$$1 + G(s) = s^2 + 2s + 2K = 0 \tag{6-6}$$

其根为 $s_1 = -1 + \sqrt{1-2K}$，$s_2 = -1 - \sqrt{1-2K}$

当 $K = 0$ 时

$$s_1 = 0, \quad s_2 = -2$$

当 $K = 0.5$ 时

$$s_1 = -1, \quad s_2 = -1$$

当 $K = 1$ 时

$$s_1 = -1 + j, \quad s_2 = -1 - j$$

当 $K = \infty$ 时

$$s_1 = -1 + j\infty, \quad s_2 = -1 - j\infty$$

综上所述，系统的开环增益 K 从 0 到 ∞ 时，可以用解析的方法求出闭环极点的全部数值，将这些数值标注在 s 平面上，连接并绘制成光滑的粗实线就成为了系统的根轨迹。此二阶系统的根轨迹如图 6-2 所示。

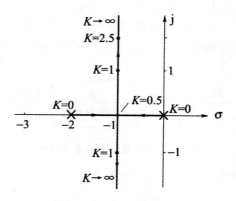

图 6-2　二阶系统的根轨迹[①]

---

①　为了直观地表示根的变化，在根轨迹上用箭头来表示随增益的增加，其根的变化趋势，而标注的数值则代表与闭环极点位置相应的增益的数值。

得到上面的根轨迹后,就可以根据其来分析系统性能。

(1)稳定性。

当开环增益 K 从 0 到∞时,图 6-2 中根轨迹均在 s 平面左半部,此时,对于任何 K 值,系统都是稳定的。

(2)稳态性能。

由图 6-2 可以看出,开环系统在坐标原点有一个极点,故系统为 I 型,在单位阶跃信息作用下系统的稳态误差为零。

(3)动态性能。

在图 6-2 中,当 $0 < K < 0.5$ 时,闭环特征根为负实根,系统呈过阻尼状态,其阶跃响应为非周期衰减,响应速度慢,没有超调;当 $K = 0.5$ 时,系统处于临界阻尼状态,响应速度较过阻尼状态快,仍没有超调;当 $K > 0.5$ 时,其根为共轭复数,系统呈欠阻尼状态,其阶跃响应为振荡衰减;当 $K = 1$ 时特征根为 s_1,$s_2 = -1 \pm j$,系统具有最佳阻尼比 $\xi = 0.707$。随着 K 值的增大系统响应速度快,但超调增大,过大的 K 值对系统稳定性不利。

在系统的根轨迹绘出后,就可以看出系统特征根随 K 值变化的情况,进而可知系统特性随 K 值变化的情况。当然,也可以根据对系统特性的要求选择特征根的位置,近而确定 K 值的大小。

6.2　根轨迹的幅值条件及相角条件

要绘制根轨迹,就需要对系统的闭环特征方程进行分析。通过上面内容的叙述,我们知道系统的闭环特征方程为

$$1 + G(s)H(s) = 0$$

或

$$G(s)H(s) = -1 \tag{6-7}$$

由上式复数方程的等式两边幅值和相角应分别相等的条件,可以得到

$$\angle G(s)H(s) = \pm 180°(2k+1) \quad (k = 0,1,2,\cdots) \tag{6-8}$$

$$|G(s)H(s)| = 1 \tag{6-9}$$

式(6-8)和式(6-9)分别被称为根轨迹的幅值条件和相角条件。在 s 平面上,只要是能够同时满足这两个条件的点就是系统的特征根,就必定在根轨迹上,可以说,这两个条件就是绘制根轨迹的重要依据。

另外,由于系统开环传递函数是组成系统的前向通道和反馈通道各串联环节传递函数的乘积,所以在复数域内,其分子和分母均可写成 s 的一次因式积的形式,即

$$G(s)H(s) \frac{K\prod\limits_{i=1}^{m}(s - z_i)}{\prod\limits_{j=1}^{n}(s - p_j)} = -1 \tag{6-10}$$

式中,K 为开环根轨迹增益;z_i 为开环零点;p_j 是开环极点。在经典控制理论中主要根据它们来绘制根轨迹。

将式(6-10)分别代入式(6-8)和式(6-9),即可得到根轨迹相角条件和幅值条件的具体表

达式

$$\sum_{i=1}^{m} \angle(s - z_i) - \sum_{j=1}^{n} \angle(s - p_j)$$

$$= \pm 180°(2k+1)(k = 0,1,2,\cdots) \tag{6-11}$$

$$\frac{K \prod_{i=1}^{m} |s - z_i|}{\prod_{j=1}^{n} |s - p_j|} = 1 \tag{6-12}$$

由于根轨迹增益 K 通常是在 0 到 ∞ 的范围内任意取值,所以在 s 平面内任意一点,只要满足式(6-11)的相角条件,就可以通过调节 K 的大小使其同时满足式(6-12)所示的幅值条件。这样,我们就可以利用式(6-11)来绘制根轨迹图,利用式(6-12)来确定对应根轨迹的增益 K,进而利用系统开环零点、开环极点来绘制根轨迹图。

6.3   根轨迹绘制规则

为了解决由开环零、极点确定闭环根轨迹的问题,通过观察根轨迹方程可看出:利用闭环零、极点与开环零、极点之间的关系,由已知的开环零、极点即可绘制出系统的闭环根的变化轨迹。1948 年伊文斯就针对这一问题提出了绘制根轨迹的基本法则。利用这些基本法则,根据开环传递函数零点、极点在 s 平面上的分布,就可以比较方便地画出闭环特征根的轨迹,并且提高绘制精度和可靠性。

6.3.1   绘制根轨迹的基本规则

绘制根轨迹的基本规则如下。

规则一:根轨迹的连续性。

当 K 从 0 到 ∞ 连续变化时,其闭环特征根也一定是连续变化的,所以根轨迹也必然是连续的。

规则二:根轨迹的对称性。

因为特征方程为实系数代数方程,因此当出现复根时,其共轭根必然成对出现,且一定与实轴对称。由于根轨迹对称于根平面的实轴。因此,在画根轨迹时,可只先画出一半,然后利用对称性画出另一半。

规则三:根轨迹的起点、终点和条数。

n 阶系统的特征方程为 n 次方程,有 n 个根(n 个极点),当 K 在 0 到 ∞ 的范围内连续变化时,这 n 个根在复平面上也将连续变化,从而就形成了 n 条根轨迹,所以根轨迹的条数等于系统的阶数。又由根轨迹的幅值条件可知:当 $K=0$ 时,只有当 $s = p_j(j = 1,2,\cdots,n)$ 时,相应的条件式才能成立,所以根轨迹始于 p_j 点,而 p_j 为系统开环极点,可见系统的 n 条根轨迹始于系统的几个开环极点。而当 K 无限趋于 ∞ 时,只有当 $s = z_i(i = 1,2,\cdots,n)$ 时,相应的条件式才能成立,所以根轨迹终止于 z_i 点。但是,由于 z_i 为系统的开环零点,因此,系统有 m 条根轨迹的终点为系统的 m 个开环零点。其余 $n-m$ 条根轨迹终止于 s 平面无穷远处。

规则四:根轨迹在实轴上的分布。

在实轴的某一段上存在根轨迹的条件为:在这一线段右侧的开环极点与开环零点的个数之和为奇数。实际上,是轴上根轨迹仅由位于是轴上的开环零点、开环极点决定,与开环传递函数的共轭复数极点与共轭复数零点无关。

【例 6-2】设系数的开环传递函数为

$$G_k(s) = \frac{K(s+0.5)}{s^2(s+1)(s+5)(s+20)} \tag{6-13}$$

试求实轴上的根轨迹。

分析:解系统的开环零点为 -0.5,开环极点为 $-1, -5, -20$ 和原点(双重极点),如图 6-3 所示。

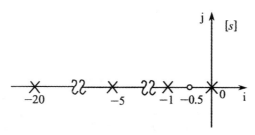

图 6-3 系统开环零极点分布

由上图可得出,实轴右侧零极点数之和为奇数的区间为$[-20, -5]$、$[-1, -0.5]$。

规则五:根轨迹的渐近线。

如果开环零点个数 m 小于开环极点个数 n,则系统根轨迹增益 K 无限趋于 ∞ 时,有 $(n-m)$ 条根轨迹趋向无穷远处,它们的方位可由渐近线决定。

1)根轨迹中 $(n-m)$ 条趋向无穷远处的分支的渐近线倾角

$$\varphi = \pm \frac{180°(2k+1)}{n-m}, k=0,1,2,\cdots,n-m-1 \tag{6-14}$$

2)根轨迹中 $(n-m)$ 条趋向无穷远处的分支的渐近线与实轴的交点坐标 $(\sigma_a, j0)$,其中,

$$\sigma_a = -\frac{\sum\limits_{i=1}^{n} p_i - \sum\limits_{j=1}^{m} z_j}{n-m} \tag{6-15}$$

【例 6-3】已知四阶系统的特征方程为

$$1 + G(s)H(s) = 1 + \frac{K(s+1)}{s(s+2)(s+4)^2} = 0 \tag{6-16}$$

试绘制其根轨迹。

分析:先在复平面上分别表示出开环零点、极点的位置,其中极点用用"×"表示,零点用"○"表示,并根据实轴上根轨迹的确定方法绘制出系统在实轴上的根轨迹,如图 6-4(a)所示(加粗的部分)。

根据式(6-15)和式(6-16),确定系统渐近线与实轴的夹角及交点如下:

$$\sigma_a = \frac{\sum\limits_{j=1}^{n} p_j - \sum\limits_{i=1}^{m} z_j}{n-m} = \frac{(-2) + 2 \times (-4) - (-1)}{4-1} = -3 \tag{6-17}$$

$$\varphi_{a1} = \frac{(2k+1)\pi}{n-m} = 60° \quad (k=0);$$

$$\varphi_{a2}=180°(k=1)\,;\qquad\varphi_{a3}=300°(k=2)$$

结合实轴上的根轨迹,最终绘制出的根轨迹如图 6-4(b)所示。

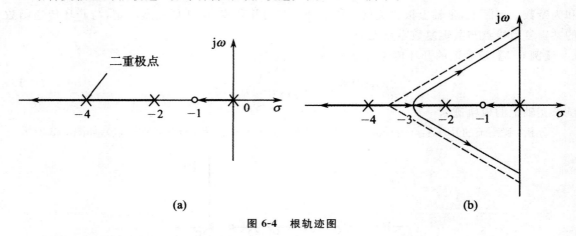

图 6-4 根轨迹图

规则六:根轨迹的分离点和会合点。

根轨迹在 s 平面中某一点相遇后又立即分开,则这一点就成为分离点(或称会合点)。当根轨迹在是轴上某点相遇后又分开时,一般讲根轨迹离开实轴的那个点称为分离点,如图 6-5(a)所示;而将那个根轨迹进入实轴的那个点成为会合点,如图 6-5(b)所示。

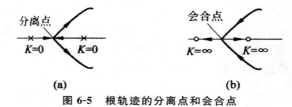

图 6-5 根轨迹的分离点和会合点

分离点是特征方程出现重根的点。由于根轨迹具有共轭对称性,分离点一般位于实轴上,当然有时也会发生于共轭复数对中。分离点的坐标 d 可用下列方程之一解得

$$\frac{\mathrm{d}}{\mathrm{d}s}[G(s)H(s)]=0 \tag{6-18}$$

$$\frac{\mathrm{d}K}{\mathrm{d}s}=0 \tag{6-19}$$

其中

$$K=\frac{\prod\limits_{j=1}^{n}(s-p_j)}{\prod\limits_{i=1}^{m}(s-z_i)} \tag{6-20}$$

$$\sum\limits_{j=1}^{m}\frac{1}{d-z_j}=\sum\limits_{i=1}^{n}\frac{1}{d-p_i} \tag{6-21}$$

【例 6-4】已知系统开环传递函数

$$G(s)H(s)=\frac{K(s+1)}{s^2+3s+3.25} \tag{6-22}$$

试求系统闭环根轨迹分离点坐标。

分析:已知的系统开环传递函数可以写成

$$G(s)H(s) = \frac{K(s+1)}{s^2+3s+3.25} = \frac{K(s+1)}{(s+1.5+j)(s+1.5-j)} \qquad (6-23)$$

方法 1:根据式(6-18),对上式求导,即 $\dfrac{\mathrm{d}}{\mathrm{d}s}[G(s)H(s)] = 0$ 可得

$$d_1 = -2.12, \quad d_2 = 0.12$$

方法 2:根据式(6-19),求出闭环系统特征方程

$$1+G(s)H(s) = 1 + \frac{K(s+1)}{s^2+3s+3.25} = 0 \qquad (6-24)$$

由上述方程式可得

$$K = -\frac{s^2+3s+3.25}{s+1} \qquad (6-25)$$

对上式求导,即 $\dfrac{\mathrm{d}K}{\mathrm{d}s} = 0$ 可得

$$d_1 = -2.12, \quad d_2 = 0.12$$

方法 3:根据式(6-21)得

$$\frac{1}{d+1.5+j} + \frac{1}{d+1.5-j} = \frac{1}{d+1} \qquad (6-26)$$

对该方程求解得

$$d_1 = -2.12, \quad d_2 = 0.12$$

由上述三种方法均可以求出相同的结果。其中 d_1 在根轨迹上,极为所求的分离点,而 d_2 不再根轨迹上,则舍弃。该系统根轨迹如图 6-6 所示。

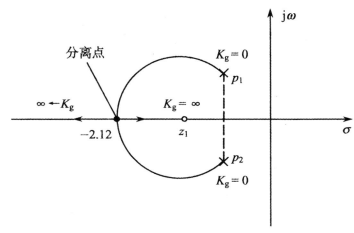

图 6-6　根轨迹图

规则七:根轨迹的出射角和入射角。

所谓出射角是指从开环复数极点出发的一条根轨迹,在该极点处根轨迹的切线与实轴之间的夹角,如图 6-7(a)所示;入射角是指进入开环复数零点处根轨迹的切线与实轴之间的夹角,如图 6-7(b)所示。

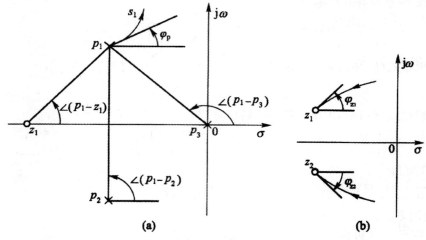

图 6-7 根轨迹的出射角和入射角

以图 6-6(a)中的开环零、极点分布为例,介绍出射角的求法。在图中所示的根轨迹上,从靠近极点 p_1 处取一点 s_1,根据相角条件(方程)可以得到

$$\angle(s_1-z_1)-\angle(s_1-p_1)-\angle(s_1-p_2)-\angle(s_1-p_3)=\pm(2k+1)\pi$$

当 s_1 无限靠近 p_1 时,各开环零、极点至 s_1 的矢量就变成至 p_1 的矢量,而此时 $\angle(s_1-p_1)$ 即为出射角,其相应的表达式为:

$$\varphi_p=\pm(2k+1)\pi+\angle(p_1-z_1)-\angle(p_1-p_2)-\angle(p_1-p_3)$$

将此式加以推广,即可得到根轨迹出射角计算的一般式

$$\varphi_p=\pm(2k+1)\pi+\sum_{i=1}^{m}\angle(p_j-z_i)-\sum_{\substack{i=1\\i\neq j}}^{n}\angle(p_j-p_i) \tag{6-27}$$

同理,根轨迹入射角计算的一般式

$$\varphi_z=\pm(2k+1)\pi+\sum_{i=1}^{n}\angle(z_j-p_i)-\sum_{\substack{i=1\\i\neq j}}^{m}\angle(z_j-z_i) \tag{6-28}$$

规则八:根轨迹与虚轴的交点。

根轨迹与虚轴相交,则说明控制系统有位于虚轴上的闭环极点,即特征方程含有纯虚根,将代入特征方程,则有

$$1+G(j\omega)H(j\omega)=0$$

若将此式分解成实部和虚部两个方程,则可得到

$$\begin{cases}\mathrm{Re}[1+G(j\omega)H(j\omega)]=0\\\mathrm{Im}[1+G(j\omega)H(j\omega)]=0\end{cases} \tag{6-29}$$

对上述方程式进行求解,即可得到与虚轴的交点及所对应的 K 值。另外,采用劳斯稳定判据也可以求得根轨迹与虚轴的交点。

【例 6-5】已知某系统的开环传递函数为

$$G(s)H(s)=\frac{K}{s(s+1)(s+2)}$$

求根轨迹与虚轴的交点。

分析:求解本题可采用以下两种方法。

方法一:由开环传递函数可得系统特征方程

$$s(s+1)(s+2)+K=s^3+3s^2+2s+K=0$$

写出其劳斯表

$$\begin{array}{c|cc} s^3 & 1 & 2 \\ s^2 & 3 & K \\ s^1 & \dfrac{6-K}{3} & 0 \\ s^0 & K & 0 \end{array}$$

其中若 $\dfrac{6-K}{3}=0$,可得系统稳定的临界点所对应的开环增益 $K=6$,此时由劳斯表中的 s^2 行元素构成的辅助方程是

$$3s^2+6=0$$

求解该方程后,即可解得到 $s=\pm j\sqrt{2}$,即为根轨迹与虚轴的交点。

方法二:将 $s=j\omega$ 代入特征方程式中,得到如下方程式

$$(j\omega)^3+3(j\omega)^2+2(j\omega)+K=(K-3\omega^2)+j(2\omega-\omega^3)=0$$

而由特征方程实部、虚部即可得如下方程组

$$\begin{cases} K-3\omega^2=0 \\ 2\omega-\omega^3=0 \end{cases}$$

对上面的方程组求解即可得到

$$\omega=\pm\sqrt{2},K=6$$

表示根轨迹与虚轴的交点是 $\pm j\sqrt{2}$。

上面就是绘制根轨迹的八条一般规则。

6.3.2 闭环极点的确定

对于特定 K 值下的闭环极点,通常可通过模值方程来确定。当然,在一般情况下会选择先用试探法(Trial and Error)确定实数闭环极点的数值,然后用综合除法得到其余的闭环极点的方法。当特定 K 值下的闭环系统中只有一对复数极点时,则可以直接用上述方法在概略根轨迹图上获得要求的闭环极点。

下面介绍一个利用根轨迹确定闭环极点的例实。

【例 6-6】已知图 6-8,试确定 $K=4$ 的闭环极点。

$$K^*=\prod_{i=1}^{4}|s-p_i|=4$$

由图 6-7 上的根轨迹可以得知,$n=0,m=4$,所以模值方程为

$$K=\prod_{I=1}^{4}|s-p_i=4| \tag{6-30}$$

在本例中,

$$K=|s-0|\cdot|s-(-1-j)|\cdot|s-(-3)|=4$$

在实轴上任选 s 点,对其进行几次简单的试探后,即可找出满足上式的两个闭环实数极点为 $s_1=$

$-2,s_2=-2.51$。此时,各向量模值的取法如图 6-9 所示。

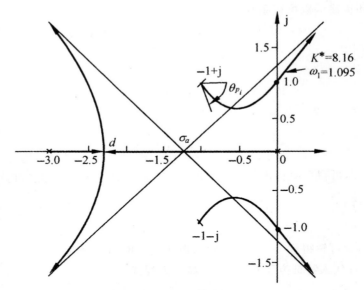

图 6-8 根轨迹图

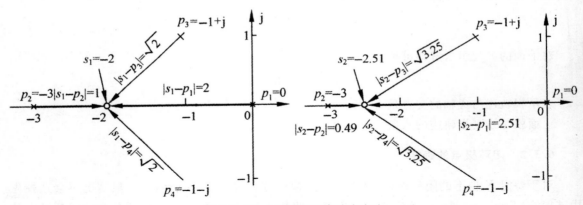

图 6-9 $K=4$ 的闭环极点确定方法

此外,由于系统特征方程为

$$s(s+3)(s+1+j)(s+1-j)+K=s^4+5s^3+8s^2+6s+K=0 \tag{6-31}$$

因此,若将 $K=4$, $s_1=-2$, $s_2=-2.51$ 代入上述特征方程,即可得

$$s^4+5s^3+8s^2+6s+4=(s+2)(s+2.51)(s-s_3)(s-s_4) \tag{6-32}$$

应用综合除法求解后,得到

$$s_3=-0.24+j0.86, s_4=-0.24-j0.86$$

由于在图解中不可避免地要引进一些误差,因此在相除过程中,通常不可能完全除尽。

6.4 广义根轨迹分析

前面大都是以 K 为可变参量对系统根轨迹的绘制方法进行讨论的。但是,在实际的控制系统中,并不完全都是通过调整开环增益来改变系统的性能,还可以通过调整其他参数来改变系统的性能,因此,还需要作出以其他参数为变量的闭环特征方程根轨迹。因此,该节中重点对广义根轨迹(Generalized Root Locus)进行讨论,广义根轨迹是除常规根轨迹以外的其他情形下的根轨迹,如系统的参数根轨迹和零度根轨迹均被列入广义根轨迹的范畴。

6.4.1 参数根轨迹

通常,为了区别于以开环增益 K 为可变参数的常规根轨迹,而把负反馈系统以非开环增益 K 为可变参数绘制的根轨迹称为参数根轨迹(Parameter Root Locus)。

在实际应用中,绘制参数根轨迹与绘制常规根轨迹原则上完全相同,只要在绘制参数根轨迹之前,引入等效单位反馈系统和等效传递函数概念即可,常规根轨迹的所有绘制法则均适用于参数根轨迹的绘制。因此,可对闭环特征方程

$$1+G(s)H(s)=0 \tag{6-33}$$

进行变换,将所选可变参量 a 变换到原根轨迹增益 K 的位置,即将特征方程式写成如下形式即可

$$1+\frac{aP(s)}{Q(s)}=0 \tag{6-34}$$

由于式中 $P(s)$、$Q(s)$ 为两个不含可变参量 a 的关于复变量首项系数为 1 的多项式,因此,可以认为 $\dfrac{aP(s)}{Q(s)}$ 是系统的等效开环传递函数。这样,就可以应用绘制常规根轨迹的基本法则来绘制参数根轨迹。同时,由于上面两个式子相等,即

$$Q(s)+aP(s)=1+G(s)H(s)=0 \tag{6-35}$$

由上式可得等效单位反馈系统,其等效开环传递函数为

$$G(s)H(s)=\frac{aP(s)}{Q(s)} \tag{6-36}$$

利用上式画出的根轨迹就是参数 a 变化时的参数根轨迹。可以看出,参数根轨迹方程(6-33)与常规根轨迹方程(6-34)形式是完全一致的。但是,由于绘制参数根轨迹时所依据的等效开环传递函数是根据式(6-34)得来的,并不是系统的实际开环传递函数,因而只能保证在系统特征方程、根轨迹以及闭环极点方面它们是等价的;在其他方面(如零点),与原系统并不等价。也就是说,等效开环传递函数的开环零点,并不是系统的实际开环零点。因此,由闭环零、极点分布来分析和估算系统性能时,可以采用参数根轨迹上的闭环极点,但必须根据原系统的传递函数框图或开环传递函数来确定。

下面通过具体实例说明参数根轨迹的绘制方法。

【例 6-7】设反馈系统如图 6-10 所示,试以参数 a 为变量绘制其根轨迹图。

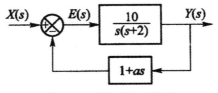

图 6-10 反馈系统方块图

分析：系统的开环传递函数为

$$G(s)H(s)=\frac{10(1+as)}{s(s+2)} \tag{6-37}$$

系统的特征方程为

$$s(s+2)+10(1+as)=0 \tag{6-38}$$

使用不含 a 的项 $(s^2+2s+10)$ 除以方程两边得

$$1+\frac{10as}{s^2+2s+10}=0 \tag{6-39}$$

此时，可以求得其等效开环传递函数为

$$G(s)H(s)=\frac{Ks}{s^2+2s+10}=\frac{Ks}{(s+1-j3)(s+1+j3)} \tag{6-40}$$

式中，$K=10a$。

下面就可以用前面所述的规则来绘制系统根轨迹图（在这里，省略具体的绘制过程），绘制系统根轨迹图如图 6-11 所示。

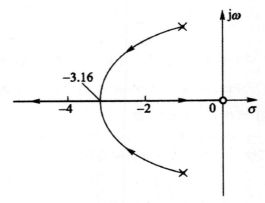

图 6-11　以参数 a 为变量的根轨迹图

6.4.2　增加开环零极点对根轨迹的影响

1. 增加零点的影响

(1)二阶开环传递函数中增加零点的影响。

这里假设开环传递函数为

$$G(s)H(s)=\frac{K_1}{(s+a)(s+b)} \quad b>a \tag{6-41}$$

试画出根轨迹并求出在实轴上的分离点。

根据上述已知开环传递函数可以得到闭环特征方程式为

$$(s+a)(s+b)+K_1=0 \tag{6-42}$$

由 $\dfrac{\mathrm{d}K_1}{\mathrm{d}s}=0$，得

$$s=-\frac{(a+b)}{2} \tag{6-43}$$

1)增加零点后的第一种情况(设 $c>b>a$),如图 6-12 所示。

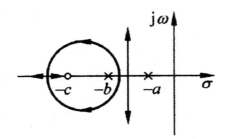

图 6-12　增加零点后的第一种情况

此时,得到的特征方程为

$$(s+a)(s+b)+K_1(s+c)=0 \tag{6-44}$$

求解后得

$$K_1=-\frac{(s+b)(s+a)}{(s+c)} \tag{6-45}$$

令 $\dfrac{\mathrm{d}K_1}{\mathrm{d}s}=0$,得

$$(s+b)(s+a)-(2s+b+a)(s+c)=0 \tag{6-46}$$

求解后得

$$s_{1,2}=-c\pm\sqrt{(c-b)(c-a)} \tag{6-47}$$

又因为 $c>b>a$,则上式根号内为正值,此时:

与 $s_1=-c+\sqrt{(c-b)(c-a)}$ 相应的 K_1 值为

$$K_1=(\sqrt{c-b}-\sqrt{c-a})^2>0 \tag{6-48}$$

与 $s_2=-c-\sqrt{(c-b)(c-a)}$ 相应的 K_1 值为

$$K_1=(\sqrt{c-b}+\sqrt{c-a})^2>0 \tag{6-49}$$

因此,s_1 和 s_2 分别为分离点和会合点。

由于零点在 s 平面中任意点都产生一正相角,所以根轨迹离开负实轴后向左弯曲,就可以相对提高系统的稳定性。

2)增加零点的第二中情况($b>a>c$),如图 6-13 所示。

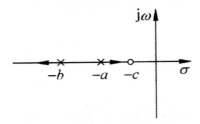

图 6-13　增加零点的第二中情况

在这种情况下,$s_{1,2}=-c\pm\sqrt{(c-b)(c-a)}$ 根号内为正值,因而由该式可以求得的 s 为实数,但相应的 K_1 值为负数,即

$$K_1 = -(\sqrt{b-c} \pm \sqrt{a-c})^2 < 0 \tag{6-50}$$

因此,在此种情况下不存在分离点(或会合点),根轨迹全部位于负实轴上,系统响应为非周期性。

3)增加零点的第三种情况($b>c>a$),如图 6-14 所示。

该情况下,$s_{1,2} = -c \pm \sqrt{(c-b)(c-a)}$ 根号内为负值,此时,由此式求出的 s 必为共轭复数。由于分离点应位于负实轴上,所以求出的 s 不是分离点。

通过对上述三种增加零点情况的分析可以得出,通常按第一种情况选择 c 的数值,可以使闭环系统具有一对主导的共轭复数极点。

(2)三阶系统开环传递函数中增加零点的影响。

假设开环传递函数为

$$G(s)H(s) = \frac{K_1}{s(s+a)(s+b)} \quad b>a \tag{6-51}$$

增加零点 $s = -c$ 后的传递函数为

$$G(s)H(s) = \frac{K_1(s+c)}{s(s+a)(s+b)} \tag{6-52}$$

当 $c=b$ 时,即用零点抵消了最大的极点时,根轨迹就变成了垂直线,与二阶系统的根轨迹相同,如图 6-15 所示。

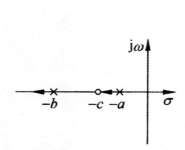

图 6-14　增加零点的第三种情况

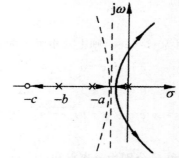

图 6-15　三阶系统增加零极点的情况

而当 $c<b$ 时,零点的作用比大极点($-b$)还强,此时的根轨迹便会向左弯曲,趋向于二阶系统增加零点的情况。

通过上述分析可知,适当选择 c 的数值就能使根轨迹通过根据质量要求所选定的闭环系统的主导极点。

2. 增加极点的影响

设开环传递函数为:

$$G(s)H(s) = \frac{K_1}{s(s+a)} \quad a>0 \tag{6-53}$$

在该式中适当的增加一个极点后即变为了

$$G(s)H(s) = \frac{K_1}{s(s+a)(s+b)} \quad b>a \tag{6-54}$$

对应根轨迹变化如图 6-16(b)所示。增加更多极点后,对应根轨迹变化情况如其他图所示。

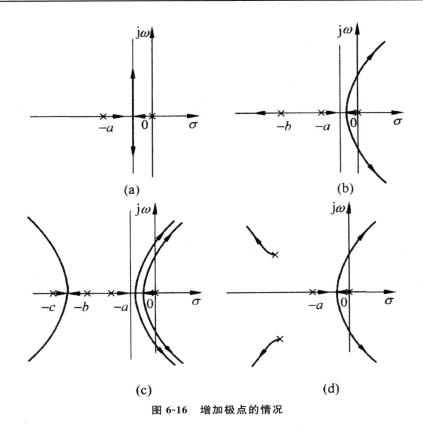

图 6-16　增加极点的情况

　　极点的增加就会相应的减小对应同一个 K_1 的复数极点实数部分和虚数部分的数值,增大系统的调节时间,减小振荡频率,原来二阶系统始终是稳定的,但在增加一个极点后的三级系统在 K_1 大于某一临界值后就变得不稳定了。

　　由上述分析可知,一般情况下单独增加一个极点是不希望的,当也有例外的情况,如有时增加极点用于限制系统的频带宽度。

6.4.3　零度根轨迹

　　无论是增益可变的常规根轨迹,还是其他参数可变的参数根轨迹,其所依据的相角方程的右边相角的主值都为 $180° + 2k\pi, k = 0, \pm 1, \pm 2, \cdots$。通常称这类根轨迹为 180 度根轨迹,相应的绘制法则就称为 180 度根轨迹绘制法则。

　　零度根轨迹是另一类根轨迹,下面对其进行介绍。

　　复杂的控制系统中,有时为了满足系统某种性能的要求或由于被控对象本身的一些特性,可能含有正反馈的内回路(图 6-17)。为了确定内回路的零、极点分布,就需要绘制正反馈系统的根轨迹。但是,在非最小相位系统中,由于受控对象本身的特性所产生或者是在系统传递函数框图的变换中产生等原因,就会导致传递函数的分子或分母的 s 最高次幂项系数为负。基于上述两方面的工程实际问题,从而提出了零度根轨迹问题。

　　在这里所提到的非最小相位系统(Non-minimum Phase System)就是指在 s 右半平面具有开环零、极点的控制系统。也就是说,零度根轨迹的来源有两个方面:一是非最小相位系统中包

含 s 的最高次幂的系数为负的因子,这主要是由于被控对象本身的特性所产生的,或者是在系统传递函数框图变换过程中所产生的;二是控制系统中包含有正反馈的内回路,这是由于某种性能指标要求,使得在复杂的控制系统设计中必须包含正反馈内回路所致。

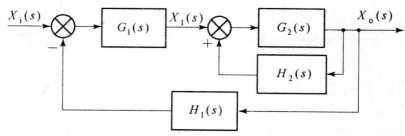

图 6-17　含有正反馈内回路的闭环系统结构

零度根轨迹的绘制方法不同于常规根轨迹的绘制方法。如图 6-17 所示的内回路采用正反馈的闭环系统,这种系统通常由外回路加以稳定。为了分析整个控制系统的性能,就需要先确定内回路的零点和极点。只有当用根轨迹法确定内回路的零点和极点时,即相当于绘制正反馈系统的根轨迹。图 6-17 中的正反馈内回路的闭环传递函数为

$$\frac{X_0(s)}{X_1(s)} = \frac{G_2(s)}{1 - G_2(s)H_2(s)} \tag{6-55}$$

由此可以得到正反馈系统的特征方程为

$$G_2(s)H_2(s) = 1 \tag{6-56}$$

与上式等价的两个方程为:

$$\sum_{j=1}^{m} \angle(s - z_j) - \sum_{i=1}^{n} \angle(s - p_i) = 0° + 2k\pi \quad k = 0, \pm 1, \pm 2, \cdots \tag{6-57}$$

$$K = \frac{\prod_{i=1}^{n} |s - p_i|}{\prod_{j=1}^{m} |s - z_j|} \tag{6-58}$$

由于在使用根轨迹的理论研究多项式方程求解中,变换后得到的根轨迹方程的形式往往都如式(6-56),因此就需要绘制零度根轨迹。

利用零度根轨迹不仅可以直接分析设计实际的控制系统,还可以进行理论上的分析计算。与前面所介绍的 180 度根轨迹相类似,零度根轨迹也是从开环传递函数出发,以特征方程(6-56)或与其等价的相角方程(6-57)和模值方程(6-58)作为绘制系统根轨迹的依据,同样式(6-56)也称为零度根轨迹方程,式(6-57)称为零度根轨迹的相角条件,式(6-58)称为零度根轨迹的模值条件。式中各符号与前面具有相同的意义。

由上述内同可知,零度根轨迹与 180 度根轨迹都是依据根轨迹方程研究当可变参数在可能取值范围内变化时特征方程根变化的轨迹,它们具有相同的基本原理,应用根轨迹对系统进行分析或综合的方法也是相类似的,主要的不同点在于,根轨迹的绘制方法和相应的根轨迹绘制法则。零度根轨迹相角方程(6-57)右边相角的主值为 0°(取 $k=0$),因此称这类根轨迹为零度根轨迹;而 180 度根轨迹相角方程右边的相角主值为 180°,因此称这类根轨迹为 180 度根轨迹。因此,原则上,常规根轨迹的绘制法则可以应用于零度根轨迹的绘制,但在与相角方程有关的一些法则中,需进行适当调整。从这种意义上说,零度根轨迹也是常规根轨迹的一种推广。

下面以正反馈系统的零度根轨迹为例,进行介绍。

【**例 6-8**】设正反馈系统传递函数框图如图 6-17 中的内回路所示,其中

$$G(s)=\frac{K(s+2)}{(s+3)(s^2+2s+2)}, \quad H(s)=1 \tag{6-59}$$

试绘制该系统的根轨迹图,并确定临界的开环增益 K_c。

分析:本题中的根轨迹绘制可分以下几步:

①在复平面上画出开环极点 $p_1=-1+j$,$p_2=-1-j$,$p_3=-3$,以及开环零点 $z_1=-2$。当 K 从零增到无穷时,根轨迹起始于开环极点,而终止于开环零点(包括无限零点)。

②确定实轴上的根轨迹。在实轴上,根轨迹存在于 $[-2,+\infty)$ 之间及 $(-\infty,-3]$ 之间。

③确定根轨迹的渐近线。本例中有 $n-m=2$ 条根轨迹趋于无穷,其交角为

$$\varphi_a=\frac{2k\pi}{3-1}=0° \text{ 和 } 180°,k=0,1$$

这表明根轨迹渐近线位于实轴上。

④确定分离点和分离角。由方程

$$\frac{1}{d+2}=\frac{1}{d+3}+\frac{1}{d+1-j}+\frac{1}{d+1+j} \tag{6-60}$$

经整理得 $(d+0.8)(d_2+4.7d+6.24)=0$。显然,分离点位于实轴上,故取 $d=-0.8$,而分离角等于 $90°$。

⑤确定起始角。对于复数极点 $p_1=-1+j$,根轨迹的起始角为

$$\theta_{p1}=45°-(90°+26.6°)=-71.6°$$

根据对称性,根轨迹从 $p_2=-1-j$ 的起始角 $\theta=71.6°$。此时,整个系统概略零度根轨迹如图 6-18 所示。

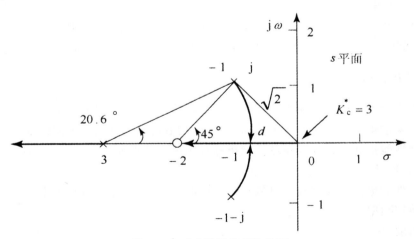

图 6-18　对应的零度根轨迹图

⑥确定临界开环增益。由上图可以看出,坐标原点对应的根轨迹增益为临界值,可由模值条件求得

$$K_c=\frac{\left|0-(-1+j)\right|\cdot\left|0-(-1-j)\right|\cdot\left|0-(-3)\right|}{\left|0-(-2)\right|}=3$$

此时,临界开环增益 $K_c=1$。因此,为了使该正反馈系统稳定,开环增益要小于 1。

第7章 控制系统的综合校正

7.1 系统综合与校正概述

7.1.1 控制系统的时域和频域性能指标

1. 时域性能指标

时域性能指标包括瞬态性能指标和稳态性能指标。

(1)瞬态性能指标。

系统的瞬态性能指标是在单位阶跃输入下,由输出的过渡过程所给出的,实质上是由瞬态响应所决定的。通常包括以下五个方面:

① 延迟时间 t_d;

② 上升时间 t_r;

③ 峰值时间 t_p;

④ 最大超调量或最大百分比超调量 M_p;

⑤ 调整时间(或过渡过程时间)t_s。

(2)稳态性能指标。

准确性是对系统,特别对控制系统的基本要求之一,它指过渡过程结束后,实际的输出量与希望的输出量之间的偏差——稳态误差,这是稳态性能的测度。可以说,系统的稳态性能指标为 e_{ss}。

2. 频域性能指标

频域性能指标不仅能够反映系统在频域方面的特性,而且当时域性能无法求得时,还可先用频率特性实验来求得该系统在频域中的动态性能,然后再由此推出时域中的动态性能。

系统频域性能指标包括开环频域性能指标和闭环频域性能指标。

(1)开环频域性能指标。

开环频域性能指标是通过开环对数频率特性曲线给出的,主要包括如下指标:

① 开环剪切频率 ω_c;

② 相位裕度 γ;

③ 幅值裕度 K_g;

④ 静态位置误差系数 K_p;

⑤ 静态速度误差系数 K_r;

⑥ 静态加速度误差系数 K_a。

(2)闭环频域性能指标。

闭环频域性能指标是指通过系统闭环频率特性曲线给出的,主要包括如下指标:

①复现频率 ω_M 及复现带宽 $0 \sim \omega_M$;

②谐振频率 ω_r 及谐振峰值 $M_r,M_r=A_{max}$;

③截止频率 ω_b 及截止带宽(简称带宽)$0 \sim \omega_b$。

带宽表征了系统的响应速度,系统的带宽越大,则该系统响应输入信号的快速性越好。

【例 7-1】设有两个系统如图 7-1 所示。系统 Ⅰ、Ⅱ 的传递函数分别是

$$G_1(s) = \frac{1}{s+1} \quad G_2 = \frac{1}{3s+1}$$

试比较这两个系统的带宽,并证明:带宽大的系统反应速度快,跟随性能好。

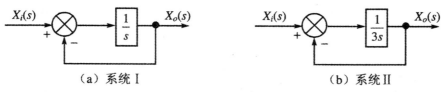

（a）系统 Ⅰ （b）系统 Ⅱ

图 7-1 系统框图

分析:根据题中给出的条件可以做出图 7-2 所示的幅频特性的对数坐标图,其中如图 7-2(a)所示,此时转角频率 ω_T 即为截止频率 ω_b,通过上述内容即可证得

$$系统 Ⅰ \quad \omega_b = \omega_T = 1s^{-1}$$
$$系统 Ⅱ \quad \omega_b = \omega_T = 0.33s^{-1}$$

由此可以得出,系统 Ⅰ 的带宽较系统 Ⅱ 为大。此外,还可证明,一阶惯性系统 $G(s) = K/(Ts+1)$ 的 ω_b 均为 ω_T。

又因为 Ⅰ、Ⅱ 两系统的单位阶跃响应如图 7-2(b)所示,恒速输入响应如图 7-2(c)所示。显然,带宽大的系统 Ⅰ 较带宽较小的系统 Ⅱ 具有比较快的响应速度和具有较好的跟随性能。

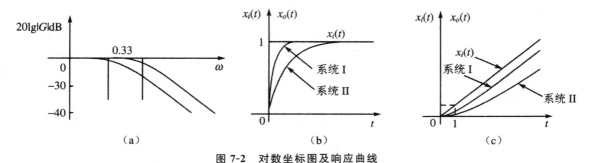

（a） （b） （c）

图 7-2 对数坐标图及响应曲线

3. 综合性能指标

综合性能指标又称误差准则,它是在系统的某些重要参数的取值能保证系统获得某一最优综合性能时的测度,即若对这个性能指标取极值,则可获得有关重要参数值,这些参数值可保证这一综合性能为最优。

目前,常用的综合性能指标有多种,现选择三种具有典型意义的进行介绍。

(1)误差积分。

一个理想的系统,若给予其阶跃输入,则其输出也应是阶跃函数。但是,在实际中所希望的

输出 $x_{or}(t)$ 与实际的输出之间总存在误差,因此,人们只能希望使误差 $e(t)$ 尽可能的小。图 7-3(a)所示为系统在单位阶跃输入下无超调的过渡过程,其误差示于图 7-3(b)。

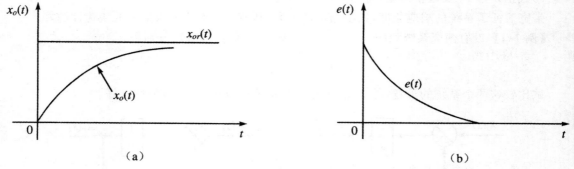

图 7-3 无超调阶跃响应与误差

一般在无超调的情况下,误差 $e(t)$ 总是单调的。因此,如果考虑所有时间里误差的总和,则系统的综合性能指标可以取为

$$I = \int_0^\infty e(t)\,\mathrm{d}t \tag{7-1}$$

式中,误差 $e(t) = x_{or}(t) - x_o(t)$。

因 $e(t)$ 的拉氏变换为

$$E_1(s) = \int_0^\infty e(t)\mathrm{e}^{-u}\,\mathrm{d}t \tag{7-2}$$

所以

$$I = \lim_{s \to 0}\int_0^\infty e(t)\mathrm{e}^{-u}\,\mathrm{d}t = \lim_{s \to 0} E_1(s) \tag{7-3}$$

此时,只要系统在阶跃输入下其过渡过程无超调,就可以根据式(7-3)计算其 I 值,并根据此式计算出系统的使 I 值最小的参数。但是,若不能预先知道系统的国度过程是否为无超调,则就不能用式(7-3)来计算 I 值。

【例 7-2】设单位反馈的一阶惯性系统,其方框图如图 7-4 所示,其中开环增益 K 是待定参数。试确定能使 I 值最小的 K 值。

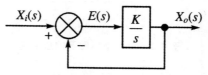

图 7-4 单位反馈惯性系统

分析:当 $x_i(t) = u(t)$ 时,误差 $e(t)$ 的拉氏变换为

$$E(s) = E_1(s) = \frac{1}{1 + G(s)} X_i(s)$$

$$= \frac{1}{1 + \dfrac{K}{s}} \times \frac{1}{s} = \frac{1}{s + K}$$

此时,根据式(7-3)可以得出

$$I = \lim_{s \to 0} \frac{1}{s+K} = \frac{1}{K}$$

由上述内容可以看出,K 越大,I 越小。因此,如果想要使 I 值减小,则 K 值选得越大越好。

此时的开环增益 K 就是单位反馈系统的 ω_T 或 ω_b。但当系统的过渡过程有超调时,由于误差有正有负,积分后不能反映整个过程误差的大小。若不能预先知道系统的过渡过程是否无超调,就不能应用式(7-3)来计算 I 值。

(2)误差平方积分。

若给系统以单位阶跃输入后,其输出过渡过程有振荡,则常取误差平方的积分为系统的综合性能指标,即

$$I = \int_0^\infty e^2(t) \mathrm{d}t \tag{7-4}$$

由于积分号中含平方项,因此,在式(7-4)中,$e(t)$ 的正负不会互相抵消;而在式(7-1)中,$e(t)$ 的正负就会出现互相抵消的现象。式(7-4)中的积分上限,也可以由足够大的时间 T 来代替,因此性能最优系统就是式(7-4)积分取极小的系统。由于使用分析和实验的方法来计算式(7-4)右边的积分相对而言比较容易,所以,在实际应用时,往往可以采用这种性能指标来评价系统性能的优劣。

在图 7-5 中,(a)中实线表示实际的输出,虚线表示希望的输出;(b)、(c)所示分别为误差 $e(t)$ 及误差平方 $e^2(t)$ 的曲线;(d)为积分式 $I = \int_0^\infty e^2(t)\mathrm{d}t$ 的曲线,$e^2(t)$ 从 0 到 T 的积分就是曲线 $e^2(t)$ 下的总面积。

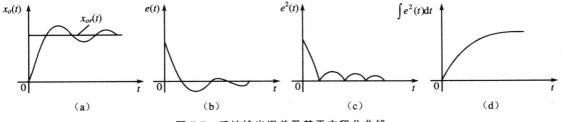

图 7-5　系统输出误差及其平方积分曲线

误差平方积分性能指标的特点是,重视大的误差,忽略小的误差。因为误差大时,其平方更大,对性能指标 I 的影响就会更加强烈。所以根据这种指标设计的系统,能使大的误差迅速减小,但系统容易产生振荡。

(3)广义误差平方积分。

取

$$I = \int_0^\infty \left[e^2(t) + a\dot{e}^2(t) \right] \mathrm{d}t \tag{7-5}$$

式中,a 为给定的加权系数,因此,最优系统就是使此性能指标 I 取极小的系统。

此指标的特点是既不允许大的动态误差 $e(t)$ 长期存在,同时又不允许大的误差变化率 $\dfrac{\mathrm{d}e(t)}{\mathrm{d}t}$ 长期存在。因此,按此准则设计的系统,不仅过渡过程结束得快,而且过渡过程的变化也比较平稳。

通常,分析系统的性能指标能否满足要求及如何满足要求,一般可分三种不同的情况:

1)在确定了系统的结构与参数后,计算与分析系统的性能指标,该内容在前几章已讨论了,这里不再赘述。

2)在初步选择系统的结构与参数后,核算系统的性能指标能否达到要求,如果不能,则需修改系统的参数乃至结构,或对系统进行校正。

3)给定综合性能指标,如目标函数、性能函数等,依此设计满足此指标的系统,包含设计必要的校正环节。

7.1.2 系统的闭环零、极点的分布与系统性能的关系

通过前面章节的学习可知,系统的时域性指标是根据一个二阶系统对单位阶跃输入的相应给出的,其中,闭环系统的传递函数可以写为

$$G(S) = \frac{X_o(s)}{X_i(s)} = \frac{G(s)}{1 + G(s)H(s)} = a \times \frac{\prod\limits_{i=1}^{m}(s - z_j)}{\prod\limits_{j=1}^{n}(s - p_j)}$$

其中,$z_1, z_2, \cdots, z_m$ 为闭环系统的零点;$p_1, p_2, \cdots, p_n$ 为闭环系统的极点 a 为闭环系统的增益。

单位阶跃输入的频域响应为

$$X(s) = \frac{a}{s} \times \frac{\prod\limits_{i=1}^{m}(s - z_i)}{\prod\limits_{j=1}^{n}(s - p_j)}$$

经拉氏变换后,得到的单位阶跃输入的时域响应为

$$x_o(t) = L^{-1}[X_o(s)] = A_0 + \sum_{j=1}^{n} A_j e^{p_j t} \tag{7-6}$$

其中,系数 $A_0, A_j(j=1,2,\cdots,n)$ 分别为

$$A_0 = [X_o(s)s]_{s=0} \tag{7-7}$$

$$A_j = \frac{a\prod\limits_{i=1}^{m}(p_j - z_i)}{p_j\prod\limits_{\substack{i=1 \\ i \neq j}}^{n}(p_j - p_i)} \tag{7-8}$$

通常上述系统的单位阶跃响应,系统的闭环零、极点的分布与系统性能的关系可分为以下几方面:

1)为使系统稳定,所有闭环极点 p_j 都必须有负实部,或者都必须在 s 左半平面上。

2)如果要求系统快速性好,那么应使阶跃响应式(7-6)中的每一个分量 $e^{p_j t}$ 将是衰减得最快的,为此,所有闭环极点 p_j 都应在虚轴左侧远离虚轴的地方。

3)对二阶系统进行分析可知,如果系统特征根为共轭复数,那么当共轭复数点在与负实轴成 $\pm 45°$ 线上时,对应的阻尼比($\xi = 0.707$)为最佳阻尼比,这时系统的平稳性和快速性都相对比较好;但超过 $45°$ 线后,阻尼较小,振荡较大。因此,若要求稳定性和快速性都比较好,则可以将闭环极点设置在 s 平面中与负实轴成 $\pm 45°$ 夹角附近。

4)远离虚轴的闭环极点对瞬态响应影响很小。通常情况,当某一极点比其他极点远离虚轴

4～6 倍,则一般可忽略它对瞬态响应的影响。

5)由式(7-6)可知,为使动态过程尽快消失,必须使 A_j 小。又由式(7-8)可知,还应使其分母大,分子小。为此,闭环极点间的间距 (p_j-p_i) 要大,零点 z_i 要靠近极点 p_j。

由于零点的个数总少于极点的个数,因此,当零点靠近离虚轴近的极点时,才能使动态过程很快结束。因为离虚轴最近的极点所对应的分量 $A_j \mathrm{e}^{p_j t}$ 衰减最慢,所以如果能使某一零点靠近 p_j,则系数 A_j 值很小,此时,$A_j \mathrm{e}^{p_j t}$ 可忽略不计,从而对动态过程起决排用的极点让位于离虚轴次近的极点,进而提高系统的快速性。如果一个零点和一个极点的距离小于它们到原点距离的 1/10,则称它们为偶极子。可以在系统中串联一个环节,以便加入适当的零点,与对动态过程影响较大的不利极点构成一个偶极子,从而抵消这个不利极点对系统的影响,更好地改善系统的动态过程。

此外,远离虚轴的极点和偶极子对系统的瞬态响应影响通常很小,因此可忽略不计。而那些离虚轴近又不构成偶极子的零点和极点对系统的动态性能起主导作用,称之为主导零点和主导极点。

主导极点在动态过程中通常起主导作用,这样在计算性能指标时,在一定条件下,可只考虑瞬态分量中主导极点所对应的分量,将高阶系统近似化为一阶或二阶系统来计算系统的性能指标。

下面以举例的形式来说明系统的性能指标。

【例 7-3】 某系统闭环传递函数为

$$G_b(s) = \frac{1}{(0.67s+1)(0.01s^2+0.16s+1)}$$

根据特征根的分布特点来确定系统动态性能指标。

分析:该闭环系统无零点,只有三个极点,分别是

$$s_1 = -1.5, \quad s_2 = -8+6j, \quad s_3 = -8-6j$$

根据求得的这三个极点(特征根)即可确定其分布,如图 7-6 所示。

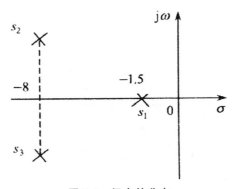

图 7-6　极点的分布

从图中可看出,极点 s_1 离虚轴最近,为主导极点。而 s_2 和 s_3 可忽略不计,因此就可以将该系统可看成是一阶的,传递函数改写为

$$G_b(s) = \frac{1}{0.67s+1}$$

由于此系统无超调,时间常数 $T=0.67$,调整时间 $t_s=4T=2.68$。

7.1.3　校正的概念

校正也称补偿,是一种在系统中增加新的环节,以改善系统的性能的方法。图 7-7 显是说明系统校正概念的一个例子。其中曲线①为系统的开环奈奎斯特图($P=0$),由于奈奎斯特轨迹包围点($-1,j0$),因此系统是不稳定的。为了使系统达到一定的稳定,可采取的方法之一就是减小系统的开环放大倍数 K,即由 K 变为 K',使 $|G(j\omega)H(j\omega)|$ 减小。曲线①因模减小,相位不变,而不包围点($-1,j0$),即变为曲线②,这样系统就稳定了。但是,减小 K 会使系统的稳态误差增大,这是不希望的,甚至是不允许的。另一种可用的方法就是在原系统中增加新的环节,使奈奎斯特轨迹在某个频率范围(如 ω_1 至 ω_2 内)发生变化,例如,从曲线①变为曲线③,使原来不稳定的系统变为稳定系统,而且是在不改变 K 的情况下,即不增大系统的稳态误差。

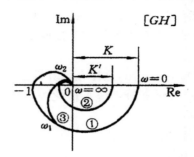

图 7-7　系统校正改善性能示意图

接着以图 7-8 为例来进一步说明系统校正概念。图中曲线①为系统的开环奈奎斯特图($P=0$),系统是稳定的。但是,由于相位裕度太小,使得系统的瞬态响应有很大的超调量,调整时间太长。对于这种系统,即使减小 K,因相位裕度也不会发生变化,系统的性能仍得不到改善。只有加入新的环节,如使用奈奎斯特轨迹变为曲线②,即是原来的特性在 ω_1 至 ω_2 频率区间产生正的相移,才能使系统的相位裕度得到明显的提高,使系统的性能得到改善。

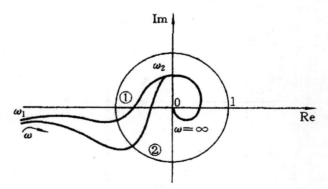

图 7-8　系统校正兼顾幅值与相位

通过上述内容可以看出,从频率法的观点看,增加新的环节主要还是通过改变系统的频率特性来实现的。

7.1.4　校正的方式

按校正装置在系统中的连接方式,控制系统校正方式可以分为串联校正、并联校正和复合校正三种。

1. 串联校正

如图 7-9 所示,串联校正就是校正环节 $G_c(s)$ 串联在传递函数方块图的前向通道中。通常,为减小功率消耗,串联校正环节一般都会放在前向通道的前端,也就是说低功率部分。

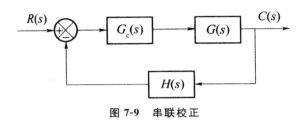

图 7-9　串联校正

2. 并联校正

并联校正又可分为反馈校正和前馈校正。当校正装置 $G_c(s)$ 接在系统的局部反馈通路中时,则称其为反馈校正,如图 7-10 所示;当校正装置 $G_c(s)$ 与前向统统中的某一个或几个环节并联时,则称其为前馈校正,如图 7-11 所示。

由于在反馈校正中,信号都是从高功率信号流向低功率部分,反馈校正一般不再附加放大器,所以采用这种校正方式所用的器件较少。

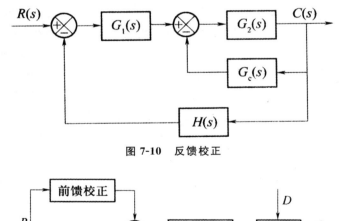

图 7-10　反馈校正

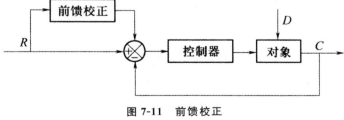

图 7-11　前馈校正

3. 复合校正

复合校正方式就是在反馈控制回路中加入前馈校正通路,组成一个有机整体,并分为按扰动补偿的复合控制方式和按输入补偿的复合控制方式,如图 7-12 和 7-13 所示。

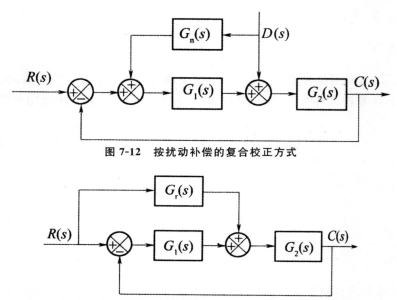

图 7-12　按扰动补偿的复合校正方式

图 7-13　按输入补偿的复合校正方式

　　复合校正在系统存在强干扰 $N(s)$ 或者系统的稳态精度和响应速度要求很高,而一般的系统校正又无法满足的情况下采用的。这种复合校正控制既能改善系统的稳态性能,同时又能改善系统的动态性能。

　　在控制系统设计中,串联校正和反馈校正是两种常用的校正方式。在实际应用中,通常需要根据系统中的信号性质、技术实现的方便性、可供选用的元件、抗干扰性要求、经济性要求、环境使用条件及设计者的经验等因素,来决定究竟选用哪种校正方式。一般来说,串联校正易于实现,比较经济。其中,串联校正装置又可分为无源和有源两类,无源串联校正装置相对比较简单,本身没有增益,且输入阻抗低、输出阻抗高,因此需要附加放大器,以补偿其增益衰减,并进行前后级隔离;而有源串联校正装置则由运算放大器和 RC 网络组成,其参数可以随意调整,因此能比较灵活地获得各种传递函数,目前其应用较为广泛。采用反馈校正时,信号从高能量级向低能量级传递,一般不必再进行放大,可以采用无源网络实现。在校正性能指标较高的复杂控制系统时,常同时采用串联校正和反馈校正两种方式。

7.1.5　校正装置及其特性

　　在实际工程中,对于一个特定的系统来说,究竟采用哪种校正装置,应取决于系统本身的结构特点、设计者的经验、可供选用的元器件以及经济性等。

　　校正装置包括超前校正装置、滞后校正装置、滞后－超前校正装置。下面分别就着这些装置的电路形式、传递函数、对数频率特性及其在系统中所起的作用进行叙述,以便于在系统校正时使用。

　　1. 超前校正装置

　　所谓超前校正是指系统在正弦输入信号作用下,其正弦稳态输出信号的相位超前于输入信号。那么用于超前校正的校正装置就是超前校正装置。超前校正装置包括无源超前校正网络和有源超前校正网络两种。

（1）无源超前校正网络。

一个无源阻容元件组成的相位超前校正网络即无源超前校正网络如图 7-14 所示。

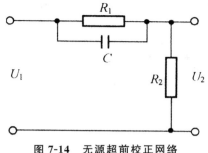

图 7-14　无源超前校正网络

图中，U_1 为输入信号，U_2 为输出信号。如果输入信号源的内阻为零，输出端的负载阻抗为无穷大，即不计负载效应，则此超前网络的传递函数可写为

$$G_c(s) = \frac{1}{\alpha} \frac{1+\alpha Ts}{1+Ts} \tag{7-9}$$

其中，

$$\alpha = \frac{R_1+R_2}{R_2} > 1 \tag{7-10}$$

$$T = \frac{R_1 R_2}{R_1+R_2} C \tag{7-11}$$

式（7-9）表明，采用无源超前校正装置时，整个系统开环增益要下降为原来的 $1/\alpha$。

在不影响系统的稳态精度的情况下，可以在采用这个校正装置的同时，串联一个比例系数为 α 的放大器，以补偿这个衰减。设该超前校正装置对开环增益的衰减已由提高放大器的增益来补偿，那么这个无源超前网络的传递函数为

$$\alpha G_c(s) = \frac{1+\alpha Ts}{1+Ts} \tag{7-12}$$

其相应的频率特性为

$$\alpha G_c(j\omega) = \frac{1+j\alpha T\omega}{1+jT\omega} \tag{7-13}$$

上述无源超前网络对应的对数频率特性曲线如图 7-15 所示。

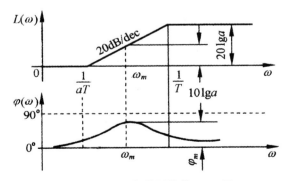

图 7-15　无源超前网络的 Bode 图

通过上述内容可以看出,该超前网络对频率在 $1/\alpha T$ 到 $1/T$ 之间的正弦输入信号有明显的微分作用,在该频率范围内,输出信号相位比输入信号相位超前了。

此时,该超前校正装置的相频特性为

$$\varphi_c(\omega) = \arctan(\alpha T\omega) - \arctan(T\omega)$$
$$= \arctan\frac{(\alpha-1)T\omega}{1+\alpha T^2\omega^2} \tag{7-14}$$

若 $d\varphi_c(\omega)/d\omega = 0$,则可以求出最大超前角频率为

$$\omega_m = \frac{1}{\sqrt{\alpha}\,T} \tag{7-15}$$

而 ω_m 恰恰就是两个转折频率 $1/\alpha T$ 和 $1/T$ 的几何中心,即

$$\lg\omega = \frac{1}{2}\left(\lg\frac{1}{\alpha T}+\lg\frac{1}{T}\right) = \lg\frac{1}{\sqrt{a}\,T} = \lg\omega_m \tag{7-16}$$

将式(7-14)代入式(7-15)中即可得到

$$\varphi_m = \arcsin\frac{\alpha-1}{\alpha+1} \tag{7-17}$$

通过式(7-15)可以看出,最大超前相角仅与 α 有关,反映的是超前校正的强度。且 α 值越大,超前网络的微分效应就越强,通过该网络后信号幅度衰减也就越严重,同时对抑制系统噪声也就越为不利。通常,为了保持较高的系统信噪比,选用的仅值一般不大于 20。

ω_m 处的对数幅频值为

$$Lg(\omega_m) = 10\lg\alpha$$

(2)有源超前校正网络。

一个由运算放大器与无源网络组合而构成的有源超前校正网络如图 7-16 所示。

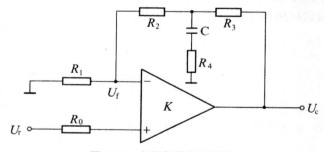

图 7-16 有源超前校正网络

在校正网络图中,由于运算放大器本身的放大系数 K 很大,因此该网络的传递函数可以近似表示为输出电压 U_c 与反馈电压 U_f 之比,即

$$G_c(s) = \frac{U_c(s)}{U_r(s)} = \frac{U_c(s)}{U_f(s)}$$

对上图进行分析后,可以求得该网络的传递函数为

$$G_c(s) = G_o\frac{1+T_1 s}{1+Ts} \tag{7-18}$$

式中,

$$G_o = \frac{R_1+R_2+R_3}{R_1} > 1$$

$$T_1 = \frac{(R_1 + R_2 + R_4)R_3 + (R_1 + R_2)R_4}{R_1 + R_2 + R_4}C$$

$$T = R_4 C \qquad\qquad (7\text{-}19)$$

若上式满足条件

$$R_2 \gg R_3 > R_4$$

则

$$T_1 \approx (R_3 + R_4)C$$

令

$$\alpha = \frac{T_1}{T} = \frac{R_3 + R_4}{R_4} = 1 + \frac{R_3}{R_4} > 1$$

此时，

$$T_1 = \alpha T \qquad\qquad (7\text{-}20)$$

将式(7-20)代入式(7-18)中，即可得到

$$G_c(s) = G_o \frac{1 + \alpha T s}{1 + T s} \qquad\qquad (7\text{-}21)$$

同样，在调整系统开环增益以满足系统的稳态精度要求后，式(7-21)还可改写为

$$\frac{1}{G_o} G_c(s) = \frac{1 + \alpha T s}{1 + T s} \qquad\qquad (7\text{-}22)$$

由于式(7-22)与式(7-12)的形式完全相同，因此该有源超前校正网络的对数频率特征曲线可以用图 7-15 表示。

2. 滞后校正装置

(1)无源滞后校正网络。

无源滞后校正网络如图 7-17 所示。

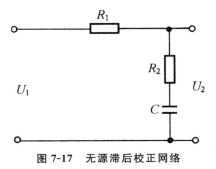

图 7-17 无源滞后校正网络

通过上图可以看出，当输入信号源的内阻为零，负载阻抗为无穷大，则该滞后校正网络的传递函数为

$$G_c(s) = \frac{U_2(s)}{U_1(s)} = \frac{1 + \beta T s}{1 + T s} \qquad\qquad (7\text{-}23)$$

其中

$$\beta = \frac{R_2}{R_1 + R_2} < 1 \qquad\qquad (7\text{-}24)$$

$$T = (R_1 + R_2)C \qquad\qquad (7\text{-}25)$$

上式中的 β 为滞后网络的分度系数,表示滞后深度。

对式(7-22)式(7-23)进行比较可以发现二者在形式上相同,但滞后网络的 $\beta < 1$,而超前网络的 $\alpha > 1$。

根据式(7-23)即可绘制出该无源滞后校正网络对应的对数频率特性曲线,如图7-18所示。

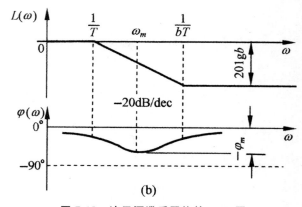

(b)

图7-18 该无源滞后网络的 Bode 图

由上图可以看出,采用无源滞后校正装置,对低频信号不产生衰减,而对高频噪声信号有削弱作用。其中,β 值越小,抑制高频噪声的能力越强。校正网络输出信号的相位滞后于输入信号,呈滞后特性。

此外,由于滞后网络采用低通滤波的特性,这就使得低频段的开环增益能够避免受到影响,但却降低了高频段的开环增益。为了能够较好地利用这一特性,对系统进行校正时还应避免它的最大滞后角出现在已校正系统的开环截止频率 ω'_c 附近,从而避免对瞬态响应产生不良影响。一般来说,在选择滞后网络参数时,总是使网络的第二个交接频率 $1/\beta T$ 远小于 ω'_c,即取

$$\frac{1}{\beta T} = \frac{\omega'_c}{10} \tag{7-26}$$

此时,该滞后校正装置在 ω'_c 处的滞后相角为

$$\varphi(\omega'_c) = \arctan(\beta T \omega'_c) - \arctan(T \omega'_c)$$

当 $\beta = 0.1$,$T\omega'_c = 10$ 时,即有

$$\varphi(\omega'_c) \approx -5.14°$$

由此可见,对系统的相位稳定裕度不会产生太大的影响。

(2)有源滞后校正网络。

如图7-19所示为一个有源相位滞后校正网络。

上图对应的传递函数为

$$G_c(s) = G_o \frac{1 + \beta T s}{1 + T s} \tag{7-27}$$

也可以为

$$\frac{1}{G_o} G_c(s) = \frac{1 + \beta T s}{1 + T s} \tag{7-28}$$

其中

$$G_o = \frac{R_2 + R_3}{R_1} \tag{7-29}$$

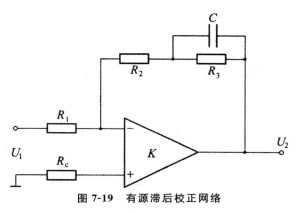

图 7-19　有源滞后校正网络

$$T = R_3 \times C \tag{7-30}$$

$$\beta = \frac{R_2}{R_2 + R_3} < 1 \tag{7-31}$$

由此可见,其与无源滞后校正网络具有完全相同的形式。

3. 滞后-超前校正装置

当对校正后的系统动态与稳态性能指标有较高要求,单纯的超前校正或滞后校正难以满足要求时,就可采用滞后—超前校正装置。

(1)无源滞后—超前校正网络。

如图 7-20 所示为无源滞后—超前网络。

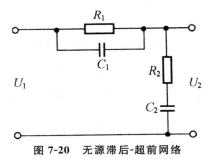

图 7-20　无源滞后-超前网络

其对应的传递函数为

$$G_c(s) = \frac{(1 + T_a s)(1 + T_b s)}{T_a T_b s^2 + (T_a + T_b + T_{ab})s + 1} \tag{7-32}$$

式中,

$$T_a = R_1 \times C_1 \tag{7-33}$$

$$T_b = R_2 \times C_2 \tag{7-34}$$

$$T_{ab} = R_1 \times C_2 \tag{7-35}$$

若式(7-32)中的分母是两个不相等的负实根,则可以将其改为如下形式

$$G_c(s) = \frac{(1 + T_a s)(1 + T_b s)}{(1 + T_1 s)(1 + T_2 s)} \tag{7-36}$$

因此

$$T_1 \times T_2 = T_a \times T_b \tag{7-37}$$

$$T_1 + T_2 = T_a + T_c + T_{ab} \qquad (7\text{-}38)$$

如果选择的参数适当,则可以使

$$T_1 > T_a > T_b > T_2$$

此时,由式(7-37)即可得到

$$\frac{T_1}{T_a} = \frac{T_b}{T_2} = \alpha > 1 \qquad (7\text{-}39)$$

此时得到的无源滞后—超前网络的传递函数为

$$G_c(s) = \frac{(1 + T_a s)}{(1 + \alpha T_a s)} \frac{(1 + T_b s)}{\left(1 + \dfrac{T_b}{\alpha} s\right)} \qquad (7\text{-}40)$$

得到的效果相当于将滞后校正装置与超前校正装置串联,此时其对应的对数频率特性曲线如图 7-21 所示。

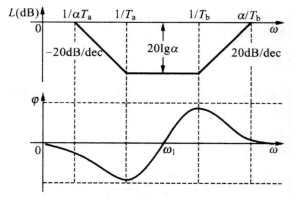

图 7-21　滞后-超前网络的 Bode 图

由上图可以得出,在 $\omega < \omega_1$ 的频率范围内,校正装置具有滞后的相角特性;而在 $\omega > \omega_1$ 的频率范围内,校正装置具有超前的相角特性。相角过零处的频率为

$$\omega_1 = \frac{1}{\sqrt{T_a T_b}} \qquad (7\text{-}41)$$

(2)有源滞后—超前校正网络。

如图 7-22 所示为有源滞后—超前校正网络。

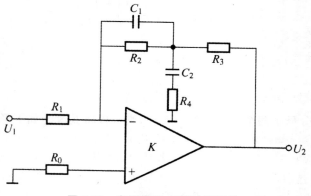

图 7-22　有源滞后-超前校正网络

其对应的传递函数为

$$G(s) = G_o \frac{(1+T_1 s)(1+T_2 s)}{T_1 s} \qquad (7-42)$$

通过相应的推理后即可得出

$$G_o = \frac{R_2}{R_1} \qquad (7-43)$$

$$T_1 = R_2 C_2 \qquad (7-44)$$

$$T_2 = R_1 C_1 \qquad (7-45)$$

此时,其对应的对数频率特性曲线如图 7-23 所示。

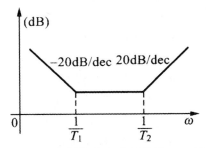

图 7-23　有源滞后-超前网络的 Bode 图

7.2　控制系统的串联校正

串联校正分为分为相位超前校正、相位滞后校正和相位滞后一超前校正三种。目前,常用的串联校正装置的设计方法有分析法和综合法两种。

(1)分析法。

分析法又称试探法,是一种较为直观,且物理上容易实现的方法,但要求设计者有一定的设计经验,且设计过程带有试探性。

(2)综合法。

综合法又称期望特性法。综合法是一种具有较强的理论意义的方法,但是所得出的校正装置传递函数可能很复杂,难以在物理上实现。

采用这种方法设计校正装置的具体步骤如下:

1)根据系统性能指标要求求出符合要求的闭环期望特性。

2)由闭环和开环的关系得出期望的开环特性。

3)将得出的期望开环特性与原有开环特性相比较,从而确定校正方式、校正装置的形式和参数。

当系统要求是时域性能指标时,一般可在时域内进行系统设计。由于三阶和三阶以上系统的准确时域分析比较困难,因此时域内的系统设计一般都把闭环传递函数设计成二阶或一阶系统,或者采用闭环主导极点的概念把一些高阶系统简化为低阶系统,然后进行分析设计。

当系统给出的是频域性能指标时,则在频域内进行系统设计。在频域内进行系统设计是一种间接的设计方法,这是由于设计满足的是一些频域指标而不是时域指标。但在频域内设计又是一种简便的方法,它使用开环系统伯德图作为分析的主要手段。由于开环伯德图表征了闭环系统稳定性、快速性和稳态精度等方面的指标,因此,在伯德图上可以很方便地根据频域指标确定校正装置的参数。此外,在伯德图中的低频段表征了闭环系统的稳态性能,中频段表征了闭环系统的动态性能和稳定性,高频段表征了闭环系统的噪声抑制能力。因而在频域内设计闭环系统时,就是要在原频率特性内加入适合的校正装置,将整个开环系统的伯德图变成所期望的形状。通常,在工程实践中多采用频率法进行系统的分析与设计。这里就以频率法为重点进行校正设计。

7.2.1　相位超前校正

相位超前校正的基本原理就是利用超前网络的相角超前特性增大系统的相角裕度,即只要正确地将超前网络的转折频率 $1/\alpha T$ 和 $1/T$ 选在待校正系统截止频率 ω'_c 的两边,就可以使闭环系统的动态性能得到改善。而其稳态性能则可以通过选择已校正系统的开环增益来保证。

用频率法设计串联相位超前校正装置的具体步骤为:

1)根据给定的系统稳态误差要求,确定开环增益 K。

2)利用已知 K 值,绘出未校正系统的伯德图,并确定未校正系统的相角裕度 γ。

3)根据截止频率 ω'_c 的要求,计算超前网络参数 α 和 T。

在超前网络的最大超前角频率 ω_m 等于要求的系统截止频率 ω'_c,即 $\omega_m = \omega'_c$,则未校正系统在 ω'_c 处的对数幅频值 $L(\omega'_c)$(负值)应与超前网络在处的对数幅频值 $L_c(\omega_m)$(正值)之和为零,即

$$-L(\omega'_c) = L_c(\omega_m) = 10\lg\alpha$$

或者是

$$L(\omega'_c) + 10\lg\alpha = 0$$

通过上式就可以求得超前网络的 α。在 ω_m 和 α 已知的情况下,超前网络的参数 T 就可以由 $\omega_m = \dfrac{1}{\sqrt{\alpha}T}$ 求出。这样就可以得出校正网络的传递函数为

$$\alpha G_c(s) = \frac{1 + \alpha T s}{1 + T s}$$

4)绘制出校正后系统的伯德图,验算相角裕度。如果不能满足要求,则需要重新选择 ω_m 的值,通常使 $\omega_m = \omega'_c$ 值增大,然后再重复上述步骤,直到满足要求即可。

【例 7-4】已知系统结构如图 7-24 所示,开环传递函数为

$$G_k(s) = \frac{4K}{s(s+2)}$$

若使系统单位速度输入下的稳态误差为 $e_{ss} = 0.05$,相位裕度 $\gamma \geqslant 50°$,幅值裕度 $K_f \geqslant 10$ dB,试求系统校正装置。

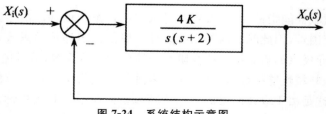

图 7-24　系统结构示意图

分析：根据对系统稳态误差的要求，确定系统开环增益 K 的大小。

$$e_{ss} = \lim_{s \to 0} s \frac{1}{1 + H(s)G(s)} \frac{1}{s^2} = \frac{1}{2K} = 0.05$$

这样，当 $K = 10$ 时，即可满足系统稳态精度的要求。此时，开环传递函数可写为

$$G_k(s) = \frac{40}{s(s+2)} = \frac{40}{s^2 + 2s}$$

其特性频率为

$$G_k(j\omega) = \frac{40}{-\omega^2 + j2\omega} = \frac{-40}{\omega(\omega^2 + 4)}(\omega + 2j)$$

$$|G_k(j\omega)| = \frac{40}{\omega \sqrt{\omega^2 + 4}}, \quad \varphi_k(\omega) = -180° + \arctan \frac{2}{\omega} \tag{7-46}$$

根据上式即可绘制出系统开环的伯德图，如图 7-25 中的虚线所示。

此外，由绘制出的伯德图还可得到校正前系统的剪切频率 $\omega_{cq} = 6.2$，校正前相位裕度 $\gamma_q = 18°$，校正前的相位交界频率（与 $-180°$ 线相交的频率）$\omega_g = \infty$，相应的幅值裕度 $K_{fq} = \infty$。

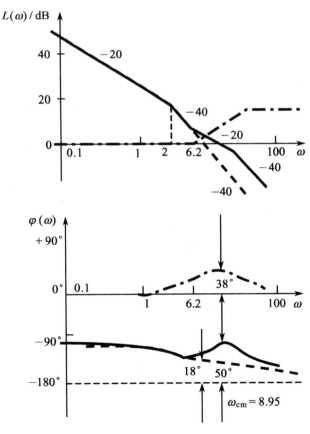

图 7-25　例 7-3 的 Bode 图

当然，上述这些结果也可以通过计算得出：

① 求相位交界频率 ω_g 及校正前的幅值裕度 K_{fq}。由相位交界频率的定义式 $\varphi_k(\omega_g) = -180°$ 和式(7-46)中的的第二式得出

$$\arctan\left(\frac{2}{\omega_g}\right)=0, \quad \frac{2}{\omega_g}=0, \omega_g=\infty$$

根据幅值裕度的定义即可得到

$$K_{fq}=20\lg K_g=20\lg\frac{1}{\mid G_k(j\omega_g)\mid}=-20\lg\frac{40}{\omega_g\sqrt{\omega^2+40}}=\infty$$

②求校正前的剪切频率 ω_{cq} 及校正前的相位域度 γ_q。由剪切频率的定义式 $\mid G_k(j\omega_{cq})\mid=1$ 和式(7-46)中的第一式即可得到

$$\frac{40}{\omega_{cq}\sqrt{\omega_{cq}^2+4}}=1$$

进而可解出

$$\omega_{cq}^2=38.05, \omega_{cq}=6.168$$

因此

$$\varphi_k(\omega_{cq})=-180°+\arctan(2/\omega_{cq})=-180°+\arctan(2/6.1968)=-180°+18°$$

此时得到校正前的相位裕度为

$$\gamma_q=180°+\varphi_k(\omega_{cq})=18°$$

为了使校正后的相位稳定裕度 $\gamma=50°$，则应当使校正环节的相位为

$$\varphi_c(\omega_c)=\gamma-\gamma_q=50°-18°=32°$$

但这样串联后的剪切频率就应通过下式确定

$$\frac{40}{\omega_c\sqrt{\omega_c^2+4}}\times\sqrt{\frac{1+\omega_c^2T^2}{1+a^2\omega_c^2T^2}}=1 \tag{7-47}$$

显然，由上述计算出来的 ω_c 大于校正前的 ω_{cq}，则以 ω_c 计算出来的 γ_q 就小于 $18°$。为了使校正后的相位域度不小于 $50°$，则 $\varphi_c(\omega_c)$ 就应该比 $32°$ 大一些。为了充分发挥校正环节的相位超前作用，由式(7-46)和式(7-47)确定校正环节的参数 a 和剪切频率的关系式，如让 $\varphi_c(\omega_c)=38°$，则

$$\varphi_{cm}=\arctan\frac{1-a}{2\sqrt{a}}=38°$$

这样就可以解出

$$a=0.24$$

此时的频率为

$$\omega_{cm}=\frac{1}{\sqrt{a}\,T}$$

把它作为剪切频率，则有

$$20\lg\sqrt{\frac{1+\omega_{cm}^2T^2}{1+a^2\omega_{cm}^2T^2}}+20\lg\frac{40}{\omega_{cm}\sqrt{\omega_{cm}^2+4}}=0 \tag{7-48}$$

若将 $\omega_{cm}=\frac{1}{\sqrt{a}\,T}$ 代入上式左边第一项，则

$$20\lg\sqrt{\frac{1+1/a}{1+a}}=10\lg\frac{1}{a}=6.234 \text{ dB}$$

用 6.234 代替式(7-48)左边第一项，从而可以得到

$$20\lg\frac{40}{\omega_{cm}\sqrt{\omega_{cm}^2+4}}=-6.234$$

解出

$$\omega_{cm}^2 = 80.05, \quad \omega_{cm} = 8.95$$

进而得到

$$\omega_{cm} = \frac{1}{\sqrt{a}T} = 8.95$$

解出

$$T = \frac{1}{\sqrt{a}\omega_{cm}} = 0.23, \quad aT = 0.055$$

这样得到校正环节的传递函数为

$$G_c(s) = \frac{Ts+1}{aTs+1} = \frac{0.23s+1}{0.055s+1}$$

校正后的开环传递函数为

$$G_{ck}(s) = G_c(s) \cdot G_k(s) = \frac{0.23s+1}{0.055s+1} \times \frac{40}{s(s+2)}$$

图 7-24 中的实线为校正后系统的伯德图,点划线表示校正环节的伯德图。由该图可见,剪切频率近似为 9,以 -20 dB 的斜率穿越零分贝线,由校正环节的传递函数可以推断此段频率由 $1/T = 4.35$ 至 $1/(aT) = 18.2$,具有足够的宽度。此外,通过该图还可以看出,系统的相位稳定裕度为 $50°$,幅值裕度仍为无穷大。因此,系统满足全部动、静态性能要求。

7.2.2　相位滞后校正

相位滞后校正利用了滞后网络的高频幅值衰减特性,使截止频率下降,并获得一个新的截止频率 ω_c',从而使系统在 ω_c' 处获得足够的相角裕度。这样,当系统响应速度要求不高,但滤除噪声性能要求较高,或者系统具有满意的动态性能,但其稳态性能不满足指标要求时,采用串联滞后校正,不仅可以提高其稳态精度,同时又保持其动态性能基本不变。

利用频率法设计串联相位滞后校正的具体步骤如下。

1)根据给定的稳态误差要求,确定系统的开环增益 K。

2)绘制校正前系统在已确定的 K 值下的频率特性曲线,求出其截止频率 ω_c、相角裕度 γ 和幅值裕度 K_g。

3)根据给定的相角裕度 γ' 的要求,确定校正后系统的截止频率 ω_c'。

该步骤中,在已知相角裕度的同时,还需要考虑到滞后网络在 ω_c' 处产生一定的相角滞后,以及未校正系统在 ω_c' 处的相角裕度 $\gamma(\omega_c')$。一般来说,它们之间存在如下关系:

$$\gamma' = \gamma(\omega_c') + \varphi_c(\omega_c') \tag{7-49}$$

式中,γ' 为系统的指标要求值;$\varphi_c(\omega_c')$ 为滞后网络在 ω_c' 处的滞后相角。通常,在确定 ω_c' 前,一般取 $\varphi_c(\omega_c') = -0.5° \sim 10°$。

在由式(7-49)可以求出 $\gamma(\omega_c')$ 后,就可以在未校正系统的频率特性曲线上查出对应 $\gamma(\omega_c')$ 的频率,即校正后系统的截止频率 ω_c'。

4)计算串联相位滞后网络参数 β 和 T。

要保证已校正系统的截止频率为 ω_c',就必须使滞后网络的衰减量 $20\lg\beta$ 在数值上等于未校正系统在 ω_c' 处的对数幅频值 $L(\omega_c')$,即

$$20\lg\beta + L(\omega_c') = 0 \tag{7-50}$$

通过该式即可求出 β 值。

此外,通过滞后网络的第二个转折频率 $1/\beta T$ 及 $\dfrac{1}{\beta T}=\dfrac{\omega'_c}{10}$ 也可求出另一参数 T。由此得到的校正网络传递函数为

$$G_c(s)=\frac{1+\beta Ts}{1+Ts}$$

5)绘制出校正后系统的频率特性曲线,校验其性能指标是否满足要求。

当性能指标不满足时,则可以在 $5°\sim10°$ 范围内重新选取 $\varphi_c(\omega'_c)$,并将 $\dfrac{1}{\beta T}=\dfrac{\omega'_c}{10}$ 中的系数 0.1 加大(一般在 0.1~0.25 范围内选取),并重新确定 T 值。

【例 7-5】已知单位负反馈系统的开环传递函数为

$$G_k(s)=\frac{5}{s(s+1)(0.5s+1)}$$

试校正系统,使其幅值稳定裕度 $K_f\geqslant10$ dB,相位稳定裕度 $\gamma\geqslant40°$。

分析:首先确定校正前系统的稳定裕度。

校正前系统开环频率特性为

$$G_k(j\omega)=\frac{5}{j\omega(j\omega+1)(j0.5\omega+1)}=\frac{-5[1.5\omega-j(0.5\omega^2-1)]}{\omega[(1.5\omega)^2+(0.5\omega^2-1)^2]}$$

$$|G_k(j\omega)|=\frac{5}{\omega\sqrt{(1.5\omega)^2+(0.5\omega^2-1)^2}}$$

$$\varphi(\omega)=-180°+\arctan\frac{1-0.5\omega^2}{1.5\omega}$$

根据上式即可绘制出校正前系统的伯德图,如图 7-26 中的虚线所示。

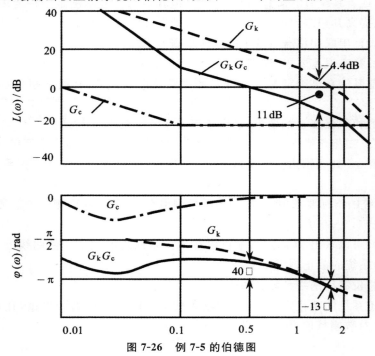

图 7-26　例 7-5 的伯德图

由上图可知,校正前的相位交界频率 $\omega_{\mathrm{gq}}=1.4$,幅值裕度 $K_{\mathrm{fq}}=-4.4$ dB,幅值剪切频率 $\omega_{\mathrm{cq}}=1.8$ 和相位裕度 $\gamma_q=-13°$。

上述结果通过计算求得的具体步骤如下。

①求校正前的相位交界频率 ω_{gq} 及校正前的幅值裕度 K_{fq}。

已知

$$-180°+\arctan\frac{1-0.5\omega_{\mathrm{gq}}^2}{1.5\omega_{\mathrm{gq}}}=-180°$$

解得

$$1-0.5\omega_{\mathrm{gq}}^2=0,\omega_{\mathrm{gq}}^2=2,\omega_{\mathrm{gq}}=\sqrt{2}$$

$$K_{\mathrm{fq}}=20\lg\left|\frac{1}{G_k(\mathrm{j}\omega_{\mathrm{gq}})}\right|=-20\lg\frac{5}{\omega_{\mathrm{gq}}\sqrt{(1.5\omega_{\mathrm{gq}})^2+(0.5\omega_{\mathrm{gq}}^2-1)^2}}=-4.4\text{ dB}$$

②求校正前的幅值剪切频率 ω_{cq} 及校正前的相位裕度 γ_{q}。

已知

$$|G_k(\mathrm{j}\omega_{\mathrm{cq}})|=1$$

即

$$\frac{5}{\omega_{\mathrm{cq}}\sqrt{(1.5\omega_{\mathrm{cq}})^2+(0.5\omega_{\mathrm{cq}}^2-1)^2}}=1$$

解得

$$\omega_{\mathrm{cq}}^2=3.26,\omega_{\mathrm{cq}}=1.81$$

此外,由

$$\varphi_{\mathrm{kq}}(\omega_{\mathrm{cq}})=-180°+\arctan\frac{1-0.5\omega_{\mathrm{cq}}^2}{1.5\omega_{\mathrm{cq}}}=180°-13°$$

可解得

$$\gamma_q=-13°$$

由此可得出该系统在校正前是不稳定的。

接着利用相位滞后环节进行校正。

①确定剪切频率 ω_{c}。对图 7-26 中的虚线进行分析后发现,校正前系统的幅频特性渐近线以 -40 dB 的斜率穿越零分贝线,而低于此频段的幅频特性渐近线斜率为 -20 dB。利用相位滞后环节高频段衰减的特性,可下拉 $\omega\leqslant1$ 的斜率为 -20 dB 的渐近线,作为穿越零分贝线的频率段。剪切频率可以按 $2\omega_{\mathrm{c}}=\omega_2$ 来选择,ω_2 为这段渐近线右端的转折频率,由于在本例中 $\omega_2=1$,因此可取 $\omega_{\mathrm{c}}=0.5$,此时其对应的相位为 $-130°$,满足 $\gamma\geqslant40°$。

②确定相位滞后校正环节参数及传递函数。相位滞后环节从它的第二个转折点 $\omega_1=1/T$ 开始对被校正系统产生 $20\lg\beta$ 的幅值减缩,这样校正后的幅频特性渐近线也必定在 ω_1 上产生转折。另外,由于 ω_1 在剪切频率左边,为了保证校正后有足够的稳定裕度,按 $5\omega_1=\omega_{\mathrm{c}}$ 确定它的值。由于 $\omega_{\mathrm{c}}=0.5$,所以 $\omega_1=0.1$,进而可确定 $T=10$。

为了让校正后的剪切频率 $\omega_{\mathrm{c}}=0.5$,就必须使

$$20\lg\beta=20\lg|G_k(\mathrm{j}\omega)|_{\omega=0.5}=\frac{5}{0.5\sqrt{(1.5\times0.5)^2+(0.5\times0.5^2-1)^2}}$$

解得后为

$$\beta = 8.7$$

这里取 $\beta = 10$，这样，校正环节的转折频率就显得比较规整，但剪切频率要比 0.5 略小。此时，相位滞后校正环节的传递函数为

$$G_c(s) = \frac{10s+1}{100s+1}$$

③绘制出相位滞后校正环节的 Bode 图线，如图 7-26 中的点划线所示。根据相位滞后校正环节的频率特性和被校正系统的频率特性，即可绘制出校正后系统的频率特性伯德图，如图 7-26 中的实线所示。

校正后得到的系统开环传递函数为

$$G_{kh}(s) = G_k(s)G_c(s) = \frac{5(10s+1)}{s(s+1)(0.5s+1)(100s+1)}$$

从图 7-26 中的实线部分可以看出，校正后系统以 -20 dB 的斜率穿越零分贝线，此段频率为 $0.1 \sim 1$；系统的相位稳定裕度约为 $40°$，幅值稳定裕度约为 11 dB，能够满足本题要求。而剪切频率略小于 0.5，比校正前小了，说明经过相位滞后校正使系统的快速性降低了。

7.2.3　相位滞后-超前校正

滞后—超前校正是一种响应速度快，超调量较小，抑制高频噪声性能好的校正方法。其利用滞后—超前校正网络的超前部分提高系统的相角裕度，利用滞后部分改善系统的稳态性能。

利用频率法设计串联相位滞后校正的具体步骤（以例 7-6 为例进行讲解）如下。

【例 7-6】已知某反馈系统的开环传递函数为

$$G(s) = \frac{K}{s(s+1)(0.5s+1)}$$

试校正，使系统满足性能指标 $K_v \geqslant 10, \gamma' \geqslant 50°, K_g \geqslant 10$ dB。

分析：对该系统进行校正的具体步骤如下。

①根据系统稳态速度误差的要求，得到

$$K_v = \lim_{s \to 0} sG(s) = \lim_{s \to 0} \frac{sK}{s(s+1)(0.5s+1)} = K = 10$$

因此，未校正系统的开环传递函数为

$$G(s) = \frac{10}{s(s+1)(0.5s+1)}$$

②绘制出未校正系统开环对数频率特性曲线，如图 7-27 所示。
由上图可以得到

$$\omega_c = 2.7 \text{ rad/s}, \gamma = -33°, K_g = -13 \text{ dB}$$

表明未校正系统不稳定。

③确定校正后系统的截止频率 ω'_c。对图 7-27 进行分析后发现，在系统未校正时，当其曲线中的 $\omega = 1.5$ rad/s 时，相位为 $-180°$。此时，选择 $\omega' = 1.5$ rad/s，所需的 $\gamma \approx 50°$，采用滞后—超前校正网络实现起来相对容易。

④确定滞后—超前校正装置滞后部分的传递函数。若滞后部分的第二个转折频率为

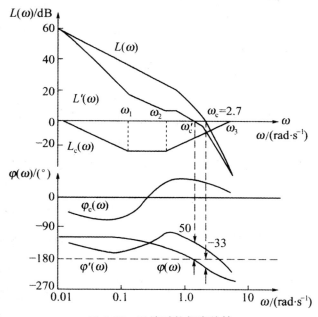

图 7-27　系统对数频率特性

$$\omega_1 = 1/T_1 = 0.1\omega'_c = 0.15 \text{ rad/s}$$

当选择 $\alpha = 10$ 时,则

$$\omega_o = 1/(\alpha T_1) = 0.015 \text{ rad/s}$$

此时滞后部分的传递函数可写为

$$G_{c1}(s) = \frac{s+0.15}{s+0.015} = 10\frac{6.67s+1}{66.7s+1}$$

⑤确定超前部分的传递函数。根据上述内容绘制出未校正系统的开环 Bode 图,如图 7-28 (a)所示。

对图进行分析后,在 $\omega'_c = 1.5$ rad/s 处,$L(\omega'_c) = 13$ dB。因此,若滞后一超前校正装置的 $L_c(\omega) = 1.5$ rad/s 处具有 -13 dB 增益,则 ω'_c 就是所要求的。根据这一问题,通过点(1.5 rad/s, -13 dB)作斜率为 20 dB/dec 的直线,其与 0 dB 线及 -20 dB 线的交点,就可以确定转折频率。同时,由图 7-28 还可以得到 $\omega_2 = 1/T_2 = 0.7$ rad/s,$\omega_3 = \alpha/T_2 = 7$ rad/s。因此,超前部分的传递函数为

$$G_{c2}(s) = \frac{s+0.7}{s+7} = \frac{1}{10} \times \frac{1.43s+1}{0.143s+1}$$

⑥串联相位滞后一超前校正装置的传递函数为

$$G_c(s) = G_{c1}(s)G_{c2}(s) = \frac{6.67s+1}{66.7s+1}\frac{1.43s+1}{0.143s+1}$$

其对应的对数频率特性 $L_c(\omega)$、$\varphi_c(\omega)$ 曲线如图 7-28(b)所示。

⑦校正后系统的开环传递函数为

$$G'(s) = G_c(s)G(s) = \frac{10(6.67s+1)(1.43s+1)}{s(66.7s+1)(0.143s+1)(s+1)(0.5s+1)}$$

由该函数得到校正后系统的开环对数频率特性 $L'(\omega)$ 和 $\varphi'(\omega)$ 曲线如图 7-28(c)所示。从图中可以得出校正后系统的 $\gamma' = 50°$,$K_g = 16$ dB,$K_v = 10$,满足系统的性能指标要求。

上述各步骤的对应的开环对数频率特性曲线如图 7-28(a)～(d)所示。

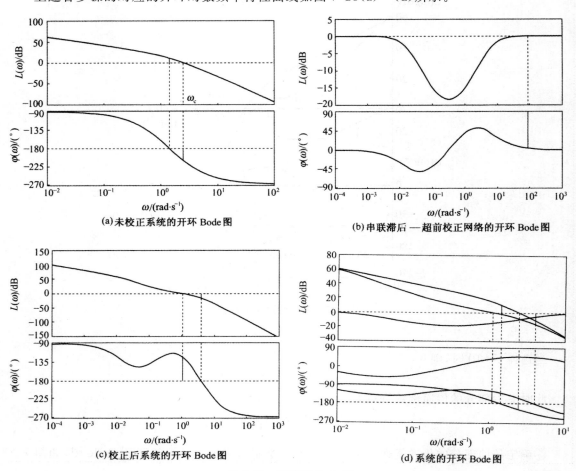

(a)未校正系统的开环 Bode 图

(b)串联滞后—超前校正网络的开环 Bode 图

(c)校正后系统的开环 Bode 图

(d)系统的开环 Bode 图

图 7-28　系统的 Bode 图

7.3　控制系统的 PID 校正

　　PID 校正在工业现场应用相对比较广泛,它由 P(比例控制),I(积分控制),D(微分控制)三种环节组合而成。PID 调节器一般放在负反馈系统中的前向通道,与被控对象串联,可以看作是一种串联校正装置,在上面小节中是从相位关系的角度把串联校正划分为滞后与超前校正,本节则从校正装置输入与输出的数学关系上把串联校正划分为比例校正(P)、积分校正(I)、微分校正(D)、比例积分校正(PI)、比例微分校正(PD)和比例积分微分校正(PID),并着重讨论后三种。

7.3.1　PID 控制规律

　　自 20 世纪 30 年代末出现的模拟式 PID 控制器,至今 PID 控制在经典控制理论中技术已经,且被广泛应用。今天,随着计算机技术的迅速发展,用计算机算法代替模拟式 PID 调节器,实现数字 PID 控制,使其控制作用更灵活、更易于改进和完善。

　　所谓 PID 控制规律,就是一种对偏差 $\varepsilon(t)$ 进行比例、积分和微分变换的控制规律,即

$$m(t) = K_p\left[e(t) + \frac{1}{T_i}\int_0^t e(t)\,\mathrm{d}t + T_d\,\frac{\mathrm{d}e(t)}{\mathrm{d}t}\right]$$

式中，$K_p e(t)$ 为比例控制项，K_p 为比例系数；$\frac{1}{T_i}\int_0^t e(t)\,\mathrm{d}t$ 为积分控制项，T_i 为积分时间常数；$T_d\,\frac{\mathrm{d}e(t)}{\mathrm{d}t}$ 为微分控制项，T_d 为微分时间常数。

比例控制项与微分、积分控制项进行不同组合，可分别构成 PD（比例微分）、PI（比例积分）和 PID（比例积分微分）等三种调节器（或称校正器）。其中，PID 调节器常用作串联校正环节。

7.3.2　P 控制器

P 控制器（P Controller）又称比例控制器，主要用于调节系统开环增益。在保证系统稳定性的情况下，适当提高开环增益可以提高系统的稳态精度和快速性。

比例控制器的有源网络如图 7-29 所示。该网络的传递函数为

$$G_c(s) = \frac{U_o(s)}{U_i(s)} = K_p$$

式中

$$K_p = -\frac{R_2}{R_1}$$

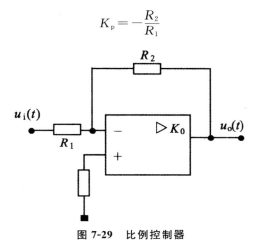

图 7-29　比例控制器

图中，比例控制器的输出与输入变号的问题，可以通过串联一个反向电路来解决。而反向电路就是让图中的两个电阻 R_1、R_2 的阻值相等的电路。这样控制电路中信号反向就不在是问题了。

7.3.3　PD 控制器

1. PD 控制器

PD 控制器（PD Controller）又称比例微分控制器，其控制框图如图 7-30 所示。其时域表达式为

$$c(t) = K_p\left[e(t) + T_d\,\frac{\mathrm{d}e(t)}{\mathrm{d}t}\right]$$

对应的传递函数为

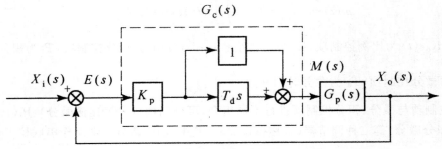

图 7-30　具有 PD 调节器的控制框图

$$G_c(s) = \frac{M(s)}{E(s)} = K_p[1 + T_d s]$$

式中，T_d 为微分时间常数；K_p 为比例放大倍数。

当 $K_p = 1$ 时，$G_c(s)$ 的频率特性为

$$G_c(j\omega) = 1 + jT_d\omega$$

此时，其对应的伯德图如图 7-31 所示。显然，PD 校正时相位超前校正。

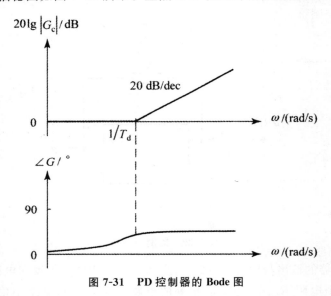

图 7-31　PD 控制器的 Bode 图

从上面的对数相频特性图中可以看到，PD 校正具有正相移，属于超前校正。PD 校正的作用主要体现在以下两方面。

1）当参数选取合适时，利用 PD 校正可以增大系统的相位裕量，提高稳定性，而稳定性的提高又允许系统采用更大的开环增益来减小稳态误差。

2）当相位大于 $1/T$ 时，对数幅频特性幅度增大，这可以使剪切频率 ω_c 增加，系统的快速性提高。但是，高频段增益升高，系统抗干扰能力减弱。

2. PD 校正控制环节

微分校正环节的数学表达式为

$$m(t) = T_d \frac{de(t)}{dt}$$

如图 7-32 所示为微分校正环节的阶段响应示意图。假定系统从 t_1 时刻起存在阶跃偏差 $e(t)$，则校正装置在 t_1 时刻输出一个理论上无穷大的控制量 $m(t)$。但实际由于元器件的饱和作用，输出只是一个比较大的数值，而不是无穷大。

实际上，微分校正的输出反映了偏差变化的速度，当偏差刚出现且较小时，微分作用就产生一个比较大的控制输出来抑制偏差的变化，即无须等到偏差很大，仅需偏差具有变大的趋势时就可参与调节。因此，微分校正具有超前预测的作用，可以加快调节的速度，改善动态特性。但是，由于微分校正环节只能对动态偏差起作用，对静态偏差的输出为零，因此失去了调节功能。一般情况下，微分校正不单独使用，通常会将它与比例环节或比例积分环节组合成 PD 或 PID 校正装置。

此外，由于微分环节对高频干扰信号具有很强的放大作用，导致其抑制高频干扰的能力很差。因此，在使用包含微分环节的校正如 PD、PID 的时候，尤其要特别注意这一点。

上述 PD 校正环节对阶跃偏差的控制作用如图 7-33 所示。当偏差刚出现时，在微分环节作用下，PD 校正装置输出较大的尖峰脉冲，以将偏差消除在起步阶段。同时，在同方向上出现比例环节产生的恒定控制量。最后，尖峰脉冲呈指数衰减到零，微分作用完全消失，成为比例校正。

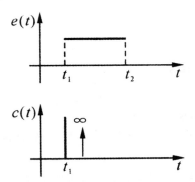

图 7-32　微分校正环节的阶段响应

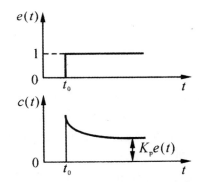

图 7-33　PD 校正的阶跃偏差响应

7.3.4　PI 控制器

1. PI 控制器

PI 控制器(PI Controller)又称比例比例积分控制器，其校正的时域表达式为

$$c(t) = K_p \left[e(t) + \frac{1}{T_i} \int_0^t e(t) \, dt \right]$$

对应的传递函数框图如图 7-34 所示。

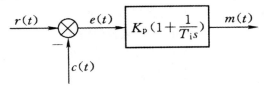

图 7-34　PI 控制器传递函数框图

图中，$r(t)$ 为输入信号；$b(t)$ 为反馈信号；$e(t)$ 为偏差信号；$c(t)$ 为调节器输出信号；K_p 为比例放大倍数；T_i 为积分时间常数。

从频域的角度对 PI 校正装置的作用进行分析，其校正装置的传递函数为

$$G_c(s) = K_p \left(1 + \frac{1}{T_i s}\right)$$

它由比例环节 K_p 和积分环节 $\dfrac{K_p}{T_i s}$ 并联而成，这里令 $K_p = 1$，画出其伯德图，如图 7-35 所示。

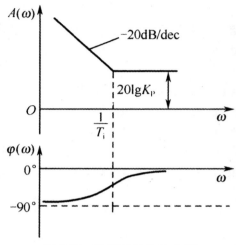

图 7-35 PI 控制器的 Bode 图

通过伯德可以很明显地看出，PI 校正属于滞后校正，其主要的作用如下：

1）与原系统串联后使系统增加了一个积分环节，进而提高了系统型次。

2）低频段的增益增大，而高频段增益可保持不变，提高了闭环系统稳态精度，而抑制高频干扰的能力却没有减弱。

3）PI 校正具有相位滞后的性质，这会使系统的响应速度下降，相位裕量有所减少。因此，使用 PI 校正时，系统要有足够的稳定裕量。

2. PI 校正环节

从时域角度对 PI 进行分析，PI 校正装置的输出是比例校正和积分校正输出之和。比例校正的输出与偏差成正比，当有偏差存在时，装置就会输出控制量。当偏差为零时，比例校正的输出也为零。但如果只采用比例校正，则必须存在偏差才能使校正装置有输出量，此时偏差是比例校正起作用的前提条件。可以说，比例校正也是一种有差校正。由稳态误差的知识可知，较大的比例系数会减小系统稳态误差，但太大就会使系统超调量加大，甚至导致系统不稳定。而积分校正是一种无差校正，关键在于积分环节具有记忆功能。

如图 7-44 所示，若 $e(t)$ 在 $0 \sim t_1$ 区间是阶跃信号，且积分校正装置初始输出为零，则当 $e(t) > 0$ 时，积分环节就会开始对 $e(t)$ 积分，校正装置的输出 $c(t)$ 呈线性增长，并对系统输出进行调节。当 $e(t) = 0$ 时，校正 i 装置输出并不为零，而是某一恒定值。也就是说，积分校正装置的实际输出量就是对以往时间段内偏差的累积，这就是它的记忆功能。如果 $e(t) \neq 0$，校正装置输出就一直增大或减小，只有当 $e(t) = 0$ 时，积分校正装置的输出 $c(t)$ 才不发生变化。因此，积分校

正可以说就是一种无差校正。另外,由于积分校正装置含有一个积分环节,所以能提高开环系统型次和稳态精度。

当系统的扰动出现时,就会使输出量偏离设定值较大,相应的 $e(t)$ 也会较大,此时希望调节器输出量快速增大,减小偏差。但实际上,积分校正的输出与偏差存在时间有关,在偏差刚出现时,其调节作用一般是很弱的,单纯使用积分校正会延长系统的调节时间,就会加剧被控量的波动。因此,在实际中常将积分校正和比例校正组合成 PI 校正使用。

PI 校正装置的阶跃偏差响应如图 7-36 所示。在系统出现阶跃偏差时,首先有一个比例作用的输出量,接着在同一方向上,在比例作用的基础上,$c(t)$ 不断增加,即出现积分作用。这样,既克服了单纯比例调节存在的偏差,同时又避免了积分作用调节慢的缺点,即使得静态和动态特性都改善了。

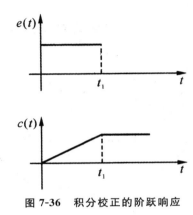

图 7-36 积分校正的阶跃响应

7.3.5 PID 控制器

PID 控制器(PID Controller)又称比例积分微分控制器,由于 PI 控制器和 PD 控制器各有缺点,而将它们结合起来取长补短就能构成更加完善的 PID 控制器。

1. PID 控制器

有源 PID 控制器的结构如图 7-37 所示。

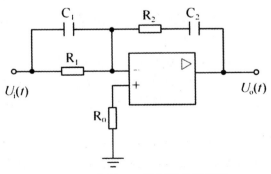

图 7-37 有源 PID 控制器的结构图

其传递函数为

$$G_c(s) = K_p \left(1 + \frac{1}{T_i s} + T_d s \right)$$

或

$$G_c(s) = K \frac{(1 + T_i s)(1 + T_d s)}{s}$$

传递函数对应的框图如图 7-38 所示。

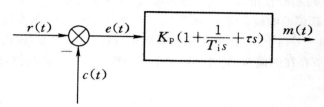

图 7-38　PID 控制器的传递函数框图

当 $K_p = 1$ 时，$G_c(s)$ 的频率特性为

$$G_c(j\omega) = 1 + \frac{1}{j T_i \omega} + j T_d \omega$$

当 $T_i > T_d$ 时，PID 调节器的 Bode 图如图 7-39 所示。

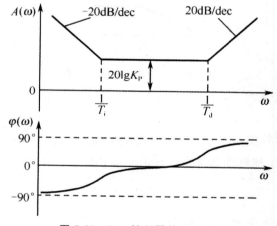

图 7-39　PID 控制器的 Bode 图

从图中可以看出，PID 调节器在低频段起积分作用，能够有效改善系统的稳态性能；在中频段起微分作用，能够有效改善系统的动态性能。

一般来说，PID 调节器的控制作用主要体现在以下几个方面：

1）比例系数 K_p 直接决定着控制作用的强弱，加大 K_p 可以减小系统的稳态误差，提高系统的动态响应速度，但当 K_p 过大也会使动态质量变坏，引起被控制量振荡，甚至导致闭环系统的不稳定。

2）在比例调节的基础上适当加以积分控制，可以消除系统的稳态误差。其主要原因是：只要存在偏差，它的积分所产生的控制量总是用来消除稳态误差的，直到积分的值为零，控制作用才停止。但它将使系统的动态过程变慢，而且过强的积分作用使系统的超调量增大，从而使系统的稳定性变坏。

3）微分的控制作用与偏差的变化速度有关。微分控制能够预测偏差,产生超前的校正作用,进而减小超调,克服振荡,使系统趋于稳定,并加快系统的响应速度,缩短调整时间,改善系统的动态性能。微分作用的不足之处是放大了噪声信号。

2. PID 校正环节

PID 校正的数学表达式为

$$m(t) = K_p \left[e(t) + \frac{1}{T_i} \int_0^t e(t) \, dt + T_d \frac{de(t)}{dt} \right]$$

这里以系统出现阶跃偏差为例,PID 校正装置的输出如图 7-40 所示。

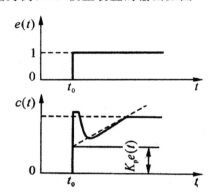

图 7-40　PID 校正装置的输出

从上图中可以看出,当系统出现偏差时,比例和微分作用就会立即输出控制量以消除偏差,控制量的大小与比例和微分常数有关,进而体现出了系统的快速性。接着,积分作用输出也会慢慢增大,对偏差进行累积。这样经过很短时间后,微分作用就会消失,校正装置变为 PI 校正,输出量是比例和积分作用的叠加。当然,只要偏差存在,此输出就会不断增大,直到偏差为零。

7.4　控制系统的反馈和顺馈校正

7.4.1　反馈校正

反馈校正不仅能收到和串联校正同样的效果,还能有效地抑制被反馈校正回路包围的某些环节的不良特性,在一定条件下,被包围环节的不良特性甚至能被反馈环节的特性所取代,因此,反馈校正在控制系统设计中有着广泛的应用。

在反馈校正中,可用作反馈信号源的信号有速度、加速度、电流和电压等,反馈元件一般是一些测量传感器,如测速发电机、加速度传感器、电流互感器等。

1. 反馈校正作用

（1）比例反馈校正可减小时间常数和提高反应速度。

图 7-41(a)、(b)所示分别为校正前后某系统的结构图,图 7-41(b)中的内回路是反馈校正回路。假定 $G_2(s) = \dfrac{K_2}{T_2 s + 1}$（惯性环节）,反馈校正取比例环节,即 $G_c(s) = K_c$,则校正内回路部

分的闭环传递函数 $G_{cb}(s)$ 为

$$G_{cb}(s)=\frac{X_2(s)}{X_1(s)}=\frac{G_2(s)}{1+G_2(s)G_c(s)}=\frac{K_2}{T_2s+1+K_2K_c}=\frac{K'}{T's+1}$$

式中, $T'=\dfrac{T_2}{1+K_2K_c}<T_2$; $K'=\dfrac{K_2}{1+K_2K_c}<K_2$。

如果 $G_2(s)=\dfrac{K_2}{T_2^2s^2+2\xi_2T_2s+1}$ (振荡环节), 反馈校正仍取 $G_c(s)=K_c$, 则校正内回路的传递函数为

$$G_{cb}(s)=\frac{X_2(s)}{X_1(s)}=\frac{K_2}{T_2^2s^2+2\xi_2T_2s+1+K_2K_c}=\frac{K'}{(T')^2s^2+2\xi'T's+1}$$

式中, $T'=\dfrac{T_2}{\sqrt{1+K_2K_c}}<T_2$; $K'=\dfrac{K_2}{1+K_2K_c}<K_2$; $\xi'=\dfrac{\xi_2}{\sqrt{1+K_2K_c}}<\xi_2$。

以上两式表明, 由比例环节反馈包围某个环节形成的反馈回路仍具有被包围环节的性质, 若被包围环节为惯性环节, 那么反馈回路特性仍为惯性环节, 若被包围环节为振荡环节, 那么反馈回路特性仍为振荡环节, 但反馈回路的时间常数比被包围环节的时间常数小, 因而回路的惯性比被包围环节的惯性小, 从而回路的反应速度比被包围环节的反应速度快, 同时, 回路的放大系数比被包围环节的放大系数小, 且反馈比例系数 K_c 越大, 上述效应越显著。据此, 如果因组成系统的某个环节的时间常数过大而致系统响应速度达不到设计指标时, 可考虑对该环节实施局部比例反馈校正。为避免局部比例反馈校正引起系统增益下降, 可在引入局部比例反馈校正的同时, 提高其他环节(通常是放大环节)的增益。

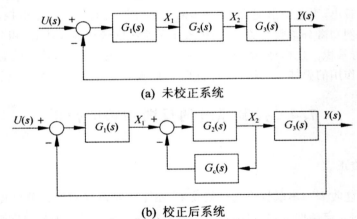

(a) 未校正系统

(b) 校正后系统

图 7-41 反馈校正控制系统

(2)反馈校正可减小系统某些参数变化对控制作用的影响。

系统的某些参数往往受被控对象工作状况变化的影响而变化。这种参数的变化必然导致系统动态特性的变化, 从而影响控制效果。为减小参数变化对系统动态特性和控制作用的影响, 可采用先件质量好、特性稳定的校正装置对存在参数变化的元件实施反馈校正。现仍以图 7-43 为例说明这种校正的原理。

假定 $G_2(s)$ 中的参数随系统工作状况的变化而变化, 则校正前变量 $X_2(s)$ 和由 $G_2(s)$ 参数变化引起的 $X_2(s)$ 的变化量 $\mathrm{d}X_2(s)$ 及相对变化量 $\dfrac{\mathrm{d}X_2(s)}{X_2(s)}$ 分别为

$$X_2(s) = G_2(s) X_1(s) \tag{7-51a}$$

$$\mathrm{d}X_2(s) = \mathrm{d}G_2(s) X_1(s) \tag{7-51b}$$

$$\frac{\mathrm{d}X_2(s)}{X_2(s)} = \frac{\mathrm{d}G_2(s)}{G_2(s)} \tag{7-51c}$$

校正后变量 $X_2(s)$ 和由 $G_2(s)$ 参数变化引起的 $X_2(s)$ 的变化量 $\mathrm{d}X_2(s)$ 及相对变化量 $\dfrac{\mathrm{d}X_2(s)}{X_2(s)}$ 分别为

$$X_2(s) = \frac{G_2(s)}{1 + G_2(s) G_c(s)} X_1(s) \tag{7-52a}$$

$$\mathrm{d}X_2(s) = \frac{\mathrm{d}G_2(s) X_1(s)}{[1 + G_2(s) G_c(s)]^2} \tag{7-52b}$$

$$\frac{\mathrm{d}X_2(s)}{X_2(s)} = \frac{\mathrm{d}G_2(s)}{G_2(s)} \frac{1}{[1 + G_2(s) G_c(s)]} \tag{7-52c}$$

分别把式(7-51b)与式(7-52b)、式(7-51c)与式(7-52c)进行比较,可以看出,经反馈校正后,由 $G_2(s)$ 变化引起的 $X_2(s)$ 的变化量 $\mathrm{d}X_2(s)$ 及相对变化量 $\dfrac{\mathrm{d}X_2(s)}{X_2(s)}$ 都下降了,分别是校正前的 $\dfrac{1}{[1 + G_2(s) G_c(s)]^2}$ 和 $\dfrac{1}{1 + G_2(s) G_c(s)}$ 倍。

(3)反馈校正可消除系统中某些环节的不良特性,代之以期望特性。

在图 7-43(b)中,内部反馈校正回路的频率特性为

$$G_{cb}(\mathrm{j}\omega) = \frac{G_2(\mathrm{j}\omega)}{1 + G_2(\mathrm{j}\omega) G_c(\mathrm{j}\omega)}$$

当 $|G_2(\mathrm{j}\omega) G_c(\mathrm{j}\omega)| \gg 1$ 时,有

$$G_{cb}(\mathrm{j}\omega) \approx \frac{G_2(\mathrm{j}\omega)}{G_2(\mathrm{j}\omega) G_c(\mathrm{j}\omega)} = \frac{1}{G_c(\mathrm{j}\omega)}$$

这表明,经局部反馈校正后,原环节 $G_2(s)$ 的特性被新的特性取代了。据此,如果环节 $G_2(s)$ 的特性不理想,可对其实施局部反馈校正 $c=$,只要校正装置结构和参数选择适当,使其频率特性的倒数 $\dfrac{1}{G_c(\mathrm{j}\omega)}$ 具有理想特性,并在系统工作频率范围内使 $|G_2(\mathrm{j}\omega) G_c(\mathrm{j}\omega)| \gg 1$,就可使不良特性 $G_2(\mathrm{j}\omega)$ 消失,代之以理想特性 $\dfrac{1}{G_c(\mathrm{j}\omega)}$。

(4)对放大环节实施比例正反馈校正可极大地提高系统增益。图 7-42 所示为对放大环节引入比例正反馈的回路,该回路的放大系数为

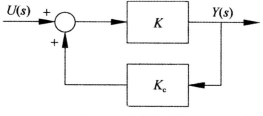

图 7-42 比例正反馈

$$\frac{Y}{U} = \frac{K}{1 - KK_c}$$

当反馈通道的系数取 $K_c \approx \dfrac{1}{K}$（即 $KK_c \approx 1$）时，有

$$\frac{Y}{U} = \frac{K}{1 - KK_c} \gg K$$

2. 确定反馈校正装置的综合法

反馈校正的基本原理是：用反馈校正装置包围对系统动态特性有较大不良作用的某些环节，形成一个局部反馈校正回路，如果该回路的开环幅频值远大于 1，则该回路的特性主要取决于反馈校正装置的特性，而与被包围环节无关。

和串联校正一样，确定反馈校正装置的方法也有分析法和综合法两种。采用反馈校正的系统必定是多回路系统，其动态计算要比串联校正的动态计算复杂。鉴于综合法解决问题的技术路线简单明了、容易辨认、便于把握，所以，反馈校正动态计算常采用综合法。下面讨论用综合法进行反馈校正动态计算的具体方法和步骤。

假设反馈校正控制系统如图 7-42 所示，由该图可知，未校正系统的开环传递函数为

$$\widetilde{G}_k(s) = G_1(s)G_2(s)G_3(s) \tag{7-53}$$

局部反馈校正内回路的开环传递函数为

$$G_{ck}(s) = G_c(s)G_2(s) \tag{7-54}$$

式中，$G_{ck}(s)$ 表示反馈校正内回路的开环传递函数。

校正后系统的开环传递函数为

$$G_k(s) = \frac{G_1(s)G_2(s)G_3(s)}{1 + G_2(s)G_c(s)} = \frac{\widetilde{G}_k(s)}{1 + G_2(s)G_c(s)} \tag{7-55}$$

由于校正后系统的特性应取系统的希望特性，即 $G_k(s) = G_d(s)$，所以，由上式可得

$$G_d(s) = \frac{\widetilde{G}_k(s)}{1 + G_2(s)G_c(s)} \tag{7-56}$$

从而有

$$1 + G_2(s)G_c(s) = \frac{\widetilde{G}_k(s)}{G_d(s)} \tag{7-57}$$

$$20\lg|1 + G_2(j\omega)G_c(j\omega)| = 20\lg|\widetilde{G}_k(j\omega)| - 20\lg|G_d(j\omega)|$$

$$= \widetilde{L}_k(\omega) - L_d(\omega) \tag{7-58}$$

1）如果 $|G_2(j\omega)G_c(j\omega)| \ll 1$，则

$$20\lg|1 + G_2(j\omega)G_c(j\omega)| \approx 20\lg 1 = 0$$

从而由式（7-58）立即可得

$$L_d(\omega) \approx \widetilde{L}_k(\omega)$$

这说明此时无需进行校正，校正装置不应发挥作用。

如果 $L_d(\omega) \approx \widetilde{L}_k(\omega)$，那么，校正装置不应发挥作用，而这只需有

$$|G_2(j\omega)G_c(j\omega)| \ll 1$$

$$L_{ck}(\omega) = 20\lg|G_2(j\omega)G_c(j\omega)| \ll 0 \text{ dB}$$

式中,$L_{ck}(\omega)$表示反馈校正内回路的开环幅频特性。

2)如果$|G_2(j\omega)G_c(j\omega)| \gg 1$,则

$$20\lg|1+G_2(j\omega)G_c(j\omega)| \approx 20\lg|G_2(j\omega)G_c(j\omega)| \gg 0$$

从而由式(7-58)可得

$$L_{ck}(\omega) = 20\lg|G_2(j\omega)G_c(j\omega)| \approx \tilde{L}_k(\omega) - L_d(\omega) \gg 0 \tag{7-59}$$

于是有

$$\tilde{L}_k(\omega) \gg L_d(\omega)$$

这一过程的反向思维路线是,如果$\tilde{L}_k(\omega) \gg L_d(\omega)$,则须使

$$|G_2(j\omega)G_c(j\omega)| \gg 1$$

$$L_{ck}(\omega) = 20\lg|G_2(j\omega)G_c(j\omega)| \approx \tilde{L}_k(\omega) - L_d(\omega) \gg 0$$

综上所述,校正装置的选择应当遵循这样两条基本原则:

1)在$L_d(\omega) \approx \tilde{L}_k(\omega)$的频率范围内,须使

$$L_{ck}(\omega) = 20\lg|G_2(j\omega)G_c(j\omega)| < 0(\text{dB})$$

2)在$L_d(\omega) < \tilde{L}_k(\omega)$的频率范围内,须取

$$L_{ck}(\omega) = 20\lg|G_2(j\omega)G_c(j\omega)| \approx \tilde{L}_k(\omega) - L_d(\omega)(\text{dB})$$

另外,还必须保证反馈校正内回路本身稳定。如果校正内回路失去稳定,则整个系统也难以稳定地工作。

用综合法确定反馈校正装置的步骤如下:

1)绘制未校正系统开环对数幅频特性$\tilde{L}_k(\omega) = 20\lg|\tilde{G}_k(j\omega)|$的曲线。

2)按给定的设计指标绘制系统的希望对数幅频特性$L_d(\omega)$的曲线。

3)确定局部反馈校正内回路的开环对数幅频特性曲线及其对应的传递函数$G_{ck}(s) = G_2(s)G_c(s)$。

4)检验局部反馈校正内回路本身的稳定性和校正后系统性能参数,若反馈校正内回路不稳定或校正后系统性能不满足设计指标要求,须重新绘制希望对数幅频特性曲线并重复上述过程。

5)根据已定的校正装置传递函数确定具体的校正装置结构和物理参数。

【例 7-7】设某系统结构图如图 7-41(a)所示,已知

$$G_1(s) = K_1, \quad G_2(s) = \frac{10K_2}{(0.1s+1)(0.01s+1)}, \quad G_3(s) = \frac{0.1}{s}$$

试设计校正方案,使系统性能参数达到$K_v^* = 200, \omega_c^* = 20(s^{-1}), \gamma_c^* \geqslant 45°$。

解:

(1)静态计算。

系统不可变部分(未校正系统)开环传递函数为

$$\tilde{G}_k(s) = G_1(s)G_2(s)G_3(s) = \frac{K_1K_2}{s(0.1s+1)(0.01s+1)}$$

由给定的速度误差系数指标$K_v^* = 200$可求得$K_1K_2 = 200$。考虑到K_1为不可变部分放大

器的放大倍数,故取 $K_1 = 200$, $K_2 = 1$。于是

$$\widetilde{G}_k(s) = \frac{200}{s(0.1s+1)(0.01s+1)}$$

未校正系统的开环对数幅频曲线如图 7-43 曲线①所示,从该图曲线①可查得未校正系统的增益交界频率,即 $\widetilde{\omega}_c = 44.7(s^{-1})$。

未校正系统的相位裕量为

$$\widetilde{\gamma}_c = 180° + \widetilde{\varphi}_k(\widetilde{\omega}_c) = 180° - [90° + \arctan 0.1\widetilde{\omega}_c + \arctan 0.01\widetilde{\omega}_c] = -11.47°$$

可见系统是不稳定的,需要校正。考虑到 $G_1(s) = K_1$ 和 $G_3(s) = \dfrac{0.1}{s}$ 分别是系统的放大器和

积分器,其特性是系统必须具备的,系统的不良特性主要存在于 $G_2(s) = \dfrac{10K_2}{(0.1s+1)(0.01s+1)}$,

故对该环节实施局部反馈校正是适宜的,因此,校正后系统的结构图如图 7-41(b)所示。

(2)动态计算。

1)绘制希望对数幅频特性曲线。

①低频段曲线。由于未校正系统开环增益已按给定的稳态速度误差系数 K_v^* 确定,稳态精度已满足要求,所以,希望对数幅频特性的低频段曲线取未校正系统的低频段对数幅频特性曲线。

②中频段曲线及低、中频衔接频段曲线。如图 7-43 曲线②所示,中频段穿过 0 dB 线的频率须取给定的增益交界频率,即 $\omega_c = \omega_c^* = 20(s^{-1})$,中频段斜率取 -20 dB/dec,为使校正装置尽可能简单,中频段上限转角频率绕 2 取希望对数幅频特性曲线与未校正系统曲线的交点频率 $\omega_3 = 100(s^{-1})$,中频段下限转角频率根据 $\omega_c^* = \sqrt{\omega_2 \omega_3}$ 取 $\omega_2 = \dfrac{(\omega_c^*)^2}{\omega_3} = 4(s^{-1})$。

低频段与中频段曲线确定后,考虑到低频段和中频段斜率均为 -20 dB/dec,为使低、中频衔接频段曲线的斜率与低、中频两段曲线的斜率相差 20 dB/dec,该衔接频段曲线斜率应取 -40 dB/dec。据此,过希望对数幅特性曲线中频段的下限点[频率 $\omega_2 = 4(s^{-1})$]作斜率为 -40 dB/dec的直线并使其朝低频延伸至与低频段曲线交于频率 $\omega_2 = 4(s^{-1})$ 处,即得低、中频衔接频段,如图 7-43 曲线②所示。

③高频段曲线。因希望对数幅频特性曲线的中频段上限频率点已取该段曲线与未校正系统开环对数幅频特性曲线二者之交点,且未校正系统高频段对数幅频特性曲线已具有较强的衰减特征,故为使校正装置尽可能简单,希望对数幅频特性曲线的高频段曲线就取未校正系统的对应频段曲线。

至此,希望对数幅频特性曲线就确定了,其斜率变化形式为 →1→2→1→3,如图 7-43 曲线②所示。

2)确定局部反馈校正内回路的开环传递函数 $G_{ck} = G_2(s)G_c(s)$ 和校正装置传递函数。

①确定内回路的开环对数幅频特性曲线。由图 7-43 可知,在 $\omega = 0.4 \sim 100(s^{-1})$ 的频率范围内,$\widetilde{L}_k(\omega) > L_d(\omega)$,根据前面讨论,在此频段内,可按 $L_{ck}(\omega) = 20\lg|G_2(j\omega)G_c(j\omega)| \approx \widetilde{L}_k(\omega) - L_d(\omega)$ 确定校正内回路的开环对数幅频特性曲线,如图 7-43 曲线③所示。

如图 7-43 所示,在 $\omega > 100(s^{-1})$ 和 $\omega < 0.4(s^{-1})$ 的频率范围内,因 $\widetilde{L}_k(\omega) = L_d(\omega)$,故应有 $L_{ck}(\omega) = 20\lg|G_2(j\omega)G_c(j\omega)| < 0$ dB,显然,这只需把已定 $\omega = 0.4 \sim 100(s^{-1})$ 频段上的校正内

回路对数幅频特性曲线延长即可。

于是,反馈校正内回路的开环对数幅频特性曲线就确定了,如图 7-43 曲线③所示。

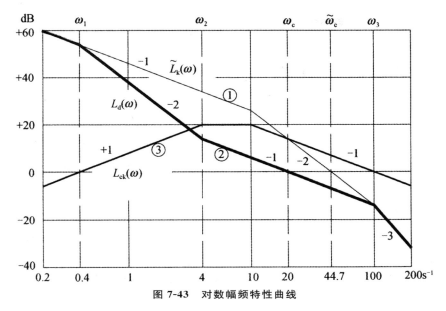

图 7-43 对数幅频特性曲线

②确定内回路的开环传递函数 $G_{ck} = G_2(s)G_c(s)$ 及校正装置传递函数 $G_c(s)$。根据已定的内回路的开环对数幅频特性 $L_{ck}(\omega) = 20\lg|G_2(j\omega)G_c(j\omega)|$ 的曲线,不难识别出与之对应的传递函数,即

$$G_{ck}(s) = G_c(s)G_2(s) = \frac{2.5s}{(0.25s+1)(0.1s+1)}$$

于是可得

$$G_c(s) = \frac{G_{ck}(s)}{G_2(s)} = \frac{0.25s(0.01s+1)}{0.25s+1}$$

3)校正设计合理性验证。

①检验反馈校正内回路本身的稳定性。由图 7-43 曲线③可知,内回路的增益交界频率为 $\omega_{nc} = \omega_3 = 100(\mathrm{s}^{-1})$。在该频率处,内回路的相频值为

$$\varphi_{ck}(\omega) = \angle G_{ck}(j\omega) = 90° - \arctan 0.25\omega_{nc} + \arctan 0.1\omega_{nc} = -82°$$

反馈校正内回路的相位裕量为

$$\gamma_{ck} = 180° + \varphi_{ck}(\omega_{nc}) = 98°$$

可见,反馈校正内回路的稳定性足够好。

②性能指标验证。校正后系统的开环传递函数为

$$G_k(s) = \frac{G_1(s)G_2(s)G_3(s)}{1 + G_2(s)G_c(s)} = \frac{\dfrac{200}{s(0.1s+1)(0.01s+1)}}{1 + \dfrac{2.5s}{(0.25s+1)(0.1s+1)}}$$

校正后系统的速度误差系数为

$$K_v = \lim_{s \to 0} sG_k(s) = 200$$

根据图 7-43，校正后，$\omega_c = 20\,(\mathrm{s}^{-1})$，且在中频段，因 $L_{ck}(\omega) = 20\lg|G_2(\mathrm{j}\omega)G_c(\mathrm{j}\omega)| > 0(\mathrm{dB})$，故 $|G_2(\mathrm{j}\omega)G_c(\mathrm{j}\omega)| \gg 1$，所以，校正后系统的频率特性可近似表示为

$$G_k(\mathrm{j}\omega) = \dfrac{\dfrac{200}{\mathrm{j}\omega(\mathrm{j}0.1\omega+1)(\mathrm{j}0.01\omega+1)}}{1 + \dfrac{\mathrm{j}2.5\omega}{(\mathrm{j}0.25\omega+1)(\mathrm{j}0.1\omega+1)}} \approx \dfrac{\dfrac{200}{\mathrm{j}\omega(\mathrm{j}0.1\omega+1)(\mathrm{j}0.01\omega+1)}}{\dfrac{\mathrm{j}2.5\omega}{(\mathrm{j}0.25\omega+1)(\mathrm{j}0.1\omega+1)}}$$

$$= \dfrac{200(\mathrm{j}0.25\omega+1)}{\mathrm{j}\omega(\mathrm{j}0.01\omega+1)\mathrm{j}2.5\omega}$$

据此，由计算可得

$$\omega_c = 20\,(\mathrm{s}^{-1})$$

$$\gamma_c = 180° + \varphi_k(\omega_c) = 67.4°$$

以上这些都说明校正后系统的性能指标满足设计指标要求。

7.4.2 顺馈校正

串联和反馈校正是工程上广泛采用的系统校正方式，这两种校正都能达到改善系统性能的效果。然而，如果在控制系统中存在强扰动（特别是低频强扰动）、或者控制任务对稳态精度和动态品质两方面均要求很高，则串联校正和反馈校正一般难以奏效，此时可采用顺馈和串联联合校正方式或顺馈和反馈联合校正方式，这样的校正称为复合校正。

1. 按输入补偿的复合控制原理

图 7-44(a)所示的系统是由开环传递函数为 $G_1(s)G_2(s)$ 的单位反馈系统与传递函数为 $G(s)$ 的顺馈补偿装置组合而成的复合控制系统。现以该系统为例来分析顺馈控制对主反馈控制回路控制精度的补偿原理。在引入顺馈补偿装置前，单位反馈系统的开环传递函数和闭环传递函数及误差信号分别为

$$\widetilde{G}_k(s) = G_1(s)G_2(s) \tag{7-60a}$$

$$\widetilde{G}_b(s) = \frac{Y(s)}{U(s)} = \frac{G_1(s)G_2(s)}{1+G_1(s)G_2(s)} = \frac{\widetilde{G}_k(s)}{1+\widetilde{G}_k(s)} \tag{7-61}$$

$$E(s) = \frac{1}{1+G_1(s)G_2(s)}U(s) \tag{7-62}$$

引入顺馈补偿装置后，复合控制系统的闭环传递函数和误差信号分别为

$$G_b(s) = \frac{Y(s)}{U(s)} = \frac{G_1(s)G_2(s)+G_2(s)G_c(s)}{1+G_1(s)G_2(s)} \tag{7-63}$$

$$E(s) = \left[\frac{1}{1+G_1(s)G_2(s)} - \frac{G_c(s)G_2(s)}{1+G_1(s)G_2(s)}\right]U(s) \tag{7-64}$$

比较式(7-62)与式(7-64)，可以看出，顺馈补偿装置使系统产生了一项附加误差信号分量 $-\dfrac{G_c(s)G_2(s)}{1+G_1(s)G_2(s)}U(s)$。显然，只要 $G_c(s)$ 选择得当，就能实现对控制精度的补偿作用。另一方面，比较式(7-61)和式(7-63)，容易看出，引入补偿装置后，系统的特征方程没有改变，仍为

$$1+G_1(s)G_2(s) = 0$$

这表明顺馈补偿装置的引入不影响系统的稳定性。据此,如果反馈控制系统的稳定性和控制精度二者不能同时满足给定设计条件,那么通过引入顺馈补偿装置,这个问题很容易解决——只需使主反馈回路满足稳定性要求、使补偿装置满足控制精度要求即可。这就很好地解决了一般反馈控制系统中存在的控制精度和稳定性二者相互制约、不能同时得到提高的问题。

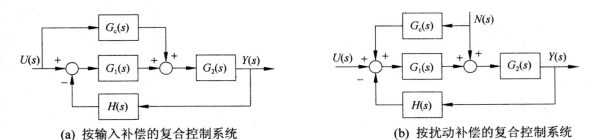

(a) 按输入补偿的复合控制系统　　　　**(b) 按扰动补偿的复合控制系统**

图 7-44　复合控制系统

(1)完全补偿。

在引入顺馈补偿装置后,如果补偿装置传递函数取

$$G_c(s) = \frac{1}{G_2(s)} \tag{7-65}$$

则由式(7-63)和式(7-64)得

$$G_b(s) = \frac{Y(s)}{U(s)} = 1$$

$$E(s) = 0$$

这表明系统的输出量在任何时候都准确无误地复现输入量,主反馈控制回路存在的原理性误差被顺馈控制作用完全抵消了,从而,由主控制回路的原理性误差造成的控制精度之不足得到全额补偿。为此,式(7-65)称为对输入信号误差的全补偿条件,又称为绝对不变性条件。

(2)部分补偿。

由于 $G_2(s)$ 一般具有比较复杂的形式,所以全补偿条件在物理上常常难以实现。在实际中,一般只能以满足跟踪精度要求为原则实现部分补偿,或者在对系统起主要影响的频段内实现近似全补偿。下面讨论部分补偿原理。为便于分析,现仿照单位反馈系统开环传递函数与闭环传递函数间的关系,如下定义复合控制系统的等效开环传递函数为

$$G_{keq}(s) = \frac{G_b(s)}{1 - G_b(s)} = \frac{G_1(s)G_2(s) + G_2(s)G_c(s)}{1 - G_c(s)G_2(s)} \tag{7-66}$$

式中,$G_{keq}(s)$ 表示复合系统的等效开环传递函数。

图 7-44(a)所示,如果主控制通道的传递函数取如下形式

$$G_1(s) = K_1（放大环节） \tag{7-67}$$

$$G_2(s) = \frac{K_2}{s(a_{n-1}s^{n-1} + \cdots + a_1 s + a_0)}（任意特性,含一个积分环节） \tag{7-68}$$

则当无顺馈控制[即 $G_c(s)=0$]时,单位反馈系统的开环传递函数和闭环传递函数分别为

$$\widetilde{G}_k(s) = G_1(s)G_2(s) = \frac{K_1 K_2}{s(a_{n-1}s^{n-1} + \cdots + a_1 s + a_0)} \qquad (7\text{-}69)$$

$$\widetilde{G}_b(s) = \frac{K_1 K_2}{s(a_{n-1}s^{n-1} + \cdots + a_1 s + a_0) + K_1 K_2} \qquad (7\text{-}70)$$

显然,此时系统为 I 型系统,其稳态速度误差为常数 $\dfrac{1}{K_1 K_2}$、稳态加速度误差为 ∞。

引入顺馈补偿装置后,假设由补偿装置产生的补偿信号为其输入信号的一阶导数和二阶导数的线性和,即设

$$G_c(s) = q_1 s + q_2 s^2$$

并取 $q_1 = \dfrac{a_0}{K_2}$、$q_2 = \dfrac{a_1}{K_2}$,则由式(7-66)和式(7-63)可得

$$G_{\mathrm{keq}}(s) = \frac{a_1 s^2 + a_0 s + K_1 K_2}{s^3(a_{n-1}s^{n-3} + a_{n-2}s^{n-4} + \cdots + a_2)} \qquad (7\text{-}71)$$

$$G_b(s) = \frac{a_1 s^2 + a_0 s + K_1 K_2}{s(a_{n-1}s^{n-1} + \cdots + a_1 s + a_0) + K_1 K_2} \qquad (7\text{-}72)$$

式(7-71)表明,复合控制系统相当于 III 型系统,其稳态速度误差和稳态加速度误差均为0。与没有顺馈补偿装置的纯反馈系统相比,顺馈补偿装置使系统的无差摩由 I 型提高到 III 型,因而使系统对速度信号的稳态误差由 $\dfrac{1}{K_1 K_2}$ 变为0,使系统对加速度信号的稳态误差由 ∞ 变为0。同时,由式(7-70)和式(7-72)可知,引入补偿装置前后,系统的特征方程没有改变,均为

$$s(a_{n-1}s^{n-1} + \cdots + a_1 s + a_0) + K_1 K_2 = 0$$

这充分:证明补偿装置只改变系统的控制精度而不改变稳定性。

2. **按扰动补偿的复合控制原理**

如果扰动信号是可量测的,仿上述按输入补偿的复合控制原理,同样可导出对扰动信号误差的全补偿条件或部分补偿条件。现以图 7-44(b) 所示的复合控制为例说明按扰动补偿的补偿条件。

引入顺馈补偿装置前。由扰动信号产生的误差信号为

$$\widetilde{E}_n(s) = \frac{-G_2(s)}{1 + G_1(s)G_2(s)} N(s) \qquad (7\text{-}73)$$

引入顺馈补偿装置后,由扰动信号产生的误差信号为

$$E_n(s) = \left[G_c(s) - \frac{G_2(s)}{1 + G_1(s)G_2(s)} \right] N(s) \qquad (7\text{-}74)$$

显然,当补偿装置传递函数取

$$G_c(s) = \frac{G_2(s)}{1 + G_1(s)G_2(s)} \qquad (7\text{-}75)$$

时,就可使 $E_n(s) = 0$,即由扰动信号产生的误差被补偿装置的补偿作用完全抵消。因此,式(7-75)为对扰动信号误差的全补偿条件。通常实现全补偿是困难的,但部分补偿是可以做到的。

综上所述,复合控制可在不改变系统稳定性的条件下有效提高控制精度。因此,在设计复合控制系统时,应以满足动态性能(稳定性和快速性)为原则设计主反馈回路,以满足稳态性能为原则设计补偿装置。

第8章　线性离散控制系统

8.1　离散控制系统概述

如果控制系统中的所有信号都是时间变量的连续函数，换句话说，这些信号在全部时间上都是已知的，则这样的系统称为连续时间系统，简称连续系统；如果控制系统中有一处或几处信号是一串脉冲或数码，换句话说，这些信号仅定义在离散时间上，则这样的系统称为离散时间系统，简称离散系统。通常，把系统中的离散信号是脉冲序列形式的离散系统，称为采样控制系统或脉冲控制系统；而把数字序列形式的离散系统，称为数字控制系统或计算机控制系统。

8.1.1　采样控制系统

一般说来，采样系统是对来自传感器的连续信息在某些规定的时间瞬时上取值。例如，控制系统中的误差信号可以是断续形式的脉冲信号，而相邻两个脉冲之间的误差信息，系统并没有收到。如果在有规律的间隔上，系统取到了离散信息，则这种采样称为周期采样；反之，如果信息之间的间隔是时变的，或随机的，则称为非周期采样，或随机采样。在这一假定下，如果系统中有几个采样器，则它们应该是同步等周期的。

在现代控制技术中，采样系统有许多实际的应用。例如，雷达跟踪系统，其输入信号只能为脉冲序列形式；又如分时系统，其数据传输线在几个系统中按时间分配，以降低信息传输费用。在工业过程控制中，采样系统也有许多成功的应用。

【例 8-1】 图 8-1 是炉温采样控制系统原理图。其工作原理如下。

当炉温 θ 偏离给定值时，测温电阻的阻值发生变化，使电桥失去平衡，这时检流计指针发生偏转，其偏角为 s。检流计是一个高灵敏度的元件，不允许在指针与电位器之间有摩擦力，故由一套专门的同步电动机通过减速器带动凸轮运转，使检流计指针周期性地上下运动，每隔 T 秒与电位器接触一次，每次接触时间为 τ。其中，T 称为采样周期，τ 称为采样持续时间。当炉温连续变化时，电位器的输出是一串宽度为 τ 的脉冲电压信号 $e_\tau^*(t)$，如图 8-2(a)所示。e_τ^* 经放大器、电动机及减速器去控制阀门开度 φ，以改变加热气体的进气量，使炉温趋于给定值。炉温的给定值，由给定电位器给出。

在炉温控制过程中，如果采用连续控制方式，则无法解决控制精度与动态性能之间的矛盾。因为炉温调节是一个大惯性过程，当加大开环增益以提高系统的控制精度时，由于系统的灵敏度相应提高，在炉温低于给定值的情况下，电动机将迅速增大阀门开度，给炉子供应更多的加热气体，但因炉温上升缓慢，在炉温升到给定值时，电动机已将阀门的开度开得更大了，从而炉温继续上升，结果造成反方向调节，引起炉温振荡性调节过程；而在炉温高于给定值情况下，具有类似的调节过程。如果对炉温进行采样控制，只有当检流计的指针与电位器接触时，电动机才在采样信号作用下产生旋转运动，进行炉温调节；而在检流计与电位器脱开时，电动机就停止不动，保持一定的阀门开度，等待炉温缓慢变化。在采样控制情况下，电动机时转时停，所以调节过程中超调现象大为减小,甚至在采用较大开环增益情况下,不但能保证系统稳定,而且能使炉温调节过程无超调。

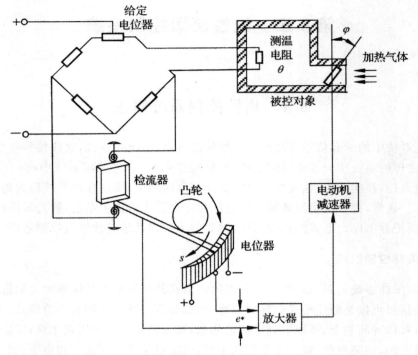

图 8-1　炉温采样控制系统原理图

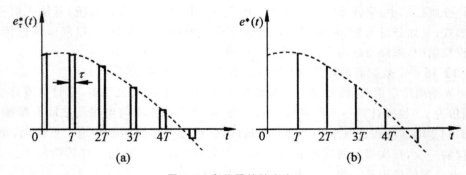

图 8-2　电位器的输出电压

由例 8-1 可见,在采样系统中不仅有模拟部件,还有脉冲部件。通常,测量元件、执行元件和被控对象是模拟元件,其输入和输出是连续信号,即时间上和幅值上都连续的信号,称为模拟信号;而控制器中的脉冲元件,其输入和输出为脉冲序列,即时间上离散而幅值上连续的信号,称为离散模拟信号。为了使两种信号在系统中能相互传递,在连续信号和脉冲序列之间要用采样器,而在脉冲序列和连续信号之间要用保持器,以实现两种信号的转换。采样器和保持器,是采样控制系统中的两个特殊环节。

1. 信号采样和复现

在采样控制系统中,把连续信号转变为脉冲序列的过程称为采样过程,简称采样。实现采样的装置称为采样器，或称采样开关。用 T 表示采样周期，单位为 s；$f_s=\dfrac{1}{T}$ 表示采样频率，单位为 $1/S$；$\omega_s=2\pi f_s=\dfrac{2\pi}{T}$ 表示采样角频率，单位为 rad/s。在实际应用中，采样开关多为电子开关，闭合时间极短，采样持续时间 τ 远小于采样周期 T，也远小于系统连续部分的最大时间常数。为了简化系统的分析，可认为 τ 趋于零，即把采样器的输出近似看成一串强度等于矩形脉冲面积的理想脉冲 $e^*(t)$，如图 8-2(b)所示。

在采样控制系统中，把脉冲序列转变为连续信号的过程称为信号复现过程。实现复现过程的装置称为保持器。采用保持器不仅因为需要实现两种信号之间的转换，也是因为采样器输出的是脉冲信号 $e^*(t)$，如果不经滤波将其恢复成连续信号，则 $e^*(t)$ 中的高频分量相当于给系统中的连续部分加入了噪声，不但影响控制质量，严重时会加剧机械部件的磨损。因此，需要在采样器后面串联一个信号复现滤波器，以使脉冲信号 $e^*(t)$ 复原成连续信号，再加到系统的连续部分。最简单的复现滤波器由保持器实现，可把脉冲信号 $e^*(t)$ 复现为阶梯信号 $e_h(t)$，如图 8-3 所示。由图可见，当采样频率足够高时，$e_h(t)$ 接近于连续信号。

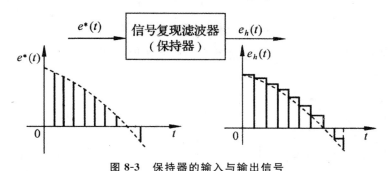

图 8-3　保持器的输入与输出信号

2. 采样系统的典型结构图

根据采样器在系统中所处的位置不同，可以构成各种采样系统。如果采样器位于系统闭合回路之外，或者系统本身不存在闭合回路，则称为开环采样系统；如果采样器位于系统闭合回路之内，则称为闭环采样系统。在各种采样控制系统中，用得最多的是误差采样控制的闭环采样系统，其典型结构图如图 8-4 所示。图中，S 为理想采样开关，其采样瞬时的脉冲幅值，等于相应采样瞬时误差信号 $e(t)$ 的幅值，且采样持续时间 τ 趋于零；$G_h(s)$ 为保持器的传递函数；$G_0(s)$ 为被控对象的传递函数；$H(s)$ 为测量变送反馈元件的传递函数。

由图 8-4 可见，采样开关 S 的输出 $e^*(t)$ 的幅值，与其输入 $e(t)$ 的幅值之间存在线性关系。当采样开关和系统其余部分的传递函数都具有线性特性时，这样的系统就称为线性采样系统。

8.1.2　数字控制系统

数字控制系统是一种以数字计算机为控制器去控制具有连续工作状态的被控对象的闭环控制系统。因此，数字控制系统包括工作于离散状态下的数字计算机和工作于连续状态下的被控对象两大部分。由于数字控制系统具有一系列的优越性，所以在军事、航空及工业过程控制中，得到了广泛的应用。

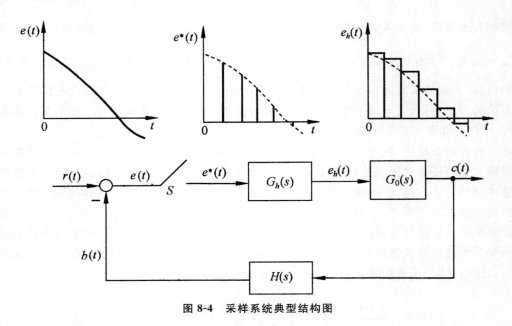

图 8-4 采样系统典型结构图

【例 8-2】图 8-5 是小口径高炮高精度数字伺服系统原理图。

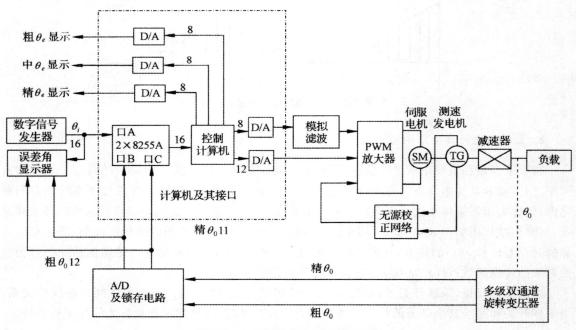

图 8-5 小口径高炮高精度伺服系统

　　现代的高炮伺服系统,已由数字系统模式取代了原来模拟系统的模式,使系统获得了高速、高精度、无超调的特性,其性能大大超过了原有的高炮伺服系统。如美国多管火炮反导系统"密集阵"、"守门员"等,均采用了数字伺服系统。

　　本例系统采用 MCS-96 系列单片机作为数字控制器,并结合 PWM(脉宽调制)直流伺服系统形成数字控制系统,具有低速性能好、稳态精度高、快速响应性好、抗干扰能力强等特点。整个

系统主要由控制计算机、被控对象和位置反馈三部分组成。控制计算机以 16 位单片机 MCS-96
为主体,按最小系统原则设计,具有 3 个输入接口和 5 个输出接口。

数字信号发生器给出的 16 位数字输入信号佛经两片 8255A 的口 A 进入控制计算机,系统
输出角 θ_o(模拟量)经 110XFS1/32 多极双通道旋转变压器和 2×12XSZ741 A/D 变换器及其锁
存电路完成绝对式轴角编码的任务,将输出角模拟量 θ_o 转换成二进制数码粗、精各 12 位,该数
码经锁存后,取粗 12 位、精 11 位由 8255A 的口 B 和口 C 进入控制计算机。经计算机软件运算,
将精、粗合并,得到 16 位数字量的系统输出角 θ_o。

控制计算机的 5 个输出接口分别为主控输出口、前馈输出口和 3 个误差角 $\theta_e=\theta_i-\theta_o$ 显示
口。主控输出口由 12 位 D/A 转换芯片 DAC 1210 等组成,其中包含与系统误差角以及其一阶
差分 $\Delta\theta_e$ 成正比的信号,同时也包含与系统输入角 θ_i 的一阶差分 $\Delta\theta_i$ 成正比的复合控制信号,从
而构成系统的模拟量主控信号,通过 PWM 放大器,驱动伺服电机,带动减速器与小口径高炮,使
其输出转角 θ_o 跟踪数字指令 θ_i。

前馈输出口由 8 位 D/A 转换芯片 DAC0832 等组成,可将与系统输入角的二阶差分 $\Delta^2\theta_i$ 成
正比并经数字滤波器滤波后的数字前馈信号转换为相应的模拟信号,再经模拟滤波器滤波后加
入 PWM 放大器,作为系统控制量的组成部分作用于系统,主要用来提高系统的控制精度。

误差角显示口主要用于系统运行时的实时观测。粗 θ_e 显示口由 8 位 D/A 转换芯片
DAC0832 等组成,可将数字粗 θ_e 量转换为模拟粗 θ_e 量,接入显示器,以实时观测系统误差值。
中 θ_e 和精 θ_e 显示口也分别由 8 位 D/A 转换芯片 DAC0832 等组成,将数字误差量转换为模拟误
差量,以显示不同误差范围下的误差角 θ_e。

PWM 放大器(包括前置放大器)、伺服电机 ZK-21G、减速器、负载(小口径高炮)、测速发电
机 45CY 003,以及速度和加速度无源反馈校正网络,构成了闭环连续被控对象。

上例表明,计算机作为系统的控制器,其输入和输出只能是二进制编码的数字信号,即在时
间上和幅值上都离散的信号,而系统中被控对象和测量元件的输入和输出是连续信号,所以在计
算机控制系统中,需要应用 A/D(模/数)和 D/A(数/模)转换器,以实现两种信号的转换。计算
机控制系统的典型原理图如图 8-6 所示。

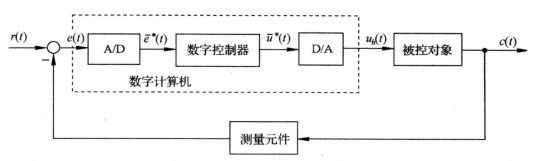

图 8-6　计算机控制系统典型原理图

数字计算机在对系统进行实时控制时,每隔 T 秒进行一次控制修正,T 为采样周期。在每
个采样周期中,控制器要完成对于连续信号的采样编码(即 A/D 过程)和按控制律进行的数码运
算,然后将计算结果由输出寄存器经解码网络将数码转换成连续信号(即 D/A 过程)。因此,A/
D 转换器和 D/A 转换器是计算机控制系统中的两个特殊环节。

1. A/D 转换器

A/D 转换器是把连续的模拟信号转换为离散数字信号的装置。A/D 转换包括两个过程:一是采样过程,即每隔 T 秒对如图 8-7(a)所示的连续信号 $e(t)$ 进行一次采样,得到采样后的离散信号为 $e^*(t)$,如图 8-7(b)所示,所以数字计算机中的信号在时间上是断续的;二是量化过程,因为在计算机中,任何数值的离散信号必须表示成最小位二进制的整数倍,成为数字信号,才能进行运算,采样信号 $e^*(t)$ 经量化后变成数字信号 $\bar{e}^*(t)$ 的过程,如图 8-7(c)所示,也称编码过程,所以数字计算机中信号的断续性还表现在幅值上。

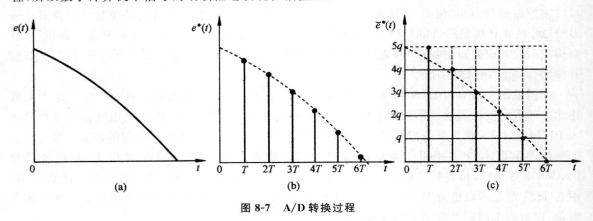

图 8-7　A/D 转换过程

通常,A/D 转换器有足够的字长来表示数码,且量化单位 q 足够小,故由量化引起的幅值的断续性可以忽略。此外,若认为采样编码过程瞬时完成,并用理想脉冲来等效代替数字信号,则数字信号可以看成脉冲信号,A/D 转换器就可以用一个每隔 T 秒瞬时闭合一次的理想采样开关 S 来表示。

2. D/A 转换器

D/A 转换器是把离散的数字信号转换为连续模拟信号的装置。D/A 转换也经历了两个过程:一是解码过程,把离散数字信号转换为离散的模拟信号,如图 8-8(a)所示;二是复现过程,因为离散的模拟信号无法直接控制连续的被控对象,需要经过保持器将离散模拟信号复现为连续的模拟信号,如图 8-8(b)所示。

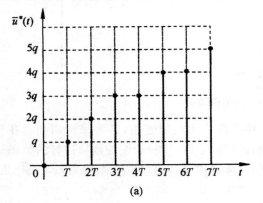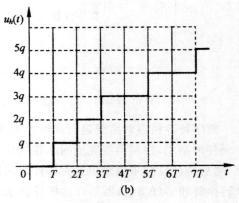

图 8-8　D/A 转换过程

计算机的输出寄存器和解码网络起到了信号保持器的作用。显然,在图 8-8(b)中经保持后的 $u_h(t)$ 只是一个阶梯信号,但是当采样频率足够高时,$u_h(t)$ 将趋近于连续信号。

3. 数字控制系统的典型结构图

通常,假定所选择的 A/D 转换器有足够的字长来表示数码,量化单位 q 足够小,所以由量化引起的幅值断续性可以忽略。此外还假定,采样编码过程是瞬时完成的,可用理想脉冲的幅值等效代替数字信号的大小,则 A/D 转换器可以用周期为 T 的理想开关来代替。同理,将数字量转换为模拟量的 D/A 转换器可以用保持器取代,其传递函数为 $G_h(s)$。图 8-9 中数字控制器的功能是按照一定的控制规律,将采样后的误差信号 $e^*(t)$ 加工成所需的数字信号,并以一定的周期 T 给出运算后的数字信号 $\bar{u}^*(t)$,所以数字控制器实质上是一个数字校正装置,在结构图中可以等效为一个传递函数为 $G_c(s)$ 的脉冲控制器与一个周期为 T 的理想采样开关相串联,用采样开关每隔 T 秒输出的脉冲强度 $u^*(t)$ 来表示数字控制器每隔 T 秒输出的数字量 $\bar{u}^*(t)$。如果再令被控对象的传递函数为 $G_0(s)$,测量元件的传递函数为 $H(s)$,则图 8-6 的等效采样系统结构图如图 8-9 所示。实际上,图 8-9 也是数字控制系统的常见典型结构图。

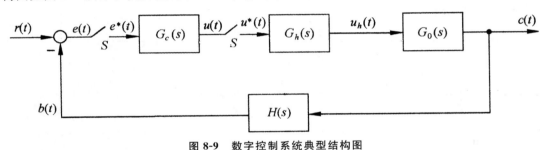

图 8-9　数字控制系统典型结构图

8.1.3　离散控制系统的特点

采样和数控技术,在自动控制领域中得到了广泛的应用,其主要原因是采样系统,特别是数字控制系统较之相应的连续系统具有以下一系列的特点。

1)由数字计算机构成的数字校正装置,效果比连续式校正装置好,且由软件实现的控制规律易于改变,控制灵活。

2)采样信号,特别是数字信号的传递可以有效地抑制噪声,从而提高了系统的抗扰能力。

3)允许采用高灵敏度的控制元件,以提高系统的控制精度。

4)可用一台计算机分时控制若干个系统,提高了设备的利用率,经济性好。

5)对于具有传输延迟,特别是大延迟的控制系统,可以引入采样的方式稳定。

8.1.4　离散系统的研究方法

由于在离散系统中存在脉冲或数字信号,如果仍然沿用连续系统中的拉氏变换方法来建立系统各个环节的传递函数,则在运算过程中会出现复变量 s 的超越函数。为了克服这个障碍,需要采用 z 变换法建立离散系统的数学模型。我们将会看到,通过 z 变换处理后的离散系统,可以把用于连续系统中的许多方法。例如稳定性分析、稳态误差计算、时间响应分析及系统校正方法等,经过适当改变后直接应用于离散系统的分析和设计之中。

8.2 信号的采样与保持

离散系统的特点是,系统中一处或数处的信号是脉冲序列或数字序列。为了把连续信号变换为脉冲信号,需要使用采样器;另一方面,为了控制连续式元部件,又需要使用保持器将脉冲信号变换为连续信号。因此,为了定量研究离散系统,必须对信号的采样过程和保持过程用数学的方法加以描述。

8.2.1 采样过程

把连续信号变换为脉冲序列的装置称为采样器,又叫采样开关。采样器的采样过程,可以用一个周期性闭合的采样开关 S 来表示,如图 8-10 所示。假设采样器每隔 T 秒闭合一次,闭合的持续时间为 τ;采样器的输入 $e(t)$ 为连续信号;输出 $e^*(t)$ 为宽度等于 τ 的调幅脉冲序列,在采样瞬时 $Tn(n=0,1,2,\cdots,\infty)$ 时出现。换句话说,在 $t=0$ 时,采样器闭合 τ 秒,此时 $e^*(t)=e(t)$;$t=\tau$ 以后,采样器打开,输出 $e^*(t)=0$;以后每隔 T 秒重复一次这种过程。显然,采样过程要丢失采样间隔之间的信息。

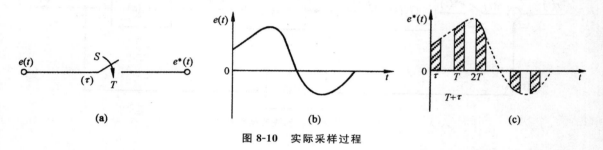

图 8-10 实际采样过程

对于具有有限脉冲宽度的采样系统来说,要准确进行数学分析是非常复杂的,且无此必要。考虑到采样开关的闭合时间 τ 非常小,通常为毫秒到微秒级,一般远小于采样周期 T 和系统连续部分的最大时间常数。因此在分析时,可以认为 $\tau=0$。这样,采样器就可以用一个理想采样器来代替。采样过程可以看成是一个幅值调制过程。理想采样器好像是一个载波为 $\delta_T(t)$ 的幅值调制器,如图 8-11(b)所示,其中 $\delta_T(t)$ 为理想单位脉冲序列。图 8-11(c)所示的理想采样器的输出信号 $e^*(t)$,可以认为是图 8-11(a)所示的输入连续信号 $e(t)$ 调制在载波 $\delta_T(t)$ 上的结果,而各脉冲强度(即面积)用其高度来表示,它们等于相应采样瞬时 $t=nT$ 时 $e(t)$ 的幅值。如果用数学形式描述上述调制过程,则有

$$e^*(t)=e(t)\delta_T(t) \tag{8-1}$$

因为理想单位脉冲序列 $\delta_T(t)$ 可以表示为

$$\delta_T(t)=\sum_{n=0}^{\infty}\delta(t-nT) \tag{8-2}$$

其中 $\delta(t-nT)$ 是出现在时刻 $t=nT$ 时、强度为 1 的单位脉冲,故式(8-1)可以写为

$$e^*(t)=e(t)\sum_{n=0}^{\infty}\delta(t-nT)$$

由于 $e(t)$ 的数值仅在采样瞬时才有意义,所以上式又可表示为

$$e^*(t) = \sum_{n=0}^{\infty} e(Tn)\delta(t - nT) \tag{8-3}$$

值得注意,在上述讨论过程中,假设了

$$e(t) = 0 \qquad \forall t < 0$$

因此脉冲序列从零开始。这个前提在实际控制系统中,通常都是满足的。

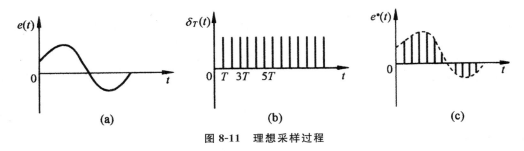

图 8-11　理想采样过程

8.2.2　采样过程的数学描述

采样信号 $e^*(t)$ 的数学描述,可分以下两方面讨论。

1. 采样信号的拉氏变换

对采样信号 $e^*(t)$ 进行拉氏变换,可得

$$E^*(t) = L[e^*(t)] = L\left[\sum_{n=0}^{\infty} e(Tn)\delta(t - nT)\right] \tag{8-4}$$

根据拉氏变换的位移定理,有

$$L[\delta(t - nT)] = e^{-nTs}\int_0^{\infty}\delta(t)e^{-st}\,dt = e^{-nTs}$$

所以,采样信号的拉氏变换

$$E^*(s) = \sum_{n=0}^{\infty} e(Tn)e^{-nTs} \tag{8-5}$$

应当指出,式(8-5)将 $E^*(s)$ 与采样函数 $e(nT)$ 联系了起来,可以直接看出 $e^*(t)$ 的时间响应。但是,由于 $e^*(t)$ 只描述了 $e(t)$ 在采样瞬时的数值,所以 $E^*(s)$ 不能给出连续函数 $e(t)$ 在采样间隔之间的信息,这是要特别强调指出的。还应当注意的是,式(8-5)描述的采样拉氏变换,与连续信号 $e(t)$ 的拉氏变换 $E(s)$ 非常类似。因此,如果 $e(t)$ 是一个有理函数,则无穷级数 $E^*(s)$ 也总是可以表示成 e^{Ts} 的有理函数形式。在求 $E^*(s)$ 的过程中,初始值通常规定采用 $e(0_+)$。

上述分析表明,只要 $E(s)$ 可以表示为 s 的有限次多项式之比时,总可以用式(8-5)推导出 $E^*(s)$ 的闭合形式。然而,如果用拉氏变换法研究离散系统,尽管可以得到 e^{Ts} 的有理函数,但却是一个复变量 s 的超越函数,不便于进行分析和设计。为了克服这一困难,通常采用 z 变换法研究离散系统。z 变换可以把离散系统的 s 超越方程,变换为变量 z 的代数方程。

2. 采样信号的频谱

由于采样信号的信息并不等于连续信号的全部信息,所以采样信号的频谱与连续信号的频谱相比,要发生变化。研究采样信号的频谱,目的是找出 $E^*(s)$ 与 $E(s)$ 之间的相互联系。

式(8-2)表明,理想单位脉冲序列 $\delta_T(t)$,σ 是一个周期函数,可以展开为如下傅氏级数形式:

$$\delta_T(t) = \sum_{n=-\infty}^{\infty} c_n e^{jn\omega_s t} \tag{8-6}$$

式中,$\omega_s = 2\pi/T$,为采样角频率;c_n 是傅氏系数,其值为

$$c_n = \frac{1}{T} \int_{-T/2}^{T/2} \delta_T(t) e^{jn\omega_s t} dt$$

由于在 $[-T/2, T/2]$ 区间中,$\delta_T(t)$ 仅在 $t=0$ 时有值,且 $e^{jn\omega_s t}|_{t=0} = 1$,所以

$$c_n = \frac{1}{T} \int_{0_-}^{0_+} \delta(t) dt = \frac{1}{T} \tag{8-7}$$

将式(8-7)代入式(8-6),得

$$\delta(t) = \frac{1}{T} \sum_{n=-\infty}^{\infty} e^{jn\omega_s t} \tag{8-8}$$

再把式(8-8)代入式(8-1),有

$$e^*(t) = \frac{1}{T} \sum_{n=-\infty}^{\infty} e(t) e^{jn\omega_s t} \tag{8-9}$$

上式两边取拉氏变换,由拉氏变换的复数位移定理,得到

$$E^*(s) = \frac{1}{T} \sum_{n=-\infty}^{\infty} E(s + jn\omega_s) \tag{8-10}$$

式(8-10)在描述采样过程的性质方面是非常重要的,因为该式提供了理想采样器在频域中的特点。在式(8-10)中,如果 $E^*(s)$ 没有右半 s 平面的极点,则可令 $s = j\omega$,得到采样信号 $e^*(t)$ 的傅氏变换

$$E^*(j\omega) = \frac{1}{T} \sum_{n=-\infty}^{\infty} E[j(\omega + n\omega_s)] \tag{8-11}$$

其中,$E(j\omega)$ 为连续信号 $e(t)$ 的傅氏变换。

一般说来,连续信号 $e(t)$ 的频谱 $|E(j\omega)|$ 是单一的连续频谱,如图 8-12 所示。其中 ω_h 为连续频谱 $|E(j\omega)|$ 中的最大角频率;而采样信号 $e^*(t)$ 的频谱 $|E^*(j\omega)|$。则是以采样角频率 ω_s 为周期的无穷多个频谱之和,如图 8-13 所示。在图 8-13 中,$n=0$ 的频谱称为采样频谱的主分量,如曲线 1 所示,它与连续频谱 $|E(j\omega)|$ 形状一致,仅在幅值上变化了 $1/T$ 倍;其余频谱($n=\pm1, \pm2, \cdots$)都是由于采样而引起的高频频谱,称为采样频谱的补分量,如曲线 2 所示。图 8-13 表明的是采样角频率 ω_s 大于两倍 ω_h 这一情况。如果加大采样周期 T,采样角频率 ω_s 相应减小,当 $\omega_s < 2\omega_h$ 时,采样频谱中的补分量相互交叠,致使采样器输出信号发生畸变,如图 8-14 所示。在这种情况下,就是用图 8-15 所示的理想滤波器也无法恢复原来连续信号的频谱。因此不难看出,要想从采样信号 $e^*(t)$ 中完全复现出采样前的连续信号 $e(t)$,对采样角频率 ω_s 应有一定的要求。

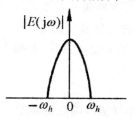

图 8-12　连续信号频谱

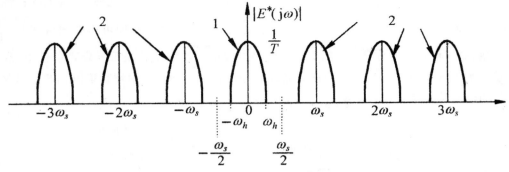

图 8-13 采样信号频谱

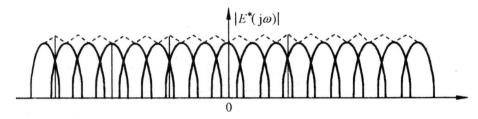

图 8-14 采样信号频谱

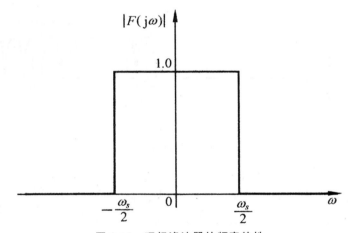

图 8-15 理想滤波器的频率特性

8.2.3 香农采样定理

在设计离散系统时,香农采样定理是必须严格遵守的一条准则,因为它指明了从采样信号中不失真地复现原连续信号所必需的理论上的最小采样周期 T。

香农采样定理指出:如果采样器的输入信号 $e(t)$ 具有有限带宽,并且有直到 ω_h 的频率分量,则使信号 $e(t)$ 从采样信号 $e^*(t)$ 中恢复过来的采样周期 T,满足下列条件:

$$T \leqslant \frac{2\pi}{2\omega_h} \tag{8-12}$$

采样定理表达式(8-12)与 $\omega_s \geqslant 2\omega_h$ 是等价的。由图 8-13 可见,在满足香农采样定理的条件

下，要想不失真地复现采样器的输入信号，需要采用图 8-15 所示的理想滤波器，其频率特性的幅值 $|F(j\omega)|$ 必须在 $\omega = \omega_s/2$ 处突然截止，那么在理想滤波器的输出端便可以准确得到 $\frac{|E(j\omega)|}{T}$ 的连续频谱，除了幅值变化 $1/T$ 倍外，频谱形状没有畸变。在满足香农采样定理条件下，理想采样器的特性如图 8-16 所示。图（a）为连续输入信号及其频谱；图（b）为理想单位脉冲序列及其频谱；图（c）为输出采样信号及其频谱。

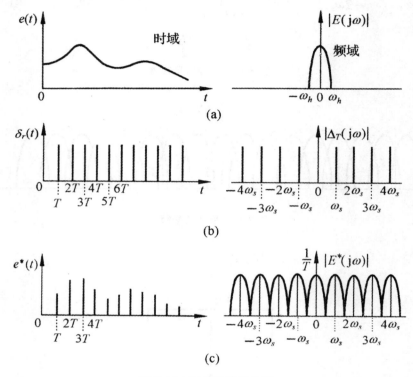

图 8-16 理想采样器特性

应当指出，香农采样定理只是给出了一个选择采样周期 T 或采样频率 f_s 的指导原则，它给出的是由采样脉冲序列无失真地再现原连续信号所允许的最大采样周期，或最低采样频率。在控制工程实践中，一般总是取 $\omega_s > 2\omega_h$，而不取恰好等于 $2\omega_h$ 的情形。

8.2.4 采样周期的选取

采样定理只是给出了采样周期选择的基本原则，并未给出选择采样周期的具体方法。显然，采样周期 T 选得越小，即采样角频率 ω_s 选得越高，对控制过程的信息便获得越多，控制效果也会越好。但是，采样周期 T 选得过小，将增加不必要的计算负担，造成实现较复杂控制规律的困难，而且采样周期 T 小到一定的程度后，再减小就没有多大实际意义了。反之，采样周期 T 选得过大，又会给控制过程带来较大的误差，降低系统的动态性能，甚至有可能导致整个控制系统失去稳定。

在一般工业过程控制中，微型计算机所能提供的运算速度，对于采样周期的选择来说，回旋余地较大。工程实践表明，根据表 8-1 给出的参考数据选择采样周期 T，可以取得满意的控制效果。但是,对于快速随动系统,采样周期 T 的选择将是系统设计中必须予以认真考虑的问题。采样周期的选取,在很大程度上取决于系统的性能指标。

表 8-1　工业过程 T 的选择

控制过程	采样周期 T/s
流　　量	1
压　　力	5
液　　面	5
温　　度	20
成　　分	20

从频域性能指标来看,控制系统的闭环频率响应通常具有低通滤波特性,当随动系统的输入信号的频率高于其闭环幅频特性的谐振频率 ω_r 时,信号通过系统将会很快衰减,因此可认为通过系统的控制信号的最高频率分量为 ω_r。在随动系统中,一般认为开环系统的截止频率 ω_c 与闭环系统的谐振频率 ω_r 相当接近,近似有 $\omega_r = \omega_c$,故在控制信号的频率分量中,超过 ω_c 的分量通过系统后将被大幅度衰减掉。工程实践表明,随动系统的采样角频率可近似取为

$$\omega_s = 10\omega_c \qquad (8\text{-}13)$$

由于 $T = \dfrac{2\pi}{\omega_s}$,所以采样周期可按下式选取:

$$T = \frac{\pi}{5} \times \frac{1}{\omega_c} \qquad (8\text{-}14)$$

从时域性能指标来看,采样周期 T 可通过单位阶跃响应的上升时间 t_r 或调节时间 t_s 按下列经验公式选取:

$$T = \frac{1}{10} t_r \qquad (8\text{-}15)$$

或者

$$T = \frac{1}{40} t_s \qquad (8\text{-}16)$$

应当指出,采样周期选择得当,是连续信号 $e(t)$ 可以从采样信号 $e^*(t)$ 中完全复现的前提。然而,图 8-15 所示的理想滤波器实际上并不存在,因此只能用特性接近理想滤波器的低通滤波器来代替,零阶保持器是常用的低通滤波器之一。为此,需要研究信号保持过程。

8.2.5　信号保持

用数字计算机作为系统的信息处理机构时,处理结果的输出如同原始信息的获取一样,一般也有两种方式。一种是直接数字输出,如屏幕显示、打印输出,或将数列以二进制形式馈给相应的寄存器,图 8-5 中的误差角 θ_e 显示就属于此种形式;另一种需要把数字信号转换为连续信号。用于这后一种转换过程的装置,称为保持器。从数学上说,保持器的任务是解决各采样点之间的插值问题。

1. 保持器的数学描述

由采样过程的数学描述可知,在采样时刻上,连续信号的函数值与脉冲序列的脉冲强度相

等。在 nT 时刻,有

$$e(t)\big|_{t=nT}=e(nT)=e^*(nT)$$

而在 $(n+1)T$ 时刻,则有

$$e(t)\big|_{t=(n+1)T}=e[(n+1)T]=e^*[(n+1)T]$$

然而,在由脉冲序列 $e^*(t)$ 向连续信号 $e(t)$ 的转换过程中,在 nT 与 $(n+1)T$ 时刻之间,即当 $0<\Delta t<T$ 时,连续信号 $e(nT+\Delta t)$ 的大小及它与 $e(nT)$ 的关系这就是保持器要解决的问题。

实际上,保持器是具有外推功能的元件。保持器的外推作用,表现为现在时刻的输出信号取决于过去时刻离散信号的外推。通常,采用如下多项式外推公式描述保持器:

$$e(nT+\Delta t)=a_0+a_1\Delta t+a_2(\Delta t)^2+\cdots+a_m(\Delta t)^m \tag{8-17}$$

式中,Δt 是以 nT 时刻为原点的坐标。式(8-17)表示:现在时刻的输出 $e(nT+\Delta t)$ 值,取决于 $\Delta t=0,-T,-2T,\cdots,-mT$ 各过去时刻的离散信号 $e^*(nT)$,$e^*[(n-1)T]$,$e^*[(n-2)T]$,$\cdots$,$e^*[(n-m)T]$ 的 $(m+1)$ 个值。外推公式中 $(m+1)$ 个待定系数 $a_i(i=0,1,\cdots,m)$,唯一地由过去各采样时刻 $(m+1)$ 个离散信号值 $e^*[(n-i)T](i=0,1,\cdots,m)$ 来确定,故系数皖 i 有唯一解。这样保持器称为 m 阶保持器。若取 $m=0$,则称零阶保持器;$m=1$,称一阶保持器。在工程实践中,普遍采用零阶保持器。

2. 零阶保持器

零阶保持器的外推公式为

$$e(nT+\Delta t)=a_0$$

显然,$\Delta t=0$ 时,上式也成立。所以

$$a_0=e(nT)$$

从而,零阶保持器的数学表达式为

$$e(nT+\Delta t)=e(nT)$$
$$0\leqslant\Delta t<T$$

上式说明,零阶保持器是一种按常值外推的保持器,它坦前一采样时刻 nT 的采样值 $e(nT)$ (因为在各采样点上,$e^*(nT)=e(nT)$)一直保持到下一采样时刻 $(n+1)T$ 到来之前,从而使采样信号 $e^*(t)$ 变成阶梯信号 $e_h(t)$,如图 8-17 所示。

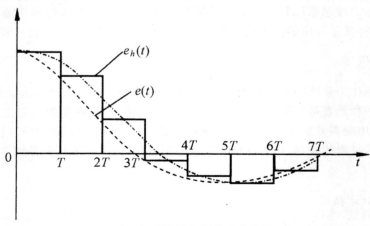

图 8-17　零阶保持器的输出特性

如果把阶梯信号 $e_h(t)$ 的中点连接起来,如图 8-17 中点划线所示,则可以得到与连续信号 $e(t)$ 形状一致但在时间上落后 $T/2$ 的响应 $e[t-(T/2)]$。

式(8-18)还表明:零阶保持过程是由于理想脉冲 $e(nT)\delta(t-nT)$ 的作用结果。如果给零阶保持器输入一个理想单位脉冲 $\delta(t)$,则其脉冲过渡函数 $g_h(t)$ 是幅值为 1 持续时间为 T 的矩形脉冲,并可分解为两个单位阶跃函数的和:

$$g_h(t)=1(t)-1(t-T)$$

对脉冲过渡函数 $g_h(t)$ 取拉氏变换,可得零阶保持器的传递函数:

$$G_h(s)=\frac{1}{s}-\frac{e^{-Ts}}{s}=\frac{1-e^{-Ts}}{s} \tag{8-19}$$

在式(8-19)中,令 $s=j\omega$,得零阶保持器的频率特性:

$$G_h(s)=\frac{1-e^{-j\omega T}}{j\omega}=\frac{2e^{-\frac{j\omega T}{2}}(e^{\frac{j\omega T}{2}}-e^{-\frac{j\omega T}{2}})}{2j\omega}=T\frac{\sin\left(\frac{\omega T}{2}\right)}{(\omega T/2)}e^{-j\omega T/2} \tag{8-20}$$

若以采样角频率 $\omega_s=2\pi/T$ 来表示,则上式可表示为

$$G_h(j\omega)=\frac{2\pi}{\omega_s}=\frac{\sin\pi(\omega/\omega_s)}{\pi(\omega/\omega_s)}e^{-j\pi(\omega/\omega_s)} \tag{8-21}$$

根据上式,可画出零阶保持器的幅频特性 $|G_h(j\omega)|$ 和相频特性 $\underline{/G_h(j\omega)}$,如图 8-18 所示。由图可见,零阶保持器具有如下特性。

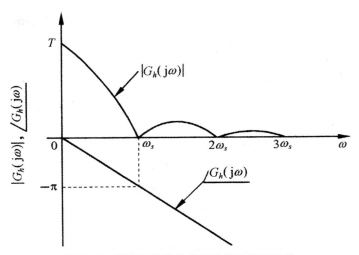

图 8-18　零阶保持器的幅频特性和相频特性

(1)低通特性。

由于幅频特性的幅值随频率值的增大而迅速衰减,说明零阶保持器基本上是一个低通滤波器,但与理想滤波器特性相比,在 $\omega=\omega_s/2$ 时,其幅值只有初值的 63.7%,且截止频率不止一个,所以零阶保持器除允许主要频谱分量通过外,还允许部分高频频谱分量通过,从而造成数字控制系统的输出中存在纹波。

(2)相角滞后特性。

由相频特性可见,零阶保持器要产生相角滞后,且随 ω 的增大而加大,在 $\omega=\omega_s$ 处,相角滞后可达 $-180°$,从而使闭环系统的稳定性变差。

（3）时间滞后特性。

零阶保持器的输出为阶梯信号 $e_h(t)$，其平均响应为 $e[t-(T/2)]$，表明其输出比输入在时间上要滞后 $T/2$，相当于给系统增加了一个延迟时间为 $T/2$ 的延迟环节，使系统总的相角滞后增大，对系统的稳定性不利；此外，零阶保持器的阶梯输出也同时增加了系统输出中的纹波。

3. 一阶保持器

对于一阶保持器，其外推公式为

$$e(nT+\Delta t)=a_0+a_1\Delta t$$

将 $\Delta t=0$ 和 $\Delta t=-T$ 代入上式，有

$$e(nT)=a_0$$
$$e[(n-1)T]=a_0-a_1T$$

解联立方程，得

$$a_0=e(nT)$$
$$a_1=\frac{e(nT)-e[(n-1)T]}{T}$$

于是，一阶保持器的数学表达式为

$$e(nT+\Delta t)=e(nT)+\frac{e(nT)-e[(n-1)T]}{T}\Delta t \quad 0\leqslant\Delta t<T \tag{8-22}$$

上式表明，一阶保持器是一种按线性外推规律得到的保持器，其输出特性如图 8-19 所示。

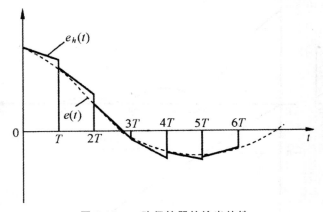

图 8-19 一阶保持器的输出特性

采用类似的方法，可以导出一阶保持器的传递函数和频率特性：

$$G_h(s)=T(1+Ts)\left(\frac{1-e^{-Ts}}{Ts}\right)^2 \tag{8-23}$$

以及

$$G_h(j\omega)=T\sqrt{1+(\omega T)^2}\left[\frac{\sin\frac{\omega T}{2}}{\frac{\omega T}{2}}\right]^2 e^{-j(\omega T-\arctan\omega T)} \tag{8-24}$$

与零阶保持器相比，一阶保持器复现原信号的准确度较高。然而，一阶保持器的幅频特性普遍较大，允许通过的信号高频分量较多，更易造成纹波。此外，一阶保持器的相角滞后比零阶保

持器大,在 $\omega = \omega_s$ 时,可达 $-280°$,对系统的稳定性更加不利,因此在数字控制系统中,一般很少采用一阶保持器,更不采用高阶保持器,而普遍采用零阶保持器。

在工程实践中,零阶保持器可用输出寄存器实现。在正常情况下,还应附加模拟滤波器,以有效地去除在采样频率及其谐波频率附近的高频分量。

8.3　z 变换与反变换

z 变换的思想来源于连续系统。线性连续控制系统的动态及稳态性能,可以应用拉氏变换的方法进行分析。与此相似,线性离散系统的性能,可以采用 z 变换的方法来获得。z 变换是从拉氏变换直接引申出来的一种变换方法,它实际上是采样函数拉氏变换的变形。因此,z 变换又称为采样拉氏变换,是研究线性离散系统的重要数学工具。

8.3.1　z 变换定义

设连续函数 $e(t)$ 是可拉氏变换的,则拉氏变换定义为

$$E(s) = \int_0^\infty e(t) \mathrm{e}^{-st} \, \mathrm{d}t$$

由于 $t < 0$ 时,有 $e(t) = 0$,故上式亦可写为

$$E(s) = \int_{-\infty}^\infty e(t) \mathrm{e}^{-st} \, \mathrm{d}t$$

对于采样信号 $e^*(t)$,其表达式为

$$e^*(t) = \sum_{n=0}^\infty e(nT) \delta(t - nT)$$

故采样信号 $e^*(t)$ 的拉氏变换

$$
\begin{aligned}
E^*(s) &= \int_{-\infty}^\infty e^*(t) \mathrm{e}^{-st} \, \mathrm{d}t = \int_{-\infty}^\infty \sum_{n=0}^\infty e(nT) \delta(t - nT) \mathrm{e}^{-st} \, \mathrm{d}t \\
&= \sum_{n=0}^\infty e(nT) \left[\int_{-\infty}^\infty \delta(t - nT) \mathrm{e}^{-st} \, \mathrm{d}t \right]
\end{aligned}
\tag{8-25}
$$

由广义脉冲函数的筛选性质

$$\int_{-\infty}^\infty \delta(t - nT) f(t) \, \mathrm{d}t = f(nT)$$

故有

$$\int_{-\infty}^\infty \delta(t - nT) \mathrm{e}^{-st} \, \mathrm{d}t = \mathrm{e}^{-snT}$$

于是,采样拉氏变换(8-25)可以写为

$$E^*(s) = \sum_{n=0}^\infty e(nT) \mathrm{e}^{-nsT} \tag{8-26}$$

在上式中,各项均含有 e^{sT} 因子,故上式为 s 的超越函数。为便于应用,令变量

$$z = \mathrm{e}^{sT} \tag{8-27}$$

式中,T 为采样周期;z 是在复数平面上定义的一个复变量,通常称为 z 变换算子。

将式(8-27)代入式(8-26),则采样信号 $e^*(t)$ 的 z 变换定义为

$$E(z) = E^*(s) \big|_{s=\frac{1}{T}\ln z} = \sum_{n=0}^{\infty} e(nT)z^{-n} \tag{8-28}$$

记作

$$E(z) = L[e^*(t)] = L[e(t)] \tag{8-29}$$

后一记号是为了书写方便,并不意味着是连续信号 $e(t)$ 的 z 变换,而是仍指采样信号 $e^*(t)$ 的 z 变换。

应当指出,z 变换仅是一种在采样拉氏变换中,取 $z=e^{sT}$ 的变量置换。通过这种置换,可将 s 的超越函数转换为 z 的幂级数或 z 的有理分式。

8.3.2　z 变换方法

求离散时间函数的 z 变换有多种方法,下面只介绍常用的两种主要方法。

1. 级数求租法

级数求和法是直接根据 z 变换的定义,将式(8-28)写成展开形式:

$$E(z) = e(0) + e(T)z^{-1} + e(2T)z^{-2} + \cdots + e(nT)z^{-n} + \cdots \tag{8-30}$$

上式是离散时间函数 $e^*(t)$ 的一种无穷级数表达形式。显然,根据给定的理想采样开关的输入连续信号 $e(t)$ 或其输出 $e^*(t)$,以及采样周期 T,由式(8-30)立即可得 z 变换的级数展开式。通常,对于常用函数 z 变换的级数形式,都可以写出其闭合形式。

2. 部分分式法

利用部分分式法求 z 变换时,先求出已知连续时间函数 $e(t)$ 的拉氏变换 $E(s)$,然后将有理分式函数 $E(s)$ 展成部分分式之和的形式,使每一部分分式对应简单的时间函数,其相应的 z 变换是已知的,于是可方便地求出 $E(s)$ 对应的 z 变换 $E(z)$。

常用时间函数的 z 变换都是 z 的有理分式,且分母多项式的次数大于或等于分子多项式的次数。需要注意的是,z 变换有理分式中,分母 z 多项式的最高次数与相应传递函数分母 s 多项式的最高次数相等。

8.3.3　z 变换性质

z 变换有一些基本定理,可以使 z 变换的应用变得简单和方便,其内容在许多方面与拉氏变换的基本定理有相似之处。

1. 线性定理

若 $E_1(z) = L[e_1(t)]$,$E_2(z) = L[e_2(t)]$,a 为常数,则

$$L[e_1(t) \pm e_2(t)] = E_1(z) \pm E_2(z) \tag{8-31}$$

$$L[ae(t)] = aE(z) \tag{8-32}$$

其中,$E(z) = L[e(t)]$

证明:由 z 变换定义

$$L[e_1(t) \pm e_2(t)] = \sum_{n=0}^{\infty} [e_1(nT) \pm e_2(nT)]z^{-n}$$

$$= \sum_{n=0}^{\infty} e_1(nT)z^{-n} \pm \sum_{n=0}^{\infty} e_2(nT)z^{-n} = E_1(z) \pm E_2(z)$$

以及

$$L[ae(t)] = a\sum_{n=0}^{\infty} e(nT)z^{-n} = aE(z)$$

式(8-31)和(8-32)表明，z 变换是一种线性变换，其变换过程满足齐次性与均匀性。

2. 实数位移定理

实数位移定理又称平移定理。实数位移的含意，是指整个采样序列在时间轴上左右平移若干采样周期，其中向左平移为超前，向右平移为滞后。实数位移定理如下：

如果函数 $e(t)$ 是可拉氏变换的，其 z 变换为 $E(z)$，则有

$$L[e(t-kT)] = z^{-k}E(z) \tag{8-33}$$

以及

$$L[e(t+kT)] = z^k\left[E(z) - \sum_{n=0}^{k-1} e(nT)z^{-n}\right] \tag{8-34}$$

其中 k 为正整数。

证明：由 z 变换定义

$$L[e(t-kT)] = \sum_{n=0}^{\infty} e(nT-kT)z^{-n} = z^{-k}\sum_{n=0}^{\infty} e[(n-k)T]z^{-(n-k)}$$

令 $m=n-k$，则有

$$L[e(t-kT)] = z^{-k}\sum_{m=-k}^{\infty} e(mT)z^{-m}$$

由于 z 变换的单边性，当 $m<0$ 时，有 $e(mT)=0$，所以上式可写为

$$L[e(t-kT)] = z^{-k}\sum_{m=0}^{\infty} e(mT)z^{-m}$$

再令 $m=n$，立即证得式(8-33)。

为了证明式(8-34)，取 $k=1$，得

$$L[e(t+T)] = \sum_{n=0}^{\infty} e(nT+T)z^{-n} = z\sum_{n=0}^{\infty} e[(n+1)T]z^{-(n+1)}$$

令 $m=n+1$，上式可写为

$$L[e(t+T)] = z\sum_{m=1}^{\infty} e(mT)z^{-m} = z\left[\sum_{m=0}^{\infty} e(mT)z^{-m} - e(0)\right]$$
$$= z[E(z) - e(0)]$$

取 $k=2$，同理得

$$L[e(t+2T)] = z^2\sum_{m=2}^{\infty} e(mT)z^{-m} = z^2\left[\sum_{m=0}^{\infty} e(mT)z^{-m} - e(0) - z^{-1}e(T)\right]$$
$$= z^2\left[E(z) - \sum_{n=0}^{1} e(nT)z^{-n}\right]$$

取 $k=k$ 时，必有

$$L[e(t+kT)] = z^k\left[E(z) - \sum_{n=0}^{k-1} e(nT)z^{-n}\right]$$

在实数位移定理中，式(8-33)称为滞后定理；式(8-34)称为超前定理。显然可见，算子 z 有

明确的物理意义：z^{-k} 是代表时域中的滞后环节，它将采样信号滞后 k 个采样周期；同理，z^k 代表超前环节，它把采样信号超前 k 个采样周期。但是，z^k 仅用于运算，在物理系统中并不存在。

实数位移定理是一个重要定理，其作用相当于拉氏变换中的微分和积分定理。应用实数位移定理，可将描述离散系统的差分方程转换为 z 域的代数方程。有关差分方程的概念将在下节介绍。

3. 复数位移定理

如果函数 $e(t)$ 是可拉氏变换的，其 z 变换为 $E(z)$，则有

$$L[e^{\mp at}e(t)] = E(ze^{\pm aT})^{-n} \tag{8-35}$$

证明　由 z 变换定义

$$L[e^{\mp at}e(t)] = \sum_{n=0}^{\infty} e^{\mp anT}e(nT)z^{-n} = \sum_{n=0}^{\infty} e(nT)(ze^{\pm aT})^{-n}$$

令

$$z_1 = ze^{\pm aT}$$

则有

$$L[e^{\mp at}e(t)] = \sum_{n=0}^{\infty} e(nT)z_1^{-n} = E(ze^{\pm aT})$$

复数位移定理是仿照拉氏变换的复数位移定理导出的，其含意是函数 $e^*(t)$ 乘以指数序列 $e^{\mp anT}$ 的 z 变换，就等于在 $e^*(t)$ 的 z 变换表达式 $E(z)$ 中，以 $ze^{\pm aT}$ 取代原算子 z。

4. 终值定理

如果函数 $e(t)$ 的 z 变换为 $E(z)$，函数序列 $e(nT)$ 为有限值（$n = 0,1,2,\cdots$），且极限 $\lim\limits_{n \to \infty} e(nT)$ 存在，则函数序列的终值

$$\lim_{n \to \infty} e(nT) = \lim_{z \to 1}(z-1)E(z) \tag{8-36}$$

证明　由 z 变换线性定理，有

$$L[e(t+T)] - L[e(t)] = \sum_{n=0}^{\infty} \{e[(n+1)T] - e(nT)\}z^{-n}$$

由平移定理

$$L[e(t+T)] = zE(z) - ze(0)$$

于是

$$(z-1)E(z) - ze(0) = \sum_{n=0}^{\infty} \{e[(n+1)T] - e(nT)\}z^{-n}$$

上式两边取 $z \to 1$ 时的极限，得

$$\lim_{z \to 1}(z-1)E(z) - ze(0) = \lim_{z \to 1}\sum_{n=0}^{\infty} \{e[(n+1)T] - e(nT)\}z^{-n}$$

$$= \sum_{n=0}^{\infty} \{e[(n+1)T] - e(nT)\}$$

当取 $n = N$ 为有限项时，上式右端可写为

$$\sum_{n=0}^{N} \{e[(n+1)T] - e(nT)\} = e[(N+1)T] - e(0)$$

令 $N \to \infty$，有

$$\sum_{n=0}^{\infty} \{e[(n+1)T] - e(nT)\} = \lim_{N \to \infty} \{e[(N+1)T] - e(0)\}$$
$$= \lim_{n \to \infty} e(nT) - e(0)$$

所以

$$\lim_{n \to \infty} e(nT) = \lim_{z \to 1} (z-1) E(z)$$

z 变换的终值定理形式亦可表示为

$$e_{ss}(\infty) = \lim_{n \to \infty} e(nT) = \lim_{z \to 1} (1 - z^{-1}) E(z) \tag{8-37}$$

5. 卷积定理

设 $x(nT)$ 和 $y(nT)$ 为两个采样函数，其离散卷积定义为

$$x(nT) \cdot y(nT) = \sum_{k=0}^{\infty} x(kT) y[(n-k)T] \tag{8-38}$$

则卷积定理：若

$$g(nT) = x(nT) \cdot y(nT)$$
$$G(z) = X(z) \cdot Y(z) \tag{8-39}$$

必有

证明　由 z 变换

$$X(z) = \sum_{k=0}^{\infty} x(kT) z^{-k}, \quad Y(z) = \sum_{n=0}^{\infty} y(nT) z^{-n}$$

再由定理已知条件

$$G(z) = L[g(nT)] = L[x(nT) \cdot y(nT)] \tag{8-40}$$

所以

$$X(z) \cdot Y(z) = \sum_{k=0}^{\infty} x(kT) z^{-k} Y(z)$$

根据平移定理及 z 变换定义，有

$$z^{-k} Y(z) = L\{y[(n-k)T]\} = \sum_{n=0}^{\infty} y[(n-k)T] z^{-n}$$

故

$$X(z) \cdot Y(z) = \sum_{k=0}^{\infty} x(kT) \sum_{n=0}^{\infty} y[(n-k)T] z^{-n}$$

卷积定理指出，两个采样函数卷积的 z 变换，就等于该两个采样函数相应 z 变换的乘积。在离散系统分析中，卷积定理是沟通时域与 z 域的桥梁。

8.3.4　z 反变换

在连续系统中，应用拉氏变换的目的，是把描述系统的微分方程转换为 s 的代数方程，然后写出系统的传递函数，即可用拉氏反变换法求出系统的时间响应，从而简化了系统的研究。与此类似，在离散系统中应用 z 变换，也是为了把 s 的超越方程或者描述离散系统的差分方程转换为 z 的代数方程，然后写出离散系统的脉冲传递函数（z 传递函数），再用 z 反变换法求出离散系统

的时间响应。

所谓 z 反变换,是已知 z 变换表达式 $E(z)$,求相应离散序列 $e(nT)$ 的过程。记为

$$e(nT)=L^{-1}[E(z)]$$

进行 z 反变换时,信号序列仍是单边的,即当 $n<0$ 时,$e(nT)=0$。常用的 z 反变换法有三种。

1. 部分分式法

部分分式法又称查表法,其基本思想是根据已知的 $E(z)$,通过查 z 变换表找出相应的 $e^*(t)$,或者 $e(nT)$。然而,z 变换表内容毕竟是有限的,不可能包含所有的复杂情况。因此需要把 $E(2)$ 展开成部分分式以便查表。考虑到 z 变换表中,所有 z 变换函数 $E(z)$ 在其分子上普遍都有因子 z,所以应将 $E(z)/z$ 展开为部分分式,然后将所得结果的每一项都乘以 z,即得 $E(z)$ 的部分分式展开式。

设已知的 z 变换函数 $E(z)$ 无重极点,先求出 $E(z)$ 的极点 $z_1,z_2,\cdots,z_n$,再将 $E(z)/z$ 展开成如下部分分式之和:

$$\frac{E(z)}{z}=\sum_{i=1}^{n}\frac{A_i z}{z-z_i}$$

其中 A_i 为 $E(z)/z$ 在极点 z_i 处的留数,再由上式写出 $E(z)$ 的部分分式之和

$$E(z)=\sum_{i=1}^{n}\frac{A_i z}{z-z_i}$$

然后逐项查 z 变换表,得到

$$e_i(nT)=L^{-1}\left[\frac{A_i z}{z-z_i}\right];\ i=1,2,\cdots,n$$

最后写出已知 $E(z)$ 对应的采样函数

$$e^*(t)=\sum_{n=0}^{\infty}\sum_{i=1}^{n}e_i(nT)\delta(t-nT) \tag{8-41}$$

2. 幂级数法

幂级数法又称综合除法。z 变换函数 $E(z)$ 通常可以表示为按 z^{-1} 升幂排列的两个多项式之比:

$$E(z)=\frac{b_0+b_1 z^{-1} b_2 z^{-2}+\cdots+b_m z^{-m}}{1+a_1 z^{-1}+a_2 z^{-2}+\cdots+a_n z^{-n}},\quad m\leqslant n \tag{8-42}$$

其中 $a_i(i=1,2,\cdots,n)$ 和 $b_j(j=0,1,\cdots,m)$ 均为常系数。通过对式(8-42)直接作综合除法,得到按 z^{-1} 升幂排列的幂级数展开式

$$E(z)=c_0+c_1 z^{-1}+c_2 z^{-2}+\cdots+c_n z^{-n}+\cdots=\sum_{n=0}^{\infty}c_n z^{-n} \tag{8-43}$$

如果所得到的无穷幂级数是收敛的,则按 z 变换定义可知,式(8-43)中的系数 $c_n(n=0,1,\cdots,\infty)$ 就是采样脉冲序列 $e^*(t)$ 的脉冲强度 $e(nT)$。因此,根据式(8-43)可以直接写出 $e^*(t)$ 的脉冲序列表达式

$$e^*(t)=\sum_{n=0}^{\infty}c_n\delta(t-nT) \tag{8-44}$$

在实际应用中,常常只需要计算有限的几项就够了。因此用幂级数法计算 $e^*(t)$ 最简便,这

是 z 变换法的优点之一。但是，要从一组 $e(nT)$ 值中求出通项表达式，一般是比较困难的。

应当指出，只要表示函数 z 变换的无穷幂级数 $E(z)$ 在 z 平面的某个区域内是收敛的，则在应用 z 变换法解决离散系统问题时，就不需要指出 $E(z)$ 在什么 z 值上收敛。

3. 反演积分法

反演积分法又称留数法。采用反演积分法求取 z 反变换的原因是：在实际问题中遇到的 z 变换函数 $E(z)$，除了有理分式外，也可能是超越函数，此时无法应用部分分式法及幂级数法来求 z 反变换，而只能采用反演积分法。当然，反演积分法对 $E(z)$ 为有理分式的情况也是适用的。由于 $E(z)$ 的幂级数展开形式为

$$E(z) = \sum_{n=0}^{\infty} e(nT)z^{-n} \tag{8-45}$$
$$= e(0) + e(T)z^{-1} + e(2T)z^{-2} + \cdots + e(nT)z^{-n} + \cdots$$

所以函数 $E(z)$ 可以看成是 z 平面上的劳伦级数。级数的各系数 $e(nT)$，$n = 0, 1, \cdots$，可以由积分的方法求出。因为在求积分值时要用到柯西留数定理，故也称留数法。

为了推导反演积分公式，用 z^{n-1} 乘以式(8-45)两端，得到

$$E(z)z^{n-1} = e(0)z^{n-1} + e(T)z^{n-2} + \cdots + e(nT)z^{-1} + \cdots \tag{8-46}$$

设 Γ 为 z 平面上包围 $E(z)z^{n-1}$ 全部极点的封闭曲线，且设沿 Γ 反时针方向对式(8-46)的两端同时积分，可得

$$\oint_{\Gamma} E(z)z^{n-1}\mathrm{d}z = \oint_{\Gamma} e(0)z^{n-1}\mathrm{d}z + \oint_{\Gamma} e(T)z^{n-2}\mathrm{d}z + \cdots + \oint_{\Gamma} e(nT)z^{-1}\mathrm{d}z + \cdots \tag{8-47}$$

由复变函数论可知，对于围绕原点的积分闭路 Γ，有如下关系式：

$$\oint_{\Gamma} z^{k-n-1}\mathrm{d}z = \begin{cases} 0, & k \neq n \\ 2\pi\mathrm{j} & k = n \end{cases}$$

故在式(8-47)右端中，除

$$\oint_{\Gamma} e(nT)z^{-1}\mathrm{d}z = e(nT)2\pi\mathrm{j}$$

外，其余各项均为零。由此得到反演积分公式

$$e(nT) = \frac{1}{2\pi\mathrm{j}}\oint_{\Gamma} E(z)z^{n-1}\mathrm{d}z \tag{8-48}$$

根据柯西留数定理，设函数 $E(z)z^{n-1}$ 除有限个极点 $z_1, z_2, \cdots, z_k$ 外，在域 G 上是解析的。如果有闭合路径 Γ 包含了这些极点，则有

$$e(nT) = \frac{1}{2\pi\mathrm{j}}\oint_{\Gamma} E(z)z^{n-1} = \sum_{i=1}^{k} \mathrm{Res}\left[E(z)z^{n-1}\right]_{z \to z_i} \tag{8-49}$$

式中，$\mathrm{Res}\left[E(z)z^{n-1}\right]_{z \to z_i}$ 表示函数 $E(z)z^{n-1}$ 在极点 z_i 处的留数。

8.3.5　关于 z 变换的说明

z 变换与拉氏变换相比，在定义、性质和计算方法等方面，有许多相似的地方，但是 z 变换也有其特殊规律。

1. z 变换的非唯一性

z 变换是对连续信号的采样序列进行变换,因此 z 变换与其原连续时间函数并非一一对应,而只是与采样序列相对应。与此类似,对于任一给定的 z 变换函数 $E(z)$,由于采样信号 $e^*(t)$ 可以代表在采样瞬时具有相同数值的任何连续时间函数 $e(t)$,所以求出的 $E(z)$ 反变换也不可能是唯一的。于是,对于连续时间函数而言,z 变换和 z 反变换都不是唯一的。图 8-20 就表明了这样的事实,其中连续时间函数 $e_1(t)=e_2(t)$ 的采样信号序列是相同的,即 $e_1^*(t)=e_2^*(t)$;它们的 z 变换函数也是相等的,即 $E_1(z)=E_2(z)$;然而,这两个时间函数却是极不相同的,即 $e_1(t)\neq e_2(t)$。

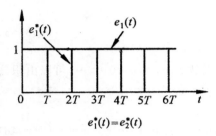
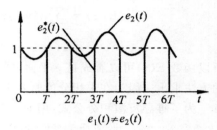

$$e_1^*(t)=e_2^*(t) \qquad E_1(z)=E_2(z) \qquad e_1(t)\neq e_2(t)$$

图 8-20 具有相同 z 变换式的两个时间常数

2. z 变换的收敛区间

对于拉氏变换,其存在性条件是下列绝对值积分收敛:

$$\int_0^\infty |e(t)e^{-aT}|\,\mathrm{d}t < \infty$$

相应地,z 变换也有存在性问题。为此,需要研究 z 变换的收敛区间。通常,z 变换定义为称为双边 z 变换。由于 $z=e^{sT}$,令 $s=\sigma+\mathrm{j}\omega$,则 $z=e^{\sigma T}e^{\mathrm{j}\omega T}$。若令 $r=|z|=e^{\sigma T}$,则有

于是,双边 z 变换可以写为

$$E(z)=\sum_{n=-\infty}^{\infty} e(nT)r^{-n}e^{-\mathrm{j}\omega nT}$$

显然,上述无穷级数收敛的条件是下式绝对值可和:

$$\sum_{n=-\infty}^{\infty} |e(nT)r^{-n}| < \infty \tag{8-50}$$

若上式满足,则双边 z 变换一致收敛,即 $e(nT)$ 的 z 变换存在。

在大多数工程问题中,因为 $n<0$ 时,$e(nT)=0$,所以 z 变换是单边的,其定义式为

$$E(z)=\sum_{n=-\infty}^{\infty} e(nT)z^{-n}$$

且 $E(z)$ 为有理分式函数,因而 z 变换的收敛区间与 $E(z)$ 的零极点分布有关。例如序列

$$e(nT)=a^n 1(nT)$$

其 z 变换

$$E(z)=\sum_{n=0}^{\infty} a^n z^{-n}=\sum_{n=0}^{\infty}\left(\frac{a}{z}\right)^n$$

上式为一无穷等比级数,其公比为 az^{-1} 只有当 $|z|=r>|a|$ 时,该无穷级数才是收敛的,其收敛

区间为 $|z| > |a|$。故有

$$E(z) = \frac{z}{z-a}, |z| > |a|$$

不难看出，$E(z)$ 的零点是 $z=0$，极点是 $z=a$，收敛区如图 8-21 所示。

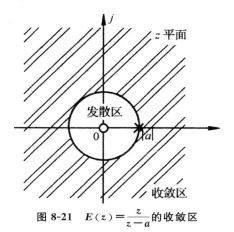

图 8-21　$E(z) = \frac{z}{z-a}$ 的收敛区

由于大多数工程问题中的 z 变换都存在，因此今后对 z 变换的收敛区间不再特别指出。

8.4　线性离散控制系统的数学模型

8.4.1　离散系统的数学定义

在离散时间系统理论中，所涉及的数字信号总是以序列的形式出现。因此，可以把离散系统抽象为如下数学定义：

将输入序列 $r(n)$，$n=0,\pm1,\pm2,\cdots$，变换为输出序列 $c(n)$ 的一种变换关系，称为离散系统。记作

$$c(n) = F[r(n)] \tag{8-51}$$

其中，$r(n)$ 和 $c(n)$ 可以理解为 $t=nT$ 时，系统的输入序列 $r(nT)$ 和输出序列 $c(nT)$，T 为采样周期。

如果式(8-51)所示的变换关系是线性的，则称为线性离散系统；如果这种变换关系是非线性的，则称为非线性离散系统。

(1)线性离散系统。

如果离散系统(8-51)满足叠加原理，则称为线性离散系统，即有如下关系式：

若 $c_1(n) = F[r_1(n)]$，$c_2(n) = F[r_2(n)]$，且有 $r(n) = ar_1(n) \pm br_2(n)$，其中 a 和 b 为任意常数，则

$$c(n) = F[r(n)] = F[ar_1(n) \pm br_2(n)]$$
$$= aF[r_1(n)] \pm bFaF[r_2(n)] = ac_1(n) \pm bc_2(n)$$

(2)线性定常离散系统。

输入与输出关系不随时间而改变的线性离散系统，称为线性定常离散系统。例如，当输入序列为 $r(n)$ 时，输出序列为 $c(n)$；如果输入序列变为 $r(n-k)$，相应的输出序列为 $c(n-k)$，其中

$k=0,\pm1,\pm2,\cdots$，则这样的系统称为线性定常离散系统。

本章所研究的离散系统为线性定常离散系统，可以用线性定常（常系数）差分方程描述。

8.4.2　线性常系数差分方程及其解法

对于一般的线性定常离散系统，k 时刻的输出 $c(k)$，不但与 k 时刻的输入 $r(k)$ 有关，而且与忌时刻以前的输入，$\cdots$ 有关，同时还与尼时刻以前的输出 $c(k-1),c(k-2),\cdots$ 有关。这种关系一般可以用下列 n 阶后向差分方程来描述：

$$c(k)+a_1c(k-1)+a_2c(k-2)+\cdots+a_{n-1}c(k-n+1)+a_nc(k-n)$$
$$=b_0r(k)+b_1r(k-1)+\cdots+b_{m-1}r(k-m+1)+b_mr(k-m)$$

上式亦可表示为

$$c(k)=-\sum_{i=1}^{n}a_ic(k-i)+\sum_{i=0}^{m}b_jc(k-j) \tag{8-52}$$

式中，$a_i(i=1,2,\cdots,n)$ 和 $b_j(j=1,2,\cdots,m)$ 为常系数，$m\leqslant n$。式（8-52）称为 n 阶线性常系数差分方程，它在数学上代表一个线性定常离散系统。

线性定常离散系统也可以用如下 n 阶前向差分方程来描述：

$$c(k+n)+a_1c(k+n-1)+\cdots+a_{n-1}c(k+1)+a_nc(k)$$
$$=b_0r(k+m)+b_1r(k+m-1)+\cdots+b_{m-1}r(k+1)+b_mr(k)$$

上式也可写为

$$c(k+n)=-\sum_{i=1}^{n}a_ic(k+n-i)+\sum_{i=1}^{n}b_jc(k+m-j) \tag{8-53}$$

常系数线性差分方程的求解方法有经典法、迭代法和 z 变换法。与微分方程的经典解法类似，差分方程的经典解法也要求出齐次方程的通解和非齐次方程的一个特解，非常不便。这里仅介绍工程上常用的后两种解法。

（1）迭代法。

若已知差分方程（8-52）或（8-53），并且给定输出序列的初值，则可以利用递推关系，在计算机上一步一步地算出输出序列。

（2）z 变换法。

设差分方程如式（8-53）所示，则用 z 变换法解差分方程的实质，是对差分方程两端取 z 变换，并利用 z 变换的实数位移定理，得到以 z 为变量的代数方程，然后对代数方程的解 $C(z)$ 取 z 反变换，求得输出序列 $c(k)$。

8.5　线性离散控制系统的传递函数

8.5.1　脉冲传递函数

如果把 z 变换的作用仅仅理解为求解线性常系数差分方程，显然是不够的。z 变换更为重要的意义在于导出线性离散系统的脉冲传递函数，给线性离散系统的分析和校正带来极大的方便。

1. 脉冲传递函数定义

众所周知,利用传递函数研究线性连续系统的特性,有公认的方便之处。对于线性连续系统,传递函数定义为在零初始条件下,输出量的拉氏变换与输入量的拉氏变换之比。对于线性离散系统,脉冲传递函数的定义与线性连续系统传递函数的定义类似。

设开环离散系统如图 8-22 所示,如果系统的初始条件为零,输入信号为 $r(t)$,采样后 $r^*(t)$ 的 z 变换函数为 $R(z)$,系统连续部分的输出为 $c(t)$,采样后 $c^*(t)$ 的 z 变换函数为 $C(z)$,则线性定常离散系统的脉冲传递函数定义为系统输出采样信号的 z 变换与输入采样信号的 z 变换之比。记作

$$G(z) = \frac{C(z)}{R(z)} = \frac{\sum_{n=0}^{\infty} c(nT) z^{-n}}{\sum_{n=0}^{\infty} r(nT) z^{-n}} \tag{8-54}$$

所谓零初始条件,是指在 $t<0$ 时,输入脉冲序列各采样值 $r(-T), r(-2T), \cdots$ 以及输出脉冲序列各采样值 $c(-T), c(-2T), \cdots$ 均为零。

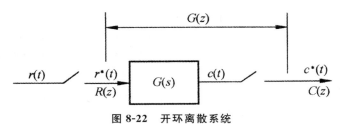

图 8-22　开环离散系统

式(8-54)表明,如果已知 $R(z)$ 和 $G(z)$,则在零初始条件下,线性定常离散系统的输出采样信号为

$$c^*(t) = L^{-1}[C(z)] = L[G(z)R(z)]$$

由于 $R(z)$ 是已知的,因此求 $c^*(t)$ 的关键在于求出系统的脉冲传递函数 $G(z)$。

然而,对大多数实际系统来说,其输出往往是连续信号 $c(t)$,而不是采样信号 $c^*(t)$,如图 8-23 所示。此时,可以在系统输出端虚设一个理想采样开关,如图中虚线所示,它与输入采样开关同步工作,并具有相同的采样周期。如果系统的实际输出 $c(t)$ 比较平滑,且采样频率较高,则可用 $c^*(t)$ 近似描述 $c(t)$。必须指出,虚设的采样开关是不存在的,它只表明了脉冲传递函数所能描述的,只是输出连续函数 $c(t)$ 在采样时刻上的离散值 $c^*(t)$。

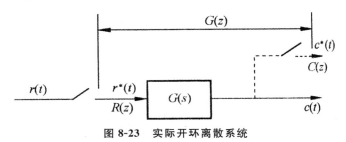

图 8-23　实际开环离散系统

2. 脉冲传递函数意义

对于线性定常离散系统,如果输入为单位序列:

$$r(nT) = \delta(nT) = \begin{cases} 1, & n = 0 \\ 0, & n \neq 0 \end{cases}$$

则系统输出称为单位脉冲响应序列,记作

$$c(nT) = K(nT)$$

由于线性定常离散系统的位移不变性(即定常性),当输入单位脉冲序列沿时间轴后移尼个采样周期,成为 $\delta[(n-k)T]$ 时,输出单位脉冲响应序列亦相应后移 k 个采样周期,成为 $K[(n-k)T]$。在离散系统理论中,$K(nT)$ 和 $K[(n-k)T]$ 有个专有名称,称为"加权序列"。"加权"的含意是:当对一个连续信号采样时,每一采样时刻的脉冲值,就等于该时刻的函数值。可见,任何一个采样序列,都可以认为:是被加了"权"的脉冲序列。

在线性定常离散系统中,如果输入采样信号

$$r^*(t) = \sum_{n=0}^{\infty} r(nT)\delta(t - nK)$$

是任意的,各采样时刻的输入脉冲值分别为 $r(0)\delta(nT)$,$r(T)\delta[(n-1)T]$,$\cdots$,$r(kT)\delta[(n-k)T]$,$\cdots$,则相应的输出脉冲值为 $r(0)K(nT)$,$r(T)K[(n-1)T]$,$\cdots$,$r(kT)K[(n-k)T]$,$\cdots$。由 z 变换的线性定理可知,系统的输出响应序列可表示为

$$c(nT) = \sum_{k=0}^{\infty} K[(n-k)T]r(kT) = \sum_{k=0}^{\infty} K(kT)r[(n-k)T]$$

根据式(8-38),上式为离散卷积表达式,因而

$$c(nT) = K(nT) \cdot r(nT)$$

若令加权序列的 z 变换

$$K(z) = \sum_{n=0}^{\infty} K(nT)z^{-n}$$

则由 z 变换的卷积定理

$$C(z) = K(z)R(z)$$

或者

$$K(z) = \frac{C(z)}{R(z)} \tag{8-55}$$

比较式(8-54)与(8-55),可知

$$G(z) = K(z) = \sum_{n=0}^{\infty} K(nT)z^{-n} \tag{8-56}$$

因此,脉冲传递函数的含义是:系统脉冲传递函数 $G(z)$,就等于系统加权序列 $K(nT)$ 的 z 变换。

如果描述线性定常离散系统的差分方程为

$$c(nT) = -\sum_{k=1}^{n} a_k c[(n-k)T] + \sum_{k=0}^{m} b_k r[(n-k)T]$$

在零初始条件下,对上式进行 z 变换,并应用 z 变换的实数位移定理,可得

$$C(z) = -\sum_{k=1}^{n} a_k C(z)z^{-k} + \sum_{k=0}^{m} b_k R(z)z^{-k}$$

整理得

$$G(z) = \frac{C(z)}{R(z)} = \frac{\sum\limits_{k=0}^{m} b_k z^{-k}}{1 + \sum\limits_{k=1}^{n} a_k z^{-k}} \qquad (8\text{-}57)$$

这就是脉冲传递函数与差分方程的关系。

由上可见,差分方程、加权序列 $K(nT)$ 和脉冲传递函数 $G(z)$,都是对系统物理特性的不同数学描述。它们的形式虽然不同,但实质不变,并且可以根据以上关系相互转化。

3. 脉冲传递函数求法

连续系统或元件的脉冲传递函数 $G(z)$,可以通过其传递函数 $G(s)$ 来求取。根据式(8-56)可知,由 $G(s)$ 求 $G(z)$ 的方法是:先求 $G(s)$ 的拉氏反变换,得到脉冲过渡函数 $K(t)$,即

$$K(t) = L^{-1}[G(s)] \qquad (8\text{-}58)$$

再将 $K(t)$ 按采样周期离散化,得加权序列 $K(nT)$;最后将 $K(nT)$ 进行 z 变换,按式(8-56)求出 $G(z)$。这一过程比较复杂。其实,如果把 z 变换表 8-1 中的时间函数 $e(t)$ 看成 $K(t)$,那么表中的 $E(s)$ 就是 $G(s)$(见式(8-58)),而 $E(z)$ 则相当于 $G(z)$。因此,根据 z 变换表 8-1,可以直接从 $G(s)$ 得到 $G(z)$,而不必逐步推导。

如果 $G(s)$ 为阶次较高的有理分式函数,在 z 变换表中找不到相应的 $G(z)$ 则需将 $G(s)$ 展成部分分式,使各部分分式对应的 z 变换都是表中可以查到的形式,同样可以由 $G(s)$ 直接求出 $G(z)$。

顺便指出,在图 8-23 中,虚设采样开关的输出为采样输出

$$c^*(t) = K^*(t) = \sum_{n=0}^{\infty} c(nT)\delta(t - nT)$$

式中,$c(nT) = K(nT)$ 为加权序列。对上式取拉氏变换,得脉冲过渡函数的采样拉氏变换

$$G^*(s) = L[K^*(t)] = \sum_{n=0}^{\infty} K(nT) e^{-nsT}$$

若令 $z = e^{sT}$,得脉冲传递函数

$$G(z) = G^*(s)\big|_{s=\frac{1}{T}\ln z} = \sum_{n=0}^{\infty} K(nT) z^{-n}$$

记作

$$G(z) = L[G^*(s)] \qquad (8\text{-}59)$$

上式表明了加权序列 $K(nT)$ 的采样拉氏变换与其 z 变换的关系。习惯上,常把式(8-59)表示为

$$G(z) = L[G(s)]$$

并称之为 $G(s)$ 的 z 变换,这时应理解为根据 $G(s)$ 按式(8-56)求出所对应的 $G(z)$,但不能理解为 $G(s)$ 的 z 变换就是 $G(z)$。

8.5.2 开环系统脉冲传递函数

当开环离散系统由几个环节串联组成时,其脉冲传递函数的求法与连续系统情况不完全相同。即使两个开环离散系统的组成环节完全相同,但由于采样开关的数目和位置不同,求出的开环脉冲传递函数也会截然不同。为了便于求出开环脉冲传递函数,需要了解采样函数拉氏变换

$G^*(s)$ 的有关性质。

1. 采样拉氏变换的两个重要性质

1）采样函数的拉氏变换具有周期性，即

$$G^*(s) = G^*(s + jk\omega_s) \tag{8-60}$$

其中，ω_s 为采样角频率。

证明：由式（8-10）知

$$G^*(s) = \frac{1}{T} \sum_{n=-\infty}^{\infty} G(s + jn\omega_s) \tag{8-61}$$

其中 T 为采样周期。因此，令 $s = s + jk\omega_s$，必有

$$G^*(s + jk\omega_s) = \frac{1}{T} \sum_{n=-\infty}^{\infty} G[s + j(n+k)\omega_s]$$

在上式中，令 $l = n + k$，可得

$$G^*(s + jk\omega_s) = \frac{1}{T} \sum_{n=-\infty}^{\infty} G(s + jl\omega_s)$$

由于求和与符号无关，再令 $l = n$，证得

$$G^*(s + jk\omega_s) = \frac{1}{T} \sum_{n=-\infty}^{\infty} G(s + jn\omega_s) = G^*(s)$$

2）若采样函数的拉氏变换 $E^*(s)$ 与连续函数的拉氏变换 $G(s)$ 相乘后再离散化，则 $E^*(s)$ 可以从离散符号中提出来，即

$$[G(s)E^*(s)]^* = G^*(s)E^*(s) \tag{8-62}$$

证明：根据式（8-61），有

$$[G(s)E^*(s)]^* = \frac{1}{T} \sum_{n=-\infty}^{\infty} [G(s + jn\omega_s)E^*(s + jn\omega_s)]$$

再由式（8-61）知

$$E^*(s + jn\omega_s) = E^*(s)$$

于是

$$[G(s)E^*(s)]^* = \frac{1}{T} \sum_{n=-\infty}^{\infty} [G(s + jn\omega_s)E^*(s)]$$

$$= E^*(s) \cdot \frac{1}{T} \sum_{n=-\infty}^{\infty} G(s + jn\omega_s)$$

再由式（8-61），即证得

$$[G(s)E^*(s)]^* = G^*(s)E^*(s)$$

2. 有串联环节时的开环系统脉冲传递函数

如果开环离散系统由两个串联环节构成，则开环系统脉冲传递函数的求法与连续系统情况不完全相同。这是因为在两个环节串联时，有两种不同的情况。

1）串联环节之间有采样开关。设开环离散系统如图 8-24（a）所示，在两个串联连续环节 $G_1(s)$ 和 $G_2(s)$ 之间，有理想采样开关隔开。根据脉冲传递函数定义，由图 8-24（a）可得

$$D(z) = G_1(z)R(z), C(z) = G_2(z)R(z)$$

其中，$G_1(z)$ 和 $G_2(z)$ 分别为 $G_1(s)$ 和 $G_2(s)$ 的脉冲传递函数。于是有

$$C(z) = G_2(z)G_1(z)R(z)$$

因此，开环系统脉冲传递函数

$$G(z) = \frac{C(z)}{R(z)} = C_2(z)C_1(z)$$

式(8-63)表明，有理想采样开关隔开的两个线性连续环节串联时的脉冲传递函数，等于这两个环节各自的脉冲传递函数之积。这一结论，可以推广到类似的 n 个环节相串联时的情况。

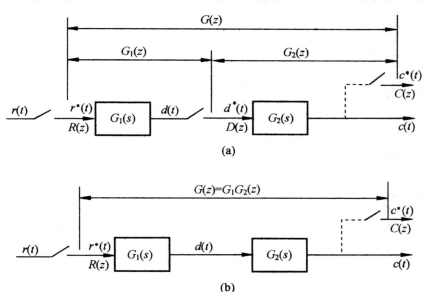

图 8-24　环节串联时的开环离散系统

2)串联环节之间无采样开关。设开环离散系统如图 8-24(b)所示，在两个串联连续环节 $G_1(s)$ 和 $G_2(s)$ 之间，没有理想采样开关隔开。显然，系统连续信号的拉氏变换为

$$C(s) = G_2(s)G_1(s)R^*(s)$$

式中，$R^*(s)$ 为输入采样信号 $r^*(s)$ 的拉氏变换，即

$$R^*(s) = \sum_{n=0}^{\infty} r(nT)e^{-nsT}$$

对输出 $C(s)$ 离散化，并根据采样拉氏变换性质(8-62)，有

$$G^*(s) = [G_2(s)G_1(s)R^*(s)]^* = [G_2(s)G_1(s)]^* R^*(s) = G_1G_2^*(s)R^*(s) \qquad (8\text{-}64)$$

式中

$$G_1G_2^*(s) = [G_2(s)G_1(s)]^* = \frac{1}{T}\sum_{n=-\infty}^{\infty}[G_1(s+jn\omega_s)G_2(s+jn\omega_s)]$$

通常

$$G_1G_2^*(s) \neq G_1^*(s)G_2^*(s)$$

对式(8-64)取 z 变换，得

$$C(z) = G_1G_2(z)R(z)$$

式中，$G_1G_2(z)$定义为$G_1(s)$和$G_2(s)$乘积的z变换。于是，开环系统脉冲传递函数

$$G(z)=\frac{C(z)}{R(z)}=G_1G_2(z) \tag{8-65}$$

式(8-65)表明，没有理想采样开关隔开的两个线性连续环节串联时的脉冲传递函数，等于这两个环节传递函数乘积后的相应z变换。这一结论也可以推广到类似的矿个环节相串联时的情况。

显然，式(8-63)与(8-65)是不等的，即

$$G_1(z)G_2(z)\neq G_1G_2(z)$$

从这种意义上说，z变换无串联性。在串联环节之间有无同步采样开关隔离时，其总的脉冲传递函数和输出z变换是不相同的。但是，不同之处仅表现在其零点不同，极点仍然一样。这也是离散系统特有的现象。

3. 有零阶保持器时的开环系统脉冲传递函数

设有零阶保持器的开环离散系统如图 8-25(a)所示。图中，$G_h(s)$为零阶保持器传递函数，$G_o(s)$为连续部分传递函数，两个串联环节之间无同步采样开关隔离。由于$G_h(s)$不是s的有理分式函数，因此不便于用求串联环节脉冲传递函数的式(8-67)求出开环系统脉冲传递函数。如果将图 8-25(a)变换为图 8-25(b)所示的等效开环系统，则有零阶保持器时的开环系统脉冲传递函数的推导将是比较简单的。

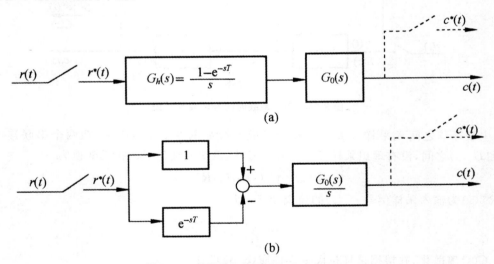

图 8-25　有零阶保持器的开环离散系统

由图 8-25(b)可得

$$C(s)=\left[\frac{G_o(s)}{s}-e^{-sT}\frac{G_o(s)}{s}\right]R^*(s) \tag{8-66}$$

因为e^{-sT}为延迟一个采样周期的延迟环节，所以$e^{-sT}G_o(s)/s$对应的采样输出比$G_o(s)/s$对应的采样输出延迟一个采样周期。对式(8-66)进行z变换，根据实数位移定理及采样拉氏变换性质(8-62)，可得

$$C(z)=L\left[\frac{G_o(s)}{s}\right]R(z)-z^{-1}L\left[\frac{G_o(s)}{s}\right]R(z)$$

于是,有零阶保持器时,开环系统脉冲传递函数

$$G(z) = \frac{C(z)}{R(z)} = (1 - z^{-1}) L\left[\frac{G_0(s)}{s}\right] \tag{8-67}$$

当 $G_0(s)$ 为 s 有理分式函数时,式(8-67)中的 z 变换 $L\left[\dfrac{G_0(s)}{s}\right]$ 也必然是 z 的有理分式函数。

8.5.3　闭环系统脉冲传递函数

由于采样器在闭环系统中可以有多种配置的可能性,因此闭环离散系统没有唯一的结构图形式。图 8-26 是一种比较常见的误差采样闭环离散系统结构图。图中虚线所示的理想采样开关是为了便于分析而虚设的,输入采样信号 $r^*(t)$ 和反馈采样信号 $b^*(t)$ 事实上并不存在。图中所有理想采样开关都同步工作,采样周期为 T。

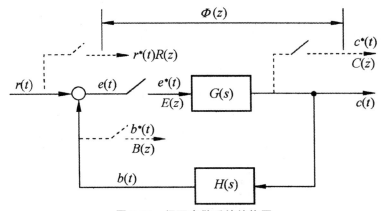

图 8-26　闭环离散系统结构图

由图 8-26 可见,连续输出信号和误差信号的拉氏变换为

$$C(s) = G(s)E^*(s)$$
$$E(s) = R(s) - H(s)C(s)$$

因此有

$$E(s) = R(s) - H(s)G(s)E^*(s)$$

于是,误差采样信号 $e^*(t)$ 的拉氏变换

$$E^*(s) = R^*(s) - HG^*(s)E^*(s)$$

整理得

$$E^*(s) = \frac{R^*(s)}{1 + HG^*(s)} \tag{8-68}$$

由于

$$C^*(s) = [G(s)E^*(s)] = G^*(s)E^*(s) = \frac{G^*(s)}{1 + HG^*(s)} R^*(s) \tag{8-69}$$

所以对式(8-68)及式(8-69)取 z 变换,可得

$$E(z) = \frac{1}{1 + HG(z)} R(z) \tag{8-70}$$

$$C(z) = \frac{G(z)}{1 + HG(z)} R(z) \tag{8-71}$$

根据式(8-70),定义

$$\Phi_e(z) = \frac{E(z)}{R(z)} = \frac{1}{1 + HG(z)} \tag{8-72}$$

为闭环离散系统对于输入量的误差脉冲传递函数。根据式(8-71),定义

$$\Phi(z) = \frac{C(z)}{R(z)} = \frac{G(z)}{1 + HG(z)} \tag{8-73}$$

为闭环离散系统对于输入量的脉冲传递函数。

式(8-72)和(8-73)是研究闭环离散系统时经常用到的两个闭环脉冲传递函数。与连续系统相类似,令 $\Phi(z)$ 或 $\Phi_e(z)$ 的分母多项式为零,便可得到闭环离散系统的特征方程:

$$D(z) = 1 + GH(z) = 0 \tag{8-74}$$

式中,$GH(z)$ 为开环离散系统脉冲传递函数。

需要指出,闭环离散系统脉冲传递函数不能从 $\Phi(z)$ 和 $\Phi_e(z)$ 求 z 变换得来,即

$$\Phi(z) \neq L[\Phi(s)], \Phi_e(z) \neq L[\Phi_e(s)]$$

这种原因,也是由于采样器在闭环系统中有多种配置之故。

通过与上面类似的方法,还可以推导出采样器为不同配置形式的其他闭环系统的脉冲传递函数。但是,只要误差信号 $e(t)$ 处没有采样开关,输入采样信号 $r^*(t)$(包括虚构的 $r^*(t)$)便不存在,此时不可能求出闭环离散系统对于输入量的脉冲传递函数,而只能求出输出采样信号的 z 变换函数 $C(z)$。

对于采样器在闭环系统中具有各种配置的闭环离散系统典型结构图,及其输出采样信号的 z 变换函数 $C(z)$,可参见表 8-2。

表 8-2　典型闭环离散系统及输出 z 变换函数

序号	系统结构图	$C(z)$ 计算式
1	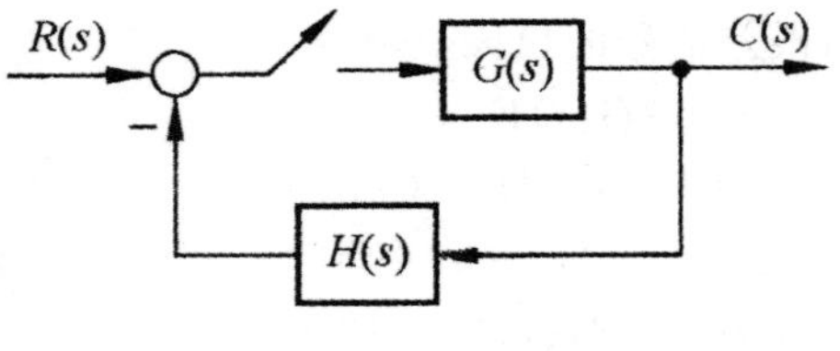	$\dfrac{G(z)R(z)}{1 + GH(z)}$
2	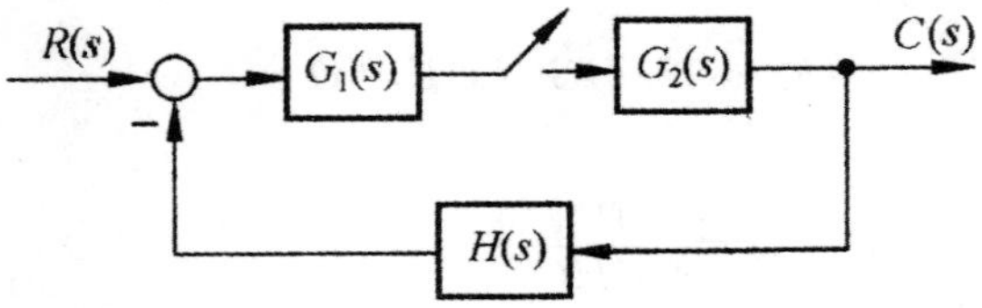	$\dfrac{RG_1(z)G_2(z)}{1 + G_2HG_1}$
3	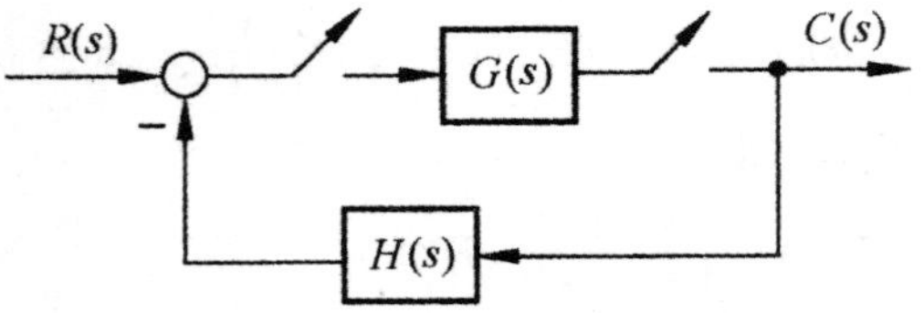	$\dfrac{G(z)R(z)}{1 + G(z)H(z)}$

序号	系统结构图	$C(z)$ 计算式
4	$R(s) \to G_1(s) \to G_2(s) \to C(s)$，$H(s)$ 反馈	$\dfrac{R(z)G_1(z)G_2(z)}{1+G_1(z)H(z)G_2}$
5	$R(s) \to G_1(s) \to G_2(s) \to G_3(s) \to C(s)$，$H(s)$ 反馈	$\dfrac{RG_1(z)G_2(z)G_3(z)}{1+G_2(z)G_1G_3H(z)}$
6	$R(s) \to G(s) \to C(s)$，$H(s)$ 反馈	$\dfrac{RG(z)}{1+GH(z)}$
7	$R(s) \to G(s) \to C(s)$，$H(s)$ 反馈	$\dfrac{G(z)R(z)}{1+G(z)H(z)}$
8	$R(s) \to G_1(s) \to G_2(s) \to C(s)$，$H(s)$ 反馈	$\dfrac{G_1(z)G_2(z)R(z)}{1+G_1(z)G_2(z)H(z)}$

8.5.4　z 变换法的局限性及修正 z 变换

z 变换法是研究线性定常离散系统的一种有效工具,但是 z 变换法也有其本身的局限性,因此在某些情况下,需要采用修正 z 变换法来研究离散系统。

1. z 变换法的局限性

应用 z 变换法分析线性定常离散系统时,必须注意以下几方面问题。

1) z 变换的推导是建立在假定采样信号可以用理想脉冲序列来近似的基础上,每个理想脉冲的面积,等于采样瞬时上的时间函数。这种假定,只有当采样持续时间与系统的最大时间常数相比是很小的时候，才能成立。

2）输出 z 变换函数 $C(z)$，只确定了时间函数 $c(t)$ 在采样瞬时上的数值，不能反映 $c(t)$ 在采样间隔中的信息。因此对于任何 $C(z)$，z 反变换 $c(nT)$ 只能代表 $c(t)$ 在采样瞬时 $t=nT$（$n=0,1,2,\cdots$）时的数值。

3）用 z 变换法分析离散系统时，系统连续部分传递函数 $G(s)$ 的极点数至少要比其零点数多两个，即 $G(s)$ 的脉冲过渡函数 $K(t)$ 在 $t=0$ 时必须没有跳跃，或者满足

$$\lim_{s \to \infty} G(s) = 0 \tag{8-75}$$

否则，用 z 变换法得到的系统采样输出 $c^*(t)$ 与实际连续输出 $c(t)$ 差别较大，甚至完全不符。

2. 修正 z 变换法

修正 z 变换是 z 变换的一种推广，是研究离散系统在采样间隔中响应的一种普遍有用方法。

先考虑一个开环离散系统，如图 8-27（a）所示，采样开关 S_0 以等周期 T 采样，对图中虚构采样开关 S_1 的输出 $c^*(t)$ 进行拉氏变换，并令 $z=e^{sT}$，可得输出响应的 z 变换函数 $C(z)$。如果在 S_0 和 $G(s)$ 之间设置一个虚构采样开关 S_{n0} 在输出端再设置一个虚构采样开关 S_{n1} 如图 8-27（b）所示，S_{n0} 和 S_{n1}，的采样周期为 $\dfrac{T}{n}$，其中 $n=1,2,\cdots$，那么由于 S_0 的输出是相隔 T 秒的脉冲序列，而 S_{n0} 的采样速度比 S_0 快 n 倍，所以串接采样开关 S_{n0} 对原来系统的性能没有影响。因此，图 8-27（a）和（b）表示的两个系统本质上是相同的。

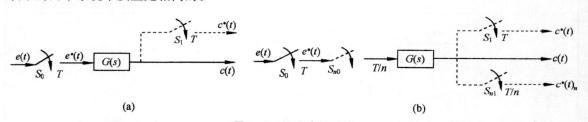

(a)　　　　　　　　　　　　　　　　　　　(b)

图 8-27　开环离散系统

在图 8-27（b）所示系统中，连续输出

$$c(t) = \sum_{m=0}^{\infty} e(mT) K(t-mT)$$

其中 $K(t)$ 为 $G(s)$ 的脉冲过渡函数。在采样开关 S_{n1} 的任意采样瞬时 $t=kT/n(k=0,1,2,\cdots,)$，输出值相应为

$$c\left(\frac{kT}{n}\right) = \sum_{m=0}^{\infty} e(mT) K\left(\frac{kT}{n} - mT\right) \tag{8-76}$$

因此，虚构采样开关 S_{n1} 的采样输出

$$c^*(t)_n = \sum_{k=0}^{\infty} c\left(\frac{kT}{n}\right) \delta\left(t - \frac{kT}{n}\right)$$

对上式取 z 变换，得

$$C(z)_n = L[e^*(t)_n] = \sum_{k=0}^{\infty} c\left(\frac{kT}{n}\right) z^{-\frac{k}{n}} \tag{8-77}$$

由于虚构采样开关 S_1 的输出 z 变换为

$$C(z) = L[c^*(t)] = \sum_{k=0}^{\infty} c(kT)z^{-k}$$

所以显然有

$$C(z)_n = C(z) \big|_{z=z^{1/n}, T=T/n} \tag{8-79}$$

上式表明：如果求出采样开关 S_1 输出的 z 变换，那么用 $z^{1/n}$ 代替其中的 z，用 T/n 代替其中 T，就可以得到采样开关 S_{n1} 输出的 z 变换函数。

将式(8-76)代入式(8-77)，得

$$C(z)_n = \sum_{k=0}^{\infty} \sum_{m=0}^{\infty} e(mT)K\left(\frac{kT}{n} - mT\right)z^{-k/n}$$

$$= \sum_{n=0}^{\infty} K(vT/n)z^{-\frac{v}{n}} \sum_{m=0}^{\infty} e(mT)z^{-m}$$

式中，$k/n - m = v/n$，v 为整数。若令

$$G(z)_n = \sum_{V=0}^{\infty} K\left(\frac{vT}{n}\right)z^{-\frac{v}{n}} = G(z)\big|_{z=z^{\frac{1}{n}}, T=\frac{T}{n}}$$

则式(8-79)可以表示为

$$G(z)_n = G(z)_n E(z) \tag{8-80}$$

式(8-80)表明，采样间隔之间的响应，正好可以利用原来的 z 变换法去算，其中行值的选择取决于需要在采样间隔中求几个输出值。例如，如果除了需要在正常采样瞬时 $0, T, 2T, \cdots$ 的采样输出外，在各采样间隔中还希望补插两点，则取 $n=3$。一般说来，如果以 q 代表希望的补插值数目，则 $n=q+1$。

8.6 线性离散控制系统的性能分析

应用 z 变换法分析线性定常离散系统的动态性能，通常有时域法、根轨迹法和频域法，其中时域法最简便。本节主要介绍在时域中如何求取离散系统的时间响应，指出采样器和保持器对系统动态性能的影响，以及在 z 平面上定性分析离散系统闭环极点与其动态性能之间的关系。

8.6.1 离散系统的时间响应

在已知离散系统结构和参数情况下，应用 z 变换法分析系统动态性能时，通常假定外作用为单位阶跃函数 $1(t)$。

如果可以求出离散系统的闭环脉冲传递函数 $\Phi(z) = C(z)/R(z)$，其中 $R(z) = z/(z-1)$，则系统输出量的 z 变换函数

$$C(z) = \frac{z}{z-1}\Phi(z)$$

将上式展成幂级数，通过 z 反变换，可以求出输出信号的脉冲序列 $c^*(t)$。$c^*(t)$ 代表线性定常离散系统在单位阶跃输入作用下的响应过程。由于离散系统时域指标的定义与连续系统相同，故根据单位阶跃响应曲线 $c^*(t)$ 可以方便地分析离散系统的动态和稳态性能。

如果无法求出离散系统的闭环脉冲传递函数 $\Phi(z)$，但由于 $R(z)$ 是已知的，且 $C(z)$ 的表达式总是可以写出的，因此求取 $c^*(t)$ 并无技术上的困难。

【例 8-3】 设有零阶保持器的离散系统如图 8-28 所示,其中 $r(t)=1(t)$,$T=1s$,$K=1$。试分析该系统的动态性能。

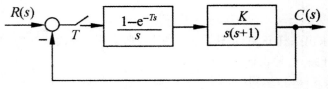

图 8-28 离散系统

解:先求开环脉冲传递函数 $G(z)$。因为

$$G(s)=\frac{1}{s^2(s+1)}(1-e^{-s})$$

对上式取 z 变换,并由 z 变换的实数位移定理,可得

$$G(z)=(1-z^{-1})L\left[\frac{1}{s^2(s+1)}\right]$$

查 z 变换表,求出

$$G(z)=\frac{0.368z+0.264}{(z-1)(z-0.368)}$$

再求闭环脉冲传递函数

$$\Phi(z)=\frac{G(z)}{1+G(z)}=\frac{0.368z+0.264}{z^2-z+0.632}$$

将 $R(z)=z/(z-1)$ 代入上式,求出单位阶跃序列响应的 z 变换:

$$C(z)=\Phi(z)R(z)=\frac{0.368z^{-1}+0.264z^{-2}}{1-2z^{-1}+1.632z^2-0.632z^{-3}}$$

通过综合除法,将 $C(z)$ 展成无穷幂级数:

$$C(z)=0.368z^{-1}+z^{-2}+1.4z^{-3}+1.4z^{-4}+1.147z^{-5}+0.895z^{-6}+\cdots$$

基于 z 变换定义,由上式求得系统在单位阶跃外作用下的输出序列 $c(nT)$ 为

$c(0)=0.0$	$c(6T)=0.895$	$c(12T)=1.032$
$c(T)=0.368$	$c(7T)=0.802$	$c(13T)=0.981$
$c(2T)=1.0$	$c(8T)=0.868$	$c(14T)=0.961$
$c(3T)=1.4$	$c(9T)=0.993$	$c(15T)=0.973$
$c(4T)=1.4$	$c(10T)=1.077$	$c(167T)=0.997$
$c(5T)=1.147$	$c(11T)=1.081$	$c(17T)=1.015$

根据上述 $c(nT)$($n=0,1,2,\cdots$)数值,可以绘出离散系统的单位阶跃响应 $c^*(t)$,如图 8-29 所示。由图可以求得给定离散系统的近似性能指标:上升时间 $t_r=2\ s$,峰值时间 $t_p=4\ s$,调节时间 $t_s=16\ s(\Delta=2\%)$,超调量 $\sigma\%=40\%$。

需要注意的是,由于离散系统的时域性能指标只能按采样周期整数倍的采样值来计算,所以是近似的。此外,当外作用为不同的典型输入信号形式时,离散系统的时间响应可用 MATLAB 软件包方便地求出。

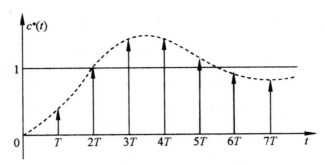

图 8-29　离散系统输出脉冲序列

8.6.2　采样器和保持器对动态性能的影响

前面曾经指出,采样器和保持器不影响开环脉冲传递函数的极点,仅影响开环脉冲传递函数的零点。但是,对闭环离散系统而言,开环脉冲传递函数零点的变化,必然引起闭环脉冲传递函数极点的改变,因此采样器和保持器会影响闭环离散系统的动态性能。下面通过一个具体例子,定性说明这种影响。

在例 8-3 中,如果没有采样器和零阶保持器,则成为连续系统,其闭环传递函数

$$\Phi(z) = \frac{1}{s^2 + s + 1}$$

显然,该系统的阻尼比 $\zeta = 0.5$,自然频率 $\omega_n = 1$,其单位阶跃响应为

$$c(t) = 1 - \frac{1}{\sqrt{1-\zeta^2}} e^{-\zeta\omega_n t} \sin(\omega_n \sqrt{1-\zeta^2} + \arccos\zeta)$$

$$= 1 - 1.154 e^{-0.5t} \sin(0.866t + 60°)$$

相应的时间响应曲线,如图 8-30 中曲线 1 所示。

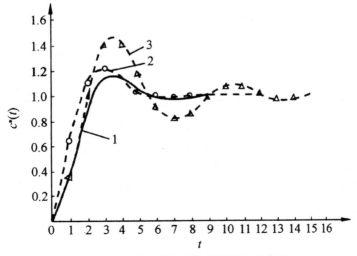

图 8-30　连续与离散系统的时间响应曲线

如果在例 8-3 中,只有采样器而没有零阶保持器,则系统的开环脉冲传递函数为

$$G(z) = L\left[\frac{1}{s(s+1)}\right] = \frac{0.632z}{(z-1)(z-0.368)}$$

相应的闭环脉冲传递函数

$$\Phi(z) = \frac{G(z)}{1+G(z)} = \frac{0.632z}{z^2 - 0.736z + 0.368}$$

代入 $R(z) = \dfrac{z}{(z-1)}$，得系统输出 z 变换

$$C(z) = \frac{0.632z^2}{z^2 - 1.763z^2 + 1.104z - 0.368}$$

$$= 0.632z^{-1} + 1.097z^{-2} + 1.207z^{-3} + 1.117z^{-4} + 1.014z^{-5} + \cdots$$

基于 z 变换定义，求得 $c(t)$ 在各采样时刻上的值 $c(nT)$ $(n=0,1,2,\cdots)$ 为

$c(0) = 0.0$	$c(5T) = 1.014$	$c(10T) = 1.007$
$c(T) = 0.632$	$c(6T) = 0.964$	$c(11T) = 1.003$
$c(2T) = 1.097$	$c(7T) = 0.970$	$c(12T) = 1.0$
$c(3T) = 1.207$	$c(8T) = 0.991$	$c(13T) = 1.0$
$c(4T) = 1.117$	$c(9T) = 1.004$	$c(14T) = 1.0$

根据上述各值，可以绘出 $c^*(t)$ 曲线，如图 8-30 中曲线 2 所示。

在例 8-3 中，既有采样器又有零阶保持器的单位阶跃响应曲线 $c^*(t)$，已绘于图 8-29。为了便于对比，重新画于图 8-30，见曲线 3。根据图 8-30，可以求得各类系统的性能指标如表 8-3 所示。

表 8-3　连续与离散系统的时域指标

时域指标　　　系统类型	连续系统	离散系统（只有采样器）	离散系统（有采样器和保持器）
峰值时间/s	3.6	3.0	4.0
调节时间/s($\Delta = 2\%$)	5.3	5.0	1 2
超调量/%	16.3	20.7	40.0
振荡次数	0.5	0.5	1.5

由表可见，采样器和保持器对离散系统的动态性能有如下影响：

1）采样器可使系统的峰值时间和调节时间略有减小，但使超调量增大，故采样造成的信息损失会降低系统的稳定程度。然而，在某些情况下，例如在具有大延迟的系统中，误差采样反而会提高系统的稳定程度。

2）零阶保持器使系统的峰值时间和调节时间都加长，超调量和振荡次数也增加。这是因为除了采样造成的不稳定因素外，零阶保持器的相角滞后降低了系统的稳定程度。

8.6.3　闭环极点与动态响应的关系

离散系统闭环脉冲传递函数的极点在 z 平面上单位圆内的分布，对系统的动态响应具有重要的影响。确定它们之间的关系，哪怕只是定性关系，对分析和设计离散系统，都有指导意义。

设闭环脉冲传递函数

$$\Phi(z)=\frac{M(z)}{D(z)}=\frac{b_0z^m+b_1z^{m-1}+\cdots+b_m}{a_0z^n+a_1z^{n-1}+\cdots+a_n}=\frac{b_0}{a_0}=\frac{\prod\limits_{i=1}^{m}(z-z_i)}{\prod\limits_{k=1}^{n}(z-p_k)},\quad m\leqslant n$$

式中，$z_i(i=1,2,\cdots,m)$ 表示 $\Phi(z)$ 的零点；$p_k(k=1,2,\cdots,n)$ 表示 $\Phi(z)$ 的极点，它们既可以是实数，也可以是共轭复数。如果离散系统稳定，则所有闭环极点均位于 z 平面上的单位圆内，有 $|p_k|<1(k=1,2,\cdots,n)$。为了便于讨论，假定 $\Phi(z)$ 无重极点，这不失一般性。

当 $r(t)=1(t)$ 时，离散系统输出的 z 变换

$$C(z)=\Phi(z)R(z)=\frac{M(z)}{D(z)}\times\frac{z}{z-1}$$

将 $C(z)/z$ 展成部分分式，有

$$\frac{C(z)}{z}=\frac{M(1)}{D(1)}\times\frac{z}{z-1}+\sum_{k=1}^{n}\frac{c_k}{z-p_k}$$

式中常数

$$c_k=\frac{M(p_k)}{(p_k-1)D(p_k)},\quad D(p_k)=\frac{\mathrm{d}D(z)}{\mathrm{d}z}\bigg|_{z=p_k}$$

于是

$$C(z)=\frac{M(1)}{D(1)}\times\frac{z}{z-1}+\sum_{k=1}^{n}\frac{c_kz}{z-p_k} \tag{8-81}$$

在式(8-81)中，等号右端第一项的 z 反变换为 $M(1)/D(1)$，是 $c^*(t)$ 的稳态分量，若其值为 1，则单位反馈离散系统在单位阶跃输入作用下的稳态误差为零；第二项的 z 反变换为 $c^*(t)$ 的瞬态分量。根据 p_k 在单位圆内的位置，可以确定 $c^*(t)$ 的动态响应形式。

1. 正实轴上的闭环单极点

设 p_k 为正实数。p_k 对应的瞬态分量为

$$c_k^*(t)=L^{-1}\left[\frac{c_kz}{z-p_k}\right]$$

求 z 反变换得

$$c_k(nT)=c_kp_k^n \tag{8-82}$$

若令 $a=\dfrac{1}{T}\ln p_k$，则上式可写为

$$c_k(nT)=c_k\mathrm{e}^{anT} \tag{8-83}$$

所以，当 p_k 为正实数时，正实轴上的闭环极点对应指数规律变化的动态过程形式。

若 $p_k>1$，闭环单极点位于 z 平面上单位圆外的正实轴上，有 $a>0$，故动态响应 $c_k(nT)$ 是按指数规律发散的脉冲序列；

若 $p_k=1$，闭环单极点位于右半 z 平面上的单位圆周上，有 $a=0$，故动态响应 $c_k(nT)=c_k$ 为等幅脉冲序列；

若 $0<p_k<1$，闭环单极点位于 z 平面上单位圆内的正实轴上，有 $a<0$，故动态响应 $c_k(nT)$ 是按指数规律收敛的脉冲序列，且 p_k 越接近原点，$|a|$ 越大，$c_k(nT)$ 衰减越快。

2. 负实轴上的闭环单极点

设 p_k 为负实数,由式(8-82)可见,当 n 为奇数时 p_k^n 为负;当 n 为偶数时 p_k^n 为正。因此,负实数极点对应的动态响应 $c_k(nT)$ 是交替变号的双向脉冲序列。

若 $p_k < -1$,闭环单极点位于 z 平面单位圆外的负实轴上,则 $c_k(nT)$ 为交替变号的发散脉冲序列;

若 $p_k = -1$,闭环单极点位于左半 z 平面的单位圆周上,则 $c_k(nT)$ 为交替变号的等幅脉冲序列;

若 $-1 < p_k < 0$,闭环单极点位于 z 平面上单位圆内的负实轴上,则 $c_k(nT)$ 为交替变号的衰减脉冲序列,且 p_k 离原点越近,$c_k(nT)$ 衰减越快。

闭环实极点分布与相应动态响应形式的关系,如图 8-31 所示。

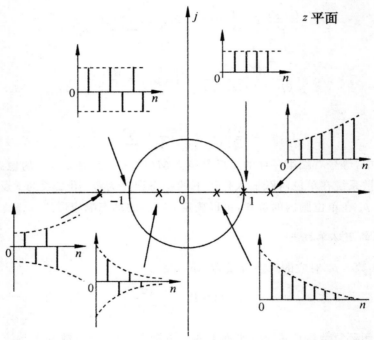

图 8-31　闭环实极点分布与相应的动态响应形式

由图 8-31 可见:

1)若闭环实数极点位于右半 z 平面,则输出动态响应形式为单向正脉冲序列。实极点位于单位圆内,脉冲序列收敛,且实极点越接近原点,收敛越快;实极点位于单位圆上,脉冲序列等幅变化;实极点位于单位圆外,脉冲序列发散。

2)若闭环实数极点位于 z 左半平面,则输出动态响应形式为双向交替脉冲序列。实极点位于单位圆内,双向脉冲序列收敛;实极点位于单位圆上,双向脉冲序列等幅变化;实极点位于单位圆外,双向脉冲序列发散。

3. z 平面上的闭环共轭复数极点

设 p_k 是和 $\overline{p_k}$ 为一对共轭复数极点,其表达式为

$$p_k, \overline{p}_k = |p_k| e^{\pm j\theta_k} \tag{8-84}$$

其中，θ_k 为共轭复数极点 p_k 的相角，从 z 平面上的正实轴起算，逆时针为正。显然，由式(8-81)知，一对共轭复极点所对应的瞬态分量为

$$c_{k,\overline{k}}^*(t) = L^{-1}\left[\frac{c_k z}{z - p_k} + \frac{\overline{c}_k z}{z - \overline{p}_k}\right]$$

对上式求 z 反变换的结果为

$$c_{k,\overline{k}}(nT) = c_k p_k^n + \overline{c}_k \overline{p}_k^n \tag{8-85}$$

由于 $\Phi(z)$ 的分子多项式与分母多项式的系数均为实数，故 c_k 和 $\overline{c}_k$ 也一定是共轭复数，令

$$c_k = |c_k| e^{j\varphi_k}, \quad \overline{c}_k = |c_k| e^{-j\varphi_k} \tag{8-86}$$

并将式(8-84)和式(8-86)代入式(8-85)，可得

$$\begin{aligned}
c_{k,\overline{k}}(nT) &= |c_k| e^{j\varphi_k} |p_k|^n e^{jn\theta_k} + |c_k| e^{-j\varphi_k} |p_k|^n e^{-jn\theta_k} \\
&= 2|c_k| |p_k|^n \cos(n\theta_k + \varphi_k)
\end{aligned} \tag{8-87}$$

若令

$$a_k = \frac{1}{T}\ln(|p_k| e^{j\theta_k}) = \frac{1}{T}\ln|p_k| + j\frac{\theta_k}{T} = a + j\omega$$

$$\overline{a}_k = \frac{1}{T}\ln(|p_k| e^{-j\theta_k}) = \frac{1}{T}\ln|p_k| - j\frac{\theta_k}{T} = a - j\omega$$

则式(8-87)又可表示为

$$\begin{aligned}
c_{k,\overline{k}}(nT) &= c_k p_k^n + \overline{c}_k \overline{p}_k^n \\
&= 2|c_k| e^{anT} \cos(n\omega T + \varphi_k)
\end{aligned} \tag{8-88}$$

其中，

由式(8-88)可见，一对共轭复数极点对应的瞬态分量 $c_{k,\overline{k}}(nT)$ 按振荡规律变化，振荡的角频率为 ω。在 z 平面上，共轭复数极点的位置越左，θ_k 便越大，$c_{k,\overline{k}}(nT)$ 振荡的角频率 ω 也就越高。式(8-87)和(8-88)表明：

若 $|p_k| > 1$，闭环复数极点位于 z 平面上的单位圆外，有 $a > 0$，故动态响应 $c_{k,\overline{k}}(nT)$ 为振荡发散脉冲序列；

若 $|p_k| = 1$，闭环复数极点位于 z 平面上的单位圆上，有 $a = 0$，故动态响应 $c_{k,\overline{k}}(nT)$ 为等幅振荡脉冲序列；

若 $|p_k| < 1$，闭环复数极点位于 z 平面上的单位圆内，有 $a < 0$，故动态响应 $c_{k,\overline{k}}(nT)$ 为振荡收敛脉冲序列，且 $|p_k|$ 越小，即复极点越靠近原点，振荡收敛得越快。

闭环共轭复数极点分布与相应动态响应形式的关系，如图 8-32 所示。由图可见：位于 z 平面上单位圆内的共轭复数极点，对应输出动态响应的形式为振荡收敛脉冲序列，但复极点位于左半单位圆内所对应的振荡频率，要高于右半单位圆内的情况。

综上所述，离散系统的动态特性与闭环极点的分布密切相关。当闭环实极点位于 z 平面上左半单内圆内时，由于输出衰减脉冲交替变号，故动态过程质量很差；当闭环复极点位于左半单位圆内时，由于输出衰减高频振荡脉冲，故动态过程性能欠佳。因此，在离散系统设计时，应把闭环极点安置在 z 平面的右半单位圆内，且尽量靠近原点。

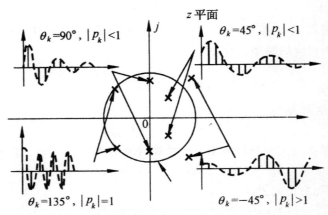

图 8-32　闭环复极点分布与相应的动态响应形式

8.7　线性离散控制系统的设计与校正

　　线性离散系统的设计方法,主要有模拟化设计和离散化设计两种。模拟化设计方法,把控制系统按模拟化进行分析,求出数字部分的等效连续环节,然后按连续系统理论设计校正装置,再将该校正装置数字化。离散化设计方法又称直接数字设计法,把控制系统按离散化(数字化)进行分析,求出系统的脉冲传递函数,然后按离散系统理论设计数字控制器。由于直接数字设计方法比较简便,可以实现比较复杂的控制规律,因此更具有一般性。

　　本节主要介绍直接数字设计法,研究数字控制器的脉冲传递函数,最少拍控制系统的设计,以及数字控制器的确定等问题。

8.7.1　数字控制器的脉冲传递函数

　　设离散系统如图 8-33 所示。图中,$D(z)$ 为数字控制器(数字校正装置)的脉冲传递函数,$G(s)$ 为保持器与被控对象的传递函数,$H(s)$ 为反馈测量装置的传递函数。

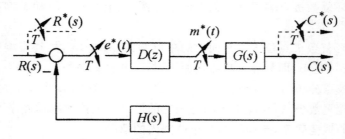

图 8-33　具有数字控制器的离散系统

　　设 $H(s)=1,G(s)$ 的 z 变换为 $G(z)$,由图可以求出系统的闭环脉冲传递函数

$$\Phi(z)=\frac{D(z)G(z)}{1+D(z)G(z)}=\frac{C(z)}{R(z)} \tag{8-89}$$

以及误差脉冲传递函数

$$\Phi_e(z)=\frac{1}{1+D(z)G(z)}=\frac{E(z)}{R(z)} \tag{8-90}$$

则由式(8-89)和式(8-90)可以分别求出数字控制器的脉冲传递函数为

$$D(z)=\frac{\Phi(z)}{G(z)[1-\Phi(z)]} \tag{8-91}$$

或者

$$D(z)=\frac{1-\Phi_e(z)}{G(z)\Phi_e(z)} \tag{8-92}$$

显然

$$\Phi_e(z)=1-\Phi(z) \tag{8-93}$$

离散系统的数字校正问题是：根据对离散系统性能指标的要求，确定闭环脉冲传递函数 $\Phi(z)$ 或误差脉冲传递函数 $\Phi_e(z)$，然后利用式(8-91)或式(8-92)确定数字控制器的脉冲传递函数 $D(z)$，并加以实现。

8.7.2　最少拍系统设计

在采样过程中，通常称一个采样周期为一拍。所谓最少拍系统，是指在典型输入作用下，能以郁艮拍结束响应过程，且在采样时刻上无稳态误差的离散系统。

最少拍系统的设计，是针对典型输入作用进行的。常见的典型输入，有单位阶跃函数、单位速度函数和单位加速度函数，其 z 变换分别为

$$L[1(t)]=\frac{z}{z-1}=\frac{1}{1-z^{-1}}$$

$$L[1(t)]=\frac{Tz}{(z-1)^2}=\frac{Tz^{-1}}{(1-z^{-1})^2}$$

$$L\left[\frac{1}{2}t^2\right]=\frac{T^2z(z+1)}{2(z-1)^3}=\frac{\frac{1}{2}T^2z^{-1}(1+z^{-1})}{(1-z^{-1})^3}$$

因此，典型输入可表示为如下一般形式：

$$R(z)=\frac{A(z)}{(1-z^{-1})^m} \tag{8-94}$$

其中，$A(z)$ 是不含 $(1-z^{-1})$ 因子的 z^{-1} 多项式。例如：$r(t)=1(t)$ 时，有 $m=1$，$A(z)=1$；$r(t)=t$ 时，有 $m=2$，$A(z)=Tz^{-1}$；$r(t)=t^2/2$ 时，有 $m=3$，$A(z)=T^2[(z^{-1})^2+z^{-1}]/2$。

最少拍系统的设计原则是：若系统广义被控对象 $G(z)$ 无延迟且在 z 平面单位圆上及单位圆外无零极点，要求选择闭环脉冲传递函数 $\Phi(z)$，使系统在典型输入作用下，经最少采样周期后能使输出序列在各采样时刻的稳态误差为零，达到完全跟踪的目的，从而确定所需要的数字控制器的脉冲传递函数 $D(z)$。

根据设计原则，需要求出稳态误差 $e_{ss}(\infty)$ 的表达式。由于误差信号 $e(t)$ 的 z 变换为

$$E(z)=\Phi_e(z)R(z)=\frac{\Phi_e(z)A(z)}{(1-z^{-1})^m} \tag{8-95}$$

由 z 变换定义，上式可写为

$$E(z)=\sum_{n=0}^{\infty}e(nT)z^{-n}=e(0)+e(T)z^{-1}+e(2T)z^{-2}+\cdots$$

最少拍系统要求上式自某个 k 开始，在 $k\geq n$ 时，有 $e(kT)=e[(k+1)T]=e[(k+2)T]=\cdots=0$，此时系统的动态过程在 $t=kT$ 时结束，其调节时间 $t_s=kT$。

根据 z 变换的终值定理,离散系统的稳态误差为

$$e_{ss}(\infty) = \lim_{z \to 1}(1-z^{-1})E(z) = \lim_{z \to 1}(1-z^{-1})\frac{A(z)}{(1-z^{-1})^m}\Phi_e(z)$$

上式表明,使 $e_{ss}(\infty)$ 为零的条件是 $\Phi_e(z)$ 中包含有 $(1-z^{-1})^m$ 的因子,即

$$\Phi_e(z) = (1-z^{-1})^m F(z) \tag{8-96}$$

式中,$F(z)$ 为不含 $(z-z^{-1})$ 因子的多项式。为了使求出的 $D(z)$ 简单,阶数最低,可取 $F(z)=1$。由式(8-93)可知,取 $F(z)=1$ 的意义是使 $\Phi(z)$ 的全部极点均位于 z 平面的原点。

下面讨论最少拍系统在不同典型输入作用下,数字控制器脉冲传递函数 $D(z)$ 的确定方法。

1. 单位阶跃输入

由于 $r(t)=1(t)$ 时有 $m=1$,$A(z)=1$,故由式(8-93)及(8-96)可得

$$\Phi_e(z) = 1-z^{-1}, \quad \Phi(z) = z^{-1}$$

于是,根据式(8-94)求出

$$D(z) = \frac{z^{-1}}{(1-z^{-1})G(z)}$$

由式(8-95)知

$$E(z) = \frac{A(z)}{(1-z^{-1})^m}\Phi_e(z) = 1$$

表明:$e(0)=1$,$e(T)=e(2T)=\cdots=0$。可见,最少拍系统经过一拍便可完全跟踪输入 $r(t)=1(t)$,如图 8-34 所示。这样的离散系统称为一拍系统,其 $t_s=T$。

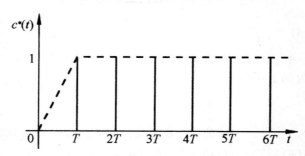

图 8-34 最少拍系统的单位阶跃响应序列

2. 单位斜坡输入

由于 $r(t)=t$ 时,有 $m=2$,$A(z)=Tz^{-1}$,故

$$\Phi_e(z) = (1-z^{-1})^m F(z) = (1-z^{-1})^2$$

$$\Phi(z) = 1-\Phi_e(z) = 2z^{-1}-z^{-2}$$

于是

$$D(z) = \frac{\Phi(z)}{G(z)\Phi_e(z)} = \frac{z^{-1}(2-z^{-1})}{(1-z^{-1})^2 G(z)}$$

且有

$$E(z) = \frac{A(z)}{(1-z^{-1})^m}\Phi_e(z) = Tz^{-1}$$

表明：$e(0)=1,e(T)=T,e(2T)=e(3T)=\cdots=0$。可见，最少拍系统经过二拍便可完全跟踪输入 $r(t)=t$，如图 8-35 所示。这样的离散系统称为二拍系统，其调节时间 $t_s=2T$。

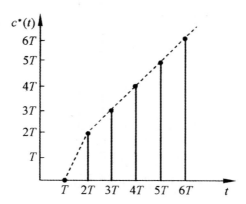

图 8-35　最少拍系统的单位斜坡响应序列

图 8-35 所示的单位斜坡响应序列，可按上节介绍的方法求得，即

$$C(z)=\Phi(z)R(z)=(2z^{-1}-z^{-2})\frac{Tz^{-1}}{(1-z^{-1})^2}=2Tz^{-2}+3Tz^{-3}+\cdots+nTz^{-n}+\cdots$$

基于 z 变换定义，得到最少拍系统在单位斜坡作用下的输出序列 $c(nT)$ 为 $c(0)=0,c(T)=0$，$c(2T)=2T,c(3T)=3T,\cdots c(nT)=nT,\cdots$。

3. 单位加速度输入

由于 $r(t)=t^2/2$。有 $m=3,A(z)=\frac{1}{2}T^2z^{-1}(1+z^{-1})$，故可得闭环脉冲传递函数

$$\Phi_e(z)=(1-z^{-1})^3$$
$$\Phi(z)=3z^{-1}-3z^{-2}+z^{-3}$$

因此，数字控制器脉冲传递函数

$$D(z)=\frac{z^{-1}(3-3z^{-1}+z^{-2})}{(1-z^{-1})^3G(z)}$$

误差脉冲序列及输出脉冲序列的 z 变换分别为

$$E(z)=A(z)=\frac{1}{2}T^2z^{-1}+\frac{1}{2}T^2z^{-2}$$

$$C(z)=\Phi(z)R(z)=\frac{3}{2}T^2z^{-2}+\frac{9}{2}T^2z^{-3}+\cdots+\frac{n^2}{2}T^2z^{-n}+\cdots$$

可见，最少拍系统经过三拍便可完全跟踪输入 $r(t)=t^2/2$。根据 $c(nT)$ 的数值，可以绘出最少拍系统的单位加速度响应序列，如图 8-36 所示。这样的离散系统称为三拍系统，其调节时间为 $t_s=3T$。

需要注意的是，最少拍系统的调节时间，只与所选择的闭环脉冲传递函数 $\Phi(z)$ 的形式有关，而与典型输入信号的形式无关。例如，针对单位斜坡输入设计的最少拍系统，可选择

$$\Phi(z)=2z^{-1}-z^{-2}$$

则不论在何种输入形式作用下，系统均有二拍的调节时间。比较各种典型输入下的 $R(z)$ 与 $C(z)$ 可以发现，它们都是 $\Phi(z)$ 又在前二拍出现差异，从第三拍起实现完全跟踪，因此均为二拍

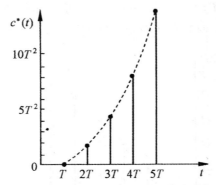

图 8-36 最少拍系统的单位加速度响应序列

系统,其 $t_s = 2T$。在各种典型输入作用下,最少拍系统的输出响应序列,如图 8-37 所示。由图可以看出,如下几点结论成立:

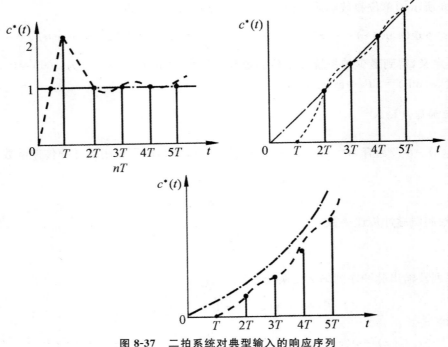

图 8-37 二拍系统对典型输入的响应序列

1)从快速性而言,按单位斜坡输入设计的最少拍系统,在各种典型输入作用下,其动态过程均为二拍。

2)从准确性而言,系统对单位阶跃输入和单位斜坡输入,在采样时刻均无稳态误差,但对单位加速度输入,采样时刻上的稳态误差为常量 T。

3)从动态性能而言,系统对单位斜坡输入下的响应性能较好,这是因为系统本身就是针对此而设计的,但系统对单位阶跃输入响应性能较差,有 100% 的超调量,故按某种典型输入设计的最少拍系统,适应性较差。

4)从平稳性而言,在各种典型输入作用下系统进入稳态以后,在非采样时刻一般均存在纹波,从而增加系统的机械磨损,故上述最少拍系统的设计方法,只有理论意义,并不实用。

8.7.3　无波纹最少拍系统设计

由于最少拍系统在非采样时刻存在纹波,为工程界所不容许,故希望设计无纹波最少拍系统。

无纹波最少拍系统的设计要求是:在某一种典型输入作用下设计的系统,其输出响应经过尽可能少的采样周期后,不仅在采样时刻上输出可以完全跟踪输入,而且在非采样时刻不存在纹波。

1. 最少拍系统产生纹波的原因

设单位反馈离散系统如图 8-38 所示,它按单位斜坡输入设计的最少拍系统,其 $T=1$。假定, $T_m=1$, $K_v/i=10$,则 $G_0(s)=10/s(s+1)$。则

$$D(z)=\frac{0.543(z-0.368z^{-1})(1-0.5z^{-1})}{(1-z^{-1})(1+0.717z^{-1})}$$

$$E_1(z)=\Phi_e(z)R(z)=(1-z^{-1})^2\frac{Tz^{-1}}{(1-z^{-1})^2}=Tz^{-1}$$

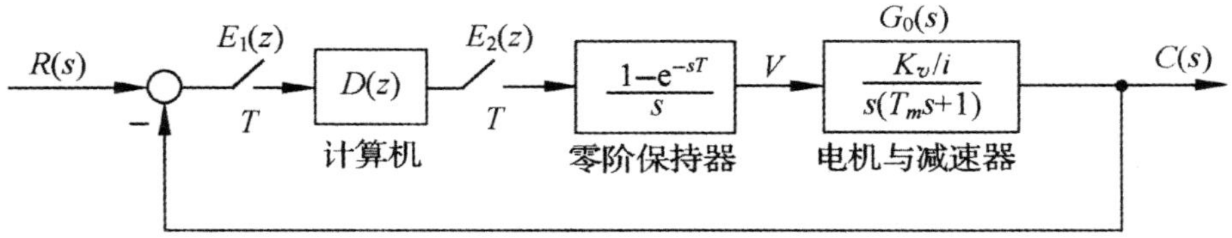

图 8-38　有纹波最少拍系统

显然,经过二拍以后,零阶保持器的输入序列 $e_2(nT)$ 并不是常值脉冲,而是围绕平均值上下波动,从而保持器的输出电压 V 在二拍以后也围绕平均值波动。这样的电压 V 加在电机上,必然使电机转速不平稳,产生输出纹波。图 8-38 系统中的各点波形,如图 8-39 所示。因此,无纹波输出就必须要求序列 $e_2(nT)$ 在有限个采样周期后,达到相对稳定(不波动)。要满足这一要求,除了采用前面介绍的最少拍系统设计方法外,还需要对被控对象传递函数 $G_0(s)$ 以及闭环脉冲传递函数 $\Phi(z)$ 提出相应的要求。

2. 无纹波最少拍系统的必要条件

为了在稳态过程中获得无纹波的平滑输出 $c^*(t)$,被控对象 $G_0(s)$ 必须有能力给出与输入 $r(t)$ 相同的平滑输出 $c(t)$。

若针对单位斜坡输入 $r(t)=t$ 设计最少拍系统,则 $G_0(s)$ 的稳态输出也必须是斜坡函数,因此 $G_0(s)$ 必须至少有一个积分环节,使被控对象在零阶保持器常值输出信号作用下,稳态输出为等速变化量;同理,若针对单位加速度输入 $r(t)=t^2/2$ 设计最少拍系统,则 $G_0(s)$ 至少应包含两个积分环节。

一般地说,若输入信号为

$$r(t)=R_0+R_1t+\frac{1}{2}R_2t^2+\cdots+\frac{1}{(q-1)!}R_{q-1}t^{q-1}$$

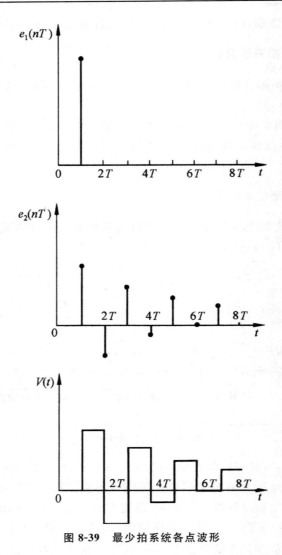

图 8-39　最少拍系统各点波形

　　则无纹波最少拍系统的必要条件是：被控对象传递函数 $G_0(s)$ 中，至少应包含 $(q-1)$ 个积分环节。

　　上述条件是不充分的，即当 $G_0(s)$ 满足上述条件时，最少拍系统不一定无纹波。

　　3. 无纹波最少拍系统的附加条件

　　根据 z 变换定义，有

$$E_2(z) = \sum_{n=0}^{\infty} e_2(nT)z^{-n} = e_2(0) + e_2(T)z^{-1} + \cdots + e_2(lT)z^{-1} + \cdots$$

如果经过 1 个采样周期后，脉冲序列 $e_2(nT)$ 进入稳态，有

$$e_2(lT) = e_2[(l+1)T] = \cdots = 常值（可以是零）$$

则根据最少拍系统产生纹波的原因可知，此时最少拍系统无纹波。因此，无纹波最少拍系统要求 $E_2(z)$ 为 z^{-1} 的有限多项式。

由图 8-38 可知：

$$E_2(z) = D(z)E_1(z) = D(z)\Phi_e(z)R(z) \tag{8-97}$$

进行最少拍系统设计时，$\Phi_e(z)$ 的零点可以完全对消 $R(z)$ 的极点。因此式(8-97)表明，只要 $D(z)\Phi_e(z)$ 为 z^{-1} 的有限多项式，$E_2(z)$ 就是 z^{-1} 的有限多项式。此时在确定的典型输入作用下，经过有限拍后，$e_2(nT)$ 就可以达到相应的稳态值，从而保证系统无纹波输出，见图 8-39。

由式(8-93)和(8-94)可得

$$D(z) = \frac{\Phi(z)}{G(z)\Phi_e(z)}$$

因此

$$D(z)\Phi_e(z) = \frac{\Phi(z)}{G(z)}$$

设广义对象脉冲传递函数

$$G(z) = \frac{P(z)}{Q(z)}$$

其中，$P(z)$ 为 $G(z)$ 的零点多项式；$Q(z)$ 为 $G(z)$ 的极点多项式。则有

$$D(z)\Phi_e(z) = \frac{\Phi(z)Q(z)}{P(z)} \tag{8-98}$$

在上式中，$G(z)$ 的极点多项式 $Q(z)$ 总是有限的多项式，不会妨碍 $D(z)\Phi_e(z)$ 成为 z^{-1} 的有限多项式，然而 $G(z)$ 的零点多项式 $P(z)$ 则不然。所以，$D(z)\Phi_e(z)$ 成为 z^{-1} 有限多项式的条件是：$\Phi(z)$ 的零点应抵消 $G(z)$ 的全部零点，即应有

$$\Phi(z) = P(z)M(z) \tag{8-99}$$

式中，$M(z)$ 为待定 z^{-1} 多项式，可根据其他条件确定。式(8-99)就是无纹波最少拍系统的附加条件。由此得到以下结论：

1)当要求最少拍系统无纹波时，闭环脉冲传递函数 $\Phi(z)$ 除应满足最少拍要求的形式外，其附加条件是 $\Phi(z)$ 还必须包含 $G(z)$ 的全部零点，而不论这些零点在 z 平面的何处。

2)由于最少拍系统设计前提是 $G(z)$ 在单位圆上及单位圆外无零极点，或可被 $\Phi(z)$ 及 $\Phi_e(z)$ 所补偿，所以附加条件(8-99)要求的 $\Phi(z)$ 包含 $G(z)$ 在单位圆内的零点数，就是无纹波最少拍系统比有纹波最少拍系统所增加的拍数。

第 9 章 非线性控制系统

9.1 非线性控制系统概述

9.1.1 研究非线性控制理论的意义

本书以上各章详细地讨论了线性定常控制系统的分析和设计问题。但实际上,理想的线性系统并不存在,因为组成控制系统的各元件的动态和静态特性都存在着不同程度的非线性。以随机系统为例,放大元件由于受电源电压或输出功率的限制,在输入电压超过放大器的线性工作范围时,输出呈饱和现象,如图 9-1(a)所示;执行元件电动机,由于轴上存在着摩擦力矩和负载力矩,只有在电枢电压达到一定数值后,电机才会转动,存在着死区,而当电枢电压超过一定数值时,电机的转速将不再增加,出现饱和现象,其特性如图 9-1(b)所示;又如传动机构,受加工和装配精度的限制,换向时存在着间隙特性,如图 9-1(c)所示。

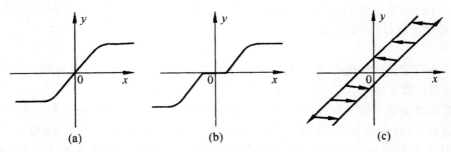

图 9-1 几种典型的非线性特性

由此可见,实际系统中普遍存在非线性因素。当系统中含有一个或多个具有非线性特性的元件时,该系统称为非线性系统。例如,在图 9-2 所示的柱形液位系统中,设 H 为液位高度,Q_i 为液体流入量,Q_o 为液体流出量,C 为贮槽的截面积。根据水力学原理

$$Q_o = k \sqrt{H} \tag{9-1}$$

其中比例系数 k 取决于液体的黏度和阀阻。液位系统的动态方程为

$$C \frac{\mathrm{d}H}{\mathrm{d}t} = Q_i - Q_o = Q_i - k \sqrt{H} \tag{9-2}$$

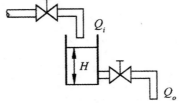

图 9-2 液位系统

显然，液位 H 和液体输入量 Q_i 的数学关系式为非线性微分方程。一般地，非线性系统的数学模型可以表示为

$$f\left(t, \frac{\mathrm{d}^n y}{\mathrm{d}t^n}, \cdots, \frac{\mathrm{d}y}{\mathrm{d}t}, y\right) = g\left(t, \frac{\mathrm{d}^m r}{\mathrm{d}t^m}, \cdots, \frac{\mathrm{d}r}{\mathrm{d}t}, r\right) \tag{9-3}$$

其中 $f(\cdot)$ 和 $g(\cdot)$ 为非线性函数。

当非线性程度不严重时，例如不灵敏区较小、输入信号幅值较小、传动机构间隙不大时，可以忽略非线性特性的影响，从而可将非线性环节视为线性环节；当系统方程解析且工作在某一数值附近的较小范围内时，可运用小偏差法将非线性模型线性化。例如，设图 9-2 液位系统的液位 H 在 H_0 附近变化，相应的液体输入量 Q_i 在 Q_{i0} 附近变化时，可取 $\Delta H = H - H_0$，$\Delta Q_i = Q_i - Q_{i0}$ 对 $\sqrt{H}$ 作泰勒级数展开，有

$$\sqrt{H} = \sqrt{H_0} + \frac{1}{2\sqrt{H_0}}(H - H_0) + \cdots \tag{9-4}$$

鉴于 H, Q_i 变化较小，取 $\sqrt{H}$ 泰勒级数展开式的一次项近似，可得以下小偏差线性方程：

$$C\frac{\mathrm{d}(\Delta H)}{\mathrm{d}t} = \Delta Q_i - \frac{k}{2\sqrt{H_0}}\Delta H \tag{9-5}$$

忽略非线性特性的影响或作小偏差线性化处理后，非线性系统近似为线性化系统，因此可以采用线性定常系统的方法加以分析和设计。但是，对于非线性程度比较严重，且系统工作范围较大的非线性系统，只有使用非线性系统的分析和设计方法，才能得到较为正确的结果。随着生产和科学技术的发展，对控制系统的性能和精度的要求越来越高，建立在上述线性化基础上的分析和设计方法已难以解决高质量的控制问题。为此，必须针对非线性系统的数学模型，采用非线性控制理论进行研究。此外，为了改善系统的性能，实现高质量的控制，还必须考虑非线性控制器的设计。例如，为了获得最短时间控制，需对执行机构采用继电控制，使其始终工作在最大电压或最大功率下，充分发挥其调节能力；为了兼顾系统的响应速率和稳态精度，需使用变增益控制器。

需要注意的是，非线性特性千差万别，对于非线性系统，目前还没有统一的且普遍适用的处理方法。线性系统是非线性系统的特例，线性系统的分析和设计方法在非线性控制系统的研究中仍将发挥非常重要的作用。

9.1.2　非线性系统的特征

线性系统的重要特征是可以应用线性叠加原理。由于描述非线性系统运动的数学模型为非线性微分方程，因此叠加原理不能应用，故能否应用叠加原理是两类系统的本质区别。非线性系统的运动主要有以下特点：

1. 稳定性分析复杂

按照平衡状态的定义，在无外作用且系统输出的各阶导数等于零时，系统处于平衡状态。显然，对于线性系统，只有一个平衡状态，线性系统的稳定性即为该平衡状态的稳定性，而且只取决于系统本身的结构和参数，与外作用和初始条件无关。

对于非线性系统，则问题变得较复杂。首先，系统可能存在多个平衡状态。考虑下述非线性一阶系统：

$$\dot{x} = x^2 - x = x(x - 1) \tag{9-6}$$

令 $\dot{x}=0$，可知该系统存在两个平衡状态 $x=0$ 和 $x=1$，为了分析各个平衡状态的稳定性，需要求解式(9-6)。设 $t=0$ 时，系统的初始状态为 x_0，由式(9-6)得

$$\frac{\mathrm{d}x}{x(x-1)}=\mathrm{d}t$$

积分得

$$x(t)=\frac{x_0\mathrm{e}^{-t}}{1-x_0+x_0\mathrm{e}^{-t}} \tag{9-7}$$

相应的时间响应随初始条件而变。当 $x_0>1$，$t<\ln\dfrac{x_0}{x_0-1}$ 时，随 t 增大，$x(t)$ 递增；$t=\ln\dfrac{x_0}{x_0-1}$ 时，$x(t)$ 为无穷大。当 $x_0<1$ 时，$x(t)$ 递减并趋于 0。不同初始条件下的时间响应曲线如图 9-3 所示。

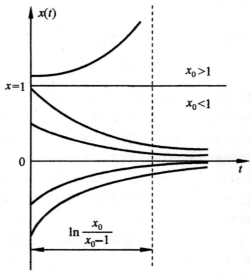

图 9-3　非线性一阶系统的时间响应曲线

考虑上述平衡状态受小扰动的影响，故平衡状态 $x=1$ 是不稳定的，因为稍有偏离，系统不能恢复至原平衡状态；而平衡状态 $x=0$ 在一定范围的扰动下($x_0<1$)是稳定的。

由上例可见，非线性系统可能存在多个平衡状态，各平衡状态可能是稳定的也可能是不稳定的。初始条件不同，自由运动的稳定性亦不同。更重要的是，平衡状态的稳定性不仅与系统的结构和参数有关，而且与系统的初始条件有直接的关系。

2. 可能存在自激振荡现象

所谓自激振荡是指没有外界周期变化信号的作用时，系统内产生的具有固定振幅和频率的稳定周期运动，简称自振。线性定常系统只有在临界稳定的情况下才能产生周期运动。考虑图 9-4 所示系统，设初始条件 $x(0)=x_0$，$\dot{x}(0)=\dot{x}_0$，系统自由运动方程为

$$\ddot{x}+\omega_n^2 x=0 \tag{9-8}$$

用拉普拉斯变换法求解该微分方程得

$$X(s)=\frac{sx_0+\dot{x}_0}{s^2+\omega_n^2} \tag{9-9}$$

系统自由运动

$$x(t)=\sqrt{x_0^2+\left(\frac{\dot{x}_0}{\omega_n}\right)^2}\sin\left(\omega_nt+\arctan\frac{\omega_nx_0}{\dot{x}_0}\right)=A\sin(\omega_nt+\varphi)\tag{9-10}$$

其中振幅 A 和相角 φ 依赖于初始条件。此外,根据线性叠加原理,在系统运动过程中,一旦外扰动使系统输出 $x(t)$ 或 $\dot{x}(t)$ 发生偏离,则 A 和 φ 都将随之改变,因而上述周期运动将不能维持。所以线性系统在无外界周期变化信号作用时所具有的周期运动不是自激振荡。

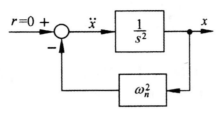

图 9-4　二阶零阻尼线性系统

考虑范德波尔方程

$$\ddot{x}-2\rho(1-x^2)\dot{x}+x=0,\quad\rho>0\tag{9-11}$$

该方程描述具有非线性阻尼的非线性二阶系统。当扰动使 $x<1$ 时,因为 $-\rho(1-x^2)<0$,系统具有负阻尼,此时系统从外部获得能量,$x(t)$ 的运动呈发散形式;当 $x>1$ 时,因为 $-2\rho(1-x^2)>0$,系统具有正阻尼,此时系统消耗能量,$x(t)$ 的运动呈收敛形式;而当 $x=1$ 时,系统为零阻尼,系统运动呈等幅振荡形式。上述分析表明,系统能克服扰动对 x 的影响,保持幅值为 1 的等幅振荡,见图 9-5。

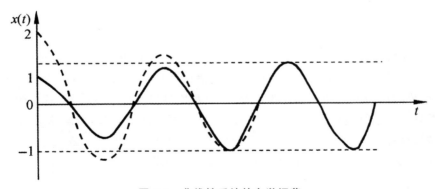

图 9-5　非线性系统的自激振荡

必须指出,长时间大幅度的振荡会造成机械磨损,增加控制误差,因此多数情况下不希望系统有自振发生。但在控制中通过引入高频小幅度的颤振,可克服间隙、死区等非线性因素的不良影响。而在振动试验中,还必须使系统产生稳定的周期运动。因此研究自振的产生条件及抑制,确定自振的频率和周期,是非线性系统分析的重要内容。

3. 频率响应发生畸变

稳定的线性系统的频率响应,即正弦信号作用下的稳态输出量是与输入同频率的正弦信号,其幅值 A 和相位 φ 为输入正弦信号频率 ω 的函数。而非线性系统的频率响应除了含有与输入同频率的正弦信号分量(基频分量)外,还含有关于 ω 的高次谐波分量,使输出波形发生非线性畸变。若系统含有多值非线性环节,输出的各次谐波分量的幅值还可能发生跃变。

在非线性系统的分析和控制中,还会产生一些其他与线性系统明显不同的现象,在此不再赘述。

4. 非线性系统的分析与设计方法

系统分析和设计的目的是通过求取系统的运动形式,以解决稳定性问题为中心,对系统实施有效的控制。由于非线性系统形式多样,受数学工具限制,一般情况下难以求得非线性微分方程的解析解,只能采用工程上适用的近似方法。本章重点介绍以下三种方法。

(1)相平面法。

相平面法是推广应用时域分析法的一种图解分析方法。该方法通过在相平面上绘制相轨迹曲线,确定非线性微分方程在不同初始条件下解的运动形式。相平面法仅适用于一阶和二阶系统。

(2)描述函数法。

描述函数法是基于频域分析法和非线性特性谐波线性化的一种图解分析方法。该方法对于满足结构要求的一类非线性系统,通过谐波线性化,将非线性特性近似表示为复变增益环节,然后推广应用频率法,分析非线性系统的稳定性或自激振荡。

(3)逆系统法。

逆系统法是运用内环非线性反馈控制,构成伪线性系统,并以此为基础,设计外环控制网络。该方法应用数学工具直接研究非线性控制问题,不必求解非线性系统的运动方程,是非线性系统控制研究的一个发展方向。

9.1.3 常见非线性特性及其对系统运动的影响

继电特性、死区、饱和、间隙和摩擦是实际系统中常见的非线性因素。在很多情况下,非线性系统可以表示为在线性系统的某些环节的输入或输出端加入非线性环节。因此,非线性因素的影响使线性系统的运动发生变化。有鉴于此,本节从物理概念的角度出发,基于线性系统的分析方法,对这类非线性系统进行定性分析,所得结论虽然不够严谨,但对分析常见非线性因素对系统运动的影响,具有一定的参考价值。以下分析中,采用简单的折线代替实际的非线性曲线,将非线性特性典型化,而由此产生的误差一般处于工程所允许的范围之内。

1. 非线性特性的等效增益

设非线性特性可以表示为

$$y = f(x) \tag{9-12}$$

将非线性特性视为一个环节,环节的输入为 x,输出为 y,按照线性系统中比例环节的描述,定义非线性环节输出 y 和输入 x 的比值为等效增益

$$k = \frac{y}{x} = \frac{f(x)}{x} \tag{9-13}$$

应当指出,比例环节的增益为常值,输出和输入呈线性关系,而式(9-12)所示非线性环节的等效增益为变增益,因而可将非线性特性视为变增益比例环节。当然,比例环节是变增益比例环节的特例。

继电器、接触器和可控硅等电气元件的特性通常都表现为继电特性。继电特性的等效增益曲线如图 9-6(a)所示。当输入 x 趋于零时,等效增益趋于无穷大;由于输出 y 的幅值保持不变,故当 $|x|$ 增大时,等效增益减小,$|x|$ 趋于无穷大时,等效增益趋于零。

死区特性一般是由测量元件、放大元件及执行机构的不灵敏区所造成的。死区特性的等效增益曲线如图 9-6(b)所示。当 $|x| < \Delta$ 时,$k = 0$;当 $|x| > \Delta$ 时,尼为 $|x|$ 的增函数,且随 $|x|$ 趋于无穷时,k 趋于 k_0。

放大器及执行机构受电源电压或功率的限制导致饱和现象,等效增益曲线如图 9-6(c)所示。当输入 $|x| \leqslant a$ 时,输出 y 随输入 x 线性变化,等效增益 $k = k_0$;当 $|x| > a$ 时,输出量保持常值,k 为 $|x|$ 的减函数,且随 $|x|$ 趋于无穷而趋于零。

齿轮、蜗轮轴系的加工及装配误差或磁滞效应是形成间隙特性的主要原因。以齿轮传动为例,一对啮合齿轮,当主动轮驱动从动轮正向运行时,若主动轮改变方向,则需运行两倍的齿隙才可使从动轮反向运行,如图 9-6(d)所示。间隙特性为非单值函数

$$y = \begin{cases} k_0(x-b), & \dot{x} > 0, x > -(a-2b) \\ k_0(a-b), & \dot{x} < 0, x > (a-2b) \\ k_0(x+b), & \dot{x} < 0, x < (a-2b) \\ k_0(-a+b), & \dot{x} > 0, x < -(a-2b) \end{cases} \tag{9-14}$$

根据式(9-14)分段确定等效增益并作等效增益曲线如图 9-6(d)所示。受间隙特性的影响,在主动轮改变方向的瞬时和从动轮由停止变为跟随主动轮转动的瞬时($x = \pm(a-2b)$),等效增益曲线发生转折;当主动轮转角过零时,等效增益发生 $+\infty$ 到 $-\infty$ 的跳变;在其他运动点上,等效增益的绝对值为 $|x|$ 的减函数。

摩擦特性是机械传动机构中普遍存在的非线性特性。摩擦力阻挠系统的运动,即表现为与物体运动方向相反的制动力。摩擦力一般表示为三种形式的组合,如图 9-6(e)所示。图中,F_1 是物体开始运动所需克服的静摩擦力;当系统开始运动后,则变为动摩擦力 F_2;第三种摩擦力为粘性摩擦力,与物体运动的滑动平面相对速率成正比。摩擦特性的等效增益为物体运动速率 $|\dot{x}|$ 的减函数。$|\dot{x}|$ 趋于无穷大时,等效增益趋于 k_0;当 $|\dot{x}|$ 在零附近作微小变化时,由于静摩擦力和动摩擦力的突变式转变,等效增益变化剧烈。

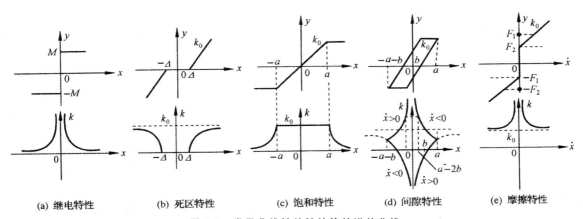

图 9-6　常见非线性特性的等效增益曲线

2. 常见非线性因素对系统运动的影响

非线性特性对系统性能的影响是多方面的,难以一概而论。为便于定性分析,采用图 8-7 所示的结构形式,图中 k 为非线性特性的等效增益,$G(s)$ 为线性部分的传递函数,K^* 为线性部分的开环根轨迹增益。当忽略或不考虑非线性因素,即是为常数时,非线性系统表现为线性系统,因此非线性系统的分析可在线性系统分析的基础上加以推广。由于非线性特性用等效增益表示,图示非线性系统的开环零极点与开环根轨迹增益为 $k \cdot K^*$ 时的线性系统的零极点相同。非线性因素对系统运动的影响通过增益的变化改变系统的闭环极点的位置,因而仍可采用根轨迹分析法。

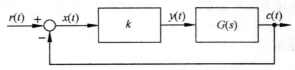

图 9-7　等效增益表示的非线性系统

（1）继电特性。

由图 9-6(a)所示继电特性的等效增益曲线知,$0<k<\infty$,且为 $|x|$ 的减函数。对于图 9-7 所示系统,以下讨论两种情况。

1)取 $G(s)=\dfrac{K^*}{s(s+2)}$,由于闭环系统对于任意的尾值均稳定,$|x(t)|$ 将趋于零,由图 9-8(a)所示根轨迹可知,由于 $|x(t)|$ 的减小,k 随之增大,系统闭环极点将沿着根轨迹的方向最终趋于 $-1\pm\mathrm{j}\infty$,因为实际系统中的继电特性总是具有一定的开关速度,因此 $x(t)$ 呈现为零附近的高频小幅度振荡。当输入 $r(t)=1(t)$ 时,非线性系统的单位阶跃响应的稳态过程亦呈现为 $1(t)$ 叠加高频小幅度振荡的运动形式。

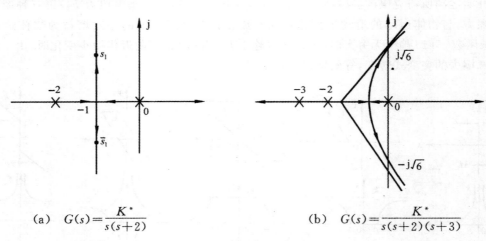

（a）　$G(s)=\dfrac{K^*}{s(s+2)}$　　　　　（b）　$G(s)=\dfrac{K^*}{s(s+2)(s+3)}$

图 9-8　线性系统的根轨迹

2)对于 $G(s)=\dfrac{K^*}{s(s+2)(s+3)}$,由图 9-8(b)所示,根轨迹与虚轴的交点为 $\pm\mathrm{j}\sqrt{6}$,交点处根轨迹增益 kK^* 为 30,由此可确定此时继电特性的输入幅值 $x_1=\dfrac{K^* M}{30}$。当 $|x(t)|>x_1$ 时,继电

特性的等效增益 $k < \dfrac{30}{K^*}$，由根轨迹曲线可知，系统闭环极点均位于 s 平面的左半平面，系统闭环稳定，故 $x(t)$ 的幅值将减小，等效增益 k 随之增大，系统两个闭环极点将沿根轨迹的方向趋于 $\pm \mathrm{j}\sqrt{6}$；当 $|x(t)| < x_1$ 时，继电特性的等效增益 $k > \dfrac{30}{K^*}$，系统有两个闭环极点位于 s 平面的右半平面，系统闭环不稳定，故 $x(t)$ 的幅值将增大，等效增益 k 随之减小，系统两个闭环极点也将沿根轨迹的反方向趋于 $\pm \mathrm{j}\sqrt{6}$，由于系统具有惯性，故 $x(t)$ 最终将保持 $\dfrac{K^* M}{30}\sin\sqrt{6}\,t$ 的等幅振荡形式。

上述分析表明，继电特性常常使系统产生振荡现象，但如果选择合适的继电特性可提高系统的响应速度，也可构成正弦信号发生器。

（2）死区特性。

死区特性最直接的影响是使系统存在稳态误差。当 $|x(t)| < \Delta$ 时，由于 $k=0$，系统处于开环状态，失去调节作用。当系统输入为速度信号时，受死区的影响，在 $|r-c| < \Delta$ 时，系统无调节作用，因而导致系统输出在时间上的滞后，降低了系统的跟踪精度。而在另一方面，当系统输入端存在小扰动信号时，在系统动态过程的稳态值附近，死区的作用可减小扰动信号的影响。

考虑死区对图 9-8(a)所示系统动态性能的影响。设无死区特性时，系统闭环极点位于根轨迹曲线上 $s_1、\bar{s}_1$ 处，阻尼比较小，系统动态过程超调量较大。由于死区的存在，使非线性特性的等效增益在 $0 \sim k_0$ 之间变化。当 $|x(t)|$ 较大时，闭环极点为阻尼比较小的共轭复极点，系统响应速度快，当 $|x(t)|$ 较小时，等效增益下降，闭环极点为具有较大阻尼比的共轭复极点或实极点，系统振荡性减弱，因而可降低系统的超调量。

（3）饱和特性。

饱和特性的等效增益曲线表明，饱和现象将使系统的开环增益在饱和区时下降。控制系统设计时，为使功放元件得到充分利用，应力求使功放级首先进入饱和；为获得较好的动态性能，应通过合适选择线性区增益和饱和电压，使系统既能获得较小的超调量，又能保证较大的开环增益，减小稳态误差。饱和区对系统闭环极点的分析过程与继电特性类同。

（4）间隙特性。

间隙的存在，相当于死区的影响，降低系统的跟踪精度。由于间隙为非单值函数，对于相同的输入值 $x(t)$，输出值 $y(t)$ 的取值还取决于 $\dot{x}(t)$ 的符号，因而受其影响负载系统的运动变化剧烈。首先分析能量的变化，由于主动轮转向时，需先越过两倍的齿隙，不驱动负载，导致能量的积累。当主动轮越过齿隙重新驱动负载时，积累能量的释放将使负载运动变化加剧。而间隙过大，则蓄能过多，将会造成系统自振。再分析等效增益曲线，可以发现，在主动轮转向和越过齿隙的瞬间，等效增益曲线产生切变。而在 $x(t)$ 过零处，等效增益将产生 $+\infty$ 到 $-\infty$ 的跳变。若取 $G(s) = \dfrac{K^*}{s(s+2)}$ 信号过零前，k 趋于 $+\infty$，$x(t)$ 以高频振荡形式收敛，而过零后，k 由 $-\infty$ 趋于 0，系统闭环不稳定，表现为迅速发散。上述分析表明，间隙特性将严重影响系统的性能，必须加以克服。通常，可通过提高齿轮的加工和装配精度减小间隙，使用双片齿轮消除齿隙和设计各种校正装置补偿间隙的影响。

（5）摩擦特性。

摩擦对系统性能的影响最主要的是造成系统低速运动的不平滑性，即当系统的输入轴作低速平稳运转时,输出轴的旋转呈现跳跃式的变化。这种低速爬行现象是由静摩擦到动摩擦的跳变产生的。传动机构的结构图如图 9-9 所示,其中 J 为转动惯量,i 为齿轮系速比,$\theta(t)$ 为输出轴角度,由于输入转矩需克服静态转矩 F_1 方使输出轴由静止开始转动,而一旦输出轴转动,摩擦转矩即由 F_1 迅速降为动态转矩 F_2。因而造成输出轴在小角度(零附近)产生跳动式变化。反映在等效增益上,在 $x(t)$ 为零处表现为能量为 F_1 的正脉冲和能量为 F_1-F_2 的负脉冲。对于雷达、天文望远镜、火炮等高精度控制系统,这种脉冲式的输出变化产生的低速爬行现象往往导致不能跟踪目标,甚至丢失目标。

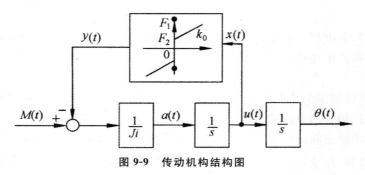

图 9-9　传动机构结构图

9.2　描述函数法

　　描述函数法是达尼尔(P. J. Daniel)于 1940 年首先提出的,其基本思想是:当系统满足一定的假设条件时,系统中非线性环节在正弦信号作用下的输出可用一次谐波分量来近似,由此导出非线性环节的近似等效频率特性,即描述函数。这时非线性系统就近似等效为一个线性系统,并可应用线性系统理论中的频率法对系统进行频域分析。

　　描述函数法主要用来分析在无外作用的情况下,非线性系统的稳定性和自振荡问题,并且不受系统阶次的限制,一般都能给出比较满意的结果,因而获得了广泛的应用。但是由于描述函数对系统结构、非线性环节的特性和线性部分的性能都有一定的要求,其本身也是一种近似的分析方法,因此该方法的应用有一定的限制条件。另外,描述函数法只能用来研究系统的频率响应特性,不能给出时间响应的确切信息。

9.2.1　描述函数的基本概念

1. 描述函数的定义

设非线性环节输入输出描述为

$$y = f(x) \tag{9-15}$$

当非线性环节的输入信号为正弦信号

$$x(t) = A\sin\omega t \tag{9-16}$$

时,可对非线性环节的稳态输出 $y(t)$ 进行谐波分析。一般情况下,$y(t)$ 为非正弦的周期信号,因而可以展开成傅里叶级数:

$$y(t) = A_0 + \sum_{n=1}^{\infty}(A_n\cos n\omega t + B_n\sin n\omega t) = A_0 + \sum_{n=1}^{\infty}Y_n\sin(n\omega t + \varphi_n)$$

其中，A_0 为直流分量；$Y_n \sin(n\omega t + \varphi_n)$ 为第 n 次谐波分量，且有

$$Y_n = \sqrt{A_n^2 + B_n^2}, \quad \varphi_n = \arctan\frac{A_n}{B_n} \tag{9-17}$$

式中，A_n，B_n 为傅里叶系数，以下式描述：

$$A_n = \frac{1}{\pi}\int_0^{2\pi} y(t)\cos n\omega t \,\mathrm{d}\omega t, \quad B_n = \frac{1}{\pi}\int_0^{2\pi} y(t)\sin n\omega t \,\mathrm{d}\omega t \quad (n = 1, 2, \cdots) \tag{9-18}$$

而直流分量

$$A_0 = \frac{1}{2\pi}\int_0^{2\pi} y(t)\,\mathrm{d}\omega t \tag{9-19}$$

若 $A_0 = 0$ 且当 $n > 1$ 时，Y_n 均很小，则可近似认为非线性环节的正弦响应仅有一次谐波分量

$$y(t) \approx A_1\cos\omega t + B_1\sin\omega t = Y_1\sin(\omega t + \varphi_1) \tag{9-20}$$

上式表明，非线性环节可近似认为具有和线性环节相类似的频率响应形式。为此，定义正弦输入信号作用下，非线性环节的稳态输出中一次谐波分量和输入信号的复数比为非线性环节的描述函数，用 $N(A)$ 表示：

$$N(A) = |N(A)|\mathrm{e}^{\mathrm{j}\angle N(A)} = \frac{Y_1}{A}\mathrm{e}^{\mathrm{j}\varphi_1} = \frac{B_1 + \mathrm{j}A_1}{A} \tag{9-21}$$

一般情况下，描述函数 N 是输入信号幅值 A 和频率 ω 的函数。当非线性环节中不包含储能元件时，其输出的一次谐波分量的幅值和相位差与甜无关，故描述函数只与输入信号幅值 A 有关。

2. 非线性系统描述函数法分析的应用条件

1）非线性系统应简化成一个非线性环节和一个线性部分闭环连接的典型结构形式，如图 9-10 所示。

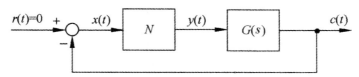

图 9-10　非线性系统典型结构形式

2）非线性环节的输入输出特性 $y(z)$ 应是 z 的奇函数，即 $f(x) = -f(-x)$，或正弦输入下的输出为 t 的奇对称函数，即 $y\left(t + \dfrac{\pi}{\omega}\right) = -y(t)$，以保证非线性环节的正弦响应不含有常值分量，且 $A_0 = 0$。

3）系统的线性部分应具有较好的低通滤波性能。当非线性环节的输入为正弦信号时，实际输出必定含有高次谐波分量。但经线性部分传递之后，由于低通滤波的作用，高次谐波分量将被大大削弱，因此闭环通道内近似地只有一次谐波分量流通，从而保证应用描述函数分析方法所得的结果比较准确。对于实际的非线性系统，大部分都容易满足这一条件。线性部分的阶次越高，低通滤波性能越好；而欲具有低通滤波性能，线性部分的极点应位于复平面的左半平面。

3. 描述函数的物理意义

线性系统的频率特性反映正弦信号作用下，系统稳态输出中与输入同频率的分量的幅值和

相位相对于输入信号的变化;而非线性环节的描述函数则反映非线性系统正弦响应中一次谐波分量的幅值和相位相对于输入信号的变化。因此忽略高次谐波分量,仅考虑基波分量,非线性环节的描述函数表现为复数增益的放大器。

需要注意的是,线性系统的频率特性是输入正弦信号频率 ω 的函数,与正弦信号的幅值 A 无关,而由描述函数表示的非线性环节的近似频率特性则是输入正弦信号幅值 A 的函数,因而描述函数又表现为关于输入正弦信号的幅值 A 的复变增益放大器,这正是非线性环节的近似频率特性与线性系统频率特性的本质区别。当非线性环节的频率特性由描述函数近似表示后,就可以推广应用频率法分析非线性系统的运动性质,问题的关键是描述函数的计算。

9.2.2 典型非线性特性的描述函数

典型非线性特性具有分段线性特点,描述函数的计算重点在于确定正弦响应曲线和积分区间,一般采用图解方法。下面针对两种典型非线性特性,介绍计算过程和步骤。

1. 死区饱和非线性环节

将正弦输入信号 $x(t)$、非线性特性 $y(x)$ 和输出信号 $y(t)$ 的坐标按图 9-11 所示方式和位置旋转,由非线性特性的区间端点 $(\Delta, y(\Delta))$ 和 $(a, y(a))$ 可以确定 $y(t)$ 关于 ωt 的区间端点 ψ_1 和 ψ_2。死区饱和特性及其正弦响应如图 9-11 所示。输出 $y(t)$ 的数学表达式为

$$y(t) = \begin{cases} 0, & 0 \leqslant \omega t \leqslant \psi_1 \\ K(A\sin\omega t - \Delta), & \psi_1 < \omega t \leqslant \psi_2 \\ K(a - \Delta), & \psi_2 < \omega t \leqslant \dfrac{\pi}{2} \end{cases} \tag{9-22}$$

如图所示,由非线性特性的转折点 Δ 和 A,可确定 $y(z)$ 产生不同线性变化的区间端点为

$$\psi_1 = \arcsin \frac{\Delta}{A} \tag{9-23}$$

$$\psi_2 = \arcsin \frac{a}{A} \tag{9-24}$$

由于 $y(t)$ 为奇函数,所以 $A_0 = 0, A_1 = 0$,而 $y(t)$ 又为半周期内对称,故

$$B_1 = \frac{1}{\pi} \int_0^{2\pi} y(t)\sin\omega t \, d\omega t = \frac{4}{\pi} \int_0^{\frac{\pi}{2}} y(t)\sin\omega t \, d\omega t$$

$$= \frac{2KA}{\pi} \left[\arcsin \frac{a}{A} - \arcsin \frac{\Delta}{A} + \frac{a}{A}\sqrt{1 - \left(\frac{a}{A}\right)^2} - \frac{\Delta}{A}\sqrt{1 - \left(\frac{\Delta}{A}\right)^2} \right]$$

死区饱和特性的描述函数为

$$N(A) = \frac{2K}{\pi} \left[\arcsin \frac{a}{A} - \arcsin \frac{\Delta}{A} + \frac{a}{A}\sqrt{1 - \left(\frac{a}{A}\right)^2} - \frac{\Delta}{A}\sqrt{1 - \left(\frac{\Delta}{A}\right)^2} \right], \quad A \geqslant a \tag{9-25}$$

取 $\Delta = 0$,由式(9-25)得饱和特性的描述函数为

$$N(A) = \frac{2K}{\pi} \left[\arcsin \frac{a}{A} + \frac{a}{A}\sqrt{1 - \left(\frac{a}{A}\right)^2} \right], \quad A \geqslant a \tag{9-26}$$

对于死区特性,$\psi_2 = \dfrac{\pi}{2}$。由式(9-24)得 $\dfrac{a}{A} = 1$,则由式(9-25)得死区特性的描述函数为

$$N(A) = \frac{2K}{\pi} \left[\frac{\pi}{2} - \arcsin \frac{\Delta}{A} - \frac{\Delta}{A}\sqrt{1 - \left(\frac{\Delta}{A}\right)^2} \right], \quad A \geqslant \Delta \tag{9-27}$$

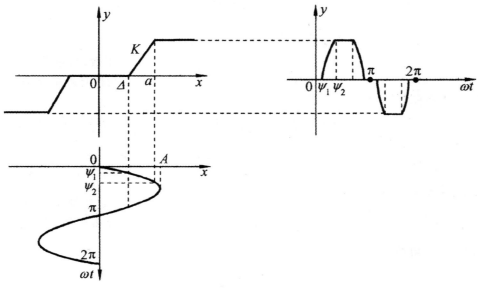

图 9-11　死区饱和特性和正弦响应曲线

2. 死区与滞环继电非线性环节

注意到滞环与输入信号及其变化率的关系,通过作图法获得 $y(t)$ 如图 9-12 所示。输出 $y(t)$ 的数学表达式为

$$y(t)=\begin{cases} 0, & 0\leqslant\omega t<\psi_1 \\ M, & \psi_1\leqslant\omega t\leqslant\psi_2 \\ 0, & \psi_2<\omega t\leqslant\pi \end{cases} \tag{9-28}$$

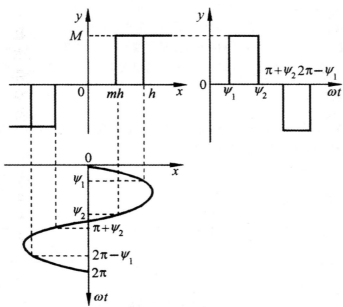

图 9-12　死区滞环继电特性和正弦响应曲线

图中,由于非线性特性导致 $y(t)$ 产生不同线性变化的区间端点为

$$\psi_1 = \arcsin \frac{h}{A}$$

$$\psi_2 = \pi - \arcsin \frac{mh}{A}$$

由图可见,$y(t)$ 为奇对称函数,而非奇函数,则

$$A_1 = \frac{2}{\pi}\int_0^\pi y(t)\cos\omega t\,\mathrm{d}\omega t = \frac{2}{\pi}\int_{\psi_2}^{\psi_1} M\cos\omega t\,\mathrm{d}\omega t = \frac{2Mh}{\pi A}(m-1)$$

$$B_1 = \frac{2}{\pi}\int_0^\pi y(t)\sin\omega t\,\mathrm{d}\omega t = \frac{2}{\pi}\int_{\psi_2}^{\psi_1} M\sin\omega t\,\mathrm{d}\omega t = \frac{2M}{\pi}\left[\sqrt{1-\left(\frac{mh}{A}\right)^2}+\sqrt{1-\left(\frac{h}{A}\right)^2}\right]$$

死区滞环继电特性的描述函数为

$$N(A) = \frac{2M}{\pi A}\left[\sqrt{1-\left(\frac{mh}{A}\right)^2}+\sqrt{1-\left(\frac{h}{A}\right)^2}\right]+\mathrm{j}\frac{2Mh}{\pi A^2}(m-1), \quad A\geqslant h$$

取 $h=0$,得理想继电特性的描述函数为

$$N(A) = \frac{4M}{\pi A} \tag{9-29}$$

取 $m=1$,得死区继电特性的描述函数为

$$N(A) = \frac{4M}{\pi A}\sqrt{1-\left(\frac{h}{A}\right)^2}, \quad A\geqslant h \tag{9-30}$$

取 $m=-1$,得滞环继电特性的描述函数为

$$N(A) = \frac{4M}{\pi A}\sqrt{1-\left(\frac{h}{A}\right)^2}-\mathrm{j}\frac{4Mh}{\pi A^2}, \quad A\geqslant h \tag{9-31}$$

9.2.3　非线性系统的简化

非线性系统的描述函数分析建立在图 9-10 所示的典型结构基础上。当系统由多个非线性环节和多个线性环节组合而成时,在一些情况下,可通过等效变换使系统简化为典型结构形式。

等效变换的原则是在 $r(t)=0$ 的条件下,根据非线性特性的串、并联,简化非线性部分为一个等效非线性环节,再保持等效非线性环节的输入输出关系不变,简化线性部分。

1. 非线性特性的并联

若两个非线性特性输入相同,输出相加、减,则等效非线性特性为两个非线性特性的叠加。图 9-13 为死区非线性和死区继电非线性并联的情况。

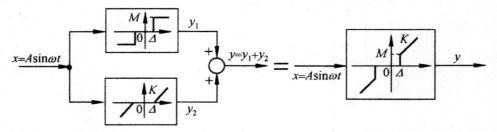

图 9-13　非线性特性并联时的等效非线性特性

由描述函数定义,并联等效非线性特性的描述函数为各非线性特性描述函数的代数和。

2. 非线性特性的串联

若两个非线性环节串联,可采用图解法简化。以图 9-14 所示死区特性和死区饱和特性串联简化为例。

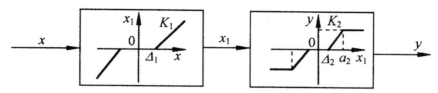

图 9-14　非线性特性串联

通常,先将两个非线性特性按图 9-15(a),(b)形式放置,再按输出端非线性特性的变化端点 Δ_2 和 a_2 确定输入 x 的对应点 Δ 和 a,获得等效非线性特性如图 9-15(c)所示,最后确定等效非线性的参数。由 $\Delta_2 = K_1(\Delta - \Delta_1)$,得

$$\Delta = \Delta_1 + \frac{\Delta_2}{K_1} \tag{9-32}$$

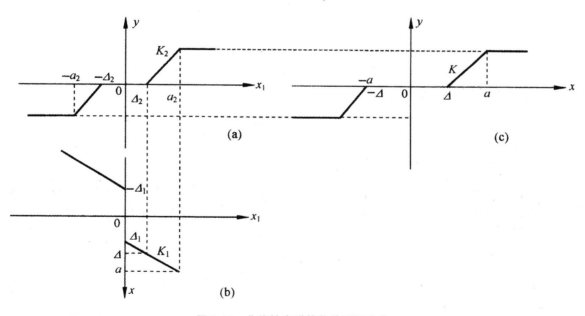

图 9-15　非线性串联简化的图解方法

由 $a_2 = K_1(a - \Delta_1)$ 得

$$a = \Delta_1 + \frac{a_2}{K_1} \tag{9-33}$$

当 $|x| \leqslant \Delta$ 时,由 $y(x_1)$ 特性知,$y(x) = 0$;当 $|x| \geqslant a$ 时,由 $y(x_1)$ 亦可知,$y(x) = K_2(a_2 - \Delta_2)$;当 $\Delta < |x| < a$ 时,$y(x_1)$ 位于线性区,$y(x)$ 亦呈线性,设斜率为 K,即有

$$y(x) = K(x - \Delta) = K_2(x_1 - \Delta_2)$$

特殊地,当 $x=a$ 时,$x_1=a_2$,由于 $x_1=\Delta_2+K_1(a-\Delta)$,故 $a-\Delta=\dfrac{a_2-\Delta_2}{K_1}$,因此 $K=K_1K_2$。

应该指出,两个非线性环节的串联,等效特性还取决于其前后次序。调换次序则等效非线性特性亦不同。描述函数需按等效非线性环节的特性计算。多个非线性特性串联,可按上述两个非线性环节串联简化方法,依由前向后顺序逐一加以简化。

3. 线性部分的等效变换

考虑图 9-16(a)示例,按等效变换规则,移动比较点,系统可表示为图 9-16(b)形式,再按线性系统等效变换得典型结构形式,见图 9-16(c)。

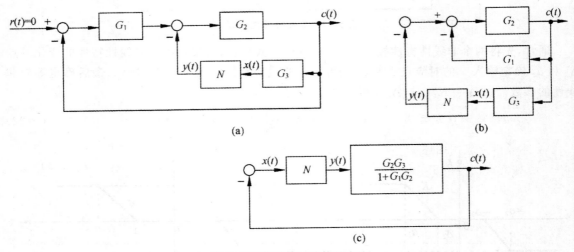

图 9-16 非线性系统等效变换

9.2.4 非线性系统稳定性分析的描述函数法

若非线性系统经过适当简化后,具有线性二阶系统的典型结构形式,且非线性环节和线性部分满足描述函数法应用的条件,则非线性环节的描述函数可以等效为一个具有复变增益的比例环节。于是非线性系统经过谐波线性化处理后已变成一个等效的线性系统,可以应用线性系统理论中的频率域稳定判据分析非线性系统的稳定性。

1. 变增益线性系统的稳定性分析

为了应用描述函数分析非线性系统的稳定性,有必要研究图 9-17(a)所示线性系统的稳定性,其中 K 为比例环节增益。设 $G(s)$ 的极点均位于 s 的左半平面,即 $P=0$,$G(\mathrm{j}\omega)$ 的奈奎斯特曲线 Γ_G 如图 9-17(b)所示。闭环系统的特征方程为

$$1+KG(\mathrm{j}\omega)=0 \tag{9-34}$$

或

$$G(\mathrm{j}\omega)=-\frac{1}{K}+\mathrm{j}0 \tag{9-35}$$

由奈氏判据知,当 Γ_G 曲线不包围 $\left(\dfrac{1}{K},\mathrm{j}0\right)$ 点时,即 $Z=P-2N=-2N=0$,系统闭环稳定;当

Γ_G 曲线包围 $\left(-\dfrac{1}{K}, j0\right)$ 点时,系统不稳定;当 Γ_G 曲线穿过 $\left(-\dfrac{1}{K}, j0\right)$ 点时,系统临界稳定,将产生等幅振荡。更进一步,若设 K 在一定范围内可变,即有 $K_1 \leqslant K \leqslant K_2$,则 $\left(-\dfrac{1}{K}, j0\right)$ 为复平面实轴上的一段直线,若 Γ_G 曲线不包围该直线,则系统闭环稳定,而当 Γ_G 包围该直线时,则系统闭环不稳定。

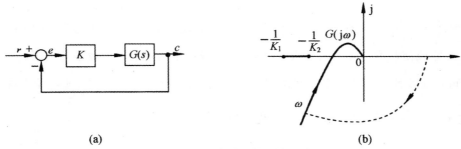

图 9-17　可变增益的线性系统

2. 应用描述函数分析非线性系统的稳定性

上述分析为应用描述函数判定非线性系统的稳定性奠定了基础。由于要求 $G(s)$ 具有低通特性,故其极点均应位于 s 的左半平面。当非线性特性采用描述函数近似等效时,闭环系统的特征方程为

$$1 + N(A)G(j\omega) = 0 \tag{9-36}$$

即

$$G(j\omega) = -\frac{1}{N(A)} \tag{9-37}$$

称 $-\dfrac{1}{N(A)}$ 为非线性环节的负倒描述函数。在复平面上绘制 Γ_G 曲线和 $-\dfrac{1}{N(A)}$ 曲线时,$-\dfrac{1}{N(A)}$ 曲线上箭头表示随 A 增大,$-\dfrac{1}{N(A)}$ 的变化方向。

若 Γ_G 曲线和 $-\dfrac{1}{N(A)}$ 曲线无交点,表明式(9-36)无叫的正实数解。图 9-18 给出了这一条件下的两种可能的形式。

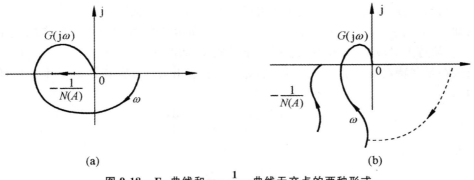

图 9-18　Γ_G 曲线和 $-\dfrac{1}{N(A)}$ 曲线无交点的两种形式

图 9-18(a)中，Γ_G 曲线包围 $-\dfrac{1}{N(A)}$ 曲线，对于非线性环节具有任一确定振幅 A 的正弦输入信号，$\left(-\dfrac{1}{N(A)}, \mathrm{j}0\right)$ 点被 Γ_G 包围，此时系统不稳定，A 将增大，并最终使 A 增大到极限位置或使系统发生故障。

图 9-19(b)中，Γ_G 曲线不包围 $-\dfrac{1}{N(A)}$ 曲线，对于非线性环节的具有任一确定振幅 A 的正弦信号，$\left[\mathrm{Re}\left(-\dfrac{1}{N(A)}\right), \mathrm{Im}\left(-\dfrac{1}{N(A)}\right)\right]$ 点不被 Γ_G 曲线包围，此时系统稳定，A 将减小，并最终使 A 减小为零或使非线性环节的输入值为某定值，或位于该定值附近较小的范围。

综上可得非线性系统的稳定性判据：若 Γ_G 曲线不包围 $-\dfrac{1}{N(A)}$ 曲线，则非线性系统稳定；若 Γ_G 曲线包围 $-\dfrac{1}{N(A)}$ 标曲线，则非线性系统不稳定。

9.3　相平面法

相平面法由庞加莱 1885 年首先提出。该方法通过图解法将一阶和二阶系统的运动过程转化为位置和速度平面上的相轨迹，从而比较直观、准确地反映系统的稳定性、平衡状态和稳态精度以及初始条件及参数对系统运动的影响。相轨迹的绘制方法步骤简单、计算量小，特别适用于分析常见非线性特性和一阶、二阶线性环节组合而成的非线性系统。

9.3.1　相平面的基本概念

考虑可用下列常微分方程描述的二阶时不变系统：

$$\ddot{x} = f(x, \dot{x}) \tag{9-38}$$

其中 $f(x, \dot{x})$ 是 $x(t)$ 和 $\dot{x}(t)$ 的线性或非线性函数。该方程的解可以用 $x(t)$ 的时间函数曲线表示，也可以用 $x(t)$ 和 $\dot{x}(t)$ 的关系曲线表示，而 t 为参变量。$x(t)$ 和 $\dot{x}(t)$ 称为系统运动的相变量（状态变量），以 $x(t)$ 为横坐标，$\dot{x}(t)$ 为纵坐标构成的直角坐标平面称为相平面。相变量从初始时刻 t_0 对应的状态点 $(x_0, \dot{x}_0)$ 起，随着时间 t 的推移，在相平面上运动形成的曲线称为相轨迹。在相轨迹上用箭头符号表示参变量时间 t 的增加方向。根据微分方程解的存在与唯二性定理，对于任一给定的初始条件，相平面上有一条相轨迹与之对应。多个初始条件下的运动对应多条相轨迹，形成相轨迹簇，而由一簇相轨迹所组成的图形称为相平面图。

若已知 x 和 $\dot{x}$ 的时间响应曲线如图 9-19(b)，(c)所示，则可根据任一时间点的 $x(t)$ 和 $\dot{x}(t)$ 的值，得到相轨迹上对应的点，并由此获得一条相轨迹，如图 9-19(a)所示。

相轨迹在某些特定情况下，也可以通过积分法，直接由微分方程获得 $x(t)$ 和 $\dot{x}(t)$ 的解析关系式。因为

$$\ddot{x} = \frac{\mathrm{d}\dot{x}}{\mathrm{d}t} = \frac{\mathrm{d}\dot{x}}{\mathrm{d}x} \times \frac{\mathrm{d}x}{\mathrm{d}t} = \dot{x}\frac{\mathrm{d}\dot{x}}{\mathrm{d}x}$$

由式(9-38)

$$\dot{x}\frac{\mathrm{d}\dot{x}}{\mathrm{d}x} = f(x, \dot{x}) \tag{9-39}$$

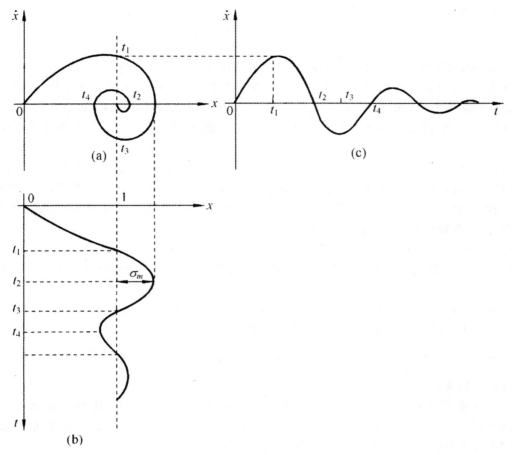

图 9-19 $x(t)$ 和 $\dot{x}(t)$ 及其相轨迹曲线

若该式可以分解为

$$g(\dot{x})\mathrm{d}\dot{x}=h(x)\mathrm{d}x \tag{9-40}$$

两端积分

$$\int_{\dot{x}_0}^{\dot{x}} g(\dot{x})\mathrm{d}\dot{x} = \int_{x_0}^{x} h(x)\mathrm{d}x \tag{9-41}$$

由此可得 $\dot{x}$ 和 x 的解析关系式,其中 $\dot{x}_0$ 和立 x_0 为初始条件。

9.3.2 相轨迹绘制的等倾线法

等倾线法是求取相轨迹的一种作图方法,不需求解微分方程。对于求解困难的非线性微分方程,图解方法显得尤为实用。

等倾线法的基本思想是先确定相轨迹的等倾线,进而绘出相轨迹的切线方向场,然后从初始条件出发,沿方向场逐步绘制相轨迹。

由式(9-38)可得相轨迹微分方程

$$\frac{\mathrm{d}\dot{x}}{\mathrm{d}x}=\frac{f(x,\dot{x})}{\dot{x}} \tag{9-42}$$

该方程给出了相轨迹在相平面上任一点 $(x,\dot{x})$ 处切线的斜率。取相轨迹切线的斜率为某一常数

α,得等倾线方程

$$\dot{x} = \frac{f(x, \dot{x})}{\alpha} \qquad (9\text{-}43)$$

由该方程可在相平面上作一条曲线,称为等倾线。当相轨迹经过该等倾线上任一点时,其切线的斜率都相等,均为 α。取 α 为若干不同的常数,即可在相平面上绘制出若干条等倾线,在等倾线上各点处作斜率为 α 的短直线,并以箭头表示切线方向,则构成相轨迹的切线方向场。

在图 9-20 中,已绘制某系统的等倾线和切线方向场,给定初始点 $(x_0, \dot{x}_0)$,则相轨迹的绘制过程如下:

由初始点出发,按照该点所处等倾线的短直线方向作一条小线段,并与相邻一条等倾线相交;由该交点起,并按该交点所在等倾线的短直线方向作一条小线段,再与其相邻的一条等倾线相交;循此步骤依次进行,就可以获得一条从初始点出发,由各小线段组成的折线,最后对该折线作光滑处理,即得到所求系统的相轨迹。

使用等倾线法绘制相轨迹应注意以下几点。

1)坐标轴 x 和 $\dot{x}$ 应选用相同的比例尺,以便于根据等倾线斜率准确绘制等倾线上一点的相轨迹切线。

2)在相平面的上半平面,由于 $\dot{x} > 0$,则 x 随 t 增大而增加,相轨迹的走向应是由左向右;在相平面的下半平面 $\dot{x} < 0$,则 x 随 t 增大而减小,相轨迹的走向应由右向左。

3)除系统的平衡点外,相轨迹与 z 轴的相交点处切线斜率 $\alpha = \dfrac{f(x, \dot{x})}{\dot{x}}$ 应为 $+\infty$ 或 $-\infty$,即相轨迹与 x 轴垂直相交。

4)一般地,等倾线分布越密,则所作的相轨迹越准确。但随所取等倾线的增加,绘图工作量增加,同时也使作图产生的积累误差增大。为提高作图精度,可采用平均斜率法,即取相邻两条等倾线所对应的斜率的平均值为两条等倾线间直线的斜率。

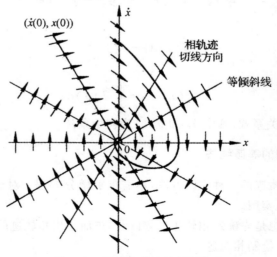

图 9-20　用等倾线法绘制相轨迹

9.3.3　线性系统的相轨迹

线性系统是非线性系统的特例,对于许多非线性一阶和二阶系统(系统中所含非线性环节可用分段折线表示），常可以分成多个区间进行研究，而在各个区间内，非线性系统的运动特性可用线性微分方程描述；此外，对于某些非线性微分方程，为研究各平衡状态附近的运动特性，可在平衡点附近作增量线性化处理，即对非线性微分方程两端的各非线性函数作泰勒级数展开，并取一次项近似，获得平衡点处的增量线性微分方程。因此，研究线性一阶、二阶系统的相轨迹及其特点是十分必要的。下面研究线性一阶、二阶系统自由运动的相轨迹，所得结论可作为非线性一阶、二阶系统相平面分析的基础。

1. 线性一阶系统的相轨迹

描述线性一阶系统自由运动的微分方程为

$$T\dot{c}+c=0$$

相轨迹方程为

$$\dot{c}=-\frac{1}{T}c \tag{9-44}$$

设系统初始条件为 $c(0)=c_0$，则 $\dot{c}(0)=\dot{c}_0=-\frac{1}{T}c_0$，相轨迹如图 9-21 所示。

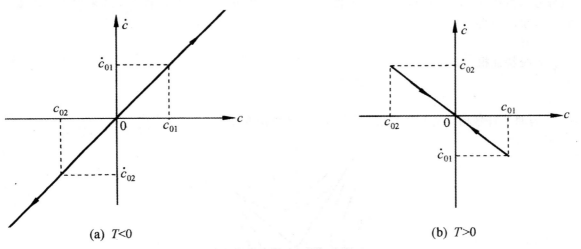

(a) $T<0$　　　　　　　　　　　　(b) $T>0$

图 9-21　线性一阶系统的相轨迹

由图 9-21 知，相轨迹位于过原点，斜率为 $-\frac{1}{T}$ 的直线上。当 $T>0$ 时，相轨迹沿该直线收敛于原点；当 $T<0$ 时，相轨迹沿该直线发散至无穷。

2. 线性二阶系统的相轨迹

描述线性二阶系统自由运动的微分方程为

$$\ddot{c}+a\dot{c}+bc=0 \tag{9-45}$$

当 $b>0$ 时，上述微分方程又可以表示为

$$\ddot{c}+2\zeta\omega_n\dot{c}+\omega_n^2c=0 \tag{9-46}$$

线性二阶系统的特征根

$$s_{1,2} = \frac{-a \pm \sqrt{a^2 - 4b}}{2} \tag{9-47}$$

相轨迹微分方程为

$$\frac{\mathrm{d}\dot{c}}{\mathrm{d}c} = \frac{-a\dot{c} - bc}{\dot{c}} \tag{9-48}$$

令 $\dfrac{-a\dot{c} - bc}{\dot{c}} = \alpha$，可得等倾线方程为

$$\dot{c}(t) = -\frac{bc(t)}{\alpha + a} = kc(t) \tag{9-49}$$

其中 k 为等倾线的斜率。当 $a^2 - 4b > 0$，且 $b \neq 0$ 时，可得满足 $k = \alpha$ 的两条特殊的等倾线，其斜率为

$$k_{1,2} = \alpha_{1,2} = s_{1,2} = \frac{-a \pm \sqrt{a^2 - 4b}}{2} = \zeta\omega_n \pm \omega_n^2 \sqrt{\zeta^2 - 1} \tag{9-50}$$

该式表明，特殊的等倾线的斜率等于位于该等倾线上相轨迹任一点的切线斜率，即当相轨迹运动至特殊的等倾线上时，将沿着等倾线收敛或发散，而不可能脱离该等倾线。下面就线性二阶微分方程参数 $b < 0$，$b = 0$ 和 $b > 0$ 的七种不同情况加以具体讨论，其相轨迹曲线采用等倾线法或解析法绘制而得。

(1)$b < 0$。

系统特征根

$$s_1 = \frac{-a + \sqrt{a^2 - 4|b|}}{2} > 0, \quad s_2 = \frac{-a - \sqrt{a^2 - 4|b|}}{2} < 0$$

s_1，s_2 为两个符号相反的互异实根，系统相平面图见图 9-22。

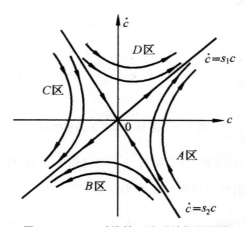

图 9-22　$b < 0$ 时线性二阶系统相平面图

由图可见，图中两条特殊的等倾线是相轨迹，也是其他相轨迹的渐近线，此外作为相平面的分隔线，还将相平面划分为四个具有不同运动状态的区域。当初始条件位于 $\dot{c} = s_2 c$ 对应的相轨迹上时，系统的运动将趋于原点，但只要受到极其微小的扰动，系统的运动将偏离该相轨迹，并最终沿着 $\dot{c} = s_1 c$ 对应的相轨迹的方向发散至无穷。因此，$b < 0$ 时，线性二阶系统的运动是不稳定的。

(2)$b = 0$。

系统特征根为

$$s_1 = 0, \quad s_2 = -a$$

相轨迹微分方程为

$$\frac{\mathrm{d}\dot{c}}{\mathrm{d}c} = -a \tag{9-51}$$

运用积分法求得相轨迹方程

$$\dot{c}(t) - \dot{c}_0 = -a(c(t) - c_0) \tag{9-52}$$

相平面图见图 9-23，相轨迹为过初始点 $(c_0, \dot{c}_0)$，斜率为 $-a$ 的直线。当 $a>0$ 时，相轨迹收敛并最终停止在 c 轴上；$a<0$ 时，相轨迹发散至无穷。

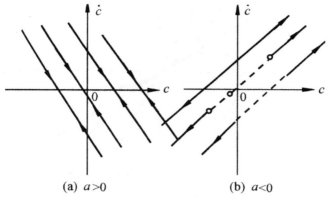

(a) $a>0$　　　　　　　　**(b) $a<0$**

图 9-23　$b=0$ 时线性二阶系统的相平面图

(3) $b>0$。

由式 (9-45) 及式 (9-46) 知，可取；$\zeta = \dfrac{a}{a\sqrt{b}}$，并分以下几种情况加以分析：

1) $0<\zeta<1$。系统特征根为一对具有负实部的共轭复根。由时域分析结果知，系统的零输入响应为衰减振荡形式。取 $\zeta=0.5$，$\omega_n=1$，运用等倾线法绘制系统的相轨迹如图 9-24 所示。相轨迹为向心螺旋线，最终趋于原点。

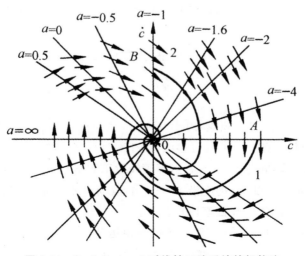

图 9-24　$\zeta=0.5$，$\omega_n=1$ 时线性二阶系统的相轨迹

2)$\zeta>1$。系统特征根为两个互异负实根:$s_1=-\zeta\omega_n+\omega_n\sqrt{\zeta^2-1}$,$s_1=-\zeta\omega_n-\omega_n\sqrt{\zeta^2-1}$。系统的零输入响应为非振荡衰减形式,存在两条特殊的等倾线,其斜率分别为

$$k_1=s_1<0,\quad k_2=s_2<k_1 \tag{9-53}$$

系统相平面图见图 9-25。当初始点落在 $\dot{c}(t)=s_1c(t)$ 或 $\dot{c}(t)=s_2c(t)$ 直线上时,相轨迹沿该直线趋于原点;除此之外,相轨迹最终沿着 $\dot{c}(t)=s_1c(t)$ 的方向收敛至原点。

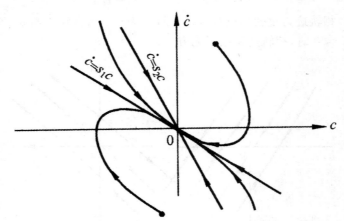

图 9-25 $\zeta>1$ 时线性二阶系统的相平面图

关于相轨迹的运动形式说明如下:

由式(9-49)知,线性二阶系统的等倾线斜率为

$$k=\frac{-\omega_n^2}{a+2\zeta\omega_n} \tag{9-54}$$

可求得

$$a=-2\zeta\omega_n-\frac{\omega_n^2}{k} \tag{9-55}$$

当等倾线位于第 I,III 象限时,$k>0$,则 $a<0$。故在第 I 象限,c 增大,$\dot{c}$ 减小;在第 III 象限,c 减小,$\dot{c}$ 增大。在第 II(或第 IV)象限,两条特殊相轨迹将该象限划分为 A,B 和 C 三个区域,如图 9-26 所示。因为

$$a-k=\frac{-2\zeta\omega_nk-\omega_n^2}{k}-k$$
$$=\frac{-(k-s_1)(k-s_2)}{k} \tag{9-56}$$

对于 A 区内任意一条 $k=k_A$ 的等倾线,由于 $0>k_A>s_1>s_2$,故 $a_A>k_A$,相轨迹趋近于特殊等倾线 $\dot{c}=s_1c$;对于 B 区内任一条 $k=k_B$ 的等倾线,由于 $s_1>k_B>s_2$,故 $a_B<k_B$,相轨迹亦趋近于特殊等倾线 $\dot{c}=s_1c$,偏离特殊等倾线 $\dot{c}=s_2c$;而当等倾线位于 C 区时,$s_1>s_2>k_B$ 则 $a_C>k_C$,相轨连偏离 $\dot{c}=s_2c$。由以上分析亦可知,相轨迹沿 $\dot{c}=s_2c$ 的运动是不稳定的,稍有扰动,则偏离该相轨迹,最终沿等倾线 $\dot{c}=s_1c$ 的方向收敛至原点。

根据时域分析结果 $\zeta>1$ 的线性二阶系统的自由运动为

$$c(t)=c_{10}e^{-s_1t}+c_{20}e^{-s_2t} \tag{9-57}$$

c_{10},c_{20} 由初始条件决定。当取初始条件使 $c_{10}=0(c_{20}=0)$,则相轨迹为 $\dot{c}=s_2c$(或 $\dot{c}=s_1c$);而在

其他情况下,由于特征根 s_2 远离虚轴,故 $c_{20}e^{-s_2't}$ 相对于 $c_{10}e^{-s_1't}$ 很快衰减,系统运动过程特别是过渡过程的后期主要取决于 $c_{10}e^{-s_1't}$ 项。这一结果与相平一面分析的结果一致。

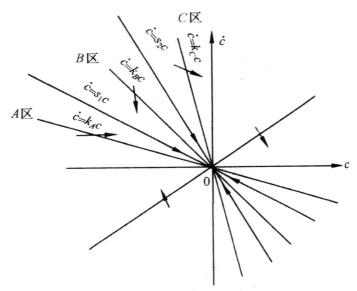

图 9-26　$\zeta>1$ 时线性二阶系统相轨迹的运动

3)$\zeta=1$。系统特征根为两个相等的负实根。取 $\omega_n=1$,其相平面图见图 9-27。与 $\zeta>1$ 相比,相轨迹的渐近线即特殊等倾线蜕化为一条,不同初始条件的相轨迹最终将沿着这条特殊的等倾线趋于原点。

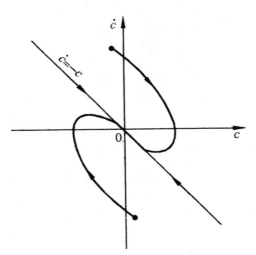

图 9-27　$\zeta=1,\omega_n=1$ 时线性二阶系统的相平面图

4)$\zeta=0$。系统特征根为一对纯虚根 $s_{1,2}=j\omega$。系统的自由运动为等幅正弦振荡。给定初始点 $(c_0,\dot c_0)$,采用直接积分方法可得系统的相轨迹方程

$$\frac{\dot c^2}{\dot c_0^2+\omega_n^2c_0^2}+\frac{\omega_n^2c^2}{\dot c_0^2+\omega_n^2c_0^2}=1 \tag{9-58}$$

显然,上式为相平面的椭圆方程。系统的相平面图为围绕坐标原点的一簇椭圆,见图 9-28。椭

圆的横轴和纵轴由初始条件给出。

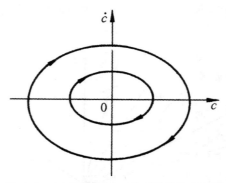

图 9-28　$\zeta=0$ 时线性二阶系统的相平面图

5）$-1<\zeta<0$。系统特征根为一对具有正实部的共轭复根，系统自由运动呈发散振荡形式。取 $\zeta=-0.5,\omega_n=1$ 时，系统相轨迹如图 9-29 所示，为离心螺旋线，最终发散至无穷。

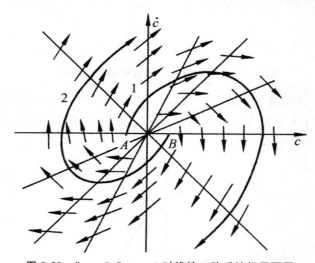

图 9-29　$\zeta=-0.5,\omega_n=1$ 时线性二阶系统相平面图

6）$\zeta\leqslant-1$。$\zeta<-1$ 时系统特征根为两个正实根，$s_1=|\zeta|\omega_n+\omega_n\sqrt{\zeta^2-1}$，$s_2=|\zeta|\omega_n-\omega_n\sqrt{\zeta^2-1}$。系统自由运动呈非振荡发散，系统相平面图见图 9-30。如图所示，存在两条特殊的等倾线 $\dot{c}=s_1c$ 和 $\dot{c}=s_2c$。当初始点落在这两条直线上，则相轨迹沿该直线趋于无穷；当初始点位于其余位置时，相轨迹发散至无穷远处，相轨迹曲线的形式与 $\zeta>1$ 的情况相同，只是运动方向相反。

当 $\zeta=-1$ 时，系统特征根为两个相同的正实根，存在一条特殊的等倾线。系统相轨迹发散，相平面图如图 9-31 所示。

应当指出，二阶系统的相轨迹可应用 MATLAB 软件包，运行相应的 M 文本，在相平面上精确绘制，并可方便地给出相应的时间响应曲线，便于对比分析。

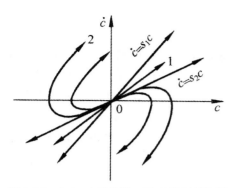

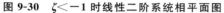

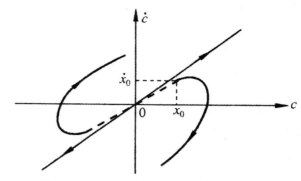

图 9-30　$\zeta < -1$ 时线性二阶系统相平面图　　　　图 9-31　$\zeta = -1$ 时线性二阶系统的相平面图

9.3.4　奇点和奇线

系统分析的目的是确定系统所具有的各种运动状态及其性质。对于非线性系统,平衡状态和平衡状态附近系统的运动形式以及极限环的存在制约着整个系统的运动特性,为此必须加以讨论和研究。

1. 奇点

以微分方程 $\ddot{x} = f(x, \dot{x})$ 表示的二阶系统,其相轨迹上每一点切线的斜率为 $\dfrac{\mathrm{d}\dot{x}}{\mathrm{d}x} = \dfrac{f(x, \dot{x})}{\dot{x}}$,若在某点处 $f(x, \dot{x})$ 和 $\dot{x}$ 同时为零,即有 $\dfrac{\mathrm{d}\dot{x}}{\mathrm{d}x} = \dfrac{0}{0}$ 的不定形式,则称该点为相平面的奇点。

相轨迹在奇点处的切线斜率不定,表明系统在奇点处可以按任意方向趋近或离开奇点,因此在奇点处,多条相轨迹相交;而在相轨迹的非奇点(称为普通点)处,不同时满足 $\dot{x} = 0$ 和 $f(x, \dot{x}) = 0$,相轨迹的切线斜率是一个确定的值,故经过普通点的相轨迹只有一条。

由奇点定义知,奇点一定位于相平面的横轴上。在奇点处 $\dot{x} = 0$,$\ddot{x} = f(x, \dot{x}) = 0$,系统运动的速度和加速度同时为零。对于二阶系统来说,系统不再发生运动,处于平衡状态。故相平面的奇点亦称为平衡点。

线性二阶系统为非线性二阶系统的特殊情况。按前分析,特征根在 s 平面上的分布,决定了系统自由运动的形式,因而可由此划分线性二阶系统奇点 $(0, 0)$ 的类型分别为:

(1)焦点。

当特征根为一对具有负实部的共轭复根时,奇点为稳定焦点,见图 9-24;当特征根为一对具有正实部的共轭复根时,奇点为不稳定焦点,见图 9-29。

(2)节点。

当特征根为两个负实根时,奇点为稳定节点,见图 9-25;当特征根为两个正实根时,奇点为不稳定节点,见图 9-30。

(3)鞍点。

当特征根一个为正实根,一个为负实根时,奇点为鞍点,见图 9-22。

此外,若线性一阶系统的特征根为负实根(奇点为原点)或线性二阶系统的特征根一个为零根,另一个为负实根时(奇点为横轴),相轨迹线性收敛;若线性一阶系统的特征根为负实根时或线性二阶系统一个根为零根,另一个根为正实根时,则相轨迹线性发散。系统相平面图如图 9-21 和图 9-23 所示。

对于非线性系统的各个平衡点,若描述非线性过程的非线性函数解析时,可以通过平衡点处的线性化方程,基于线性系统特征根的分布,确定奇点的类型,进而确定平衡点附近相轨迹的运动形式。对于常微分方程 $\ddot{x}=f(x,\dot{x})$,若 $f(x,\dot{x})$ 解析,设 $(x_0,\dot{x}_0)$ 为非线性系统的某个奇点,则可将 $f(x,\dot{x})$ 在奇点 $(x_0,\dot{x}_0)$ 处展开成泰勒级数,在奇点的小邻域内,略去 $\Delta x=x-x_0$ 和 $\Delta\dot{x}=\dot{x}-\dot{x}_0$ 的高次项,即取一次近似,则得到奇点附近关于 x 增量 Δx 的线性二阶微分方程

$$\Delta\ddot{x}=\frac{\partial f(x,\dot{x})}{\partial x}\bigg|_{\substack{x=x_0\\\dot{x}=\dot{x}_0}}\Delta x+\frac{\partial f(x,\dot{x})}{\partial\dot{x}}\bigg|_{\substack{x=x_0\\\dot{x}=\dot{x}_0}}\Delta\dot{x} \qquad(9-59)$$

若 $f(x,\dot{x})$ 不解析,例如非线性系统中含有用分段折线表示的常见非线性因素,可以根据非线性特性,将相平面划分为若干个区域,在各个区域,非线性方程中 $f(x,\dot{x})$ 或满足解析条件或可直接表示为线性微分方程。当非线性方程在某个区域可以表示为线性微分方程时,则奇点类型决定该区域系统运动的形式。若对应的奇点位于本区域内,则称为实奇点;若对应的奇点位于其他区域,则称为虚奇点。

2. 奇线

奇线就是特殊的相轨迹,它将相平面划分为具有不同运动特点的各个区域。最常见的奇线是极限环。由于非线性系统会出现自振荡,因此相应的相平面上会出现一条孤立的封闭曲线,曲线附近的相轨迹都渐近地趋向这条封闭的曲线,或者从这条封闭的曲线离开,图 9-32 的相轨迹就是极限环。极限环把相平面划分为内部平面和外部平面两部分,相轨迹不能从环内穿越极限环进入环外,或者相反。这样就把相平面划分为具有不同运动特点的各个区域,所以,极限环也是相平面上的分隔线,它对于确定系统的全部运动状态是非常重要的。

应当指出,不是相平面内所有的封闭曲线都是极限环。在无阻尼的线性二阶系统中,由于不存在由阻尼所造成的能量损耗,因而相平面图是一簇连续的封闭曲线,这类闭合曲线不是极限环,因为它们不是孤立的,在任何特定的封闭曲线邻近,仍存在着封闭曲线。而极限环是相互孤立的,在任何极限环的邻近都不可能有其他的极限环。极限环是非线性系统中的特有现象,它只发生在非守恒系统中,这种周期运动的原因不在于系统无阻尼,而是系统的非线性特性,它导致系统的能量作交替变化,这样就有可能从某种非周期性的能源中获取能量,从而维持周期运动。

根据极限环邻近相轨迹的运动特点,可以将极限环分为以下三种类型。

(1)稳定的极限环。

当 $t\to\infty$ 时,如果起始于极限环内部或外部的相轨迹均卷向极限环,则该极限环叫做稳定的极限环,见图 9-32(a)。极限环内部的相轨迹发散至极限环,说明极限环的内部是不稳定区域;极限环外部的相轨迹收敛至极限环,说明极限环的外部是稳定区域。因为任何微小扰动使系统的状态离开极限环后,最终仍会回到这个极限环,说明系统的运动表现为自振荡,而且这种自振荡只与系统的结构参数有关,与初始条件无关。

(2)不稳定的极限环。

当 $t\to\infty$ 时,如果起始于极限环内部或外部的相轨迹均卷离极限环,则该极限环叫做不稳定的极限环,见图 9-332(b)。极限环内部的相轨迹收敛至环内的奇点,说明极限环的内部是稳定区域;极限环外部的相轨迹发散至无穷远处,说明极限环的外部是不稳定区域。极限环所表示的

周期运动是不稳定的,任何微小扰动,不是使系统的运动收敛于环内的奇点,就是使系统的运动发散至无穷。

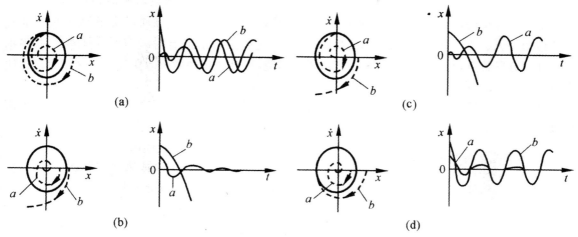

图 9-32 极限环的类型及其过渡过程

(3)半稳定的极限环。

当 $t \to \infty$ 时,如果起始于极限环内(外)部的相轨迹卷向极限环,而起始于极限环外(内)部的相轨迹卷离极限环,则这种极限环叫做半稳定的极限环,见图 9-32(c)和(d)。图 9-32(c)所示的极限环,其内部和外部都是不稳定区域,极限环所表示的周期运动是不稳定的,系统的运动最终将发散至无穷远处。图 9-32(d)所示的极限环,其内部和外部都是稳定区域,极限环所表示的周期运动是稳定的,系统的运动最终将收敛至环内的奇点。

在一些复杂的非线性控制系统中,有可能出现两个或两个以上的极限环,图 9-33 是有两个极限环的例子,里面的一个是不稳定的极限环;外边的一个是稳定的极限环,这时非线性系统的工作状态,不仅取决于初始条件,也取决于扰动的方向和大小。应该指出,只有稳定的极限环才能在实验中观察到,不稳定或半稳定的极限环是无法在实验中观察到的。

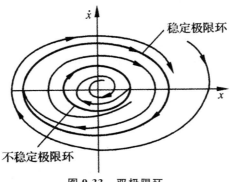

图 9-33 双极限环

根据奇点的位置和奇点类型,结合线性系统奇点类型和系统运动形式的对应关系,绘制本系统在各奇点附近的相轨迹,再使用等倾线法,绘制其他区域的相轨迹,获得系统的相平面图,将相平面划分为两个区域,相平面图中阴影线内区域为系统的稳定区域,阴影线外区域为系统的不稳定区域。凡初始条件位于阴影线内区域时,系统的运动均收敛至原点;凡初始条件位于阴影线外区域时，系统的运动发散至无穷大。

9.3.5　非线性系统的相平面分析

常见非线性特性多数可用分段直线来表示，或者本身就是分段线性的。对于含有这些非线性特性的一大类非线性系统，由于不满足解析条件，无法采用小扰动线性化方法。然而，若根据非线性的分段特点，将相平面分成若干区域进行研究，可使非线性微分方程在各个区域表现为线性微分方程，再应用线性系统的相平面分析方法，则问题将迎刃而解。

这一类非线性特性曲线的折线的各转折点，构成了相平面区域的分界线，称为开关线。下面通过具有几种典型非线性特性的控制系统的研究，具体介绍该方法的应用。

1. 具有死区特性的非线性控制系统

设系统结构如图 9-34 所示，系统初始状态为零，输入 $r(t)=R \cdot 1(t)$。

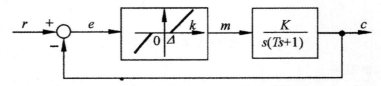

图 9-34　具有死区特性的非线性系统

根据图 9-34，可列写系统的微分方程如下：

$$T\ddot{c}(t)+\dot{c}(t)=Km(t)$$

$$m(t)=\begin{cases} k[e(t)+\Delta], & e(t)\leqslant-\Delta \\ 0, & |e(t)|<\Delta \\ k[e(t)-\Delta], & e(t)\geqslant\Delta \end{cases} \tag{9-60}$$

$$e(t)=r(t)-c(t)$$

为便于分析，取 $e(t)$，$\dot{e}(t)$ 作为状态变量，并按特性曲线分区域列写微分方程式

区域Ⅰ：$T\ddot{e}+\dot{e}+Kke=T\ddot{r}+\dot{r}-Kk\Delta$，　　$e(t)\leqslant-\Delta$

区域Ⅱ：$\Delta T\ddot{e}+\dot{e}=T\ddot{r}+\dot{r}$，　　$|e(t)|<\Delta$

区域Ⅲ：$T\ddot{e}+\dot{e}+Kke=T\ddot{r}+\dot{r}+Kk\Delta$，　　$e(t)\geqslant\Delta$

显然，$e=-\Delta$ 和 $e=\Delta$ 为死区特性的转折点，亦为相平面的开关线。代入 $r(t)$ 形式，因为 $\ddot{r}(t)=\dot{r}(t)=0$，整理得

区域Ⅰ：$T(e+\Delta)''+(e+\Delta)'+Kk(e+\Delta)=0$，　　$e\leqslant-\Delta$

区域Ⅱ：$T\ddot{e}+\dot{e}=0$，　　$|e|<\Delta$

区域Ⅲ：$T(e-\Delta)''+(e-\Delta)'+Kk(e-\Delta)=0$，　　$e\geqslant\Delta$

若给定参数丁－1，Kk－1，根据线性系统相轨迹分析结果，可得奇点类型

区域Ⅰ：奇点 $(-\Delta,0)$ 为稳定焦点，相轨迹为向心螺旋线（$\zeta=0.5$）；

区域Ⅱ：奇点为 $(x,0)$，$x\in(-\Delta,\Delta)$，相轨迹沿直线收敛；

区域Ⅲ：奇点 $(\Delta,0)$ 为稳定焦点，相轨迹为向心螺旋线（$\zeta=0.5$）。

由零初始条件 $c(0)=0$，$\dot{c}(0)=0$ 和 $r(t)=R \cdot 1(t)$ 得 $e(0)=r(0)-c(0)=R$，$\dot{e}(0)=0$。根据区域奇点类型及对应的运动形式，作相轨迹如图 9-35 实线所示。

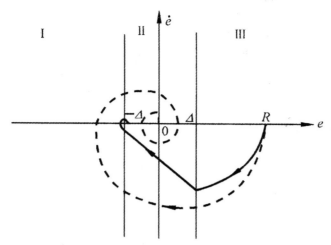

图 9-35　具有死区特性的非线性系统相轨迹

由图可知,各区域的相轨迹运动形式由该区域的线性微分方程的奇点类型决定,相轨迹在开关线上改变运动形式,系统存在稳态误差,而稳态误差的大小取决于系统参数,亦与输入和初始条件有关。若用比例环节 $k=1$ 代替死区特性,即无死区影响时,线性二阶系统的相轨迹如图 9-35 中虚线所示。由此亦可以比较死区特性对系统运动的影响。

2. 具有饱和特性的非线性控制系统

设具有饱和特性的非线性控制系统如图 9-36 所示。图中 $T=1,K=4,e_0=M_0=0.2$,系统初始状态为零。

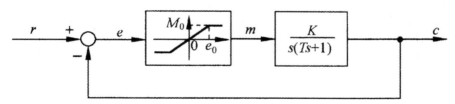

图 9-36　具有饱和特性的非线性控制系统

取状态变量为 $e(t)$ 和 $\dot{e}(t)$,按饱和特性可列写以下三个线性微分方程:

$$T\ddot{e}+\dot{e}-KM_0=T\ddot{r}+\dot{r}, \quad e\leqslant-e_0$$

$$T\ddot{e}+\dot{e}+K\frac{M_0}{e_0}e=T\ddot{r}+\dot{r}, \quad |e|<e_0 \qquad (9\text{-}61)$$

$$T\ddot{e}+\dot{e}+KM_0=T\ddot{r}+\dot{r}, \quad e\geqslant e_0$$

可知开关线 $e=-e_0$ 和 $e=e_0$ 将相平面分为负饱和区、线性区和正饱和区。下面分别研究系统在 $r(t)=R\cdot1(t)$ 和 $r(t)=V_0t$ 作用下的相轨迹。

(1) $r(t)=R\cdot1(t)$。

整理式(9-61)得

$$T\ddot{e}+\dot{e}-KM_0=0, \quad e\leqslant-e_0$$

$$T\ddot{e}+\dot{e}+Ke=0, \quad |e|<e_0 \qquad (9\text{-}62)$$

$$T\ddot{e} + \dot{e} + KM_0 = 0, \quad e \geqslant e_0$$

这里涉及在饱和区需要确定形如

$$T\ddot{e} + \dot{e} + A = 0, \quad A \text{ 为常数} \tag{9-63}$$

的相轨迹。由上式得相轨迹微分方程

$$\frac{\mathrm{d}\dot{e}}{\mathrm{d}e} = \frac{-\dot{e} - A}{Te} \neq \frac{0}{0}$$

相轨迹无奇点,而等倾线方程

$$\dot{e} = \frac{-A}{1 + \alpha T}$$

为一簇平行于横轴的直线,其斜率 k 均为零。令 $\alpha = 0$ 得 $\dot{e} = -A$,即为特殊的等倾线($k = \alpha = 0$)。代入给定参数求得线性区的奇点为原点,且为实奇点,其特征根为 $s_{1,2} = -0.5 \pm j1.94$,所以奇点为稳定焦点。由零初始条件和输入 $r(t) = R \cdot 1(t)$ 得 $e(0) = R, \dot{e}(0) = 0$。取 $R = 2$ 绘制系统的相轨迹如图 9-37 所示。由图可见,相轨迹在 $e < -e_0$ 区域渐近趋近于 $\dot{e} = KM_0$ 的等倾线;在 $e > e_0$ 区域,渐近趋近于 $\dot{e} = -KM_0$ 的等倾线。相轨迹最终趋于坐标原点,系统稳定。

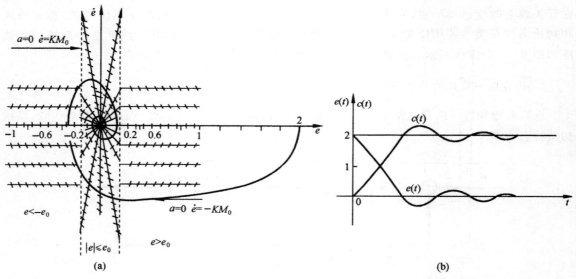

图 9-37 $r(t) = 2 \cdot 1(t)$ 具有饱和特性的非线性系统相轨迹

(2)$r(t) = V_0 t$。

由 $\dot{r}(t) = V_0, \ddot{r}(t) = 0$,可分区间得下述三个线性微分方程:

$$T\ddot{e} + \dot{e} - (KM_0 + V_0) = 0, \quad e \leqslant -e_0$$
$$T\ddot{e} + \dot{e} + Ke = 0, \quad |e| < e_0 \tag{9-64}$$
$$T\ddot{e} + \dot{e} + KM_0 = 0, \quad e \geqslant e_0$$

仿照"(1)"讨论,在给定参数值下,线性区间奇点 $\left(\dfrac{V_0}{K}, 0\right)$ 为稳定焦点;负饱和区内特殊的等倾线为 $\dot{e} = KM_0 + V_0 (k = \alpha = 0)$;正饱和区内特殊的等倾线为 $\dot{e} = -KM_0 + V_0 (k = \alpha = 0)$。综上知 $r(t) = V_0 t$ 对系统运动的影响,与 $r(t) = R \cdot 1(t)$ 的情况相比较,奇点将沿横轴向右平移 $\dfrac{V_0}{K}$,

两条特殊的等倾线将沿纵轴向上平移 V_0。对于初始条件 $c(0)=c_0,\dot{c}(0)=\dot{c}_0$，由于 $\dot{r}(t)=V_0$，$r(t)=0$，故 $e_0=-c_0,\dot{e}(0)=V_0-\dot{c}_0$。而正因为奇点和特殊的等倾线的平移使奇点的虚实发生变化，特别是系统相轨迹的运动变得复杂，因此需根据参数 K 及输入系数 V_0，分别加以研究，下面仅讨论其中的三种情况。

当 $V_0=1.2>KM_0$ 时，线性区内，相轨迹奇点 $(0.3,0)$ 为稳定焦点，且为虚奇点，饱和区的两条特殊的等倾线均位于相平面的上半平面。系统的相平面图如图 9-38(a) 所示，起始于任何初始点的相轨迹将沿正饱和区的特殊相轨迹发散至无穷。

当 $V_0=0.4<KM_0$ 时，线性区内，相轨迹奇点 $(0.1,0)$ 为稳定焦点，且为实奇点，负饱和区和正饱和区的两条特殊的等倾线分别位于吾的上半平面和下半平面。系统的相平面图如图 9-38(b) 所示，起始于任何初始点的相轨迹最终都收敛于 $(0.1,0)$，系统的稳态误差为 0.1。

当 $V_0=0.8=KM_0$ 时，线性区内，相轨迹奇点 $(0.2,0)$ 为稳定焦点，为实奇点，且位于开关线 $e=e_0$ 上，正饱和区的线性微分方程为

$$T\ddot{e}+\dot{e}=0$$

按线性系统相轨迹分析知，该区域内的相轨迹是斜率为一亭的直线，横轴上大于 P。的各点皆为奇点，起始于任何初始点的相轨迹最终都落在 $e>e$。的横轴上，系统存在稳态误差，稳态误差的大小取决于初始条件，相平面图为图 9-38(c)。

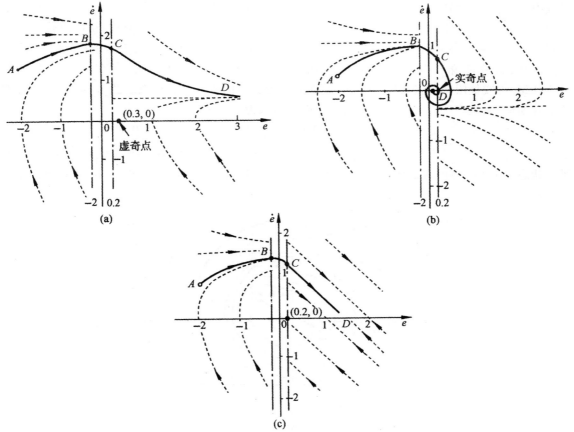

图 9-38　$r(t)=V_0t$ 时具有饱和特性的非线性系统的相平面图

3. 具有滞环继电特性的非线性控制系统

非线性系统结构如图 9-39 所示，$H(s)$ 为反馈网络，$r(t)=0$。

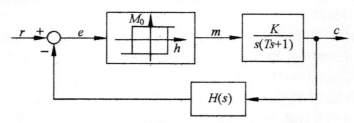

图 9-39　具有滞环继电特性的非线性系统

（1）单位反馈 $H(s)=1$。

根据滞环继电特性分区间列写微分方程如下：

$$T\ddot{c}+\dot{c}+KM_0=0，\quad c>h \text{ 或 } c>-h，\dot{c}<0$$
$$T\ddot{c}+\dot{c}+KM_0=0，\quad c<-h \text{ 或 } c<h，\dot{c}>0 \tag{9-65}$$

由式（9-65）易知，三条开关线 $c=h,\dot{c}>0；c=-h,\dot{c}<0$ 和 $-h<c<h,\dot{c}=0$ 将相平面划分为左右两个区域。根据式（9-63）的分析结果，左区域内存在一条特殊的相轨迹 $\dot{c}=KM_0(k=\alpha=0)$，右区域内亦存在一条特殊的相轨迹 $\dot{c}=-KM_0$。所绘制的系统相平面图如图 9-40 所示。横轴上区间 $(-h,h)$ 为发散段，即初始点位于该线段时，相轨迹运动呈向外发散形式，初始点位于该线段附近时也同样向外发散；而由远离该线段的初始点出发的相轨迹均趋向于两条特殊的等倾线，即向内收敛，故而介于从内向外发散和从外向内收敛的相轨迹之间，存在一条闭合曲线 MNKLM，构成极限环。按极限环定义，该极限环为稳定的极限环。因此在无外作用下，不论初始条件如何，系统最终都将处于自振状态。而在输入为 $r(t)=R\cdot1(t)$ 条件下，仍有

$$T\ddot{e}+\dot{e}+KM_0=T\ddot{r}+\dot{r}=0，\quad e>h \text{ 或 } e>-h，\dot{e}<0$$
$$T\ddot{e}+\dot{e}-KM_0=T\ddot{r}+\dot{r}=0，\quad e<h \text{ 或 } e<-h，\dot{e}>0 \tag{9-66}$$

系统状态 $e(t),\dot{e}(t)$ 仍将最终处于自振状态。可见滞环特性恶化了系统的品质，使系统处于失控状态。

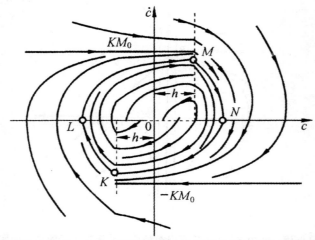

图 9-40　$H(s)=1$ 时，具有滞环继电特性的非线性系统相平面图

（2）速度反馈 $H(s)=1+\tau s(0<\tau<T)$。

滞环非线性因素对系统影响的定性分析和相平面法分析表明，滞环的存在导致了控制的滞后，为补偿其不利影响，引入输出的速度反馈，以期改善非线性系统的品质。

加入速度反馈控制以后，非线性系统在无输入作用下的微分方程为

$$T\ddot{c}+\dot{c}+KM_0=0,\quad c+\tau\dot{c}>h \text{ 或 } c+\tau\dot{c}>-h,\dot{c}+\tau\ddot{c}<0$$
$$T\ddot{c}+\dot{c}+KM_0=0,\quad c+\tau\dot{c}<-h \text{ 或 } c+\tau\dot{c}<h,\dot{c}+\tau\ddot{c}>0 \tag{9-67}$$

由滞环继电特性可知，式（9-67）中方程的第二个条件只是在 $-h<c+\tau\dot{c}<h$ 区域内保持非线性环节输出为 KM_0 或 $-KM_0$ 的条件。设直线 $L_1:c+\tau\dot{c}=h$，$L_2:c+\tau\dot{c}=-h$。当相轨迹点位于第 IV 象限（$\dot{c}<0$）且位于 L_1 上方以及 L_1 上时

$$\dot{c}+\tau\ddot{c}=\frac{\tau}{T}(T\ddot{c}+\dot{c})+\dot{c}\left(1-\frac{\tau}{T}\right)=\frac{\tau}{T}(-KM_0)+\dot{c}\left(1-\frac{\tau}{T}\right)<0$$

故当相轨迹运动至 A_0 点后，非线性环节输出仍将保持 $-KM_0$，系统仍将按 $H(s)=1$ 时的运动规律运动至 A_2 点，此时，非线性环节输出切换为 KM_0。当相轨迹点位于第 II 象限且位于 L_2 下方以及 L_2 上时的运动可仿上分析，由此可知，三条开关线 $\dot{c}>0$ 且 $c+\tau\dot{c}=h$、$\dot{c}<0$ 且 $c+\tau\dot{c}=-h$ 和 $\dot{c}=0$ 且 $-h<c<h$ 将相平面划分为左右两个区域，相平面图如图 9-41 所示。与单位反馈时的切换线相比，引入速度反馈后，开关线反向旋转，相轨迹将提前进行转换，使得系统自由运动的超调量减小，极限环减小，同时也减小了控制的滞后。由于开关线反向旋转的角度 P 随着速度反馈系数 r 的增大而增大，因此当 $0<\tau<T$ 时，系统性能的改善，将随着 τ 的增大愈加明显。一般来说，控制系统可以允许存在较小幅值的自振荡，因而通过引入速度反馈减小自振荡幅值，具有重要的应用价值。

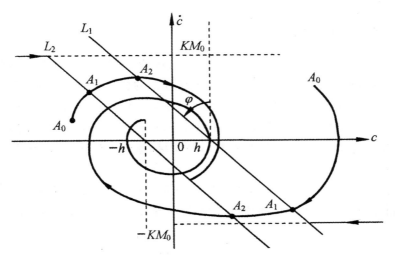

图 9-41　速度反馈（$\tau>T$）下滞环继电特性的相平面图

第 10 章　现代控制理论及系统辨识理论

10.1　现代控制理论

随着科学技术和现代工业的发展,自动控制系统的应用越来越广泛。在现代机械工程自动控制系统中,系统变得越来越复杂,需要多个变量才能描述一个系统,也常常需要同时控制多个变量。例如,数控机床,为了车出具有复杂形状的工件,要同时控制横向走刀和纵向走刀,所以系统至少要对两个变量同时加以控制。另一个典型的例子就是机器人,为了使机器人手部(工具)在其工作空间中到达某一位置,我们必须运用机器人运动学逆问题的知识计算出机器人各个关节应到达的位置,机器人控制器同时控制各个关节的运动,各个关节到达了预定的位置,机器人手部才能到达预定位置。而经典控制论中的传递函数无法描述多输入多输出系统,所以经典控制理论不能解决多输入、多输出控制系统的分析和设计问题。而现代控制理论是用状态向量来描述系统的状态,用状态空间来描述一个系统的动态过程,所以无论多么复杂的线性定常系统,用现代控制论的方法都可以准确地描述。

10.1.1　系统状态空间表达式的建立

1. 系统的状态向量与状态空间

在现代控制论中,首先要用一组变量描述系统的状态,而系统的输出只是这些描述系统状态的变量中的一部分(极少数情况为全部)。描述系统状态的变量称为系统的状态变量。系统的状态变量可根据系统分析的需要来确定。在一般情况下,常选择输出变量 y 及其导数作为状态变量。这样选择在数学处理上较为方便,并且在低阶系统中,它们的物理意义较为明显。例如,在机械系统中,如果 y 是系统的位移,则状态变量是位移、速度和加速度等,它们很容易用相应的传感器检测出来。

能完全描述一个系统运动状态的数量最少的一组状态变量构成此系统的状态向量。

一个可以用 n 个状态变量完全描述的系统,叫 n 维系统;n 维系统的状态向量是 n 维向量,其形式为

$$x(t) = \begin{bmatrix} x_1(t) \\ x_2(t) \\ \vdots \\ x_n(t) \end{bmatrix} \tag{10-1}$$

以 $x_1(t)$、$x_2(t)$、$\cdots$、$x_n(t)$ 为轴的 n 维空间称为状态空间,其中的一个向量 $x(t)$ 描述系统在 t 时刻的状态,对应 n 维空间中的一个点,反过来也可以说,n 维空间中的一个点对应 n 维状态空间的一个 n 维向量。

2. 系统的状态方程及输出方程

系统的状态方程是描述系统状态向量与控制向量间关系的方程,是状态向量 $x(t)$ 的一阶微分方程,可写成

$$\dot{x}(t)=f[x(t),u(t),t]$$

其中,$u(t)$ 是 m 维输入向量,即控制向量。

线性定常系统的状态方程可写成如下形式

$$\dot{x}=Ax+Bu \tag{10-2}$$

其中

$$x=\begin{bmatrix} x_1 \\ x_2 \\ \vdots \\ x_n \end{bmatrix},\quad A=\begin{bmatrix} a_{11} & a_{12} & \cdots & a_{1n} \\ a_{21} & a_{22} & \cdots & a_{2n} \\ \vdots & \vdots & & \vdots \\ a_{n1} & a_{n2} & \cdots & a_{mn} \end{bmatrix}$$

$$B=\begin{bmatrix} b_{11} & b_{12} & \cdots & b_{1m} \\ b_{21} & b_{22} & \cdots & b_{2m} \\ \vdots & \vdots & & \vdots \\ b_{n1} & b_{n2} & \cdots & b_{mn} \end{bmatrix},\quad u=\begin{bmatrix} u_1 \\ u_2 \\ \vdots \\ u_m \end{bmatrix}$$

其中,称 A 为系统矩阵,B 为输入矩阵。A 和 B 均由系统本身参数组成。

系统的输出可以是某一个或几个状态变量,但状态变量是描述系统动态行为的信息,而输出则是系统被控制的响应。线性定常系统的输出方程为

$$y=Cx+Du \tag{10-3}$$

其中

$$y=\begin{bmatrix} y_1 \\ y_2 \\ \vdots \\ y_m \end{bmatrix},\quad C=\begin{bmatrix} c_{11} & c_{12} & \cdots & c_{1n} \\ c_{21} & c_{22} & \cdots & c_{2n} \\ \vdots & \vdots & & \vdots \\ c_{m1} & c_{m2} & \cdots & c_{mn} \end{bmatrix}$$

$$D=\begin{bmatrix} d_{11} & d_{12} & \cdots & d_{1r} \\ d_{21} & d_{22} & \cdots & d_{2r} \\ \vdots & \vdots & & \vdots \\ d_{m1} & d_{m2} & \cdots & d_{mr} \end{bmatrix}$$

其中,C 为输出矩阵,它表达了输出变量与状态变量之间的关系;D 称为直接转移矩阵,它表达输入变量通过矩阵 D 所示的关系直接转移到输出。在大多数实际系统中,$D=0$。

系统的状态方程和输出方程统称为系统的状态空间表达式。

3. 由系统的微分方程写出状态空间表达式

研究一个系统的动态响应时,一般首先根据它的物理本质写出系统的运动微分方程。在现代控制理论中,需将系统的微分方程写成状态方程,高阶微分方程可分为作用函数(方程右边的项)中含导数项和不含导数项两种情况。下面根据这两种不同的情况分别介绍如何将它们转化成一阶微分方程组的形式。

（1）微分方程作用函数中不含导数项的情况。

设系统微分方程式有如下形式

$$y^{(n)} + a_{n-1}y^{(n-1)} + \cdots + a_1\dot{y} + a_0 y = b_0 u \tag{10-4}$$

其中，u 和 y 分别是系统的输入变量（作用函数）和输出变量。

系统的状态方程和输出方程简写为

$$\dot{x} = Ax + Bu \tag{10-5}$$

$$y = Cx$$

其中

$$x = \begin{bmatrix} x_1 \\ x_2 \\ \vdots \\ x_n \end{bmatrix}, \quad A = \begin{bmatrix} 0 & 1 & 0 & \cdots & 0 \\ 0 & 0 & 1 & \cdots & 0 \\ \vdots & \vdots & \vdots & & \vdots \\ 0 & 0 & 0 & \cdots & 1 \\ -a_0 & -a_1 & -a_2 & \cdots & -a_{n-1} \end{bmatrix} \tag{10-6}$$

$$B = \begin{bmatrix} 0 & 0 & \cdots & b_0 \end{bmatrix}^{\mathrm{T}}, \quad C = \begin{bmatrix} 1 & 0 & \cdots & 0 \end{bmatrix} \tag{10-7}$$

这种形式的系统矩阵 A 的特点是紧挨着主对角线上方的对角线上的元素都是 1，最后一行是系统微分方程式的各个系数的相反数，A 的其余各元素均为零（注意原系统微分方程首项系数为 1）。

【例 10-1】 系统的微分方程为

$$y^{(3)} + 6\ddot{y} + 41\dot{y} + 7y = 6u$$

求此系统的状态方程和输出方程。

解： 系统的输出变量和输入变量分别为 y 和 u。选择 y 及其各阶导数为状态变量。原微分方程是三阶的，选三个状态变量 x_1, x_2, x_3。由式（10-6）和式（10-7）得此系统的状态方程和输出方程为

$$\begin{bmatrix} x_1 \\ x_2 \\ x_3 \end{bmatrix} = \begin{bmatrix} 0 & 1 & 0 \\ 0 & 0 & 1 \\ -7 & -41 & -6 \end{bmatrix} \begin{bmatrix} x_1 \\ x_2 \\ x_3 \end{bmatrix} + \begin{bmatrix} 0 \\ 0 \\ 6 \end{bmatrix} u$$

$$y = \begin{bmatrix} 1 & 0 & 0 \end{bmatrix} \begin{bmatrix} x_1 \\ x_2 \\ x_3 \end{bmatrix}$$

（2）微分方程作用函数中含导数项的情况。

此时微分方程的形式如下

$$\begin{aligned} y^{(n)} + a_{n-1}y^{(n-1)} + \cdots + a_1\dot{y} + a_0 y \\ = b_n u^{(n)} + b_{n-1}u^{(n-1)} + \cdots + b_1\dot{u} + b_0 u \end{aligned} \tag{10-8}$$

显然，当 $b_i = 0 (i = 1, 2, \cdots, n)$ 时，式（10-8）表示作用函数中不含导数项的情况，所以上式具有一般意义。系统的状态方程和输出方程写为

$$\begin{bmatrix} \dot{x}_1 \\ \dot{x}_2 \\ \dot{x}_3 \\ \vdots \\ \dot{x}_n \end{bmatrix} = \begin{bmatrix} 0 & 1 & 0 & \cdots & 0 \\ 0 & 0 & 1 & \cdots & 0 \\ \vdots & \vdots & \vdots & & \vdots \\ 0 & 0 & 0 & \cdots & 1 \\ -a_0 & -a_1 & -a_2 & \cdots & -a_{n-1} \end{bmatrix} \begin{bmatrix} x_1 \\ x_2 \\ x_3 \\ \vdots \\ x_n \end{bmatrix} + \begin{bmatrix} c_1 \\ c_2 \\ c_3 \\ \vdots \\ c_n \end{bmatrix} u \tag{10-9}$$

$$y=\begin{bmatrix}1 & 0 & 0 & \cdots & 0\end{bmatrix}\begin{bmatrix}x_1\\x_2\\x_3\\\vdots\\x_n\end{bmatrix}+c_0u \tag{10-10}$$

其中

$$\begin{cases}c_0=b_n\\c_1=b_{n-1}-a_{n-1}c_0\\c_2=b_{n-2}-a_{n-1}c_1-a_{n-2}c_0\\c_3=b_{n-3}-a_{n-1}c_2-a_{n-2}c_1-a_{n-3}c_0\\\vdots\\c_n=b_0-a_{n-1}c_{n-1}-a_{n-2}c_{n-2}-\cdots-a_1c_1-a_0c_0\end{cases} \tag{10-11}$$

【例 10-2】 系统的微分方程为 $y^{(3)}+2\ddot{y}+3\dot{y}+4y=2\dot{u}+6u$，求此系统的状态方程和输出方程。

解：将上式与式(10-8)对照得

$$n=3,\quad a_0=4,\quad a_1=3,\quad a_2=2,$$
$$b_0=6,\quad b_1=2,\quad b_2=b_3=0$$

按式(10-11)得

$$c_0=0,\quad c_1=0,\quad c_2=2,\quad c_3=2$$

由式(10-9)和式(10-10)得系统的状态方程和输出方程为

$$\begin{bmatrix}\dot{x}_1\\\dot{x}_2\\\dot{x}_3\end{bmatrix}=\begin{bmatrix}0 & 1 & 0\\0 & 0 & 1\\-4 & -3 & -2\end{bmatrix}=\begin{bmatrix}x_1\\x_2\\x_3\end{bmatrix}+\begin{bmatrix}0\\2\\2\end{bmatrix}u$$

$$y=\begin{bmatrix}1 & 0 & 0\end{bmatrix}\begin{bmatrix}x_1\\x_2\\x_3\end{bmatrix}$$

4. 由系统传递函数写出状态空间表达式

设系统的传递函数为

$$\frac{Y(s)}{U(s)}=\frac{b_ns^n+b_{n-1}s^{n-1}+\cdots+b_1s+b_0}{s^n+a_{n-1}s^{n-1}+\cdots+a_1s+a_0} \tag{10-12}$$

由式(10-12)可以写出系统微分方程，如式(10-8)所示，然后再由微分方程写出状态空间表达式。

【例 10-3】 系统的传递函数为

$$\frac{Y(s)}{U(s)}=\frac{2s+6}{s^3+2s^2+3s+4}$$

求它的状态方程和输出方程。

解：由该传递函数可写出系统微分方程为

$$y^{(3)}+2\ddot{y}+3\dot{y}+4=2\dot{u}+6u$$

与例 10-2 的微分方程一样，故最后结果见例 10-2。

需要说明的是，当输入存在导数时，系统状态空间表达式可以有不同的形式。相关知识可参考对现代控制理论详细论述的书籍。

10.1.2 系统的传递矩阵

设线性定常系统的动态方程为

$$\dot{x} = Ax + Bu \tag{10-13}$$
$$y = Cx + Du$$

没初值为零

$$x(0) = x_0 = 0$$

对式(10-13)作拉普拉斯变换得

$$sX = AX + BU \tag{10-14}$$
$$Y = CX + DU \tag{10-15}$$

经过代入变换得

$$Y = [C(sI-A)^{-1}B + D]U = WU \tag{10-16}$$

其中，W 称为传递矩阵，为

$$W = C(sI-A)^{-1}B + D \tag{10-17}$$

式(10-16)可写成如下展开形式

$$
\begin{bmatrix} Y_1(s) \\ Y_2(s) \\ \vdots \\ Y_m(s) \end{bmatrix} =
\begin{bmatrix}
W_{11}(s) & W_{12}(s) & \cdots & W_{1r}(s) \\
W_{21}(s) & W_{22}(s) & \cdots & W_{2r}(s) \\
\vdots & \vdots & \vdots & \vdots \\
W_{n1}(s) & W_{n2}(s) & \cdots & W_{mr}(s)
\end{bmatrix}
\begin{bmatrix} U_1(s) \\ U_2(s) \\ \vdots \\ U_r(s) \end{bmatrix} \tag{10-18}
$$

传递矩阵 $W(s)$ 表达了输出向量 $Y(s)$ 与输入向量 $U(s)$ 之间的关系。它的每一个元素 $W_{ij}(s)$ 表示第 j 个输入 $U_j(s)$ 在第 i 个输出 $Y_i(s)$ 中的影响。而第 i 个输出 $Y_i(s)$ 是全部 r 个输入 $U_j(s)$（$j=1,2,\cdots,r$）通过各自的传递函数 $W_{i1}, W_{i2}, \cdots, W_{in}$ 综合作用的结果。

【例 10-4】系统的状态方程为

$$
\begin{bmatrix} \dot{x}_1 \\ \dot{x}_2 \\ \dot{x}_3 \end{bmatrix} =
\begin{bmatrix} 0 & 1 & 0 \\ 0 & 0 & 1 \\ -24 & -26 & -9 \end{bmatrix}
\begin{bmatrix} x_1 \\ x_2 \\ x_3 \end{bmatrix} +
\begin{bmatrix} 1 & 0 \\ 2 & -1 \\ 0 & 2 \end{bmatrix}
\begin{bmatrix} u_1 \\ u_2 \end{bmatrix}
$$

输出方程为

$$
\begin{bmatrix} y_1 \\ y_2 \end{bmatrix} =
\begin{bmatrix} 1 & -1 & 0 \\ 0 & 1 & -1 \end{bmatrix}
\begin{bmatrix} x_1 \\ x_2 \\ x_3 \end{bmatrix}
$$

初值为零，求此系统的传递矩阵。

解：因为

$$(sI-A)^{-1} = \frac{(sI-A)^*}{|sI-A|}$$

$$= \frac{1}{s^3+9s^2+26s+24} \cdot
\begin{bmatrix}
s^2+9s+26 & s+9 & 1 \\
-24 & s^2+9s & s \\
-24s & -(26s+24) & s^2
\end{bmatrix}
$$

其中，$(sI-A)^*$ 为矩阵 $(sI-A)$ 的伴随矩阵，$|sI-A|$ 为对应行列式的值。

按照式(10-17)得系统的传递矩阵

$$W_{(s)} = \begin{bmatrix} \dfrac{-ss^2 - 7s + 68}{s^3 + 9s^2 + 26 + 24} & \dfrac{s^2 + 6s - 7}{s^2 + 9s^2 + 26s + 24} \\[3mm] \dfrac{2s^2 + 84s + 24}{s^3 + 9s^2 + 26s + 24} & \dfrac{-3s^2 - 33s - 24}{s^3 + 9s^2 + 26s + 24} \end{bmatrix}$$

10.1.3　线性定常系统状态方程的解法

在列出系统的状态方程以后,需解此方程以便研究系统的时域特性。这里只给出线性定常系统状态方程的求解方法。

1. 线性定常齐次状态方程的解

设线性定常齐次状态方程、输出方程及初始条件为

$$\dot{x} = Ax \tag{10-19}$$

$$x \big|_{t=0} = x_0$$

$$y = Cx \tag{10-20}$$

系统齐次方程描述系统在一定的初始条件下的动态过程。这里所说的"一定的初始条件"是指系统非平衡的初始状态,用初始状态向量 x_0 表示。如果系统初始状态处于平衡状态,即 $x_0 = 0$,则系统将是静止的。

系统齐次状态方程可在时域内直接求解,也可用拉普拉斯变换求解。

(1)直接求解。

设方程式(10-19)的解为时间 t 的幂级数形式,为

$$x = b_0 + b_1 t + b_2 t^2 + \cdots + b_k t^k + \cdots \tag{10-21}$$

其中,$b_i (i = 1, 2, \cdots)$ 为待定系数。当 $t = 0$ 时

$$x = x_0 = b_0 \tag{10-22}$$

式(10-22)说明,变量的初始值是解中的常数项。

将解式(10-21)代入原方程式(10-19)得

$$b_1 + 2b_2 t + 3b_3 t^2 + \cdots + kb_k t^{k-1} + \cdots = A(b_0 + b_1 t + b_2 t^2 + \cdots)$$

由于上式对于所有的时间 t 都成立,所以上式两边 t 的同次幂的系数相等,把求出的系数代回解式(10-21)中得

$$x = \left(I + At + \frac{1}{2!} A^2 t^2 + \frac{1}{3!} A^3 t^3 + \cdots + \frac{1}{k!} A^k t^k + \cdots \right) x_0 \tag{10-23}$$

对于方阵 A,定义矩阵指数如下

$$e^{At} = I + At + \frac{1}{2!} A^2 t^2 + \frac{1}{3!} A^3 t^3 + \cdots + \frac{1}{k!} A^k t^k + \cdots \tag{10-24}$$

所以解式(10-21)可写为

$$x = x_0 e^{At} \tag{10-25}$$

(2)利用拉普拉斯变换求解。

对方程式(10.19)的两边取拉普拉斯变换得

$$sX(s) - x_0 = AX(s)$$

所以

$$X(s) = (sI-A)^{-1}x_0$$

取拉普拉斯反变换得

$$x = L^{-1}[(sI-A)^{-1}]x_0 \qquad (10\text{-}26)$$

式(10-25)和式(10-26)都是微分方程的解,由解的唯一性得

$$e^{At} = L^{-1}[(sI-A)^{-1}] \qquad (10\text{-}27)$$

2. 矩阵指数的性质

矩阵指数在解状态方程中起重要作用,它有如下性质:

1)$e^{At} \cdot e^{A\tau} = e^{A(t+\tau)}$。

2)$e^{A0} = I$。

3)$e^{At} \cdot e^{-At} = I$,进而可知 $e^{-At} = [e^{At}]^{-1}$。

4)如果 $AB = BA$,则 $e^{(A+B)t} = e^{At} \cdot e^{Bt}$。

5)如果矩阵 A 有不相等的特征值 $\lambda_1, \lambda_2, \cdots \lambda_n$,$\overline{A}$ 是由 A 经相似变换得来的对角矩阵(相似变换不改变特征值)

$$\overline{A} = \mathrm{diag}(\lambda_1, \lambda_2, \cdots, \lambda_n)$$

那么

$$e^{\overline{A}t} = \mathrm{diag}(e^{\lambda_1 t}, e^{\lambda_2 t}, \cdots, e^{\lambda_n t})$$

6)如果矩阵 A 有不相等的特征值 $\lambda_1, \lambda_2, \cdots, \lambda_n$,那么存在非奇异矩阵 M 使得

$$M^{-1}e^{At}M = \mathrm{diag}(e^{\lambda_1 t}, e^{\lambda_2 t}, \cdots, e^{\lambda_n t})$$

或者

$$e^{At} = Me^{\overline{A}t}M^{-1}$$

其中,M 为可把 A 变成对角矩阵 $\overline{A}$ 的模态矩阵。

7)如果 J_i 为如下形式的 $m \times m$ 阶矩阵子块

$$J_i = \begin{bmatrix} \lambda_i & 1 & & 0 \\ 0 & \lambda_i & & \\ \vdots & & \ddots & 1 \\ 0 & & & \lambda_i \end{bmatrix}$$

则称其为约当块,那么其矩阵指数为

$$e^{J_i t} = e^{\lambda_i t} \begin{bmatrix} 1 & t & \dfrac{t^2}{2} & \cdots & \dfrac{t^{m_i-1}}{(m_i-1)!} \\ & 1 & t & \cdots & \dfrac{t^{m_i-2}}{(m_i-2)!} \\ & & 1 & \ddots & \vdots \\ & & & \ddots & t \\ 0 & 0 & 0 & \cdots & 1 \end{bmatrix} \qquad (10\text{-}28)$$

8)如果约当矩阵 J 有如下形式

$$J = \begin{bmatrix} J_1 & 0 & \cdots & 0 \\ & J_2 & & \vdots \\ & & \ddots & 0 \\ 0 & \cdots & 0 & J_k \end{bmatrix}$$

上式中 J_i 是约当块 $(i=1,2,\cdots,l)$，那么

$$e^{Jt} = \begin{bmatrix} e^{J_1 t} & & & 0 \\ & e^{J_2 t} & & \\ & & \ddots & \\ 0 & & & e^{J_k t} \end{bmatrix} \qquad (10\text{-}29)$$

9）如果 $n\times n$ 矩阵 A 有重特征值，可将 A 变换成约当矩阵 J，即

$$J = T_J^{-1} A T_J$$

其中，T_J 为能把 A 变换成约当矩阵 J 的变换矩阵，那么

$$e^{At} = T_J^{-1} e^{Jt} T_J$$

10）矩阵指数 e^{At} 的导数为

$$\frac{\mathrm{d}}{\mathrm{d}t} e^{At} = A e^{At}$$

3. 线性常系数非齐次状态方程的解

线性常系数非齐次状态方程为

$$\dot{x}(t) = Ax(t) + Bu(t) \qquad (10\text{-}30)$$

初始值为 $x(t_0)$。系统的非齐次状态方程描述系统在作用向量 $u(t)$ 作用下的动态过程，其初始状态 $x(t_0)$ 可以是平衡状态，也可以是非平衡状态。

下面介绍解方程式（10-30）的两种方法。

（1）直接求解法。

将式（10-30）的两边左乘 e^{-At} 得

$$e^{-At}[\dot{x}(t) - Ax(t)] = e^{-At} Bu(t)$$

上式可写成

$$\frac{\mathrm{d}}{\mathrm{d}t}[e^{-At} x(t)] = e^{-At} Bu(t)$$

两边积分得

$$e^{-A\tau} x(\tau)\Big|_{t_0}^{t} = \int_{t_0}^{t} e^{-A\tau} Bu(\tau)\mathrm{d}\tau$$

所以

$$e^{-At} x(t) - e^{-At_0} x(t_0) = \int_{t_0}^{t} e^{-A\tau} Bu(\tau)\mathrm{d}\tau$$

两边左乘 e^{At}，得方程式（10-30）的解为

$$x(t) = e^{A(t-t_0)} x(t_0) + \int_{t_0}^{t} e^{A(t-\tau)} Bu(\tau)\mathrm{d}\tau \qquad (10\text{-}31)$$

它表示系统状态 $x(t)$ 随时间变化的规律。

（2）利用拉普拉斯变换求解。

对方程式（10-30）两边取拉普拉斯变换，并设初始时刻 $t=0$ 时的状态为 $x(0)$，得

$$sX(s) - X(0) = AX(s) + BU(s)$$

因此得

$$X(s) = (sI - A)^{-1} X(0) + (sI - A)^{-1} BU(s)$$

取拉普拉斯反变换即得状态方程的解为

$$x(t)=L^{-1}\left[(sI-A)^{-1}X(0)\right]+L^{-1}\left[(sI-A)^{-1}BU(s)\right] \tag{10-32}$$

10.1.4　线性系统的可控性与可观测性

1. 线性系统的可控性

如果一个系统在有限的时间内,在某种控制向量 $u(t)$ 作用下,系统状态向量 $x(t)$ 可由一种初始状态达到任意一种目标状态时,则称此系统是可控的。也就是说,一个系统是可控的,就是在理论上存在这样的控制向量 $u(t)$,使系统从当前状态转变为所希望的状态。系统是否可控可由系统的可控性判据判别。

为了方便地推导可控性判据,规定初始时间 $t_0=0$,初始状态是任意的 $x(t_0)$,终端时间为 t_e,终端状态即目标状态设在状态空间的原点上,即 $x(t_e)=0$。可控性判据可分两种形式,下面分别推导这两种形式的判据。

(1)第一种形式的可控性判据。

设系统的状态方程为

$$\dot{x}=Ax+Bu \tag{10-33}$$

其中,B 暂时设为 $n\times1$ 列阵,u 为输入信号。

若 $n\times n$ 矩阵

$$Q_a=\begin{bmatrix} B & AB & A^2B & \cdots & A^{n-1}B \end{bmatrix} \tag{10-34}$$

满秩,即

$$\text{Rank } Q_a=n \tag{10-35}$$

则这样的系统是可控的,否则不可控。

上述可控性判别准则可推广到控制向量为 r 维的多输入多输出系统。此时,可控性判别准则为:如果 $n\times(n\times r)$ 矩阵

$$Q_a=\begin{bmatrix} B & AB & A^2B & \cdots & A^{n-1}B \end{bmatrix} \tag{10-36}$$

满秩,则系统可控,否则不可控。

(2)第二种形式的可控性判据。

如果方程式(10-33)无重特征值,那么它可变成

$$\begin{bmatrix} \dot{x}_1 \\ \dot{x}_2 \\ \vdots \\ \dot{x}_n \end{bmatrix}=\begin{bmatrix} \lambda_1 & & & 0 \\ & \lambda_2 & & \\ & & \ddots & \\ 0 & & & \lambda_n \end{bmatrix}\begin{bmatrix} x_1 \\ x_2 \\ \vdots \\ x_3 \end{bmatrix}+Bu \tag{10-37}$$

其中,$\lambda_i(i=1,2,\cdots,n)$ 是系统的相互不等的特征值。

对式(10-37)所示系统的可控性判据是:如果系统的输入矩阵 B 中没有一行是全为零时,则系统是可控的,否则不可控。

上述准则是容易理解的,如果输入矩阵 B 中有一行的元素全为零,则控制作用 u 就不能对这一行的状态变量起控制作用,并且由于系数矩阵 A 为对角的,各状态变量之间没有关系,u 不可能通过其他状态变量对这一行起任何影响,所以系统是不可控的。

2. 线性系统的可观测性

一般来说,用系统状态变量表示的系统状态不一定都能直接测出,而系统的输出是必须能测

出的变量。如何根据有限的输出了解系统的状态是系统可测性问题。系统可测性的定义为：用式(10-33)描述的系统中，如果每一个初始状态 $x(t_0)$ 都可通过在一个有限时间间隔内由输出量 $y(t_e)$ 的观测值确定，则称此系统是可观测的。系统的可观测性也可由系统的状态空间表达式判别。

（1）第一种形式可观测性判据。

设系统的状态空间表达式为

$$\dot{x} = Ax + Bu$$
$$y = Cx \tag{10-38}$$

如果下列矩阵满秩

$$Q_0 = \begin{bmatrix} C \\ CA \\ \vdots \\ CA^{n-1} \end{bmatrix} \tag{10-39}$$

即

$$\text{Rank } Q_0 = n \tag{10-40}$$

系统可观测。

（2）第二种形式可观测性判据。

如果系统有不等特征值，其状态空间表达式可写成

$$\dot{x} = \begin{bmatrix} \lambda_1 & & & 0 \\ & \lambda_2 & & \\ & & \ddots & \\ 0 & & & \lambda_n \end{bmatrix} x + Bu$$
$$y = Cx \tag{10-41}$$

则此系统可观测性判据为：在输出矩阵 C 中没有全为零的列，则系统是可观测的。

如果系统有重根，其状态方程和输出方程可写成

$$\dot{x} = \begin{bmatrix} \lambda_1 & & & 0 \\ & \lambda_2 & & \\ & & \ddots & \\ 0 & & & \lambda_n \end{bmatrix} x + Bu, \quad y = Cx \tag{10-42}$$

对于上述系统的可测性判据为：输出矩阵 C 中与各约当块 $J_i (i=1,2,\cdots,k)$ 首列所相对应列的元素不全为零，则系统是可观测的。

10.1.5　系统的状态反馈与输出反馈

1. 系统的状态反馈

对具有可控性的系统如何进行控制才能构成稳定的、能够达到控制目标的系统呢？最具有代表性、应用最广泛的方法是状态反馈控制法。状态反馈是将系统的状态变量通过一定的传递关系，反馈到系统的输入处，将反馈变量与输入变量的代数和作为控制变量，对系统进行控制。

线性反馈的规律为

$$u = v - Kx \tag{10-43}$$

其中 v 为 r 维输入向量；K 为 $r \times n$ 维反馈系数矩阵，简称反馈矩阵。

将式(10-43)代入式(10-5)得闭环系统的状态方程为

$$\dot{x} = (A - BK)x + Bv \tag{10-44}$$

式(10-44)的拉普拉斯变换为

$$X(s) = [sI - (A - BK)]^{-1}BV(s) \tag{10-45}$$

将其代入式(10-5)第二个式子的拉普拉斯变换中，得

$$Y(s) = CX(s) = C[sI - (A - BK)]^{-1}BV(s) \tag{10-46}$$

若令

$$Y(s) = W(s)V(s)$$

那么

$$W(s) = C[sI - (A - BK)]^{-1}B \tag{10-47}$$

其中，$W(s)$ 就是线性状态反馈闭环系统的传递函数矩阵。

反馈矩阵 K 为 $r \times n$ 的矩阵

$$K = [k_1 \quad k_2 \quad \cdots \quad k_n]$$

其中，k_i 为 $r \times 1$ 维向量。将上式代入式(10-43)并写成展开形式得

$$u = v - k_1 x_1 - k_2 x_2 - \cdots - k_n x_n \tag{10-48}$$

由式(10-48)可见，K 的分量 $k_i(i = 1, 2, \cdots, n)$ 就是各状态变量 $x_i(i = 1, 2, \cdots, n)$ 的放大系数。式(10-48)说明，反馈向量是状态向量的线性组合，因而称这种反馈为线性状态反馈。在机械系统中常取位移、速度和加速度为状态变量，用相应的传感器将这些量测量出来，调节这些量的放大比例，与输入量相减作为控制量，便成为线性状态反馈。

2. 系统的输出反馈

输出反馈是将系统的输出向量通过反馈矩阵作为反馈向量，将输入向量与反馈向量的代数和作为控制向量，对系统进行控制。线性输出反馈的控制规律为

$$u = v - Hy \tag{10-49}$$

其中，H 为 $r \times m$ 维反馈矩阵。

将上式代入式(10-5)的第一式，并注意到第二式，得闭环系统的状态方程为

$$\dot{x} = Ax + Bv - BHCx = (A - BHC)x + Bv \tag{10-50}$$

将式(10-50)做拉普拉斯变换得

$$X(s) = (sI - A + BHC)^{-1}BV(s) \tag{10-51}$$

将上式代入式(10.5)第二式的拉普拉斯变换

$$Y(s) = C(sI - A + BHC)^{-1}BV(s) \tag{10-52}$$

令

$$Y(s) = W(s)V(s) \tag{10-53}$$

所以，线性输出反馈闭环系统的传递函数矩阵 $W(s)$ 为

$$W(s) = (sI - A + BHC)^{-1}B \tag{10-54}$$

10.1.6 系统极点的配置

系统的动态特性基本上取决于系统的特征值。反馈的引入使系统矩阵发生变化，因而它的

特征值也发生变化。我们利用这一性质，选择适当的反馈矩阵 K，使系统具有希望的特征值，从而具有所希望的动态特性。系统极点的配置就是如何使得已给系统的闭环极点处于所希望的位置。

在没有控制力的情况下，系统由非零初始条件而产生的运动，其状态方程为

$$\dot{x}=Ax,\quad x(0)=x_0 \tag{10-55}$$

此时系统的特征值即系统矩阵 A 的特征值。若设系统矩阵 A 的特征值为 $\lambda_1,\lambda_2,\cdots,\lambda_n$，方程 (10-55)的状态变量 $x_i(i=1,2,\cdots,n)$ 为如下形式

$$x_i(t)=c_{i1}\mathrm{e}^{\lambda_1 t}+c_{i2}\mathrm{e}^{\lambda_2 t}+\cdots+c_{in}\mathrm{e}^{\lambda_n t} \tag{10-56}$$

其中，c_{ij} 是由初始向量 x_0 决定的系数。

由式(10-56)可见，当矩阵 A 的特征值的实部全为负数，所有的状态变量将随时间收敛为 0，即系统是稳定的。

若系统的输入为 v，并通过状态反馈构成闭环系统，其状态方程为式(10-44)，此时系统矩阵由 A 变成 $A-BK$，对应的特征多项式为

$$F(\lambda)=|\lambda I-(A-BK)| \tag{10-57}$$

为说明清楚起见，设系统为单输入，这样反馈矩阵 K 为单行矩阵

$$K=\begin{bmatrix} k_1 & k_2 & \cdots & k_n \end{bmatrix} \tag{10-58}$$

如果希望系统具有的特征值为 $\lambda_1,\lambda_2,\cdots,\lambda_n$，则系统的特征多项式为

$$F(\lambda)=(\lambda-\lambda_1)(\lambda-\lambda_2)\cdots(\lambda-\lambda_n) \tag{10-59}$$

为了使闭环系统具有希望的特征值，应使式(10-59)与式(10-57)相同。将这两式进行比较，通过让 λ 的同次幂系数相同，解出 $k_i(i=1,2,\cdots,n)$，从而确定反馈矩阵 K。

利用上述原理，由希望的系统特征值确定反馈矩阵 K 的系统设计方法，被称为极点配置法。

10.2　系统辨识理论

10.2.1　系统辨识概述

数学模型的重要性是显然的，因为一旦建立起比较符合实际动态性能系统的数学模型后，就可以对该系统进行分析、改善、行为预报以及最佳控制。

在前面章节中涉及的系统的数学模型，都是在做了一些假定后，利用各学科中的有关定律及定理并加以推导出来的。这对于简单的系统及结构熟知的系统无疑是可以使用的，而且方法简易可得。但是，多数实际系统是很复杂的。其复杂性表现在：对系统的构成、机理、信息传递等了解不足或根本不了解。因此就无法采用如上述的分析方法来建立系统的数学模型。解决这个问题的方法就是实验建模法，也就是对系统进行激励(输入信号)，由系统的输入、输出信号来建立系统数学模型，这种建模理论和方法称为系统辨识(系统识别)。目前系统辨识已发展成为一门新的分支学科。

系统辨识时，常用的对系统输入信号有正弦、脉冲、阶跃及随机等信号。

可以说，系统辨识的目的就是通过实验，由系统的输入、输出信号求得系统数学模型的结构(阶次)及其参数值。如果对机电系统的构成事先是比较了解的，那么在系统辨识前就可以把系统数学模型的阶次由经验预先地确定下来，于是系统辨识就变成对方程参数进行估计了。这时

系统辨识的问题就简化为参数估计问题了。

下面介绍系统辨识的几种主要方法。

1. 时域及频域辨识的一般方法

这是以古典控制理论为基础的,像前面有关时间响应及频率响应基本内容中所讲到的,可根据系统对以上典型输入信号的输出曲线及数据变化的特性(例如从奈氏图及伯德图上反映出来)来直观地作系统参数估计。当然,这种方法简单,但是精度较低。

2. 曲线拟合法

从广义上讲,就是确定(拟合)一个线性数学方程(最简单的是一条直线),这个数学模型能够代表全部实验得出的数据。当然人们希望拟合得到的数学模型与实验数据间的误差越小,则模型越精确。例如,一元线性回归是把实验的许多点拟合成一条直线。这些实验的点都在拟合直线的附近分布,并且拟合准则是误差(这些点与直线间的距离)的二次方和为最小。这种方法还可应用于多元线性回归。以上一元及多元线性回归,均属静态模型。

还有典型的例子是已知实验输出的频率特性,即已知实频特性与虚频特性(不同角频率 ω 时的数据),将其拟合为一个频率特性参数模型,原则仍然是使拟合误差的二次方和为最小。这就是著名的 Levy 法。如果做的实验是时间响应,则可将其化为频率特性。因此,这一方法不受什么限制,使用广泛。

3. 最小二乘法

最小二乘法是将输入、输出数据拟合成一差分方程。准则仍然是使拟合误差的二次方和为最小。这种方法虽很古老,但是方法典型,具有普遍意义,应用很为广泛。

4. 时间序列法

时间序列(简称时序)就是系统按量测时间(或空间)先后顺序排列的一组输出随机数据。这些数据往往原来就是离散的,例如成批磨削工件内孔的尺寸值系列;也可能原来是连续的,而经采样得到的离散值数列。这种有序的、数值大小不等的数据,蕴含了系统运动的动态信息,因此时间序列也常常称为"动态数据",因此利用时间序列拟合出的差分方程这种离散数学模型,完全可以代表系统的运动。时序差分方程的辨识(阶次确定及参数估计)可以不需要知道系统输入,这是因为系统的输出或响应都是由于系统的构造机制(内因)与输入及其与系统的联系(外因)作用的结果。此外,时序模型辨识是基于概率统计理论而发展起来的,而不是建立在输入、输出因果关系的控制理论基础上。

10.2.2　线性差分方程

连续系统的输入、输出信号是连续值,其动态特性用微分方程描述。离散系统的一部分信号是离散的时间序列,具有采样数据形式,即仅在离散时间 $t=kT$(T 为常数,$k=0,1,2,\cdots$)上有值。系统的动态特性用差分方程描述,因此离散系统便于应用数字计算机来计算。为了对连续系统采用计算机求算,可以对其连续的信号进行等间隔时间采样,将连续(模拟)信号变换为离散的数字信号。这样连续系统就成为采样数据系统,因此连续系统也可看做离散系统,并用差分方程来描述其动态特性,也就可以方便地用计算机来进行运算了。因此,差分方程是系统辨识中应用的最主要数学模型。

关于差分的概念可以这样来理解,即后向差分数值近似为函数某给定点的导数,可表示为

$$\left.\frac{\mathrm{d}y(t)}{\mathrm{d}t}\right|_{t=kT} \approx \frac{y(kT)-y\left[(k-1)T\right]}{T} \tag{10-60}$$

它能够逐次地用来近似更高阶的导数。

因此,原来用 n 阶微分方程描述线性系统动态特性的一般式子,若转换为差分方程,则为

$$y(kT)+a_1 y\left[(k-1)T\right]+\cdots+a_n y\left[(k-n)T\right]=b_0 x(kT)+b_1 x\left[(k-1)T\right]+\cdots+b_m x\left[(k-m)T\right] \tag{10-61}$$

式中括号内的时间间隔 T 省略不写,式(10-61)可写为

$$y(k)+a_1 y\left[(k-1)\right]+\cdots+a_n y\left[(k-n)\right]=b_0 x(k)+b_1 x\left[(k-1)\right]+\cdots+b_m x\left[(k-m)\right] \tag{10-62}$$

式中,$y(k)$、$x(k)$ 分别为系统的输出、输入。对于多数的机械系统,输出常滞后输入一个采样节拍,这时式(10-62)中等式右边第一项将为 $b_0 x(k-1)$;n,m 为阶次,$n \geqslant m$;$a_i(i=1,2,\cdots,n)$,b_j $(j=0,1,\cdots,m)$ 为差分方程系数。一般量测到的输入、输出数据均免不了混有噪声干扰,若计及这些随机误差,则式(10-62)变为

$$y(k)+a_1 y(k-1)+\cdots+a_n y(k-n)=b_0 x(k)+b_1 x(k-1)+\cdots+b_m x(k-m)+\varepsilon(k) \tag{10-63}$$

式中,$\varepsilon(k)$ 称为残差。

10.2.3　最小二乘法

对系统差分方程辨识时,首先从理论认识及经验初步设定其阶次。然后确定差分方程的系数,这称为参数估计。接下来检验方程的正确性,如发现问题,再修改阶次,最后把经辨识的差分方程确定下来。

最小二乘法参数估计的原理简单,方法有效,应用广泛。另外,从其原理来说,是具有普遍意义的基本方法。

这里应用式(10-63)说明最小二乘参数估计方法的应用。

现在人们通过输出序列 $\{y(k)\}$ 和输入序列 $\{x(k)\}$ 来求解未知参数 $a_1,a_2,\cdots,a_n$ 及 b_1,b_2,$\cdots,b_n$ 的估计值,而且希望这种估计是按某个估计准则的最优估计。这个估计准则就是参数的最小二乘估计准则。

把参数及数据记为向量或矩阵形式,令

$$\Theta=[a_1\, a_2\cdots a_n b_0 b_1\cdots,b_m]^{\mathrm{T}}$$

$$X(k)=[-y(k-1)-y(k-2)\cdots-y(k-n) \quad x(k)x(k-1)\cdots x(k-m)]^{\mathrm{T}}$$

则式(10-63)可表示为

$$y(k)=X(k)^{\mathrm{T}}\Theta+\varepsilon(k) \tag{10-64}$$

取 $k=n+1,n+2,\cdots,n+N$ 的全部测量数据记为

$$X=\begin{bmatrix} -y(n) & -y(n-1) & \cdots & -y(1) & x(n+1) & x(n) & \cdots & x(n+1-m) \\ -y(n+1) & -y(n) & \cdots & -y(2) & x(n+2) & x(n+1) & \cdots & x(n+2-m) \\ \vdots & \vdots & \vdots & \vdots & \vdots & \vdots & & \vdots \\ -y(n+N-1) & -y(n+N-2) & \cdots & -y(N) & x(n+N) & x(n+N-1) & \cdots & x(n+N-m) \end{bmatrix}$$

$$= \begin{bmatrix} X(n+1)^{\mathrm{T}} \\ X(n+2)^{\mathrm{T}} \\ \vdots \\ X(n+N)^{\mathrm{T}} \end{bmatrix} = [X(n+1) \quad X(n+2) \quad \cdots \quad X(n+N)]^{\mathrm{T}}$$

$$Y = [y(n+1) \quad y(n+2) \quad \cdots \quad y(n+N)]^{\mathrm{T}}$$
$$E = [\varepsilon(n+1) \quad \varepsilon(n+2) \quad \cdots \quad \varepsilon(n+N)]^{\mathrm{T}}$$

故由式(10-64)组成的 N 个方程组,写成矩阵为

$$Y = X\Theta + E \tag{10-65}$$

参数的最小二乘估计准则是残差的二次方和

$$J = \sum_{k=n+1}^{n+N} \varepsilon(k)^2 = \sum_{k=n+1}^{n+N} [y(k) - X(k)^{\mathrm{T}}]^2 \tag{10-66}$$

为极小条件下而估计出的参数 $\hat{\Theta} = [\hat{a}_1 \hat{a}_2 \cdots \hat{a}_n \hat{b}_0 \hat{b}_1 \cdots \hat{b}_m]^{\mathrm{T}}$。

符号"∧"表示估计量,$\hat{\Theta}$ 称为 Θ 的最小二乘估计。把式(10-66)展开,得

$$J = [y(n+1) - X(n+1)^{\mathrm{T}}\Theta \quad y(n+2) - X(n+2)^{\mathrm{T}}\Theta \quad \cdots \quad y(N) - X(n+N)^{\mathrm{T}}\Theta]$$
$$\begin{bmatrix} y(n+1) - X(n+1)^{\mathrm{T}}\Theta \\ y(n+2) - X(n+2)^{\mathrm{T}}\Theta \\ \vdots \\ y(N) - X(n+N)^{\mathrm{T}}\Theta \end{bmatrix}$$
$$= (Y - X\Theta)^{\mathrm{T}}(Y - X\Theta)$$
$$= Y^{\mathrm{T}}Y - Y^{\mathrm{T}}X\Theta - \Theta^{\mathrm{T}}XY + \Theta^{\mathrm{T}}X^{\mathrm{T}}X\Theta$$

可利用配方法,将上式化成典型形式,并设 $X^{\mathrm{T}}X$ 为非奇异阵时,可得

$$J = \{\Theta - (X^{\mathrm{T}}X)^{-1}X^{\mathrm{T}}Y\}X^{\mathrm{T}}X\{\Theta - (X^{\mathrm{T}}X)^{-1}X^{\mathrm{T}}Y\} + Y^{\mathrm{T}}Y - Y^{\mathrm{T}}X(X^{\mathrm{T}}X)^{-1}X^{\mathrm{T}}Y$$

式中,J 等于三项之和,其中,最后两项不是 Θ 的函数,只有第一项是 Θ 的函数,而且当 Θ 取任何值时,其均大于或等于零。因此当 J 为最小时,其式中第一项应取零。由此得参数估计值

$$\hat{\Theta} = (X^{\mathrm{T}}X)^{-1}X^{\mathrm{T}}Y \tag{10-67}$$

需要注意的是,式(10-65)中要估计的参数共有 $n+m+1$ 个,实验量测数据当然多些,则噪声干扰对估计的精度影响要小些。因此,取量测数据矩阵 X 的行数大(或等)于待求参数的总数,即 $N \geqslant n+m+1$,也就是说,单一方程式的个数(N)要大于或等于未知量数($n+m+1$)。但是一旦经最小二乘处理后[见式(10-67)],则单一方程式的个数与求解参数的个数是一致的,因此,式(10-67)称为正则方程。

最后加以小结:数据矩 X(行数为 N,列数为 $n+m+1$)中的全部元素都是已知的,而系统各次测得的输出值 Y(N 维向量)也是已知的,而 E(N 维向量)则是不可量测的噪声干扰向量。Θ 是要估计的 $n+m+1$ 维向量。我们的估计目的是尽可能减少噪声干扰 E 的影响条件下,从已知 Y 及 X 来估算 Θ[即由式(10-67)]。

由统计学理论可以证明,以上介绍的最小二乘参数估计法中残差 ε_t,假设是一个不相关、正态分布的平稳随机变量(即白噪声),这时 $\hat{\Theta}$ 才是 Θ 的无偏估计,也就是参数估计值是不够精确的。关于 ε_t 往往不是白噪声的原因,可由图 10-1 经计算看出。

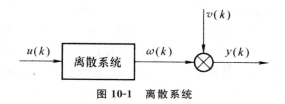

图 10-1　离散系统

图中,用 $u(k)$、$y(k)$ 表示离散系统的输入、输出,$v(k)$ 是输入和输出的量测噪声以及其他因素等引起的总误差。

假设 $v(k)$ 是与 $u(k)$、$\omega(k)$ 不相关的、均值为零的白噪声,这个假设是与实际较接近的。

仿效式(10-62)写出系统的差分方程

$$\omega(k)+a_1\omega(k-1)+\cdots+a_1\omega(k-1)=b_0u(k)+b_1u(k-1)+\cdots+b_mu(k-m) \quad (10\text{-}68)$$

计算噪声干扰,输出为

$$y(k)=\omega(k)+u(k) \quad (10\text{-}69)$$

把式(10-69)中的 $\omega(k)$ 代入式(10-68),得

$$y(k)-v(k)+a_1[y(k-1)-v(k-1)]+\cdots+a_n[y(k-n)-v(k-n)]$$
$$=b_0u(k)+b_1u(k-1)+\cdots+b_mu(k-m)$$

即

$$y(k)+a_1y(k-1)+\cdots+a_ny(k-n)$$

考虑到输入的量测噪声等均是加在输出端。这种简化的假设中 $v(k-1),\cdots,v(k-n)$ 的系数由 $a_1,\cdots,a_n$ 改变为 $c_1,\cdots,c_n$,这种更一般的情况是合适的,这时有

$$y(k)+a_1y(k-1)+\cdots+a_ny(k-n)$$
$$=b_0u(k)+b_1u(k-1)+\cdots+b_mu(k-m)+v(k)+c_1v(k-1)+\cdots+c_nv(k-n)$$
$$(10\text{-}70)$$

式(10-70)是离散系统更具普遍意义的差分方程,称为 CARMA 模型。式中若取

$$\varepsilon(k)=v(k)+c_1v(k-1)+\cdots+c_nv(k-n) \quad (10\text{-}71)$$

则式(10-70)成为

$$y(k)+a_1y(k-1)+\cdots+a_ny(k-n)$$
$$=b_0u(k)+b_1u(k-1)+\cdots+b_mu(k-m)+\varepsilon(k) \quad (10\text{-}72)$$

比较式(10-71)与式(10-63),可知两式是相同的。由式(10-71)中表示出 $\varepsilon(k)$ 是白噪声 $v(k)$ 的线性组合,由统计理论知,$\varepsilon(k)$ 不是白噪声,而是自相关随机过程,或称为有色噪声。因此,最小二乘估计 $\hat{\Theta}$ 不是 Θ 的无偏估计,即估计出的参数理论上不是很精确。解决这一问题还有其他估计方法。但是要求不很高时,由于最小二乘估计方法简单,得到了广泛的应用。

10.2.4　时间序列模型及其估计简介

以上所介绍的系统辨识方法,是基于系统输入及输出的因果关系的控制理论。但是实际系统有时只能观测到输出,往往无法知道输入,甚至什么是输入也无从谈起。这可能是输入严重淹没在噪声干扰之中,测量不到精确的数值,也可能是系统输入方式太复杂,不知道什么是输入,当然也就对系统的输入无法测量。例如,太阳每年黑子数是系统的输出,但是不知道系统的输入。机械工程中的例子尤其多。机械系统(例如飞机、机床、车辆及各种设备等)中,工作受力运转中

和不工作静止时的阻尼以及连接部件间的接触刚度都是不同的。辨识这种工作中的模型，更加符合实际。这些系统的输出是明确的，是可以测量的。例如输出的振动信号，可以辨识出工作状况下的模态振型及模态参数；机床加工零件的尺寸是输出，但是以上哪些是输入，因素很复杂，无法知道也不能测量。因此应用控制理论的输入输出法，就无法辨识系统。但是应用时间序列，只要知道输出的测量数据，就可以建立系统的模型，并可以进行分析研究。

时间序列就是系统按量测时间先后顺序排列的一组输出数据。这组数据是已知的，人们的任务就是首先拟合成时间序列模型，其中的阶次及参数就是要辨识的。

由具有普遍意义的式(10-70)CARAM 模型，当不考虑输入，并考虑时序模型采用符号的习惯，时序模型为

$$x_t - \varphi_1 x_{t-1} - \cdots - \varphi_n x_{t-n} = a_t - \theta_1 a_{t-1} - \cdots - \theta_m a_{t-m} \tag{10-73}$$

式中，x_t 为系统输出；$\varphi_1, \cdots, \varphi_n, \theta_1, \cdots, \theta_m$ 为系数；x_t 为残差，白噪声（正态分布，均值为零，不相关的随机变量）。

这种模型建立时，要求已知的系统输出数据应是平稳的、正态的及零均值的。式(10-73)称为 ARMA 模型，即自回归滑动平均模型，记为 ARMA(n,m)。等式左边称为自回归部分，其阶次为 n，右边称为滑动平均部分，阶次为 m。

当式(10-73)中的 $\theta_i = 0 (i=1,2,\cdots,m)$ 时，变为

$$x_t - \varphi_1 x_{t-1} - \cdots - \varphi_n x_{t-n} = a_t \tag{10-74}$$

式(10-74)称为 n 阶自回归模型，记为 AR(n)。

AR(n) 模型的参数估计，也可采用以上介绍的最小二乘估计法公式，只不过式中取输入为零而已。由于 AR(n) 的参数估计是线性的，求解方便，因而 AR(n) 模型应用十分广泛。而 ARMA(n,m) 模型参数的估计是非线性的，求解比较复杂。时序模型建立后［式(10-70)也同样］，由于目标(准则)均是使残差二次方和为最小，模型是否适用，取决于残差是否为白噪声。因此，模型需要按一定准则进行适用性检验。

时序模型一旦建立，就可以通过时序分析及输出预报来研究系统的动态特性，按预报进行控制以及对机器运行的状态进行监测和故障诊断等。

第11章 MATLAB在控制工程中的应用

11.1 MATLAB仿真软件概述

MATLAB可以实现线性系统的时域分析、频域分析以及系统的建模与仿真，它不仅可以处理连续系统，也可以处理离散系统。根据系统数学模型表示方法的不同，如系统使用传递函数来表达，或是用状态方程来表达，可以选择经典的或现代的控制分析方法来处理。不仅如此，还可以利用MATLAB提供的函数进行模型之间的转换。对于在经典控制系统分析中常用的方法，如时间响应分析、频率特性分析等都能够很方便地进行计算并能以图形形式表达出来。还可以很方便地利用其他一些函数来进行极点配置、最优控制与估计等方面的现代分析设计方法。

MATLAB是美国Mathworks公司开发的大型数学计算软件，它提供了强大的矩阵处理和绘图功能，并具有界面友好的用户环境。由于MATLAB可信度高、灵活性好、使用方便、人机界面直观、输出结果可视化，所以目前在世界范围内被科技工作者和大学生们广泛使用。MATLAB带有一些强大的具有特殊功能的工具箱，几乎涵盖了所有工业、电子、医疗、建筑等各个领域，已经成为国际上最流行的软件之一。现在的MATIAB已不仅仅是一个"矩阵实验室"(Matrix Laboratory)，而且已经成为一种实用的计算机高级编程语言，是工程技术人员的必备软件。

11.1.1 MATLAB的系统界面

1. MATLAB窗口

MATLAB具有强大的编程功能和易操作的交互式计算环境。MATLAB语言被认为是一种解释性语言，在其工作空间(Workspace)，用户在MATLAB的命令窗口中键入一个命令，就可以直接进行数学运算，也可以应用MATLAB语言编写应用程序、运行程序及跟踪调试程序。MATLAB软件会对命令和程序的各条语句进行翻译，然后在MATLAB环境中对它进行处理，最后返回结果。

启动MATIAB 7.0后，出现MATLAB的系统界面。MATLAB系统界面的最上面是"MATLAB"标题栏，标题栏下面是条形菜单栏，菜单栏下面是工具栏按钮与设置当前目录(Current Directory)的弹出式菜单框及其右侧的查看目录树的按钮。工具栏下面的大窗口就是MATIAB的主窗口，大窗口里设置有四个小窗口：工作空间(Workspace)、当前目录(Current Directory)、命令历史(Command History)与命令窗口(Command Window)。最下面是"Start"开始按钮。命令窗口是用户和MATLAB进行交互的主要场所。

MATIAB命令窗口的最上面两行是系统初始提示信息，第三行就会出现MATLAB环境提示符号"≫"和光标位置符。在命令窗口中，命令的执行类似DOS的行命令形式。从提示符处输入命令，按回车键后执行命令，并且一行可以输入多条命令，各命令用逗号或分号隔开。逗号告诉MATLAB显示结果，分号禁止显示。例：

≫a：10；b＝20；c：30，

运行后：c＝

30

如果一个表达式一行写不下，MATLAB 允许续行，键入"…"回车，即可在下一行继续输入。注意在"…"前面留有空格，并且变量名不能分成两行，注释语句不能续行。在％后的所有文字为注释，执行 MATLAB 时忽略％及其后的文本。用户可以任何时刻用 Ctrl＋C 中断 MATLAB 的运行。

光标控制键可以再调用，重复编辑前面已输入的命令。假设你错误地输入某个指令，例：

≫a：(1＋sqt(5))/2

在此指令中应输入 sqrt，而不是 sqt，回车后 MATLAB 则显示：

??? Undefined function or variable'sqt'.

为了避免重复输入上述一行句子，你可以按↑，错行重新显示，用←键移动光标定义插入所缺字母 r。重复使用光标↑可以调用指定某几个字母开头的命令行。在 MATLAB 中，输入的命令存储在缓冲区内，可以调用指定某几个字母开头的命令行。例如，输入 plo 字母，然后按↑键，就调用前面的最近一次 plo 开头的命令。MATLAB 是一个标准的 Windows 界面，可以利用菜单中的命令完成对命令窗口的操作。它的使用方法与 Windows 的一般应用程序相同。

2. MATLAB 常用的操作命令

MATLAB 对命令窗口可以通过菜单命令进行操作，也可以通过键盘输入控制指令。命令窗口中常用的操作指令见表 11-1。

表 11-1　命令窗口审常用的操作命令

指令名称	指令功能
cd	改变当前工作目录
clear	清除内存中的所有变量和函数
clc	擦除 MATLAB 工作窗口中所有显示的内容
clf	擦除 MATLAB 当前窗口中的图形
dir	列出指定目录下的文件和子目录清单
disp	在运行中显示变量或文字内容
echo	控制运行文字指令是否显示
hold	控制当前图形窗口对象是否被刷新
pack	收集内存碎块以扩大内存空间
qmt	关闭并推出 MATLAB
type	显示所指定文件的全部内容

在 MATLAB 命令窗口里，当输入、编辑和运行命令、函数与程序并进行各种不同类型的数学运算时，有很多控制键和方向键可用于语句行的编辑。如果能熟练使用这些按键或其快捷键将大大提高工作效率。表 11-2 列出了 MATLAB 命令窗口中的快捷键。

表 11-2　MATLAB 命令窗口中的快捷键

键盘操作		功　能
↑	Ctrl＋p	调出前一个命令行
↓	Ctrl＋n	调出后一个命令行
←	Ctrl＋b	光标左移一个字符
→	Ctrl＋f	光标右移一个字符
Ctrl＋→	Ctrl＋r	光标右移一个单词
Ctrl＋←	Ctrl＋l	光标左移一个单词
Home	Ctrl＋a	光标移至行首
End	Ctrl＋e	光标移至行尾
Esc	Ctd＋u	清除当前行
Del	Ctrl＋d	清除光标所在位置后的字符
Backspace	Ctrl＋h	清除光标所在位置前的字符
	Ctrl＋k	删至行尾

3. start 开始菜单

MATLAB 系统界面下的【Start】按钮,类似于 Windows 系统桌面平台左下角的【开始】按钮,不仅两者名称、设置的位置相同,而且模式与功能都相似。现在按下【Start】按钮,再选择【Simulink】。

11.1.2　MATLAB 数学运算

用 MATlAB 进行数学运算,就像在计算器上算算术一样简单方便。因此,MATlAB 被誉为"草稿纸式的科学计算语言"。在 MATLAB 的工作空间中,可以极为方便地直接进行一般的算术运算、复数运算、矩阵运算等数学运算。

1. 算术运算

运用 MATlAB 可以完成一般常用的加(＋)、减(—)、乘(＊)、除(/)、幂次(^)等数学运算,最快速简单的方法是在 MATlAB 命令窗口(Command Window)内的提示符号(≫)之后输入表达式,并按下 Enter 键即可。例:

≫(5＊2＋3.5)/5

arts＝

2.7000

MATLAB 会将运算结果直接存入默认变量 ans,代表 MATLAB 运算后的答案(Answer),并在屏幕上显示其运算结果的数值(在上例中,即为 2.7000)。

若不想让 MATLAB 每次都显示运算结果,只需在表达式最后加上分号(;)即可,例:

≫(5 * 2+3.5)/5;

在上例中,由于表达式后面加入了分号,因此 MATLAB 只会将运算结果储存在默认变量 ans 内,不会显示于屏幕上;在需要时取用或显示此运算结果,可直接输入变量 arts,例(接上例):

≫arts

ans=

2.7000

使用者也可将运算结果储存于使用者自己设定的变量 x 内,例:

≫   x=(5 * 2+3.5)/5

X=

2.7000

MATLAB 变量命名遵循以下规则:

①第一个字母必须是英文字母。

②字母间不可留空格。

③最多只能有 31 个字母,MATLAB 会忽略多余字母。

④MATLAB 在使用变量时,不需预先经过变量声明(Variable Declaration)的程序,而且所有数值变量均以默认的 double 数据类型储存。

MATLAB 会将所有在百分比符号(%)之后的文字视为程序的注解(Comments),例:

≫y=(5 * 2+3.5)/5;   %将运算结果储存于变量 y 内,但不显示于屏幕

≫z=v^2   %将运算结果储存于变量 z 内,并显示于屏幕

Z=

7.2900

在上例中,百分比符号之后的文字会被 MATLAB 忽略不执行,但它的使用可提高 MA'HAB 程序的可读性。

MATLAB 可同时执行以逗号(,)或分号(;)隔开的几个表达式,例:

≫x=sin(pi/3);y=x^2;z=y * 10,

Z=

7.5000

若一个数学表达式太长,可用三个句点(…)将其延伸到下一行,例:

≫z=10 * sin(pi/3) * …

sin(pi/3)

Z=

7.5000

2. 复数运算

MATIAB 最强大的功能之一是它对复数不需作特殊处理。在 MATLAB 中,复数可以用两种形式表示。

(1)直接使用 MATI_AB 的缺省值 $i=j=\sqrt{-1}$ 来表示虚部。例:

1+2i 或 1−3j

（2）可以在表达式中直接对负数开根号。例：

a＝4 * (2＋sqrt(－1) * 2)

MATLAB 执行结果为

a＝

8.0000＋8.0000i

3. 数组与矩阵的运算

矩阵是 MATLAB 的核心，MATLAB 的所有数据都以矩阵形式存储。在 MATLAB 中，矩阵和数组这两个术语并无严格的区分，可以混用。准确地讲，矩阵是一个二维的实数或复数的数组（或向量）。例：

≫s:[1 3 5 2];　　%注意[]的使用，及各数字间的空白间隔

≫　t＝2 * s＋1

t＝

3　7　11　5

在上例中，MATLAB 使用中括号[]来建立一个数组[1　3　5　2]（或是 1 × 4 大小的矩阵[1　3　5　2]），将其储存在变量 s 中，再对其进行运算产生另一新的数组[3　7　11　5]，并将其结果储存在变量 t 内。

注意：s＝[1　3　5　2]与 s＝[1,3,5,2]的效果是一样的。

MATLAB 也可取出数组中的一个元素或一部分来做运算，例：（接上例）

≫t(3)＝2　　　　　　%将数组 t 的第三个元素更改为 2

t＝

3　7　2　5

≫t(6)＝10　　　　　%在数组 t 中加入第六个元素，其值为 10

t＝

3　7　2　5　0　10

≫t(4)＝[]　　　　　%将数组 t 的第四个元素删除

t＝

3　7　2　0　10

≫s(2) * 3＋t(4)　　%取出数组 s 的第二个元素和数组 t 的第四个元素做运算

ans＝

9

≫t(2:4)－1　　　　%取出数组 t 的第二至第四个元素来做运算

ans＝

6　1　－1

用类似上述建立数组的方法，使用者可以建立 m×n 大小的矩阵（m 代表矩阵的行数，n 代表矩阵的列数），但必须在每一行结尾加上分号"；"，例：

≫A＝[1　2　3　4;5　6　7　8;9　10　11　12];　%建立 3×4 的矩阵 A

≫A　　　　　　　　　　　　　　　　%显示矩阵 A 内容

A＝

　　1　　2　　3　　4
　　5　　6　　7　　8
　　9　　10　　11　　12

同样,还可以对矩阵进行各种处理,例:(接上例)

≫A(2,3)=5　　%将矩阵 A 第二行、第三列的元素值,改变为 5

A=

　　1　2　　3　　4
　　5　6　　5　　8
　　9　10　11　12

≫B=A(2,1:3)　%取出矩阵 A 第二行、第一列至第三列的元素值

%储存成一新矩阵 B

B=

　　5　6　5

≫A:[A B']　　%将矩阵 B 转置后,再以列向量并入矩阵 A

A=

　　1　2　　3　　4　　5
　　5　6　　5　　8　　6
　　9　10　11　12　　5

≫A(:,2)=[]　　%删除矩阵 A 第二列(:代表所有行,[]代表空矩阵)

A=

　　1　3　　4　　5
　　5　5　　8　　6
　　9　11　12　　5

≫A=[A;4　3　2　1]　%在原矩阵 A 中,加入第四行

A=

　　1　3　　4　　5
　　5　5　　8　　6
　　9　11　12　　5
　　4　3　　2　　1

≫A([1 4],:)=[]　　%删除第一、第四行(:代表所有列,[]代表空矩阵)

A =

　　5　5　　8　　6
　　9　11　12　　5

4. MATLAB 常用数学函数

MATLAB 是一个科学计算软件,因此它支持很多数学函数,例:

≫x=4;

≫y=abs(x)　　%取 x 的绝对值

y=

　　4

≫y＝sin(x)　　％取 x 的正弦值

y＝

　　－0.7568

MATLAB 有相当完整的数学函数及三角函数,见表 11-3 和表 11-4。

表 11-3　MATLAB 常用数学函数

函　数	说　明	函　数	说　明
abs(x)	标量的绝对值或复数的幅值	fix(x)	对原点方向取紧邻整数
exp(x)	自然指数 e^x	ceil(x)	对 $+\infty$ 方向取紧邻整数
pow2(x)	2 的指数 2^x	floor(x)	对 $-\infty$ 方向取紧邻整数
sqrt(x)	开平方	seal(x,y)	整数 x 和 y 的最大公约数
log(x)	自然对数 ln(x)	lcm(x,y)	整数 x 和 y 的最小公倍数
log2(x)	以 2 为底的对数 $\log_2(x)$	rem(x,y)	求 x 除以 y 的余数
Log10(x)	以 10 为底的对数 $\log_{10}(x)$	round(x)	四舍五入到最近的整数
angle(z)	复数 z 的相角		符号函数
real(z)	复数 z 的实部	sign(x)	当 x<0 时,sign(x)＝－1
imag(z)	复数 z 的虚部		当 x＝0 时,sign(x)＝0
conj(z)	复数 z 的共轭复数		当 x>0 时,sign(x)＝1

表 11-4　MATLAB 常用三角函数

函　数	说　明	函　数	说　明
sin(x)	正弦函数	asin(x)	反正弦函数
cos(x)	余弦函数	acos(x)	反余弦函数
tan(x)	正切函数	atan(x)	反正切函数
sinh(x)	双曲正弦函数	asinh(x)	反双曲正弦函数
cosh(x)	双曲余弦函数	acosh(x)	反双曲余弦函数
tanh(x)	双曲正切函数	atanh(x)	反双曲正切函数

这些基本数学函数也都可用于数组或矩阵,

例:

≫x＝[4　2j　9];

≫y＝sqrt(x)　　％对 x 开平方

y＝

　　2.0000　1.0000＋1.0000i　3.0000

在上例中,sqrt(x)函数会对 x 的每一个元素进行开平方的运算。

另外，MATLAB 还有一些函数是特别针对数组设计的，例：

≫x＝[1 2 3 0 12];

≫y＝min(x)　　％数组 x 的最小值

y＝

　0

计算数组和统计量的常用函数见表 11-5。

表 11-5　计算数组元素统计量的常用函数

函　　数	说　　明	函　　数	说　　明
min(x)	数组 x 的元素的最小值	norm(x)	数组 x 的欧氏(Euclidean)长度
max(x)	数组 x 的元素的最大值	sum(x)	数组 x 的元素总和
mean(x)	数组 x 的元素的平均值	prod(x)	数组 x 的元素总乘积
median(x)	数组 x 的元素的中位元元数	cumsum(x)	数组 x 的累积元素总和
std(x)	数组 x 的元素的标准差	cumprod(x)	数组 x 的累积元素总乘积
diff(x)	数组 x 的相邻元素的差	dot(x,y)	数组 x 和 y 的内积
sort(x)	对数组 x 的元素进行排序(Sorting)	cross(x,y)	数组 x 和 y 的外积
length(x)	数组 x 的元素个数		

这些函数是针对数组设计的，无论输入是列向量或行向量，都可返回正确的结果。若输入为矩阵时，这些函数将输入矩阵看成是列向量的集合，并选一对列向量进行运算，例：

≫x＝[1 2 3;4 5 6;7 8 9];

≫y＝median(x)　　％x 每个列向量的中位数

y＝

4 5 6

≫y＝prod(x)　　％x 每个列向量的乘积

y＝

28 80 162

5. 多项式运算

多项式运算是线性代数、线性系统分析中的重要内容。MATLAB 提供了多条命令，可以进行多项式运算。

一个 n 次的多项式可以表示为

$$p(x)＝a_nx^n＋a_{n-1}x^{n-1}＋\cdots＋a_1x＋a_0$$

因此，在 MATLAB 中，可以用一个长度为 $n+1$ 的行向量来表示 $p(x)$ 为

$$p＝[a_n,a_{n-1},\cdots a_1,a_0]$$

例如，可用 $p＝[1,2,0,-5,6]$ 来表示一个 4 次多项式

$$p(x)＝x^4＋2x^3－5x＋6$$

在 MATLAB 的命令窗口内输入为

≫p=[1　20　−5　6];

(1)求根及逆运算。

roots 命令可以求解多项式 p(x)的根,求出的根按列向量存储。例如,求上面给出的多项式的根,则键入

≫r=roots(p)

r=−1.8647+1.3584i

　　−1.8647−1.3584i

　　0.8647+0.6161i

　　0.8647−0.6161i

poly 命令可以由根的列向量表示求多项式的系数,得到的多项式系数按行向量存储。例如对于上面求出的根,键入

≫p=poly(r)

得到

p=1.0000 2.0000 0.0000　−5.0000 6.0000

(2)有理多项式。

在线性系统的 Fourier 变换、Laplace 变换和 z 变换中,经常用到有理多项式。MATLAB 提供了一些命令可以进行有理多项式的运算。MATLAB 中的有理多项式是由分子多项式和分母多项式表示的,可以用 residue 命令进行部分分式展开。该命令语法为

[r,p,k]=residue(num,den)

其中,num 和 den 分别表示分子和分母多项式的系数行向量。

分解的结果形式为

$$G(s)=\frac{\text{num}(s)}{\text{den}(s)}=\frac{r(1)}{s+p(1)}+\frac{r(2)}{s+p(2)}+\cdots+\frac{r(n)}{s+p(n)}+k(s)$$

式中,$k(s)$为常数项或纯微分项。

例如,对已知传递函数

$$G(s)=\frac{10(s+3)}{(s+1)(s^2+s+3)}$$

进行部分分式分解,运算过程为

≫num=[10 30];　　%定义分子多项式

≫den=[1 2 4 3];　　%定义分母多项式

≫[r,p,k]=residue(num,den)　　%进行部分分式展开

r=

−3.3333−4.0202i

−3.3333+4.0202i

6.6667

p=

−0.5000+1.6583i

−0.5000−1.6583i

−1.0000

k=

[ ]

其中,k=[]表示没有常值项。

结果表明,传递函数 $G(s)$ 被分解为下面的部分分式

$$\frac{num(s)}{den(s)} = \frac{-3.3333-4.0202i}{s+0.5-1.6583i} + \frac{-3.3333-4.0202i}{s+0.5+1.6583i} + \frac{6.6667}{s+1}$$

注意,该命令得到的低阶分式都是一阶形式,分子上是常值。显然,由于原传递函数有复特征值,利用该命令得到的展开式不是常用的实数形式。当然,可以利用多项式的乘法命令进行通分得到实数形式。

根据给出的 r,p,k 的值,可以用同一个命令求出传递函数的有理多项式形式。例如利用上面求出的结果,键入命令

≫[nun,den]=residue(r,p,k)

得到

Bum=

0 10 30

den=

1.0000 2.0000 4.0000 3.0000

可以看到,求出的分子多项式和分母多项式与给定的传递函数 G(s) 形式相同。

6. MATLAB 中的永久常数

MATLAB 有一些永久常数(Permanent Constants),见表 11-6。虽然在工作空间中看不到,但使用者可直接取用,例:

≫pi

ans=

    3.1416

表 11-6 MATLAB 的永久常数

常　数	说　明
i 或 j	基本虚数单位(即 $i^2=-1$)
eps	系统的浮点(Floating-point)精确度
Inf	无限大,例如 I/O
Nan 或 NaN	非数值(Not A Number),例如 0/0
p1	圆周率(=3.1415926…)
Realmax	系统所能表示的最大数值
Realrnin	系统所能表示的最小数值
Nargin	函数的输入变量个数
Nargout	函数的输出变量个数

11.1.3　MATLAB 绘图

MATLAB 不但擅长与矩阵相关的各种数值运算,也具有非常强大的绘图功能,特别适用于各种科学计算可视化(Scientific Visualization)。

1. 基本绘图命令 plot

MATLAB 的 plot 是最基本的绘图命令,可以对一组石坐标及相对应的 y 坐标进行描点绘图,例:

　≫x=linspace(0,2*pi);　　%在 0 到 2π 间,等分取 100 个点

　≫y=sin(x);　　　%计算 x 的正弦函数值

　≫plot(x,y);　　　%进行二维平面描点绘图

各命令执行的结果如图 11-1 所示图形。

在上例中,linspace(0,2*pi)产生从 0 到 2π 且长度为 100(默认值)的向量 x,y 则是相对应的 y 坐标值,plot(x,y)则可对这 100 个二维平面上的点进行描点绘图。

若要利用 plot 命令一次画出多条曲线,可将 x 及 y 坐标依次送入 plot 命令即可,例:

　≫x=linspace(0,2*pi);

　≫plot(x,sin(x),'—',x,cos(x),':',x,sin(x)+cos(x),'——');

各命令执行的结果如图 11-2 所示。

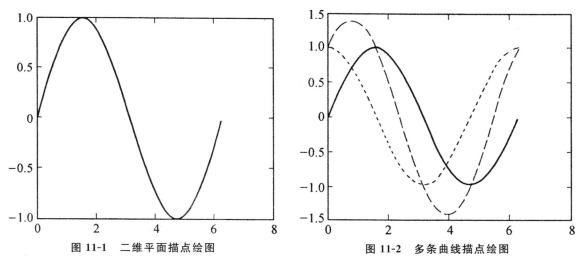

图 11-1　二维平面描点绘图　　　　　图 11-2　多条曲线描点绘图

MATLAB 在绘制多条曲线时,会自动转换曲线颜色,以利于分辨(也可由使用者自行设定曲线颜色及其他相关属性)。还可以不同的标志(Marker)来绘图,可输入

　≫x=linspace(0,2*pi);

　≫plot(x,sin(x),'o',x,cos(x),'x',x,sin(x)+cos(x),'*').

各命令执行的结果如图 11-3 所示。

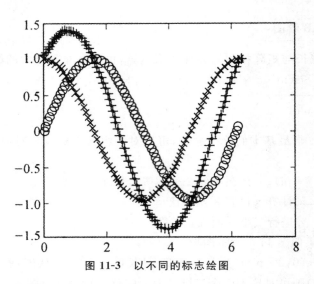

图 11-3 以不同的标志绘图

如果 z 是一个复数向量或矩阵,那么 plot(z)是将 z 的实部(即 real(z))和虚部(即 imag(z))分别当成 x 坐标和 y 坐标来绘图,其效果与 plot(real(z),imag(z))相同,例:

≫x:randn(30);　　%产生 30×30 的随机数(正态分布)矩阵

≫z＝eig(x);　　%计算 x 的特征值

≫plot(z,'o')

≫grid on　　%画出网格线

各命令执行的结果如图 11-4 所示。

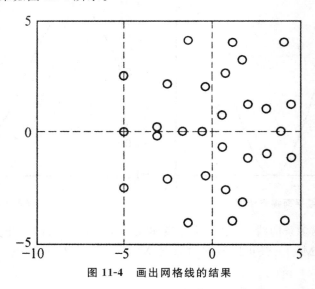

图 11-4 画出网格线的结果

在上例中,x 是一个 30×30 的随机数矩阵,z 则是 x 的特征值。由于 z 是一复数向量,而且每一个复数都和其共轭复数同时出现,因此所画出的图是上下对称的。

MATLAB 的基本二维绘图命令可参见表 11-7。

表 11-7　MATLAB 的基本二维绘图命令

命　令	说　明
plot	x 轴和 y 轴均为线性刻度(Linear scale)
loglog	x 轴和 y 轴均为对数刻度(Logarithmic Scale)
semilogx	x 轴为对数刻度,y 轴为线性刻度
semilogy	y 轴为对数刻度,x 轴为线性刻度
plotyy	画出两个刻度不同的 y 轴

例如,若要使 x 轴为对数刻度,来对正弦函数绘图,可如下进行:

≫x＝linspace(0,8＊pi);　　％在 0 到 8π 间,等分取 100 个点

≫semilogx(x,sin(x));　　　％在 x 轴为对数刻度,并对其正弦函数绘图

各命令执行的结果如图 11-5 所示。

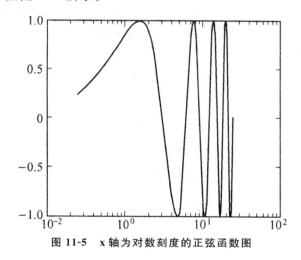

图 11-5　x 轴为对数刻度的正弦函数图

2. 图形的修饰

plot 命令除了接受 x 及 y 坐标外,还可以接受一个字符串输入,用以控制曲线的颜色、格式及标志,其指令调用格式为

plot(x,y,'CLM')其中,C 代表曲线的颜色(Colors),L 代表曲线的格式(Line Styles),M 代表曲线所用的标志(Markers)。例如,若要用黑色点线画出正弦波,并在每一数据点上画一个小菱形,可输入

≫x＝0:0.5:4＊pi;　　　％x 向量的起始与结束元素为 0 及 4π

　　　　　　　　　　　　％0.5 为各元素相差值(间隔为 0.5)

≫y＝sin(x);

≫plot(x,v,'k:diamond')　　％其中"k"代表黑色,":"代表点线

　　　　　　　　　　　　％而"diamond"则指定菱形为曲线的标志

各命令执行的结果如图 11-6 所示。

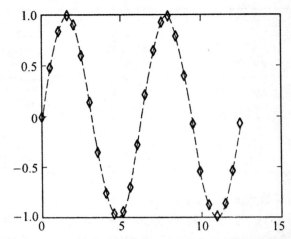

图 11-6   用黑色点线画出正弦波并在数据点画上小菱形

表 11-8、11-9、11-10 分别给出了 plot 命令的曲线颜色选项、格式与符号参考值。

表 11-8   plot 命令中曲线颜色选项参考表

plot 命令	曲线颜色	RGB 值
B	蓝色(Blue)	(0,0,1)
C	青蓝色(Cyan)	(0,1,1)
G	绿色(Green)	(0,1,0)
k	黑色(Black)	(0,0,0)
m	紫红色(Magenta)	(1,0,1)
r	红色(Red)	(1,00,0)
W	白色(White)	(1,1,1)
y	黄色(Yellow)	(1,1,0)

表 11-9   plot 命令中曲线格式参考表

plot 命令	曲线格式	plot 命令	曲线格式
—	实线(默认值)	:	点线
— —	虚线	—.	点划线

表 11-10　plot 命令中曲线符号参考表

plot 命令	曲线格式	plot 命令	曲线格式
0	圆形	>	朝右三角形
+	十字形	<	朝左三角形
X	叉号	square/s	方形
*	星号	diamond/d	菱形
.	点号	pentagram/p	五角星形
^	朝上三角形	hexagram/h	六角星形
v	朝下三角形	none	无符号（默认值）

hold 命令用于保持当前图形。用 plot 命令绘图时，首先将当前图形窗口清屏，再绘制图形，所以只能见到最后一个 plot 命令绘制的图形。为了能利用多条 plot 命令绘制多幅图形，就需要保持窗口上的图形。

≫hold on　　　％保持当前图形及轴系的所有特性

≫hold off　　　％解除 hold on 命令

例：

≫x＝0：0.2：12；

≫plot(x,sin(x),'—')

≫hold on

≫plot(x,1.5 * cos(x),':')

以上程序中使用了两条 plot 命令绘制出两条曲线，如图 11-7 所示。

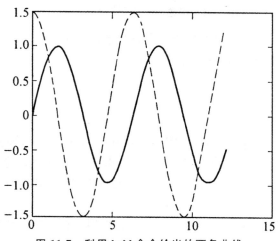

图 11-7　利用 hold 命令绘出的两条曲线

3. 坐标轴的定制

一般而言,plot 命令会根据所给的坐标点来自动决定图轴的范围,但是也可以使用 axis 命令来指定,其指令调用格式为

axisk([xmin,xmax,ymin,ymax])

其中,xmin 和 xmax 指定 x 轴的最小和最大值,ymin 和 ymax 则指定 y 轴的最小和最大值。如果要画出正弦波在 y 轴介于 0 和 1 的部分,可输入

≫x=0:0.1:4*pi;　　　%x 向量的起始与结束元素为 0 及 4π

　　　　　　　　　　　%0.1 为各元素相差值

≫y=sin(x);

≫plot(x,y);

≫axis([−inf,inf,0,1]);　　%画出正弦波 y 轴介于 0 和 1 的部分

各命令执行的结果如图 11-8 所示。

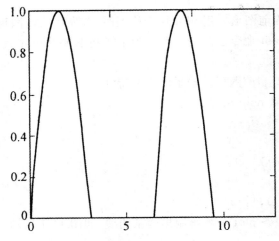

图 11-8　正弦波 y 轴介于 0 和 1 的部分

其中,−inf 及 inf 并不是代表"无穷大",而是代表以数据点(上例中即是 x 轴的数据点)的最小值和最大值来取代,因此上述 axis 命令等效于

axis([min(x),max(x),0,1])

4. 图形窗口分割

如果要在一个窗口产生多个图形(即图轴),可在 plot 命令之前加上 subplot,其一般形式为 subplot(m,n,p),表示将窗口划分为 m×n 个区域,而下一个 plot 命令则绘图于第 p 个区域,其中 p 的算法为由左至右,一行一行算起。如果在一个窗口当中同时画出四个图,可以输入

≫x:0:0.1:4*pi;

≫subplot(2,2,1);plot(x,sin(x));　　　　%将窗口分割产生 4 个图形,此为左上角图形

≫subplot(2,2,2);plot(x,cos(x));　　　　%此为右上角图形

≫subplot(2,2,3);plot(x,exp(－x/5));　　％此为左下角图形
≫subplot(2,2,4);plot(x,x.^2);　　　　　　％此为右下角图形
各命令执行的结果如图 11-9 所示。

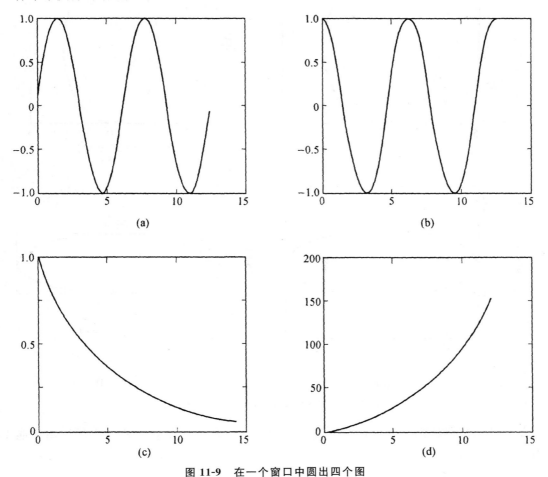

(a)

(b)

(c)

(d)

图 11-9　在一个窗口中圆出四个图

　图轴的另一个重要属性,就是其长宽比(Aspect Ratio),一般图轴长宽比的默认值为窗口的长宽比,但可在 axis 命令之后加上不同的字符串来控制,例:
≫t:0:0.1:2 * pi;
≫x＝3 * cos(t);
≫y＝sin(t);
≫subplot(2,2,1);plot(x,y);axis normal
≫subplot(2,2,2);plot(x,y);axis square
≫subplot(2,2,3);plot(x,y);axis equal
≫subplot(2,2,4);plot(x,y);axis equal tight
各命令执行的结果如图 11-10 所示。

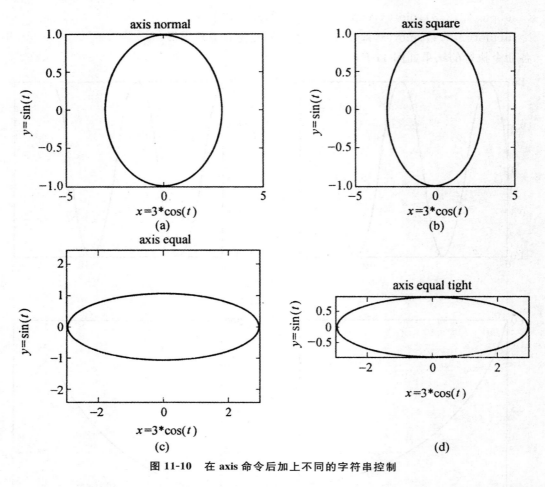

图 11-10　在 axis 命令后加上不同的字符串控制

表 11-11 是可以改变目前图轴长宽比的命令,这行命令须在 plot 命令之后调用才能发挥作用。

表 11-11　改变图轴长宽比的命令

命　　令	说　　明
axis normal	使用默认长宽比(等于图形长宽比)
axis square	长宽比例为 1
axis equal	长宽比例不变,但两轴刻度一致
axis equal tight	两轴刻度比例一致,且图轴贴紧图形
axis image	两轴刻度比例一致(适用于图像显示)

5. 添加说明文字

MATLAB 可在图形或图轴添加说明文字,以增进整体图形的可读性,参见表 11-12。

表 11-12　图形或图轴加入说明文字的命令

命　令	说　明
title	图形的标题
xlabel	x 轴的说明
ylabel	y 轴的说明
zlabel	z 轴的说明（适用于立体绘图）
legend	多条曲线的说明
text	在图形中加入文字
gtext	使用鼠标决定文字的位置

有关图轴的说明文字，举例如下：

≫x＝0:0.1:2 * pi;

≫y1＝sin(x);≫y2＝exp(－x);

≫plot(x,y1,'—— * ',x,y2,':o');

≫xlabel('X＝0 to 2\pi');

≫ylabel('values of sin(x)ande^{－x}')

≫title('Function Plots of sin(x)and e^{－x}');

≫legend('sin(x)','e^{－x}');

各命令执行的结果如图 11-11 所示。

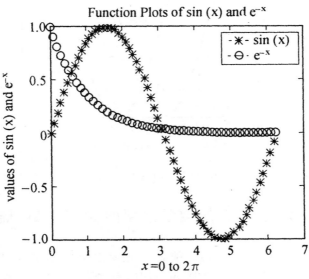

图 11-11　加入说明文字的各命令执行的结果

　　其中，legend 命令将会画出一小方块，包含每条曲线的说明。如果对 legend 方块位置不满意，可用鼠标单击拖放至适当的位置。此外 MATLAB 将反斜线"\"视为特殊符号，见表 11-13。因此可产生上标、下标、希腊字母、数学符号等效果。

表 11-13　特殊符号

输入字母	表示的特殊符号	输入字母	表示的特殊符号
\pi	π	\leftarrow	←
\alpha	α	\rightarrow	→
\beta	β		

若要在图形上面加入说明文字,可用 text。text 指令调用格式为

text(x,y,string)

其中,x、y 是说明文字的起始坐标位置,string 则代表说明文字,例:

≫x＝0:0.1:2 * pi;

≫plot(x,sin(x),x,cos(x));

≫text(pi/4,sin(pi/4),'\leftarrow sin(\pi/4)＝0.707');

≫text(5 * pi/4,cos(5 * pi/4),'cos(5\pi/4):＝0.707\rightarrow'…'Horizontal Align-ment','right).

text 命令的执行结果如图 11-12 所示。

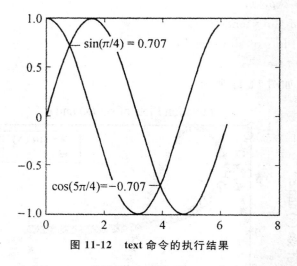

图 11-12　text 命令的执行结果

在上例中,"Horizontal Alignment"及"right"指示 text 命令将文字向右水平靠齐。

11.2　控制系统数学模型的 MATLAB 描述

线性定常时不变(LTI)对象有三类:tf 对象(传递函数模型)、zpk 对象(零极点增益模型)和 ss 对象(状态空间模型)。在 MATLAB 中,可以用四种数学模型来表示控制系统,其中前三种即是 LTI 对象的三种模型,第四种数学模型是基于传递函数的系统方框图的 MATLAB 表示,即 MATLAB 里的 Simulink 动态结构图。每一种数学模型都有连续系统和离散系统两种表示方法。

11.2.1　传递函数模型

对于一个连续单输入单输出(SISO)的 LTI 系统,设输入量为 $X_i(s)$,输出量为 $X_o(s)$,则系统的传递函数 $G(s)$ 可以表示为

$$G(s)=\frac{X_i(s)}{X_o(s)}=\frac{b_0s^m+b_1s^{m-1}+\cdots+b_{m-1}s+b_m}{a_0s^n+a_1s^{n-1}+\cdots+a_{n-1}s+a_n}=\frac{\text{num}(s)}{\text{den}(s)} \tag{11-1}$$

对应的脉冲传递函数为

$$G(z)=\frac{X_i(z)}{X_o(z)}=\frac{b_0z^m+b_1z^{m-1}+\cdots+b_{m-1}z+b_m}{a_0z^n+a_1z^{n-1}+\cdots+a_{n-1}x+a_n}=\frac{\text{num}(z)}{\text{den}(z)} \tag{11-2}$$

在 MATLAB 中,传递函数描述法是通过传递函数分子和分母关于 s 降序排列的多项式系数来表示的,并用分子向量 num 和分母向量 den 表示:

$$\text{num}=[b_0 \quad b_1 \quad \cdots \quad b_{m-1} \quad b_m]$$
$$\text{den}=[a_0 \quad a_1 \quad \cdots \quad a_{m-1} \quad a_m]$$

在 MATLAB 中,用函数命令 tf() 来建立控制系统的传递函数模型,tf() 函数命令的调用格式为

$$\text{sys}:\text{tf(num,den)} \tag{11-3}$$
$$\text{sys}:\text{tf(num,den,Ts)} \tag{11-4}$$

sys=tf(num,den)函数返回的变量 sys 为连续系统的传递函数模型。函数输入参量 num 与 den 分别为系统传递函数的分子与分母多项式系数向量。

sys=tf(num,den,Ts)函数返回的变量 sys 为离散系统的传递函数模型。输入参量:num 与 den 含义同上,只是传递函数中的拉氏变换算子 s 用 z 变换算子 z 替换,Ts 为采样周期。

对于已知的传递函数,其分子与分母多项式系数向量可分别由 sys.num{1} 与 sys.den{1} 指令求出。这种指令对于程序设计非常有用。

在 MATLAB 中,还可以用 printsys() 来输出控制系统的传递函数,printsys() 函数的调用格式为

$$\text{printsys(num,den,'s')} \tag{11-5}$$
$$\text{printsys(num,den,'z')} \tag{11-6}$$

式中,"s"是指对连续系统的拉氏变换,输出的是连续系统的传递函数模型。"z"是指对离散系统的 z 变换,输出的是离散系统的脉冲传递函数模型,例如:

```
≫num=[1 3 5];
≫ den=[2 4 6 8 10];
≫printsys(num,den,'s')
num/den=
        s^2+3s+5
    -----------------------
    2s^4+4s^3+6s^2+8s+10
≫printsys (num,den,'z')
num/den=
        z^2+3z+5
    -----------------------
    2z^4+4z^3+6z^2+8z+10
```

11.2.2　零极点增益模型

若连续系统传递函数表达式用系统增益、系统零点与极点来表示,称为系统零极点增益模型。即系统传递函数表示为

$$G(s) = k \frac{(s-z_1)(s-z_2)\cdots(s-z_m)}{(s-p_1)(s-p_2)\cdots(s-p_n)} \tag{11-7}$$

离散系统的传递函数也可以用系统增益、系统零点与极点来表示

$$G(s) = k \frac{(z-z_1)(z-z_2)\cdots(z-z_m)}{(z-p_1)(z-p_2)\cdots(z-p_n)} \tag{11-8}$$

式中,k 为系统增益,$z_1,z_2,\cdots,z_m$ 为系统零点;$p_1,p_2,\cdots,p_n$ 为系统极点。在 MATLAB 中,连续与离散系统都可以直接用向量 z、p、k 构成的矢量组 $[z,p,k]$ 表示系统,即

$$z = [z_1,z_2,\cdots,z_m] \tag{11-9}$$

$$p = [p_1,p_2,\cdots,p_n] \tag{11-10}$$

$$k = [k] \tag{11-11}$$

在 MATLAB 中,用函数命令 zpk() 来建立控制系统的传递函数模型,zpk() 函数命令的调用格式为

$$\text{sys} = \text{zpk}(z,p,k) \tag{11-12}$$

$$\text{sys} = \text{zpk}(z,p,k,Ts) \tag{11-13}$$

第一种格式返回的变量 sys 为连续系统的零极点增益模型。输入参量 z 为系统的零点,p 为系统的极点,k 为系统的增益。第二种格式返回的变量为离散系统的零极点增益模型。

对于已知的零极点增益模型传递函数,其零点与极点可分别由 sys. z{1} 与 sys. p{1} 指令求出。这种指令对于编制 MATLAB 程序会带来很大方便,例如:

```
≫z=[1 3 5];
≫p=[2 4 6 8 10];
≫k=[1];
≫sys=zpk(z,p,k)
```

Zem/pole/gain:

$$\frac{(s-1)(s-3)(s-5)}{(s-2)(s-4)(s-6)(s-8)(s-10)}$$

```
≫sys=zpk(z,p,k,1)
```

Zero/pole/gain:

$$\frac{(z-1)(z-3)(z-5)}{(z-2)(z-4)(z-6)(z-8)(z-10)}$$

Sampling time:1

11.2.3　状态空间模型

控制系统在主要工作区域内的一定条件下,可以近似为线性时不变 LTI 模型,连续 LTI 对象系统总是能用一阶微分方程组来表示,写成矩阵形式即为状态空间方程

$$\begin{cases} \dot{x}(t) = Ax(t) + Bu(t) \\ y(t) = Cx(t) + Du(t) \end{cases} \tag{11-14}$$

式中，$u(t)$ 是系统控制输入向量；$x(t)$ 是系统状态变量；$y(t)$ 是系统输出向量；A 为系统矩阵（或称状态矩阵）；B 为控制矩阵（或称输入矩阵）；C 为输出矩阵（或称观测矩阵）；D 为输入输出矩阵（或称直接传输矩阵）。

离散系统的状态空间方程为

$$\begin{cases} x(k+1) = Ax(k) + Bu(k) \\ y(k) = Cx(k) + Du(k) \end{cases} \tag{11-15}$$

式中，$u(k)$、$x(k)$、$y(k)$ 分别是离散系统控制输入向量、系统状态变量、系统输出向量，后表示采样点。

在 MATLAB 连续与离散系统都可以直接用矩阵组 [A,B,C,D] 表示系统，用函数 ss() 来建立控制系统的状态空间模型，ss() 函数的调用格式为

$$\text{sys} = \text{ss(a,b,c,d)} \tag{11-16}$$
$$\text{sys} = \text{ss(a,b,c,d,Ts)} \tag{11-17}$$

式 (11-16) 函数返回的变量 sys 为连续系统的状态空间模型，式 (11-17) 函数返回的变量 sys 为离散系统的状态空间模型。

知的系统状态空间模型，其参数矩阵 A、B、C、D 可分别由 sys. a、sys. b、sys. c、Sys. d 指令求出。

11.2.4　三种模型之间的转换

在实际工程中，要解决控制问题所需用的数学模型与该问题所给定的已知数学模型往往不一致；或者要解决该问题最简单而又最方便的方法所用到的数学模型与该问题所给定的数学模型不同，此时就要对系统的数学模型进行转换。

1. 将 m 对象转换为传递函数模型

(1) 如果有系统状态空间模型为 sys1＝ss(a,b,c,d)

将其转换为传递函数模型为 sys2＝tjf(sys1)

(2) 如果有系统零极点增益模型为 sys1＝Zpk(z,p,k)

将其转换为传递函数模型为 sys2＝tf(sys1)

2. 将 m 对象转换为零极点增益模型

(1) 如果有系统状态空间模型 sys1＝ss(a,b,c,d)

将其转换为零极点增益模型为 sys2＝Zpk(Sys1)

(2) 如果有系统传递函数模型为 sys1＝tf(num,den)

将其转换为零极点增益模型为 sys2＝Zpk(sys1)

3. 将 m 对象转换为状态空间模型

(1) 如果有系统传递函数模型为 sys1＝tf(num,den)

将其转换为状态空间模型为 sys2＝ss(sys1)

(2) 如果有系统零极点增益模型为 sys1＝zpk(z,p,k)

将其转换为状态空间模型为 sys2＝ss(sys1)

【**例 11-1**】已知系统的传递函数模型为 $G(s) = \dfrac{s^3 + 10s^2 + 15s + 20}{s^4 + 10s^3 + 20s^2 + 30s}$，求其等效的零极点增

益模型和状态空间模型。

解:求系统等效的零极点增益模型和状态空间模型的 MATLAB 程序如下:

(1)求连续系统传递函数的零极点表达式

≫num=[1 10 15 20];den=[1 10 20 30 0]; %定义分子和分母向量

≫sys=tf(num,den); %建立传递函数模型

≫sys1=zpk(sys) %求传递函数模型的零极点表达式

程序运行结果为

Zero/pole/gain:

$$\frac{(s+8.514)(s^2+1.486s+2.349)}{s(s+7.961)(s^2+2.039s+3.768)}$$

(2)求连续系统的状态空间表达式

输入命令

≫sys2=ss(sys)

运行结果为

a=

	x1	x2	x3	x4
xl	−10	−2.5	−1.875	
x2	8	0	0	
x3	0	2	0	
x4	0	0	1	

b=

	u1
x1	2
x2	0
x3	0
x4	0

c=

	x1	x2	x3	x4
y1	0.5	0.625	0.4688	0.625

d=

	u1
y1	0

Continuous−time model.

系统的状态空间表达式为

$$\begin{cases} \dot{x}(t)=\begin{bmatrix} -10 & -2.5 & -1.875 & 0 \\ 8 & 0 & 0 & 0 \\ 0 & 2 & 0 & 0 \\ 0 & 0 & 1 & 0 \end{bmatrix} \cdot x(t)+\begin{bmatrix} 2 \\ 0 \\ 0 \\ 0 \end{bmatrix} \cdot u(t) \\ y(t)=\begin{bmatrix} 0.5 & 0.625 & 0.4688 & 0.625 \end{bmatrix} \cdot x(t)+\begin{bmatrix} 0 \end{bmatrix} \cdot u(t) \end{cases}$$

11.2.5　第四种系统数学模型

在 MATLAB 中还有一种数学模型就是 Simulink 模型窗口里的动态结构图。只要在 Simulink 窗口里按其规则画出动态结构图,就是对系统建立了数学模型。再按规则将结构图的参量用实际系统的数据进行设置,就可以直接进行仿真。

已知系统方框图,就可以画出系统的 Simulink 动态结构图。还可以利用 MATLAB 进行方框图的化简。

(1)当 n 个模块方框图模型 sys1,sys2,…,sysn 串联连接时,其等效方框图模型为

$$sys＝sys1,sys2,…,sysn \tag{11-18}$$

方框图模型可以是 LTI 对象三种模型中的任何一种,但串联连接时的多个模型通常取同一种。

(2)当 n 个模块方框图模型 sys1,sys2,…,sysn 并联连接时,其等效方框图模型为

$$sys＝sys1＋sys2＋…＋sysn \tag{11-19}$$

(3)当两个环节反馈连接时,可用 MATLAB 中的 feedback()函数命令求出两个环节反馈连接的等效传递函数,feedback()函数的调用格式为

$$sys＝feedback(sys1,sys2,sign) \tag{11-20}$$

式中,环节 sys1 的所有输出连接到 sys2,sys2 的所有输出为反馈信号,sign 为反馈极性,sign 缺省时,默认为负反馈,即 sign＝-1;单位负反馈时,sys2＝1,且不能省略。

【例 11-2】图 11-13 是直流电动机转速负反馈调速系统的 Simulink 模型,求其小闭环的传递函数与系统的闭环传递函数。

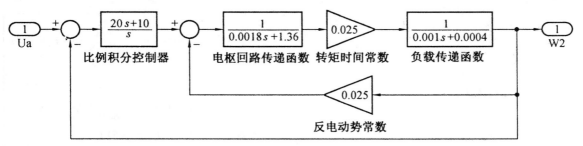

图 11-13　例 11-2 图

解:求系统闭环传递函数的 MATLAB 程序如下。

(1)局部反馈系统的闭环传递函数。

输入命令

≫n1＝[1];d1＝[0.0018　1.36];s1＝tf(n1,d1);　％建立电枢传递函数

≫n2＝[0.025];d2＝[1];s2＝tf(n2,d2);　　％转矩时间常数

≫n3＝1;d3＝[0.001 0.0004];s3＝tf(n3,d3);　％建立负载传递函数

≫n4＝[0.025];d4＝[1];S4＝tf(n4,d4);　　％反电动势常数

≫sys1＝feedback(s1 * s2 * s3,s4)　　％局部反馈系统的闭环传递函数

运行结果为

Transfer function:

$$\frac{0.025}{1.8e-006s^{\wedge}2+0.001361s+0.001169}$$

②系统闭环传递函数

输入命令

≫n5＝[20 10];d5＝[1 0];s5＝tf(n5,d5);　　　％比例积分环节

≫sys:feedback(sys1＊s5,1)　　　％求反馈系统的闭环传递函数

运行结果为

Transfer function：

$$\frac{0.00625}{1.8e-006s^{\wedge}2+0.001361s+0.001794}$$

11.3　控制系统的性能分析

11.3.1　时域分析

时域分析即时间响应分析,主要是研究系统对输入和扰动在时域内的瞬态行为。系统的特征,如上升时间、过渡过程时间、超调量以及稳态误差等,都能从时间响应上反映出来。

控制系统工具箱提供了丰富的,用于控制系统时间响应分析的工具函数。MATLAB 的时域分析函数见表 11-14。

表 11-14　MATLAB 的时域分析函数

函 数	功 能	调用格式	说 明
step	计算连续系统的单位阶跃响应	step(num,den)	得到对以传递函数 $G(s)=\dfrac{num(s)}{den(s)}$ 描述的系统的阶跃响应曲线
		step(num,den,t)	得到对以传递函数 $G(s)=\dfrac{num(s)}{den(s)}$ 描述的系统的阶跃响应曲线,并可指定时间 t
impulse	计算连续系统的单位脉冲响应	impulse(num,den)	得到对以传递函数 $G(s)=\dfrac{num(s)}{den(s)}$ 描述的系统的阶跃响应曲线
		impulse(num,den,t)	得到对以传递函数 $G(s)=\dfrac{num(s)}{den(s)}$ 描述的系统的阶跃响应曲线,并可指定时间 t
lsim	计算连续系统的任意输入响应	lsim(Rum,den,u,t)	得到对以传递函数 $G(s)=\dfrac{num(s)}{den(s)}$ 描述的系统对任意输入 u 的响应曲线,并可指定时间 t

【例 11-3】 已知典型二阶系统的传递函数为 $G(s)=\dfrac{\omega_n^2}{s^2+2\xi\omega_n s+\omega_n^2}$，试求在 $\omega_n=3$，阻尼比 ξ 取不同值时：(1) $0<\xi<1$，(2) $\xi=1$，(3) $\xi>1$，(4) $\xi=0$，该系统的单位阶跃响应。

解：MATLAB 的计算程序。

(1)定义不同阻尼下的传递函数：

```
≫num1=[0  0  4];        %定义分子多项式,ωn=2
≫den1=[1  0.8  4];      %定义分母多项式,ξ=0.2
≫num2=[0  0  4];
≫den2=[1  4  4];        %定义分母多项式,ξ=1
≫num3=[0  0  4];
≫den3=[1  12  4];       %定义分母多项式,ξ=3
≫num4=[0  0  4];
≫den4=[1  0  4];        %定义分母多项式,ξ=0
```

(2)绘制不同阻尼比的阶跃响应：

```
≫subplot(2,2,1);step(num1,den1);xlabel('ξ=0.2');
                    %画出(1)0<ξ<1 的单位阶跃响应
≫grid on
≫subplot(2,2,2);step(num2,den2);xlabel('ξ=1');
                    %画出(2)ξ=1 的单位阶跃响应
≫grid on
≫subplot(2,2,3);step(num3,den3);xlabel(' ξ=3');
                    %画出(3)ξ>1 的单位阶跃响应
≫grid on
≫subplot(2,2,4);step(num4,den4);xlabel('ξ=0');
                    %画出(4)ξ=0 的单位阶跃Ⅱ向应
≫grid on
```

程序执行后,绘出二阶系统在阻尼比拳取不同值时的单位阶跃响应曲线如图 11-14 所示。

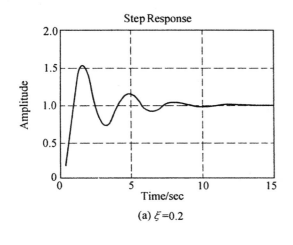

(a) $\xi=0.2$

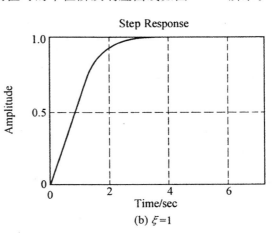

(b) $\xi=1$

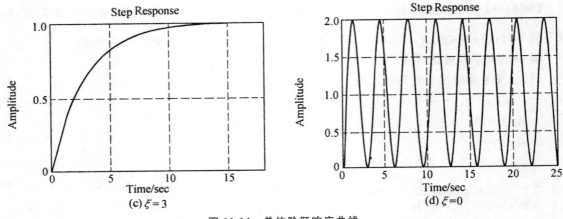

图 11-14 单位阶跃响应曲线

【例 11-4】典型二阶系统的传递函数为 $G(s)=\dfrac{\omega_n^2}{s^2+2\xi\omega_n s+\omega_n^2}$，求当 $\xi=0.4, \omega_n=5$ 时的单位脉冲响应。

解：编写以下 MATLAB 文件：

```
w_n=5;          %定义 ω_n=5
kesi=0.4;       %定义 ω_n=0.4
figure(1)       %选择图形窗口 1
num=w_n^2        %定义分子向量
den=[1 2*kesi*wn w_n^2];       %定义分母向量
impulse(num,den)       %绘制单位脉冲响应
tine('Impulse Response')       %标注图名
```

在 MATLAB 命令窗口中执行该 MATLAB 文件后，得到图 11-15 所示的单位脉冲响应曲线。

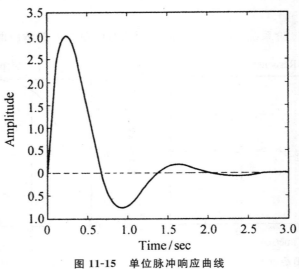

图 11-15 单位脉冲响应曲线

11.3.2　频域分析

频率特性分析是古典控制理论的一个重要组成部分,其基本原理是:若一个线性系统受到频率为 ω 的正弦信号激励时,其输出仍然为正弦信号,而且其幅值和相位随着输入信号频率的变化而变化,并取决于系统传递函数的幅值和相角。假设已知系统的开环传递函数为

$$G(s) = \frac{b_0 s^m + b_1 s^{m-1} + \cdots + b_{m-1} s + b_m}{a_0 s^n + a_1 s^{n-1} + \cdots + a^{n-1} s + a_n} \tag{11-21}$$

则系统的开环频率特性为

$$G(s) = \frac{b_0 (\mathrm{j}\omega)^m + b_1 (\mathrm{j}\omega)^{m-1} + \cdots + b_{m-1} (\mathrm{j}\omega) + b_m}{a_0 (\mathrm{j}\omega)^n + a_1 (\mathrm{j}\omega)^{n-1} + \cdots + a_{n-1} (\mathrm{j}\omega) + a_n} \tag{11-22}$$

于是可以得到系统频率特性两个最主要的参数,幅值和相角为

$$\mathrm{mag}(\omega) = \mathrm{abs}(G(\mathrm{j}\omega)) \tag{11-23}$$

$$\mathrm{phaSe}(\omega) = \mathrm{ande}(G(\mathrm{j}\omega)) \tag{11-24}$$

在 MATLAB 中,相角一般用度(°)表示,幅值可以直接表示或用分贝值($20\log 10(\mathrm{mag})$)表示。

频率特性分析主要研究系统的频率行为。从频率响应中可以得到带宽、增益、转折频率、稳定性等系统特征。MATLAB 控制工具箱提供了很多用于频率特性分析的函数和工具,MATILAB 的频域分析函数见表 11-15。

表 11-15　MATLAB 的频域分析函数

函　数	功　能	调用格式	说　明
nyquist	绘制奈奎斯特图（Nyquist）	nyquist(num,den) nyquist(num,den,w) [re,im,w]= nyquist(num,den,w)	num 和 den 分别表示传递函数的分子和分母中包含以 s 的降序排列的多项式系数。命令 nyquist() 可以绘制系统的奈奎斯特图,或按指定的频率段,绘制系统的奈奎斯特图。带有输出引用变量的函数只计算指定频率点 ω 处频率响应的实部和虚部,而不绘出曲线
bode	绘制伯德图（Bode）	bode(num,den) bode(num,den,w) [mag,phase,w]= bode(num,den,w)	num 和 den 分别表示传递函数的分子和分母中包含以 s 的降序排列的多项式系数。命令 bode() 可以绘制系统的伯德图,或按指定的频率段,绘制系统的伯德图。带有输出引用变量的函数只计算指定频率点 ω 处频率响应的幅值和相位,而不绘出曲线
nichols	绘制尼柯尔斯图（Nichols）	nichols(num,den) nichols(num,den,w) [mag,phase,w]= nichols(num,den,w)	num 和 den 分别表示传递函数的分子和分母中包含以 s 的降序排列的多项式系数。命令 nichols(nmn,den,w) 可以绘制系统的尼柯尔斯图,或按指定的频率段,绘制系统的尼柯尔斯图。带有输出引用变量的函数只计算指定频率点 ω 处频率响应的实部和虚部,而不绘出曲线

【例 11-5】试绘制惯性环节 $G(s) = \dfrac{5}{0.1s+1}$ 的奈奎斯特曲线图曲线。

解：输入命令

≫num＝[5]；den＝[0.1 1]；sys＝tf(Rum,den)；　%定义传递函数

≫nyquist(sys)　　　　　　　　　　　　　%绘制奈奎斯特图

≫[re,im,w]＝nyquist(sys,1)　　　　　　　%求指定频率处频率响应的实部和虚部

执行后得图 11-16 所示的奈奎斯特图，求 ω＝1 时的频率响应的实部和虚部，程序执行结果为

re＝

　　4.9505

im＝

　　－0.4950

w＝

　　1

注意，在函数 nyquist( )运行后，绘出的是 ω 从－∞变换至零和从零变化至＋∞的奈奎斯特曲线图。

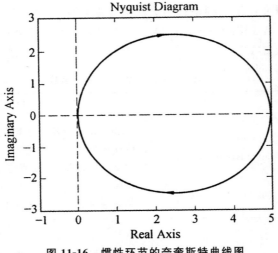

图 11-16　惯性环节的奈奎斯特曲线图

【例 11-6】已知系统的开环传递函数为 $G(s)=\dfrac{100}{s(0.1s+1)}$，试绘出系统的伯德图和尼柯尔斯图。

解：输入命令

≫num＝[0　0　100]；　　%定义分子向量

≫den＝[0.1　1　10]；　　%定义分母向量

≫bode(Bum,den)　　%绘制伯德图

≫grid　don　　　%添加网格线

≫nichols(nun,den)　　　%绘制尼柯尔斯图

≫grid　don

程序执行后得到系统的伯德图和尼柯尔斯图如图 11-17、图 11-18 所示。

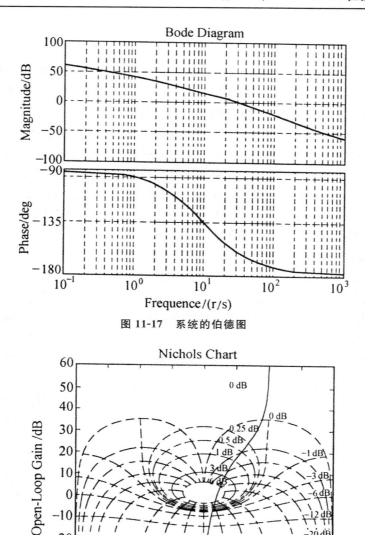

图 11-17　系统的伯德图

图 11-18　系统的尼柯尔斯图

11.4　控制系统的校正设计

用频率响应法校正控制系统时,常以频率域指标,如相位裕量、幅值裕量、谐振峰值和带宽等,来保证控制系统的瞬态响应性能。在频率域内的设计是一种间接设计方法,因为这时被设计的系统,满足的是一些频率域指标,而不是时域指标。当开环系统用频率响应法设计出来以后,就可以得到闭环极点和零点了。此后,尚须对瞬态响应特性进行检查,看看设计出来的系统是否满足时域内的性能要求。如果不能满足,则需改变校正装置,再次进行分析,直至获得满意的结果时为止。

在频率域内的设计是一种简便的方法。在频率特性图上,虽然不能严格定量地给出系统的瞬态特性,但却能清楚地表示出系统应当如何改变。当系统或元件的动态特性是以频率响应范畴的数据给出时,可以用频率法对它们进行分析。应当指出,由于某些元件,如气动和液压元件,它们的微分方程不容易推导出来、所以这些元件的动态特性,通常是通过频率响应实验得到的。由实验方法得到的频率响应曲线,与其他频率响应曲线可以容易地组合在一起。还应指出,在涉及到高频噪声时,采用频率响应该较其他方法更为方便。

在频率域内设计控制系统时,如果希望系统具有一定的相位裕量和幅值裕量,则用伯德图比用极坐标图更加方便。(在采用伯德图时,除了在幅值穿越频率附近,精确曲线与渐近直线差别较大外,在其他范围内都可以采取渐近线来进行设计)。另一方面,如只要求系统只有一定的 M_r 值,则采用极坐标图或对数幅相图比采用伯德图方便得多。

在多种校正装置中,广泛的采用串联超前校正、滞后校正、和滞后－超前校正。串联超前校正主要能使瞬态响应得到显著改善,而稳态精度的提高则较少。滞后校正能使稳态精度得到显著提高,但瞬态响应的时间却随之而增加。滞后－超前校正,综合了超前校正和滞后校正两者的特性。采用超前或滞后校正装置后,系统的阶次将增加一次。采用滞后－超前校正装置后,系统的阶次将增加两次(除非滞后－超前网络的零点与未校正的开环传递函数的极点互相抵消),这说明系统变得更加复杂,并且更难于对其瞬态特性进行控制。到底采用何种校正形式,应取决于具体情况。

PID 校正也是串联校正的典型应用,校正作用有比例、积分、微分三种运算,其组合校正的作用类似于上述的相位滞后－超前校正。下面通过例题讲述串联校正的 MATLAB 实现。

11.4.1　超前校正设计

超前校正设计是通过对系统引入相位超前校正环节来改变系统的频率特性,使系统满足一定的性能指标要求,这些指标以相位裕量、幅值裕量、误差系数等形式给出。超前校正装置的主要作用是改变频率响应曲线的形状,产生足够大的相位超前角,以补偿原来系统中元件造成的过大的相角滞后。在频率域内,超前校正增大了相位裕量和带宽。带宽增大意味着调整时间减小,具有超前校正的系统,其带宽总是大于相位滞后校正系统的带宽的。因此,如果需要系统具有大的带宽,或具有快速的响应特性,则应当采用超前校正。如果存在着噪声信号,则不需要大的带宽,因为随着带宽增大,高频幅值增加,从而使系统对噪声信号更加敏感。

下面通过例题讲述串联超前校正的设计过程。

【例 11-7】　知系统开环传递函数,某单位负反馈系统被控对象的传递函数为

$$G_0(s) = K_0 \frac{1}{s(0.1s+1)(0.005s+1)}$$

试用伯德图设计方法对系统进行串联超前校正设计,使之满足:(1)在单位斜坡信号作用下,系统的稳态误差 $e_{ss} \leqslant 0.01$;(2)系统校正后,相位裕量 γ 不小于 $50°$。

解:(1)求 K_0。由被控对象的开环传递函数可知,系统为 I 型系统,在单位斜坡信号作用下,速度误差系数 $K_V = K_0$,系统的稳态误差为

$$e_{ss} = \frac{1}{K_V} = \frac{1}{K_0} \leqslant 0.01$$

求得 $K_V = K_0 \geqslant 100$，取 $K_0 = 100$。

被控对象的传递函数为

$$G_0(s) = 100\ \frac{1}{s(0.1s+1)(0.005s+1)}$$

(2)绘制未校正系统的伯德图，检查系统是否满足要求。

首先检查未校正系统的频域性能指标是否满足要求，并绘制其阶跃响应特性曲线，MATLAB 程序如下：

```
≫clear        %清空工作空间
≫k0=100;num=1;        %定义系统增益和分子向量
≫den:cony(cony([1 0],[0.11]),[0.0051]);
                %定义分母向量
≫ s1=tf(k0 * num,den);figure(1);margin(s1);hold on
                %在图形 1 窗口绘制开环频率特性
≫figure(2);sys=feedback(s1,1);step(sys)
                %在图形 2 窗口绘制系统阶跃响应
```

程序执行后，可得到未校正系统 Bode 图如图 11-19 所示，阶跃响应特性曲线如图 11-20 所示。由图 11-19 可知，未校正系统的幅值裕量 $K_g(\mathrm{dB}) = 6.44\ \mathrm{dB}$，相位穿越频率 $\omega_g = 44.7\ \mathrm{tad/s}$，相位裕量 $\gamma = 9.35°$，幅值穿越频率 $\omega_c = 30.7\ \mathrm{rad/s}$。计算得到的幅值裕量和相位裕量均较小，对应的阶跃特性曲线剧烈振荡，这样的系统根本不能工作。

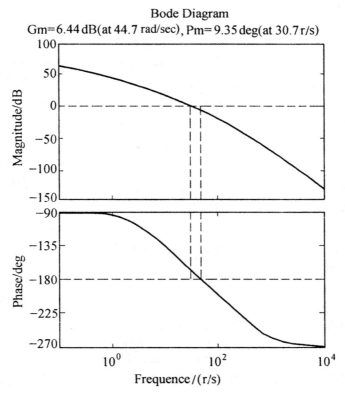

图 11-19　未校正系统的伯德图

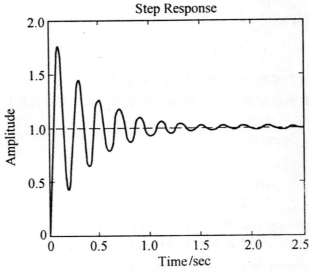

图 11-20　未校正系统的阶跃响应特性曲线

（3）求超前校正装置的传递函数。根据题中要求的相位稳定裕量，取 γ 为 50°并附加 10°即取 $\gamma=60°$。设超前校正装置的传递函数为 $G_c(s)=\dfrac{Ts+1}{\alpha Ts+1}$，计算超前校正装置传递函数的 MATLAB 程序（M 文件）如下：

```
k0=100;
n1=1;d1=cony(conv([10],[0.1  1]),[0.005 1]);
s1=tf(k0*n1,d1);        %定义系统开环传递函数
[mag,phase,w]=bode(s1);        %开环伯德图，返回开环幅频特性和相频特性
gama=50;gamal=gama+10;gama2=gamal*pi/l 80;
                       %确定校正装置提供的相位超前角
alfa=(1-sin(garea2))/(1+sin(gama2));        %求 α 值
magdb=20*log10(mag);        %校正前开环幅值
am=10*log10(alfa);        %求 L(ωc2)
wc=spline(magdb,w,am);        %求 L(ωc2)处对应的频率 ωc2
T=1/(wc*sqrt(alfa));        %求 T
alfat=alfa*T;        %求 αT
Gc=tf([T 1],[alfat 1])        %求校正装置的传递函数运行结果为
Transfer function：
```

$$\frac{0.06283s+1}{0.004511s+1}$$

程序运行后，得到超前校正装置的传递函数为

$$G_c(s)=\frac{Ts+1}{\alpha Ts+1}=\frac{0.06283s+1}{0.004511s+1}$$

（4）验证校正后系统频域性能是否满足性能指标要求根据校,正后系统的结构和参数,绘出伯德图的 MATLAB 程序（M 文件）如下：

```
k0＝100；
n1＝1；d1＝conv(conv([1 0],[0.11]),[0.005 1])；
s1＝tf(k0 * n1,d1)；    %定义系统开环传递函数
n2＝[0.06283 1]；d2＝[0.004511 1]；s2＝tf(n2,d2)；       %定义校正装置的传递函数
sys＝s11 * s2；
marginn(sys)        %绘制校正后系统的伯德图
```

程序运行后,得到校正后系统的伯德图如图 11-21 所示。由图 11-21 可知,校正后系统的幅值裕量 K_g(dB)＝16 dB,相位穿越频率 ω_g＝205 rad/s,相位裕量 γ＝53°,幅值穿越频率 ω_{c2}＝59.4 rad/s。校正后系统相位裕量 γ 满足不小于 50°的要求。

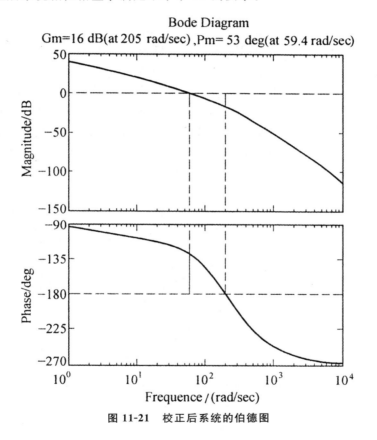

图 11-21　校正后系统的伯德图

11.4.2　滞后校正设计

滞后校正的主要作用是在高频段造成衰减,以能使系统获得充分的相位裕量。相位滞后特性并非滞后校正的预期结果。实际上滞后校正是以牺牲系统的快速性来换取系统稳定性的。滞后校正可以改善稳态精度,但是它使系统的带宽减小。如果带宽过分减小,则已校正的系统将呈现出缓慢的响应特性,因此滞后校正不适用于相位滞后较大的系统。

下面通过例题讲述串联滞后校正的设计过程。

【例 11-8】已知某单位负反馈系统被控对象的传递函数为

$$G_0(s) = K_0 \frac{1}{s(0.1s+1)(0.5s+1)}$$

试用伯德图设计方法对系统进行串联滞后校正设计,使之满足:①在单位斜坡信号作用下,系统的速度误差系数 $K_V \geq 10$;②系统校正后剪切频率甜 $\omega_c \geq 1$ rad/s;③系统校正后的相位裕量 $\gamma > 50°$。

解:(1)求 K_0。由被控对象的开环传递函数可知,系统为Ⅰ型系统,在单位斜坡信号作用下,速度误差系数 $K_V = K_0 \geq 10$,取 $K_0 = 10$

被控对象的传递函数为

(2)绘制未校正系统的伯德图,检查系统是否满足要求。

首先检查未校正系统的频域性能指标是否满足要求,并绘制其阶跃响应特性曲线,MATLAB 程序如下:

```
≫clear
≫k0=10;n1=1;d1=cony(COYIV([10],[0.11]),[0.51]);
≫s1:tf(k0*n1,d1);      %定义系统开环传递函数
≫figure(1);margin(s1);hold on      %在图形 1 窗口绘制开环频率特性
≫figure(2);sys=feedback(s1,1);step(sys)      %在图形 2 窗口绘制系统阶跃响应
```

程序执行后,可得到未校正系统 Bode 图如图 11-22 所示,阶跃响应特性曲线如图 11-23 所示。由图 11-22 可知,未校正系统的幅值裕量 $K_g(\text{dB}) = 1.58$ dB,相位穿越频率 $\omega_g = 4.47$ rad/s,相位裕量 $\gamma = 3.94°$,幅值穿越频率 $\omega_c = 4.08$ rad/s。

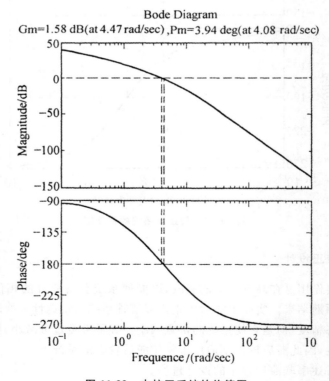

图 11-22　未校正系统的伯德图

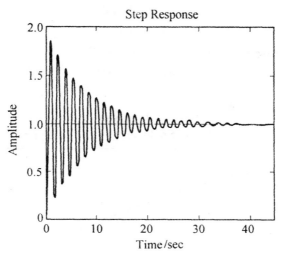

图 11-23　未校正系统的阶跃响应特性曲线

　　计算得到的幅值裕量和相位裕量均较小,对应的阶跃特性曲线振荡剧烈,这样的系统根本不能工作,必须进行校正。

　　(3)求滞后校正装置的传递函数。取校正后系统的剪切频率 $\omega_{c2} \geqslant 2.3$ rad/s,根据滞后校正的原理,求滞后校正装置传

递函数的 MATLAB 程序如下:

```
≫clear
≫wc＝1;k0＝10;n1＝1;d1＝conv(conv([1  0],[0.11]),[0.51]);
                    %定义传递函数的分子 n1 和分母 d1
≫na＝polyval(k0＊n1,j＊wc);da＝polyval(d1,j＊wc);
                    %求 ωc 处的函数值
≫g＝na/da;g1＝abs(g);h＝20＊log10(g1);      %求 L(ωc2)的值
≫beta＝10 ^ (h/20);      %求 β 值
≫T＝1/(0.1＊wc);bt＝beta＊T;      %求 T 值
≫Gc＝tf([T 1],[bt 1])      %求校正装置的传递函数
Transfer function:
```

$$\frac{10s+1}{89s+1}$$

程序执行后,得到滞后校正装置的传递函数为

$$G_c(s) = \frac{Ts+1}{\beta Ts+1} = \frac{10s+1}{89s+1}$$

(4)验证校正后系统频域性能是否满足性能指标要求。

首先根据校正后系统的结构和参数,绘出伯德图的 MATLAB 程序如下:

```
≫clear
≫k0＝10;n1＝1;d1＝cony(conv([10],[0.11]),[0.51]);
≫s1＝tf(k0＊n1,d1);      %定义系统开环传递函数
≫n2＝[－10  1];d2＝[89  1];s2＝tf(n2,d2);      %定义校正装置的传递函数
```

≫sys＝s1　s2;　　%定义校正后的开环传递函数

≫margin(sys)　　　%绘制校正后系统的 Bode 图

程序执行后,得到校正后系统的伯德图如图 11-24 所示。由图 11-24 可知,校正后系统的幅值裕量 K_g(dB)＝20.1 dB,相位穿越频率 ω_g＝14.35 rad/s,相位裕量 γ＝52.6°,幅值穿越频率 ω_c＝1 rad/s。校正后系统满足剪切频率 $\omega_c \geqslant 1$ md/s,相位裕量 $\gamma > 50°$ 的要求。

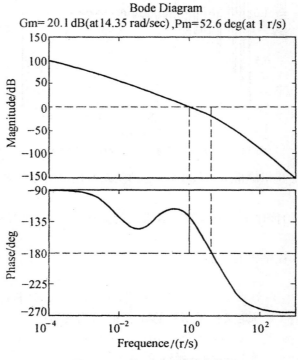

图 11-24　校正后系统的伯德图

11.4.3　滞后－超前校正设计

超前校正使带宽增加,改善了系统的响应速度,并且减小了过调量。但是对稳态性能的改善都很微小。滞后校正使稳态特性获得很大的改善,但是由于减小了带宽,所以使响应减慢。如果需要同时改善系统的瞬态特性和稳态特性(即大幅度的增加增益和带宽),则需要同时采用超前校正和滞后校正。与其将超前校正和滞后校正作为单个元件同时作用于系统中,还不如将单个的滞后－超前校正直接应用下系统更为经济。滞后－超前校正综合了滞后校正和超前校正的优点。滞后－超前校正网络具有两个极点和两个零点。因此,如果已校正系统中的零点和极点没有互相抵消,则采用这种校正后,系统的阶次将增大两阶。

下面将结合实例介绍滞后－超前校正设计的方法和步骤。

【例 11-9】已知某单位负反馈系统被控对象的传递函数为

$$G_0(s)=K_0 \frac{1}{s(s+1)(s+2)}$$

试用伯德图设计方法对系统进行串联滞后－超前校正设计,使之满足:

1)在单位斜坡信号作用下,系统的速度误差系数 K_V＝10;

2)系统校正后剪切频率 $\omega_c \geqslant 1.5$ rad/s;

3)系统校正后的相位裕量 $\gamma > 45°$。

解:(1)求 K_0。由被控对象的开环传递函数可知,系统为Ⅰ型系统,在单位斜坡信号作用下,速度误差系数 $K_v = K_0/2 = 10$,取 $K_0 = 20$。

被控对象的传递函数为

$$G_0(s) = K_0 \frac{1}{s(s+1)(s+2)}$$

(2)绘制未校正系统的 Bode 图,检查系统是否满足要求。

首先检查未校正系统的频域性能指标是否满足要求,并绘制其阶跃响应特性曲线,MATLAB 程序如下:

```
≫clear
≫k0=20;n1=1;d1=cony(conv([1 0],[1 1]),[1 2]);
≫s1=tf(k0 * n1,d1);
≫figure(1);margin(s1);hold on
≫figure(2);sys=feedback(s1,1);step(sys)
```

程序执行后,可得到未校正系统伯德图如图 11-25 所示,阶跃响应特性曲线如图 11-26 所示。由图 11-25 可知,未校正系统的幅值裕量 $K_g(\text{dB}) = -10.5$ dB,相位穿越频率 $\omega_g = 1.41$ rad/s,相位裕量 $\gamma = -28.1°$,幅值穿越频率 $\omega_c = 2.43$ rad/s。

计算得到的幅值裕量和相位裕量均为负值,对应的阶跃特性曲线振荡发散,这样的系统根本不能工作,必须进行校正。

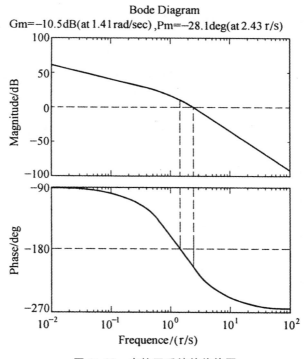

图 11-25　未校正系统的伯德图

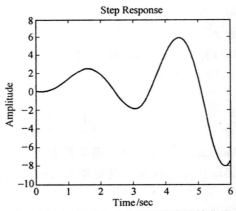

图 11-26　未校正系统的阶跃响应特性曲线

（3）求滞后校正装置的传递函数。根据题目要求，取校正后系统的剪切频率 $\omega_{c2}=1.5$ rad/s，$\beta=9.5$，求滞后校正装置传递函数的 MATLAB 程序如下：

```
≫clear
≫wc=1.5;k0=20;n1=1;
≫d1=conv(cony([10],[11]),[01  2]);
≫beta=9.5;T=1/(0.1 * wc);bt=beta * T;       %求值
≫Gc=tf([T 1],[bt 1])        %求滞后校正装置的传递函数
```

Transfer function：

$$\frac{6.667s+1}{63.33s+1}$$

程序执行后，得到滞后校正装置的传递函数为

$$G_{c1}=\frac{Ts+1}{\beta Ts+1}=\frac{6.667s+1}{63.33s+1}$$

（4）求超前校正装置的传递函数。串联有滞后校正装置的系统传递函数为

$$G_0(s)G_{c1}(s)=\frac{20}{s(s+1)(s+2)}\frac{6.667s+1}{63.33s+1}$$

根据滞后校正后系统的结构参数，计算超前校正装置传递函数的 MATLAB 程序（M 文件）如下：

```
n1=cony([0  20],[6.667 1]);
d1=conv(cony(conv([1  0],[1  1]),[1  2]),[63.33  1]);
s1=tf(n1,d1);
wc=1.5;
num=s1. num{1};den=s1. den{1};
na=polyval(nun,j * wc);da=polyval(den,j * wc);
g=na/da;
g1=abs(g);
h=20 * log10(g1);
a=10^(h/10);       %求 α 的值
wm:wc;
```

T＝1/(wm－X"(a)^(1/2))；

alfat＝a＊T；

Gc＝tf([T 1],[alfat 1])　　％求超前校正装置的传递函数

Transfer function：

$$\frac{2.13s+1}{0.2087s+1}$$

程序执行后，得到超前校正装置的传递函数为

$$G_{c2}(s)=\frac{Ts+1}{\alpha Ts+1}\frac{2.13s+1}{0.2087s+1}$$

⑤验证校正后系统是否满足性能指标要求。校正后系统的传递函数为

$$G_0(s)G_{c1}(s)G_{c2}(s)=\frac{20}{s(s+1)(s+2)}\frac{6.667s+1}{63.33s+1}\frac{2.13s+1}{0.2087s+1}$$

绘制校正后系统的 Bode 图的 MATLAB 程序(M 文件)如下：

n1＝20；

d1＝cony(cony([10],[1 1]),[1 2])；

s1＝tf(n1,d1)；　　％定义开环系统的传递函数

s2＝tf([6.667 1],[63.33 1])；

s3＝tf([2.13 1],[0.2087 1])；　　％定义校正装置的传递函数

sys＝s1＊s2＊s3；

margin(sys)　　％绘制校正后系统的伯德图

程序执行后，得到校正后系统的伯德图如图 11-27 所示。由图 11-27 可知，校正后系统的幅值裕量 K_g(dB)＝12 dB，相位穿越频率 ω_g＝3.48 rad/s，相位裕量 γ＝47°，幅值穿越频率 ω_c＝1.5 rad/s。校正后系统满足剪切频率 ω_c＝1.5 rad/s，相位裕量 γ＞45°的要求。

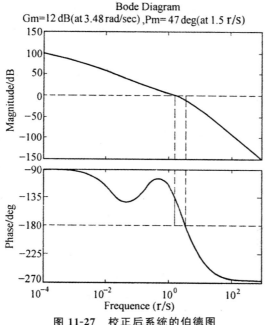

图 11-27　校正后系统的伯德图

第12章 控制系统的计算机仿真研究

12.1 计算机仿真概述

控制系统的计算机仿真是分析、研究、设计自动控制系统的一种快速而经济的辅助手段,同时它还是控制系统教育和训练的一种有效方法。控制系统的计算机仿真,首先研究的是如何将系统建模得到数学模型离散化,使之成为适合于上机计算又有良好计算精度和数值稳定性的仿真模型,即模型离散化。其次解决的是如何将用于仿真控制系统的拓扑结构、各种参数及初值等输入计算机,最后进行仿真计算,输出搜徐形式的仿真结果。

12.1.1 仿真概述

1. 仿真

所谓仿真(Simulation)就是指用模型(物理模型或数学模型)代替实际系统,并在模型上进行实验和研究的过程。即仿真并不是直接在系统上实验,而是利用模型对系统进行间接的实验研究过程。因此,也可以说仿真是一种试验——广义试验。

2. 仿真的分类

仿真所遵循的基本原则是相似原理,即几何相似及数学相似。依据这个原理,可以将仿真分为物理仿真和数学仿真。其中,数学仿真又可分为模拟计算机仿真和数字计算机仿真。

(1)物理仿真。

所谓物理仿真,就是指利用几何相似原理,按照实际系统的物理性质构造的一个新的系统,该系统与实际系统相似但几何尺寸较小的物理模型进行实验研究。即其仿真过程中采用的模型是物理模型,因此,可以称为物理仿真。例如,在风洞中对飞机模型进行试验研究就是物理仿真。

物理仿真能够最大程度地反映系统的物理本质,且具有直观性强及形象化的特点,能将实际系统的各种特性在模型中全面反映出来。但是,这种仿真在建造物理模型时所需的费用高、周期长、技术复杂、修改模型的结构及参数困难,试验的限制条件多,容易受到环境条件的干扰。

(2)数学仿真。

所谓数学仿真,就是指应用数学相似原理,来构成数学模型,以便在计算机上进行实验研究,即其仿真过程采用的模型是数学方程。根据仿真过程中使用的计算机种类,又可把仿真分为模拟计算机仿真、数字计算机仿真和模拟/数字混合仿真。当必须有部分实物介入时,则称其为半物理仿真。

现在数学仿真的基本工具是数字计算机,因此也可将其称为计算机仿真或数字仿真。它通常是根据系统的数学模型,建立在计算机上可以运行的模型(仿真模型),达到对原系统进行研究的目的。

数学仿真的优点是经济、方便、通用性强和修改模型方便;而缺点正是物理仿真的优点所在。

除上述仿真模型外,在对某些系统进行研究的过程中,还会把数学模型与物理模型(或实物)连接在一起进行仿真实验,称为数学—物理混合仿真或半实物仿真。混合仿真通常是将系统的一部分(一般是指那些易于用数学方程描述的部分)建立数学模型,并将其放到计算机上运行,而把系统的另一部分(一般是指那些难以建立数学模型的部分)构造其物理模型(或直接采用实物),然后把它们连接成系统进行试验。这样,数学—物理混合仿真就同时具有了数学仿真和物理仿真的优点。

3．仿真技术

所谓仿真技术就是要求抓住事物的本质,在计算机上再现事物的基本特征。当然,有时可能会由于忽略了某种次要因素或数学模型中没有引入某种重要的因素(可能是未知的因素,也可能是难以考虑的某种因素)会造成仿真的失真,这是在所难免的。

一般来说,仿真技术一般用在以下几种情况下。

1)系统还处于设计阶段,并没有真正建立起来,因而不可能在实际系统上进行试验。

2)在实际系统上做试验代价太高,甚至会破坏系统的运行。

3)当人是所研究系统的一个组成部分时,可能会因其事先了解实验而影响试验的效果。因此,在这种情况下最好建立一个人的模型,用仿真的方法进行试验。

4)在实际系统中做多次试验时,很难保证每次的操作条件都相同,因而无法对试验结果的优劣做出正确的判断。

5)试验时间太长或太短或试验费用太大或试验有危险。

6)无法复原的情况。

4．计算机仿真

近些年,随着计算机的迅速发展,采用计算机进行数学仿真的方法已日益被人们所采纳。计算机仿真具有将实际系统的运动规律用数学形式表达出来的特点,一般情况下其数学形式就是一组常微分方程或一组差分方程,采用模拟计算机或数字计算机就可以来求解这些方程。

计算机仿真是用一套仿真设备可以对物理性质截然不同的许多控制系统进行仿真研究,而且进行一次仿真研究的准备工作主要是准备模拟计算机的排题板或数字计算机的程序。整个过程在实际物理模型上的安装、接线、调整等准备工作的工作量要小得多,周期也比较短,耗资相对而言就少了许多。随着计算机技术的迅速发展,计算机仿真(主要是指数字计算机仿真)已越来越多地取代了物理仿真。

12.1.2　计算机仿真研究的步骤

计算机仿真研究的具体步骤(图 12-1)如下。

(1)确定仿真目的和基本需求。

在对实际系统进行仿真时,首先需要确定要求研究的问题是什么。只有确定了要求研究的问题,才能根据问题建立需要的模型。

(2)建立系统的数学模型。

数学模型是系统仿真的依据,对控制系统仿真而言具有十分重要的意义,这里所讲的数学模型不仅包括对象,而且还包括了控制器及各种构成系统所必须的部分。在建立数学模型时,可以采用机理建模，也可以采用系统参数辨识的方法，或两者结合的方法来建模。

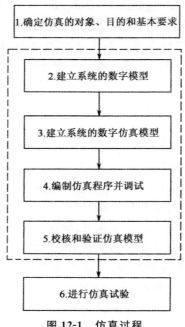

图 12-1　仿真过程

（3）建立系统的数字仿真模型。

建立仿真模型就是指通过一定的算法对原系统的数学模型进行离散化处理，就连续系统而言，是建立相应的差分方程。

（4）编制仿真程序并调试。

在编制仿真程过程中，对于非实时仿真，可用一般的高级语言或仿真语言；而对于快速的实时仿真，则需要用汇编语言。

（5）校核和验证仿真模型。

仿真模型的校核是指对数字仿真模型与数学模型的一致性进行检验，即检验数字仿真模型是否达到在计算机上实现数学模型的目的。仿真模型的验证是指对数字仿真模型与实际系统的一致性进行检验，检验它是否能够真实地反映实际系统运行过程的特性，即要检验在计算机上正确实现的数字仿真模型能以何种程度充分接近于被仿真的实际系统。

（6）进行仿真试验。

仿真试验的整个过程包括试验设计、运行仿真模型，并根据试验结果对实际系统的运行得出结论。

在上述计算机仿真的各个步骤中，方框 2 至方框 5 称为计算机仿真的建模过程。在对实际系统进行仿真研究时，这些步骤是难以严格划分的，如对试验结果的分析可能会引起数学模型和数字仿真模型的修改。仿真模型的校核和验证也会引起方框 2 和方框 3 的重新进行。因此，有必要将方框 2 至方框 5 的各个步骤反复进行，以便逐步使仿真模型的运行结果越来越接近被仿真系统的行为特性。

在上述整个计算机仿真研究的过程中，共涉及了三个具体的部分：实际系统；数学模型；计算机，并且共有两次模型化，第一次是将实际系统变成数学模型，第二次是将数学模型变成仿真模型，其具体的关系可通过图 12-2 表示出来。

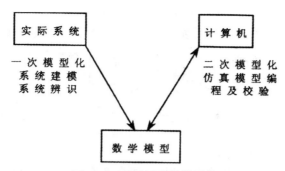

图 12-2　仿真过程的模型化

通常,将一次模型化的技术称为系统建模或系统辨识(包括阶次及参数辨识),将二次模型化、仿真编程、运行、修改参数等技术称为系统仿真技术。这两者既具有十分密切的联系,同时也有相互的区别:系统建模或系统辨识研究的是实际系统与数学模型之间的关系;而系统仿真技术则研究的是系统数学模型与计算机之间的关系。

因此,将一个能近似描述实际系统的数学模型进行二次模型化,变成一个仿真模型,然后将它们放到计算机上进行运算并分析计算结果,调整相关参数,直至使计算结果满足实际要求的过程就称为仿真。

仿真是研究系统的一种先进的方法,下面以具体的实例来说明如何利用计算机仿真来研究系统。

【例 12-1】 已知质量—弹簧—阻尼器系统(图 12-3)。当质量系数 $m=1$,弹簧刚性系数 $k=4$ 时,要使系统的单位阶跃响应不发生振荡,阻尼系数 $f(0 \leqslant f \leqslant 10)$ 的取值是范围什么?

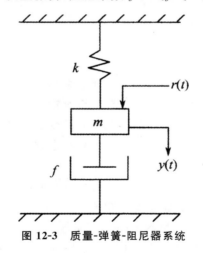

图 12-3　质量-弹簧-阻尼器系统

分析:该问题具体的研究步骤如下。

(1)对问题进行描述。

要求研究的问题是:当 $m=1, k=4$ 时,分析系统在外力 $r(t)=1(t)$ 的作用下,要使响应不发生振荡,f 的取值是范围什么,其中 f 的取值约束为

$$0 \leqslant f \leqslant 10$$

(2)建立系统的数学模型。

用于描述该系统输入—输出关系的数学模型为

$$m\ddot{y} + f\dot{y} + ky = r \tag{12-1}$$

这是一个二阶常微分方程。为了后续步骤的需要,这里将它转换成状态方程及输出方程

$$\begin{bmatrix} \dot{x}_1 \\ \dot{x}_2 \end{bmatrix} = \begin{bmatrix} 0 & 1 \\ -\dfrac{k}{m} & -\dfrac{f}{m} \end{bmatrix} \begin{bmatrix} x_1 \\ x_2 \end{bmatrix} + \begin{bmatrix} 0 \\ \dfrac{1}{m} \end{bmatrix} r \tag{12-2}$$

$$y = \begin{bmatrix} 1 & 0 \end{bmatrix} \begin{bmatrix} x_1 \\ x_2 \end{bmatrix} \tag{12-3}$$

(3)将数学模型转换成仿真模型。

对于上述转化成的状态方程及输出方程,不能直接编程并用计算机求解,还必须把它们转换成适宜于编程并能在计算机上运行的模型——仿真模型。对于一些连续系统,仿真模型常常采用差分方程(组)表示。对于状态方程及输出方程,可以直接采用数值积分法中的欧拉公式,得到离散状态方程及输出方程为

$$\begin{bmatrix} x_1((n+1)T) \\ x_2((n+1)T) \end{bmatrix} = \begin{bmatrix} x_1(nT) \\ x_2(nT) \end{bmatrix} + \left\{ \begin{bmatrix} 0 & 1 \\ -\dfrac{k}{m} & -\dfrac{f}{m} \end{bmatrix} + \begin{bmatrix} 0 \\ \dfrac{1}{m} \end{bmatrix} r(nT) \right\} T \tag{12-4}$$

$$y[(n+1)T] = x_1[(n+1)T] \tag{12-5}$$

式中,T 为计算步距。

(4)编制仿真程序和调试。

为了使式(12-4)和式(12-5)所表示的仿真模型能够在计算机上运行,还必须用算法语言加以描述,即编写计算机程序,并进行调试。这里采用 MATLAB 语言进行编程,其文件名为 ex-am1.m,对应程序如下:

```
%例 12-1 的仿真程序
clear
m=1;k=4;                    %质量系数 m 值,弹簧刚性系数 k 值
f=input('请输入阻尼系数 f:');  %从键盘输入阻尼系数 f 值
t=0;T=0.01;                 %置时间变量 t 和仿真步长 T 的初值
A=[0 1;-k/m - f/m];         %计算状态方程矩阵
B=[0 1/m]';
tmax=10;                    %置仿真总时间 tmax 的初值
x=[0 0]';                   %置状态变量初值,其中 x(1)代表 x1(0),x(2)代表性(0)
Y=0;                        %Y 为 N×1 阵,记录输出 y,初始时为 1×1 阵,N 为总步数
H=t;                        %H 为 N×1 阵,记录时间 t,初始时为 1×1 阵
while(t<tmax);
  xs=x+(A*x+B)*T;%计算离散状态方程
  y=xs(1);               %计算离散输出方程
  t=t+T;
  Y=[Y;y];H=[H;t]; %记录 y 和 t 的值,这时 Y 阵和 T 阵均增加 1 行
  x=xs;
end
```

```
plot(H,Y,'k');              %绘制输出曲线
grid;                       %在"坐标纸"上画小方格
```

（5）校核和验证仿真模型。

为了使仿真研究更加有效，将实际系统运行所观测到的数据与仿真程序运行所获得的数据进行比较，以确认数学模型的正确性。这里假设二者之间一致。

（6）在计算机上进行仿真试验和对仿真结果进行分析。

为了确定 f 在 $[0,10]$ 内的哪一段使系统响应不发生振荡，首先对 $f=5$ 进行一次试验，其对应的响应曲线如图 12-4(a) 所示，此时系统响应不发生振荡。在对 $f=7.5$ 及 $f=2.5$ 进行两次试验，分别得到两条响应曲线，如图 12-4(b)，(c) 所示。从图中可以看出，当 $f=7.5$ 时，系统响应不发生振荡，因此就可以判断当 f 在 $[5,10]$ 区间上取值时，系统响应不会产生振荡；而当 $f=2.5$ 时，系统响应发生振荡，因此就可以判断当 f 在 $[0,2.5]$ 区间上取值时，系统响应会发生振荡。舍去这两段会使系统响应发生振荡的区间，由此可以确定新的试验选点区间为 $(2.5,5)$，使系统响应发生振荡的厂的临界值应该就在该区间内。重复对区间 $(2.5,5)$ 进行上述试验步骤。经过若干次试验后，可以确定当 $f<4$ 时，系统响应发生振荡；当 $f \geqslant 4$ 时，系统响应不发生振荡，$f=4$ 为临界值，其对应的响应曲线如图 12-4(d) 所示。

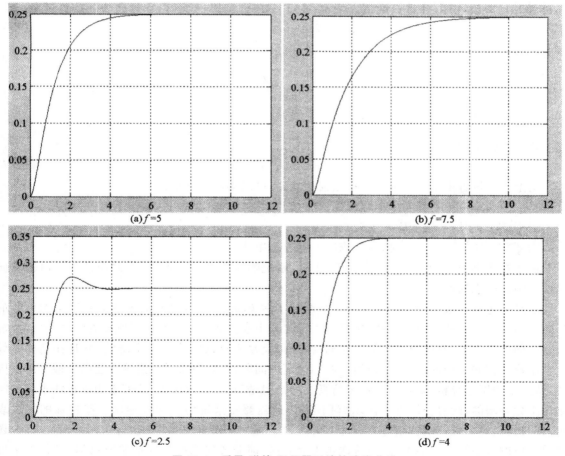

图 12-4　质量-弹簧-阻尼器系统的响应曲线

通过对以上试验结果进行分析可知:当 f 在区间 $[4,10]$ 上取值时,系统响应不会发生振荡。

12.1.3　计算机仿真的特点

由于仿真是在模型上做试验,因此可以将仿真看作是一种通过试验来研究系统的综合试验技术,即仿真具有一般试验的性质。无论利用仿真技术进行系统分析还是系统设计,都必须通过一系列的仿真运行来完成。例如,前面在对质量-弹簧-阻尼器系统进行仿真研究时,就必须通过多次仿真运行才能确定使系统响应不发生振荡的阻尼系数 f 的取值范围。

清楚地认识仿真的试验性质,对于了解仿真的本质及正确运用仿真技术是非常重要的。建立的仿真模型就应该具有试验的性质,即模型与实际系统的功能及参数之间应具有相似性和对应性。当然,这种相似关系和对应关系不应当被数学演算过程所掩盖,否则仿真就退化为仅仅是一次数值求解过程。

以仿真法与解析法为例,对两者进行比较,解析法又称为分析法,它是一种应用数学推导、演绎去求解数学模型的方法。而仿真法则是通过在模型上进行一系列试验来研究问题。利用解析法求解模型可以得出对问题的一般性答案,而利用仿真法的每一次运行则只能给出在特定条件下的数值解。例如,对于前面介绍的质量-弹簧-阻尼器系统,如果采用解析法求解,首先要将式(12-1)写成

$$\ddot{y}+2\zeta\dot{\omega}y+\omega^2 y=\frac{1}{m}r \tag{12-6}$$

式中

$$2\zeta\omega=\frac{f}{m}$$

$$\omega^2=\frac{k}{m}$$

式(12-6)中的特征方程为

$$s^2+2\zeta\omega s+\omega^2=0 \tag{12-7}$$

由上式即可解出系统特征根。根据控制理论,可以得出如下结论:

当 $\zeta=0$ 时,系统响应发生等幅振荡;

当 $0<\zeta<1$ 时,系统响应发生衰减振荡;

当 $\zeta\geq 1$,即当 $f^2\geq 4mk$ 时,系统响应不会发生振荡。

由于在该例中,$m=1,k=4$,故当 $f=4$ 时,系统响应不会发生振荡,由此便证实了由仿真研究所得结论的正确性。

通过上述解析法得到的结论可用于全面地了解 k,m,f 三者之间的关系对系统动态性能的影响。而通过仿真法来研究系统,则是为了了解某个参数或多个参数对系统动态性能的影响,需要在不同的条件下(对参数所取的一系列特定值)反复进行试验才能得出结论,并且在某些时候这个结论往往并不全面的,还会遗留一些不确定的问题,不容易获得对系统性能的一般了解。因此,从这个角度上分析,解析法是优于仿真法的。但是,在实际应用中,能够采用解析法求解的问题是十分有限的,同时在用解析法求解问题时,还需要将系统的数学模型用一些特殊的形式表示,如线性代数方程或线性微分方程等。有时为了使一个数学模型更加适合于用解析法求解,还要求对应的数学模型不能太复杂,阶次也不能太高,即需要对系统加以抽象或近似,简化数学模型,而模型的过度简化可能使其丧失实际意义。另外,许多实际系统要想得到完整的、特殊形式

的并可以用解析法求解的数学模型是不可能的。可以说,解析法是一种围绕着使问题易于求解,而不是使研究问题的方法。

目前,大多数实际系统是非线性的、分布参数的或很高阶的复杂系统,其使用的数学模型往往是不易或无法用解析法求解的。对于非线性系统,我们可以将其简化为线性系统后进行研究。但是,非线性因素不能忽略或高阶的系统,因而解析法存在诸多的困难也常常使其难以适用实际的需要。从原则上讲,仿真法对系统数学模型的形式及复杂程度没有限制,是广泛适用的。因此,从这个角度分析,仿真法是优于解析法的。

一般情况下,当出现下列情况时,就应该考虑采用仿真法。

1)不存在完整的数学公式,或者还没有一套合适的求解数学模型公式的方法。如离散事件系统中的许多排队模型。

2)数学过程太复杂,使用仿真可以提供比较简单的求解方法。

3)解析解存在且可能获取,但超出了个人的数学能力。

4)希望在一段较短的时间内能观测到过程的全部历史及估计某些参数对系统行为的影响。

实际上,仿真是通过一系列试验来研究系统的,因此当模型的复杂程度增大时,试验次数就会迅速增加。当针对一个具体的问题时,建议应优先考虑采用解析法,只有当系统比较复杂不易采用解析法时,在考虑采用仿真法;也可以先将系统的模型抽象、简化成解析法易于求解的形式加以研究,然后逐步考虑实际中更复杂的情况再采用仿真法进行研究(注意,此时的仿真是作为一种补充手段而加以应用的);当系统太过于复杂,完全不能采用解析法,仿真法就是唯一的解决问题的手段;此外,如果工程技术人员或非数学专业人员在不熟悉解析方法的时候,也可以采用仿真法简便地解决问题。

12.1.4　计算机仿真的应用及其发展

1. 计算机仿真应用

目前计算机仿真技术已经被广泛应用于各种工程和非工程领域。通过对仿真的研究,可以预测系统的特性及外界干扰对系统的影响,从而为制订控制方案和控制决策提供定量依据。根据仿真的应用目的,可以将计算机仿真应用分为系统分析、系统设计、理论验证和人员训练四大类。

(1)系统分析。

将计算机仿真应用于系统分析中,可以帮助分析人员了解一个现存系统的性能,并提出对系统的改进意见。

(2)系统设计。

将计算机仿真应用于系统设计中,可以帮助设计人员预测待建或准备改建系统的性能,检验其是否达到了设计的要求。在现代大型系统设计中,有时还需要对多种可能的方案进行比较,以得到最优性能的系统。另外,对建成后的系统,也需要预测参数发生变化时,系统将会发生什么变化,从而决定系统的控制或决策方案。当然,这些都是可以借助仿真完成的。

(3)理论验证。

将计算机仿真应用于理论验证,可以检验一些新提出的理论或假说的正确性,并揭示这些理论和假说与实际不符或矛盾之处。

（4）人员训练

将计算机仿真应用于训练与教育是其最为突出的优势。现代的交通运载工具及各种复杂设备和系统的操作技术和管理技术越来越复杂，一旦操作失误所带来的经济损失或引起的危险是无法估量的，就是从进行安全训练、提高工作效率及节省能源等诸方面考虑，采用训练仿真器来培训操作人员和管理人员也是十分必要的。

训练仿真器是一种用于对操作人员培训的仿真设备。它采用计算机仿真技术、自动化技术及各种工程技术，将计算机及其他一些设备构成的一种以培训操作人员为目的的仿真系统，可以逼真地再现（模拟）一个真实的系统，以供培训人员操纵，从而获得在实际工作中的真实体会和经验，也可以在训练仿真器上进行各种试验研究工作。目前，国内外已广泛利用训练仿真器进行人员培训，如常见的汽车、船舶及飞机驾驶训练仿真器，核电站、炼钢厂及化工厂的操作训练仿真器等。

2. 计算机仿真的发展

仿真学科形成于 20 世纪 40 年代。在第二次世界大战末期，对火炮和飞行控制动力学的研究，促进了模拟机仿真技术的发展。经过近几十年的发展，特别是在计算机出现之后，大量适合于在微型机上运行的仿真软件开始出现，为推广和普及仿真技术带来了新的力量。与此同时，基于并行处理的全数字仿真计算机系统也已经面世。

随着仿真技术的发展，形成了相似理论，奠定了仿真的科学理论基础。自动控制技术、计算技术、电子技术及系统工程技术的发展为仿真提供了技术支持，促进了系统仿真的发展和应用，并形成了仿真自身独立的技术内容，包括仿真计算机及仿真系统、仿真方法、仿真软件、仿真试验研究、训练仿真器和仿真基准问题等。目前，全数字仿真已有完全取代混合计算机仿真的趋势。

近年来，计算机仿真技术有了许多突破性的进展。当前，对于仿真研究的前沿课题主要有：以实时仿真为应用背景的并行仿真技术、仿真集成环境技术、仿真过程的自动化和智能化、人机系统仿真中的图像技术和虚拟现实技术、交互仿真技术等。仿真的应用领域也在不断地扩大，已经从航空、航天及国防部门转向冶金、化工、电力及其他工业部门，从工程领域转向生物、生态、经济及管理等非工程领域。可以说，计算机仿真技术已经成为一般科技工作者和工程技术人员都可以方便应用的先进试验手段。

12.2　控制系统仿真的数学模型

建立数学模型是开展仿真的先决条件。在自动控制中，常见的数学模型分为连续时间系统的数学模型、离散时间系统的数学模型、采样控制系统的数学模型三类。

12.2.1　连续时间系统的数学模型

假设系统的输入为 $u(t)$，输出为 $y(t)$，以及内部状态变量 $x(t)$ 都是时间的连续函数，则可以用连续时间模型来描述它。通常，连续时间模型可采用以下 4 种数学形式来描述连续系统。

1. 微分方程

设系统的输入为 $u(t)$，输出为 $y(t)$，则它们之间的关系可以表示为高阶微分方程

$$\frac{\mathrm{d}^n y}{\mathrm{d}t^n} = f\left(t\,;y,\frac{\mathrm{d}y}{\mathrm{d}t},\cdots,\frac{\mathrm{d}^{n-1}y}{\mathrm{d}t^{n-1}}\,;u,\frac{\mathrm{d}u}{\mathrm{d}t},\cdots,\frac{\mathrm{d}^m u}{\mathrm{d}t^m}\right) \tag{12-8}$$

对于自动控制中最常见的线性定常系统,式(12-8)可以表示为

$$\frac{\mathrm{d}^n y}{\mathrm{d}t^n} + a_1 \frac{\mathrm{d}^{n-1} y}{\mathrm{d}t^{n-1}} + \cdots + a_{n-1} \frac{\mathrm{d}y}{\mathrm{d}t} + a_n y = b_1 \frac{\mathrm{d}^{n-1} u}{\mathrm{d}t^{n-1}} + \cdots + b_{n-1} \frac{\mathrm{d}u}{\mathrm{d}t} + b_n u \tag{12-9}$$

式中,$a_0 = 1$。

若微分算子 $p = \dfrac{\mathrm{d}}{\mathrm{d}t}$ 引进,则式(12-9)可以表示为

$$A(p)y = B(p)u \tag{12-10}$$

$$A(p) = \sum_{j=0}^{n} a_{n-j} p^j$$

$$B(p) = \sum_{j=0}^{n-1} b_{n-j} p^j$$

此时,有

$$\frac{y}{u} = \frac{B(p)}{A(p)} \tag{12-11}$$

2. 传递函数

若系统的初始条件为 0,即系统在 $t=0$ 时已经处于一个稳定状态,则对式(12-9)应用拉氏变换,则得到

$$(s^n + a_1 s^{n-1} + \cdots + a_{n-1} s + a_n)Y(s) = (b_1 s^{n-1} + \cdots + b_{n-1} s + b_n)U(s) \tag{12-12}$$

经整理后得

$$G(s) = \frac{Y(s)}{U(s)}$$

可称其为输入、输出的传递函数。由式(12-12),有

$$G(s) = \frac{b_1 s^{n-1} + \cdots + b_{n-1} s + b_n}{s^n + a_1 s^{n-1} + \cdots + a_{n-1} s + a_n} \tag{12-13}$$

对式(12-11)和式(12-13)进行比较可知,在初值为零的情况下,p 和 s 等价。

3. 权函数

若系统的初始条件为零,在理想脉冲函数 $\delta(t)$ 的作用下,其输出响应为 $g(t)$。则可以称 $g(t)$ 为该系统的权函数,或称脉冲过渡函数。

理想脉冲函数 $\delta(t)$ 的定义为

$$\begin{cases} \delta(t) = \begin{cases} \infty, & t = 0 \\ 0 & t \neq 0 \end{cases} \\ \int_0^{\infty} \delta(t)\mathrm{d}t = 1 \end{cases} \tag{12-14}$$

若系统在任意函数 $u(t)$ 作用下,则其输出响应 $y(t)$ 可通过以下卷积积分公式求出

$$y(t) = \int_0^t y(\tau)g(t-\tau)\mathrm{d}\tau \tag{12-15}$$

由此可以证明,$g(t)$ 与 $G(s)$ 构成了一对拉氏变换对,即

$$L[g(t)] = G(s) \tag{12-16}$$

4. 状态空间模型

上述公式给出的数学模型仅仅描述了线性定常系统的外部特性,即仅确定了输入 $u(t)$ 与输出 $y(t)$ 之间的关系,故称为系统外部模型。

为了描述一个系统内部的特性,即确定组成系统的各个实体之间的相互作用而引起实体属性的变化,可以引进系统的内部变量(也称状态变量)。实际系统中,真实的内部变量及数学上定义的内部变量是可以一致的。线性定常系统的状态空间表达式包括下列两个矩阵方程

$$\dot{x}(t) = Ax(t) + Bu(t) \tag{12-17}$$

$$y(t) = Cx(t) + Du(t) \tag{12-18}$$

其中,式(12-17)称为系统的状态方程,式(12-18)称为系统的输出方程。两式合称为系统的状态空间模型。另外,当 传递函数或传递函数阵各元素为严格真有理分式,则 D 为零。此时式(12-18)的形式为

$$Y(t) = CX(t) \tag{12-19}$$

12.2.2 离散时间系统的数学模型

假定一个系统的输入量、输出量及其内部状态变量均是时间的离散函数,即为一时间序列 $\{u(kT)\}, \{y(kT)\}, \{x(kT)\}$,其中 T 为离散时间间隔(有时为了书写简单,在序列中不写 T,而直接用 $\{u(k)\}, \{y(k)\}, \{x(k)\}$ 来表示),此时就可以用离散时间模型来描述它。离散时间模型也有四种描述形式。

1. 差分方程

假设在离散时间点 $t_0, t_1, \cdots, t_k, \cdots$ 上控制系统的输入序列为 $\{u(k)\}$,输出序列为 $\{y(k)\}$,则它们之间的关系可以表示为

$$f(y(n+k), y(n+k-1), \cdots, y(k); u(n+k), u(n+k-1), \cdots, u(k); k) = 0 \tag{12-20}$$

上式为非线性差分方程的表达式,其中 f 是其变量的函数。如果可以从式(12-20)中解出 $y(n+k-1)$,则就可以得到非线性递推形式的差分方程为

$$y(n+k) = F(y(n+k-1), \cdots, y(k); u(n+k), u(n+k-1), \cdots, u(k); k) \tag{12-21}$$

差分方程描述了离散控制系统在各个时刻输入、输出之间的相互关系。由式(12-20)可以看出,根据输入 $u(k), u(k+1), \cdots, u(n+k)$ 和以前的系统输出 $y(k), y(k+1), \cdots, y(n+k-1)$,就可以递推出时刻 t_{n+k} 处的输出值 $y(n+k)$。

一般的,对于线性定常系统,式(12-20)还可以表示为

$$y(n+k) + a_1 y(n+k-1) + \cdots + a_n y(k) = b_1 u(n+k-1) + \cdots + b_n u(k) \tag{12-22}$$

引进移算子 q^{-1} 后,它可以定义为

$$q^{-1} y(k) = y(k-1) \tag{12-23}$$

此时式(12-22)可以改写为

$$\sum_{j=0}^{n} a_j q^{-j} y(n+k) = \sum_{j=1}^{n} b_j q^{-j} u(n+k)$$

即

$$A(q^{-1}) y(n-k) = B(q^{-1}) u(n+k)$$

式中

$$A(q^{-1}) = \sum_{j=0}^{n} a_j q^{-j}$$

$$B(q^{-1}) = \sum_{j=1}^{n} b_j q^{-j}$$

则可以得到

$$\frac{y(n+k)}{u(n+k)} = \frac{B(q^{-1})}{A(q^{-1})} \tag{12-24}$$

或

$$\frac{y(k)}{u(k)} = \frac{B(q^{-1})}{A(q^{-1})}$$

2. z 传递函数

对式(12-22)两边取 Z 变换,并设系统的初始值及以前时候的输入和输出都为零,即

$$y(k) = u(k) = 0 (k \leqslant 0)$$

则可以得到

$$a_0 + a_1 z^{-1} + \cdots + a_n z^{-n} Y(z) = (b_1 z^{-1} + \cdots + b_n z^{-n}) U(z) \tag{12-25}$$

定义

$$H(z) = \frac{Y(z)}{U(z)}$$

则 $H(z)$ 称为系统的 z 传递函数,即

$$H(z) = \frac{\displaystyle\sum_{j=1}^{n} b_j z^{-j}}{\displaystyle\sum_{j=0}^{n} a_j z^{-j}} \tag{12-25}$$

由此可见,在初始条件为零的情况下,z^{-1} 和 q^{-1} 等价。

3. 权序列

若对初始条件为零的系统施加一单位脉冲序列 $\{\delta(k)\}$,则其输出响应被称为该系统的权序列 $\{h(k)\}$。单位脉冲序列 $\{\delta(k)\}$ 定义为

$$\delta(k) = \begin{cases} 1, & k = 0 \\ 0, & k \neq 0 \end{cases}$$

若输入序列为任意一个 $\{u(k)\}$,则根据卷积公式可得此时的系统输出响应 $y(k)$ 为

$$y(k) = \sum_{i=0}^{k} u(i) h(k-i) \tag{12-26}$$

由此可以证明

$$Z[h(k)] = H(z) \tag{12-27}$$

4. 离散状态空间模型

上述公式仅仅描述了线性定常离散系统的输入、输出之间的关系,故称为外部模型。如果引

进系统的状态变量序列$\{x(k)\}$,则可以构成离散状态空间模型

$$x(k+1)=\Phi x(k)+\Gamma u(k) \qquad (12\text{-}28)$$
$$y(k)=Cx(k)+Du(k) \qquad (12\text{-}29)$$

其中,式(12-28)称为系统的离散状态方程,式(12-29)称为系统的离散输出方程。离散状态空间模型属于内部模型。

12.2.3 采样控制系统的数学模型

在采样控制系统中,控制器(由数字运算器构成)是对离散时间信号进行运算的部件,其用于描述的数学模型是离散时间模型;被控对象是连续过程,用连续时间模型描述。因此,这类系统需要用连续—离散时间混合模型,即采样数据模型来描述。计算机控制系统就是典型的采样数据系统。当忽略 A/D 和 D/A 转换器的转换时间及误差,则该采样数据系统可由图 12-5 表示。

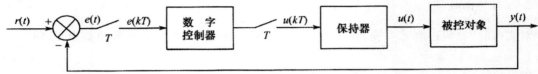

图 12-5 采样数据系统结构

一般来说,在采样控制系统中,连续时间模型和离散时间模型都可以由任意一种形式给出。当 $D(z)$ 是控制器的脉冲传递函数,$G_h(s)$ 和 $G(s)$ 分别是保持器和被控对象的传递函数,则采用传递函斯形式 $G_h(s)$ 的采样粹制系统可通过图 12-6 来表示。

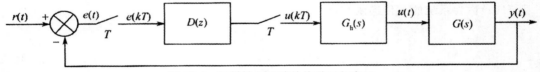

图 12-6 采样控制系统的传递函数表示

12.2.4 各数学模型间的转换

按时间集合来对数学模型分类,实际上主要有两类,一类是连续时间模型,另一类是离散时间模型;按模型的表达形式是以输入、输出变量表示还是以状态变量表示来对数学模型分类,又可将模型分为输入—输出模型(称为外部模型)与状态空间模型(称为内部模型)。从系统辨识得到的往往是输入—输出模型。而系统仿真时(尤其是对于一些非线性系统或不可控不可观系统)往往习惯地用状态空间模型。因此,它们之间的转换就成为了人们感兴趣的一个焦点。另外,控制系统的数字仿真就是要求在数字计算机上进行系统仿真。因而,对于连续系统的数学模型而言,就必须先进行离散化使之变成为仿真模型(离散时间模型)。这是系统仿真最重要的一步。

下面对个数学模型间的转换进行说明。

1. 状态空间模型与传递函数描述的模型之间的转换

要将状态空间模型式

$$\dot{X}(t)=AX(t)+BU(t)$$
$$Y(t)=CX(t)+DU(t)$$

转换成传递函数描述的形式,就需要在初始条件为零的情况下,对该状态空间模型式的进行拉氏变换,得到

$$(sI-A)X(s)=BU(s)$$
$$Y(s)=CX(s)+DU(s)$$

将两式的 $X(s)$ 消去后,即可得到系统的传递函数矩阵

$$G(s)=C(sI-A)^{-1}B+D$$

而如果是关于由系统的传递函数描述的模型转换为状态空间表示的模型则就是现实问题。

此外,将状态空间模型转换为传递函数模型时还可以采用 MATLAB 函数。其中,[NUM,DEN]＝ss2tf(A,B,C,D,iu)中的 A、B、C、D 为状态空间模型的状态矩阵、控制矩阵、输出矩阵和直接传输矩阵,iu 表示求取第 iu 个输入对应传递函数(阵);SYS＝tf(NUM,DEN)为生成连续时间传递函数,分子系数和分母系数按照 s 的降幂次序排列,分别表示为 NUM 和 DEN;SYS＝ss(A,B,C,D)为生成连续状态方程,A、B、C、D 表示状态方程的相应矩阵;SYS＝tf(SYS)为将任意形式的模型转换为传递函数。

【例 12-2】已知

$$\dot{x}\begin{bmatrix} 0.6 & 0.233 \\ -0.466 & -0.097 \end{bmatrix}x+\begin{bmatrix} 0.2 \\ 0.233 \end{bmatrix}u$$
$$y=\begin{bmatrix} 1 & 0 \end{bmatrix}x$$

求其脉冲传递函数。

分析:若输入以下 MATLAB 程序

a＝[0.6 0.233;－0.466　－0.097];

b＝[0.2;0.233];

c＝[1 0];

d＝0;

[num,den]－ss2tf(a,b,c,d,1);

sys＝tf(num,den)

则可以达到如下输出结果

Transfer function:

0.2s＋0.07369

．．．．．．．．．．．．．．

s^2—0.503s＋0.05038

若输入以下 MATLAB 程序

a＝[0.6 0.233;－0.466　－0.097];

b＝[0.2;0.233];

c＝[1 0];

d＝0;

sys＝ss(a,b,c,d);

sysl＝tf(sys)

则可以达到如下输出结果

Transfer function:

0.2s+0.07369

s^2－0.503s+0.05038

通过上述实例可知,采用 SYS=tf(NUM,DEN,Ts)和 SYS=ss(A,B,C,D,Ts)可以分别生成离散传递函数和离散状态方程,其中 Ts 为采样周期,Ts＝－1 表示采样时间不定。

2. 离散差分方程与离散状态空间模型之间的转换

单输入单输出系统的输入—输出模型可表示为

$$y_k+a_1 y_{k-1}+\cdots+a_n y_{k-n}=b_1 u_{k-1}+\cdots+b_n u_{k-n}$$

可以将上式转换成以下离散状态空间的规范形式

$$Z_{k+1}=A^* Z_k+B^* u_k \tag{12-30}$$

$$y_k=H * Z_k \tag{12-31}$$

其中 Z_k 是 n 维状态向量,u_k、y_k 分别是输入、输出变量,且有

$$A^*=\begin{cases} 0 & & \\ \vdots & & I_{n-1} \\ 0 & & \\ -a_n & -a_{n-1} & \cdots & a_1 \end{cases} \tag{12-32}$$

$$H^*=(1 \quad 0 \quad \cdots \quad 0) \tag{12-33}$$

$$B^*=\begin{bmatrix} 1 & & & \\ a_1 & 1 & & 0 \\ a_2 & a_1 & 1 & \\ \cdots & \cdots & \cdots & \cdots \\ a_{n-1} & a_{n-2} & \cdots & 1 \end{bmatrix}^{-1} \begin{bmatrix} b_1 \\ b_2 \\ b_3 \\ \vdots \\ b_n \end{bmatrix} \tag{12-34}$$

令

$$B^*=\begin{bmatrix} b_1^* \\ b_2^* \\ \vdots \\ b_n^* \end{bmatrix}$$

则

$$\begin{bmatrix} b_1 \\ b_2 \\ \vdots \\ b_n \end{bmatrix}=\begin{bmatrix} 1 & & & 0 \\ a_1 & 1 & & \\ \cdots & \cdots & \cdots & \cdots \\ a_{n-1} & a_{n-2} & \cdots & 1 \end{bmatrix} \begin{bmatrix} b_1^* \\ b_2^* \\ \vdots \\ b_n^* \end{bmatrix} \tag{12-35}$$

由此可以实现差分方程式与上列各式之间的转换。

此外,由于一般的离散状态方程为

$$X_{k+1}=AX_k+Bu_k \tag{12-36}$$

$$y_k=HX_k \tag{12-37}$$

其与规范型离散状态空间模型时之间的转换如下

假设

$$\Phi=\begin{bmatrix} H \\ HA \\ \vdots \\ HA^{n-1} \end{bmatrix}$$

其中矩阵 Φ 为可观测的据陈,且是满秩的,因此可取
$$Z_k = \Phi X_k$$
此时即可将方程式(12-36)与方程式(12-37)转换为
$$Z_{k+1} = \Phi A \Phi^{-1} Z_k + \Phi B u_k$$
$$y_k = H \Phi^{-1} Z_k$$
定义
$$A^* = \Phi A \Phi^{-1}, B^* = \Phi B, H^* = H \Phi^{-1}$$
由此可以证明 A^*、H^* 具有规范型的形式。

【例 12-3】 已知离散状态方程
$$A = \begin{bmatrix} 0 & 1 \\ -2 & 1 \end{bmatrix}, B = \begin{bmatrix} 0 \\ 1 \end{bmatrix}, H = \begin{bmatrix} 1 & 1 \end{bmatrix}$$

试将其转换为式(12-30)~式(12-37)的规范形式。

分析:其对应的 MATLAB 程序如下:

```
a=[0  1;-2  1];
b=[0;1];
h=[1  1];
FA=[h;h*a],
ax=FA*a*inv(FA)
bx=FA*b
hx=h*inv(FA)
```

对应的输出结果为

```
aX=
      0    1
     -2    1
bx=
      1
      9
hx=
      1    0
```

12.3　连续系统的数字仿真

12.3.1　连续系统数字仿真的基本算法

1. 数值积分算法

连续系统仿真的数值积分算法就是利用数值积分法将常微分方程(组)描述的连续系统变换成离散形式的仿真模型——差分方程(组)。数值积分算法是对一阶微分方程近似求解的公式,通常为了能在计算机上进行求解,需要先把被仿真系统的数学模型表示为一阶微分方程组或状

态空间模型。

假设一阶向量微分方程及初值问题为

$$\begin{cases} \dot{y} = f(t, y) \\ y(t_0) = y_0 \end{cases} \tag{12-38}$$

上式可以写成一阶微分方程组和初值问题

$$\begin{cases} \dot{y}_1 = f_1(t, y_1, y_2, \cdots, y_n) \\ \dot{y}_2 = f_2(t, y_1, y_2, \cdots, y_n) \\ \quad\cdots \\ \dot{y}_n = f_n(t, y_1, y_2, \cdots, y_n) \\ \quad y_1(t_0) = y_{10} \\ \quad y_2(t_0) = y_{20} \\ \quad\cdots \\ \quad y_n(t_0) = y_{n0} \end{cases} \tag{12-39}$$

则其在 $t_0, t_1, \cdots, t_k, t_{k+1}$ 处的解析解为

$$\begin{aligned} y(t_{k+1}) &= y(t_0) + \int_0^{k+1} f(t, y) \, dt \\ &= y(t_k) + \int_{t_k}^{k+1} f(t, y) \, dt \end{aligned} \tag{12-40}$$

此时,若用公式

$$y_{k+1} = y_k + q_k \tag{12-41}$$

式中,y_{k+1}, y_k, q_k 分别是 $y(t_{k+1}), y(t_k), \int_{t_k}^{t_{k+1}} f(t, y) \, dt$ 的近似解。

来代替解析解,则可以从一阶向量微分方程出发建立离散形式的仿真模型。因此,所谓数值解法就是寻求初值问题式在一系列离散时间点 $t_0, t_1, \cdots, t_k, t_{k+1}$ 处的近似解 $y_1, y_2, \cdots, y_k, y_{k+1}$（即数值解）。相邻两个离散时间点的间距 $h = t_{k+1} - t_k$ 就是计算步长或计算步距,也可简称为步长或步距。

通常可用一常微分方程或常微分方程组来描述连续系统的动态特性,这样在计算机上仿真这类系统时就需要先确定采用何种求解常微分方程的数值积分方法。目前,常用的数值积分方法有三类,即单步法、多步法和预报—校正方法。

（1）单步法。

常见的单步法主要有欧拉（Euler）法和龙格-库塔（Runge-Kutta）法。欧拉法是其中最简单的,但由于它具有明显的几何意义,可以比较清楚地看出其数值解是如何逼近方程精确解的,因而这里给予详细的讨论。

1）欧拉法。

设微分方程

$$\dot{y}(t) = f(t, y(t)) \tag{12-41}$$

且 $y(0) = Y_0$。

式（12-41）的初值问题的解 $y(t)$ 就是一连续变量 t 的函数,若以一系列离散时刻的近似值 $y_1, y_2, \cdots, y_n$ 来代替,则就是我们要讨论的微分方程初值问题的数值解,不同的近似方法得出不

同精度的数值解。这里以最简单的欧拉法为例进行分析。

若对式(12-41)在某一区间(t_n, t_{n+1})上积分则可以得到

$$y_{n+1} - y_n = \int_{t_n}^{t_{n+1}} f(t, y(t)) \mathrm{d}t \tag{12-42}$$

将上式右端积分以一近似公式代之,即

$$\int_{t_n}^{t_{n+1}} f(t, y(t)) \mathrm{d}t = h f_n \tag{12-43}$$

其中,$h = t_{n+1} - t_n$ 即为步长。

假设 $f_n = f(t_n, y(t_n))$,$y_{n+1} = y(t_{n+1})$,$y_n = y(t_n)$ 只要 h 取值相对较小,就可以认为在该步长内的导数近似保持前一时刻 t_n 时的导数值 f_n,此时就可以式(12-43)写成以下递推形式

$$y_{n+1} = y_n + h f_n \tag{12-44}$$

由于 $y(0) = Y_0$ 已知,所以由式(12-44)就可以求出 y_1,然后求出 y_2,依此类推。其一般规律是:由前一点 t_n 上的数值 y_n 就可以求得后一点 t_{n+1} 的数值 y_{n+1},这种方法就是单步法。由于它可以直接由微分方程已知的初值 y_n 作为它递推计算时的初值,而不需其他信息,因此可以说它是一种自动启动的算式。

【例 12-4】已知微分方程

$$\begin{cases} \dot{y} + y^2 = 0 \\ y(0) = 1 \end{cases}$$

试用欧拉法求该微分方程的数值解。

分析:欧拉法递推公式为

$$y_{n+1} = y_n + h f_n$$

现已知 $\dot{y} = -y^2$,所以

$$f(y) = -y^2$$

若取步长 $h = 0.1$,由 $t = 0$ 开始积分,即可得

$$\begin{cases} y_1 = 1 + 0.1 \times -1^2 = 0.9 \\ y_2 = 0.9 + 0.1 \times (-0.9^2) = 0.819 \\ y_3 = 0.819 + 0.1 \times (-0.819^2) = 0.7519 \\ \vdots \\ y_{10} = 0.4627810 \end{cases}$$

进而求得该微分方程的精确解为 $y = \dfrac{1}{1+t}$。

将以上结果与精确解进行比较,可得到如表 12-1 所示的结果。

表 12-1　求得结果与精确解比较的结果

t	0	0.1	0.2	0.3	1.0
精确解 $y(t)$	1	0.9090909	0.8333333	0.7692307	0.5
数值解 y_n	1	0.9	0.819	0.7519	0.4627810

由此可看出,采用欧拉法求得的误差比较大。下面对产生误差的原因进行分析。

设微分方程的精确解在 t_n 附近是解析的,则可以用泰勒(Taylor)级数展开式求得 t_{n+1} 处的

精确解,即

$$y(t_n+h)=y(t_n)+h\dot{y}(t_n)+\frac{h}{2}\ddot{y}(t_n)+\cdots$$

$$=y(t_n)+h\dot{y}(t_n)+o(h^2) \tag{12-45}$$

其中 $o(h^2)=\frac{h^2}{2}\ddot{y}(\zeta_n)(t_n\leqslant\zeta\leqslant t_{n+1})$ 称为余项,因此其与精确解比较必然会存在误差 $o(h^2)$,即局部截断误差。也就是说,当假设 y_n 是精确值时,欧拉公式的每一步都会存在截断误差。但是在实际应用中,由于 y_n 值本身已包含前几步误差的积累,因此必然会引入误差,可以证明,由欧拉法的差分格式所引起的全部误差,即整体误差为 $O(h)$ 。可以说,用欧拉法解微分方程的实质就是以有限的差分解近似表示精确解。这里用几何图形表示,以便更进一步说明。

如图 12-7 所示的 t_n 时的斜率为法 $f(t_n,y(t_n))$,按递推公式,图中 A 点纵坐标即 $y(t_n+1)$ 。由于欧拉法实质上就是用一条折线来逼近精确解 $y(t)$ 的,因此,有时也可将其称为折线法。

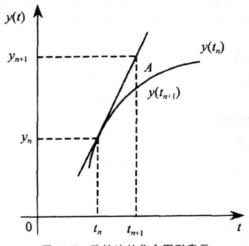

图 12-7 欧拉法的集合图形表示

事实上,由于欧拉法具有不精确的特点,因此目前在实践中的应用相对较少,但由于其简单的优势,在开始讲常微分方程的数值法解题技术时,一般会先讲它,以便可以更加容易的理解。

2)龙格-库塔法。

欧拉法具有简单易行的优点,但其精度相对较低。为了得到精度较高的数值积分方法,龙格和库塔等人先后提出了用函数值 f 的线性组合来代替 f 的高阶导数项,从既避免了计算高阶导数,又可提高数值积分的精度。具体的实施方法如下:

先将精确解 $y(t)$ 在 t_n 附近用泰勒级数展成

$$y(t_n+h)=y(t_n)+h\dot{y}(t_n)+\frac{h^2}{2}\ddot{y}(t_n)+\cdots \tag{12-46}$$

由于

$$\dot{y}(t_n)=f_n,\ddot{y}(t_n)=\dot{f}_n+\dot{f}_{yn}f_n$$

因此

$$y_{n+1}=y_m+hf_n+\frac{h^2}{2}(\dot{f}_n+\dot{f}_{yn}f_n)+\cdots \tag{12-47}$$

为避免计算 $\dot{f}_n$、$\dot{f}_{yn}$ 等导数项，这里令 y_{n+1}，可由以下算式表示

$$y_{n+1} = y_n + h \sum_{i=1}^{r} b_i k_i \tag{12-48}$$

式中，γ 是阶数，b_i 是待定系数，由比较式(12-47)、式(12-48)对应项的系数来决定。

$$k_i = f(t_n + c_i h, y_n + \sum_{j=1}^{i-1} a_j k_j h), i = 1, 2, \cdots, \gamma$$

其中，$c_1 = 0$。

若取 $\gamma = 1$，则

$$y_{n+1} = y_n + h f_n \tag{12-49}$$

即为欧拉法。

若取 $\gamma = 2$，则

$$k_1 = f(t_n, y_n) = f_n \tag{12-50a}$$

$$k_2 = f(t_n + c_2 h, y_n + a_1 k_1 h) \tag{12-50b}$$

即为二阶龙格-库塔法。

又因为在 (t_n, y_n) 点附近可以将 $f(t_n + c_2 h, y_n + a_1 k_1 h)$ 用泰勒级数展开得到

$$f(t_n + c_2 h, , y_n + a_1 k_1 h) \approx f(t_n, y_n) + c_2 \dot{f}_n + a_1 k_1 \dot{f}_{ym} h \tag{12-51}$$

将式(12-50)和式(12-51)代入式(12-48)中可以得到

$$
\begin{aligned}
y_{n+1} &= y_n + b_1 k_1 h + b_2 k_2 h \\
&= y_n + b_1 h f_n + b_2 h (f_n + c_2 h \dot{f}_n + a_1 f_n h \dot{f}_{yn})
\end{aligned} \tag{12-52}
$$

由于式(12-47)与式(12-52)右端对应项系数相等，因此可以得到以下关系

$$
\begin{cases}
b_1 + b_2 = 1 \\
b_2 c_2 = \dfrac{1}{2} \\
b_2 a_1 = \dfrac{1}{2}
\end{cases} \tag{12-53}
$$

上述方程有四个未知数 a_1, b_1, b_2, c_2，因此这里可以先选定一未知数，几种常用的取值方法如下：

$$c_2 = \frac{1}{2}, \quad b_1 = 0, \quad b_2 = 1$$

$$c_2 = \frac{2}{3}, \quad b_1 = \frac{1}{4}, \quad b_2 = \frac{3}{4}$$

$$c_2 = 1, \quad b_1 = \frac{1}{2}, \quad b_2 = \frac{1}{2}$$

进而可以得到相应的递推公式

$$y_{n+1} = y_n + h f\left(t_n + \frac{1}{2}h, y_n + \frac{1}{2}h f_n\right) \tag{12-54}$$

$$y_{n+1} = y_n + \frac{h}{4}\left[f_n + 3f\left(t_n + \frac{2}{3}h, y_n + \frac{2}{3}h f_n\right)\right] \tag{12-55}$$

$$y_{n+1} = y + \frac{h}{2}\left[f_n + f(t_n + h, y_n + h f_n)\right] \tag{12-56}$$

这是三个典型的二阶龙格-库塔公式,其中式(12-56)又可称为改进欧拉公式。

下面对改进欧拉公式的几何图形(见图12-8)表示进行说明,以分析这种方法为什么比欧拉法的计算精确度要高一些。L_1 是点 (t_n, y_n) 的切线,其斜率为 f_n,L_2 是 $(t_n + h, y_n + hf_n)$ 点以 $f(t_n + h, y_n + hf_n)$ 为斜率作的直线。现取 $\frac{1}{2}[f_n + f(t_n + h, y_n + hf_n)]$ 为斜率在点 (t_n, y_n) 作直线来代替在点 (t_n, y_n) 作的切线 L_1,则在 t_{n+1} 时的解即为 A 点的纵坐标。此时,由于下一时刻的变化量取了 t_n 及 t_{n+1} 两时刻的斜率平均值与步长相乘,所以其精度较欧拉法要高一些。

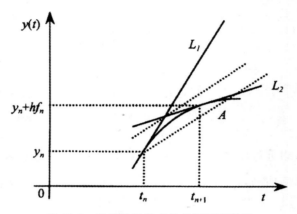

图 12-8 改进欧拉公式的几何图形表示

此时若取 $\gamma = 3$,则可得三阶龙格-库塔公式

$$y_{n+1} = y_n + \frac{h}{4}[k_1 + 3k_3] \tag{12-57}$$

其中

$$k_1 = f(t_n, y_n)$$

$$k_2 = f\left(t_n + \frac{h}{3}, y_n + \frac{hk_1}{3}\right)$$

$$k_3 = f\left(t_n + \frac{2h}{3}, y_n + \frac{2hk_2}{3}\right)$$

若取 $\gamma = 4$,则可得四阶龙格-库塔公式

$$y_{n+1} = y_n + \frac{h}{6}[k_1 + 2k_2 + 2k_3 + k_4] \tag{12-58}$$

其中

$$k_1 = f(t_n, y_n)$$

$$k_2 = f\left(t_n + \frac{h}{2}, y_n + \frac{h}{2}k_1\right)$$

$$k_3 = f\left(t_n + \frac{h}{2}, y_n + \frac{h}{2}k_2\right)$$

$$k_4 = f(t_n + h, y_n + hk_3)$$

龙格-库塔方法有时也可直接称为"单步"法,这主要是由于其解可以从 t_j 到 t_{j+1} 直接完成,而不需要 $t < t_j$ 时的 y 或 f 的值,即这种方法可以自启动。

（2）多步法。

多步法是一种与单步法相对应的数值积分算法。在它的计算公式中,本次计算不仅要用到前一次的计算结果,还要用到更前面的若干次结果。

当采用多步法计算 y_{k+1} 时,所用到的数据均已经求出,则称其为显示算法。例如,四阶阿达姆斯（Adams）显式法（简记为 AB4 法）

$$y_{k+1}=y_k+\frac{h}{24}(55f_k+59f_{k-1}+37f_{k-2}-9f_{k-3}) \tag{12-59}$$

就是多步法,式中

$$f_{k-i}=f(t_k-ih,y_{k-i}),i=0,1,2,3$$

如果算法右端含有未知量 y_{k+1},则称其为隐式算法,例如,四阶 Adams 隐式算法（简记为 AM4 法）

$$y_{k+1}=y_k+\frac{h}{24}(9f_{k+1}+19f_k-5f_{k-1}+f_{k-2}) \tag{12-60}$$

从式（12-59）、式（12-60）中可以看出,多步法较单步法而言,要达到相同的精度,其计算工作量要少得多。

但是,由于隐式公式需要迭代解,因此它要比（使用 Adams 显式公式的）显式解要花更多的时间。必须说明,以上两种公式（包括其他任何显式或隐式公式）在实用中很少单独使用,一般用显式和隐式相结合的方法。

（3）预报-校正法。

预报-校正法是为了解决隐式公式耗时过多的缺点而提出的。目前在要求精度较高的应用中,已经开始广泛使用另一种预报-校正法,即汉明（Hamming）法。汉明法积分公式如下。

假设一阶微分方程 $\dot{y}=f(t,y)$,其中 $t=t_0,y(t_0)=y_0$ 为已知条件,则有:

1）预估公式

$$y_{n+1}^{(0)}=y_{n-3}+\frac{4}{3}h(2f_n-f_{n-1}+2f_{n-2}) \tag{12-61}$$

2）修正公式

$$\tilde{y}_{n+1}^{(0)}=y_{(n+1)}^{(0)}+\frac{112}{121}(y_n-y_n^{(0)}) \tag{12-62}$$

3）校正公式

$$y_{n+1}^{(i+1)}=\frac{1}{8}(9y_n-y_{n-2})+\frac{3}{8}h(f_{n+1}^{(i)}+2f_n-f_{n-1}) \tag{12-63}$$

其中

$$f_n=f(t_n,y(t_n))=f(t_n,y_n)$$
$$f_{n-1}=f(t_{n-1},y(t_{n-1}))=f(t_{n-1},y_{n-1})$$
$$f_{n-2}=f(t_{n-2},y(t_{n-2}))=f(t_{n-2},y_{n-2})$$
$$f_{n-3}=f(t_{n-3},y(t_{n-3}))=f(t_{n-3},y_{n-3})$$
$$f_{(n+1)}^{(i)}=f(t_n,y_{t_{n+1}}^{(i)})=f(t_n,y_{n+1}^{(i)})$$

$y_n^{(0)}$ 为上一步未经修正的预估值。

在第一步即在已得到初始值后其修正公式还不能使用,这主要是由于其前一步尚不能得到预估值。利用修正公式可以将预估公式和校正公式的误差级数结合起来,为预估提供一个误差估计,从而显著改善 y_{n+1} 的预估值。并且,在使用了修正公式后,校正过程所需的迭代次数也会相应降低。

预估-校正法是一种效率很高的算法,这也是其目前被普遍使用的主要原因。实用中,一两次校正迭代就足以满足多数合理的收敛准则,当然偶尔也可能会需要进行三次或更多迭代。但是对大多数问题来说,可以认为预估—校正法要比同阶的龙格-库塔法耗用机时更少。

在 MATLAB 环境下利用数值积分算法对系统进行仿真的途径有两种,用 MATLAB 语言编程来实现以微分方程给出的数学模型的情况;而对于控制系统分析和设计中最常见的以系统结构图描述的数学模型,则采用 Simulink 来实现。

用 MATLAB 语言编程实现仿真的主要步骤是调用 MATLAB 中的 ODE(Ordinary Differential Equation)解函数。MATLAB 提供的常用 ODE 解函数包括:ode45、ode23、odell3、ode23t、ode23s、odelSs、ode23tb 等。这些 ODE 解函数的调用格式基本相同。

【例 12-5】已知某地区某病菌传染的系统动力学模型为

$$\begin{cases} \dot{x}_1 = -0.001x_1x_2 & x_1(0)=620 \\ \dot{x}_2 = -0.001x_1x_2-0.072x_2 & x_2(0)=10 \\ \dot{x}_3 = -0.072x_2 & x_3(0)=70 \end{cases}$$

式中,x_1 表示可能受到传染的人数,x_2 表示已经被传染的病人数,x_3 表示已治愈的人数。试用 ode45 编程,对其进行仿真研究,并绘制出对应的时间相应曲线。

分析:采用 MATLAB 语言进行编程,其程序如下:

```
%这是一个采用 MATLAB 语言编写的仿真程序
clear
x0=[620  10  70] %置状态变量初值
tspan=[0,30] %置仿真时间区间
[t,x]=ode45('fun2_3',tspan,x0); %调用 ode45 求仿真解
plot(t,x(:,1),'k',t,x(:,2),'k--',t,x(:,3),'k:');
%用不同的线型绘制仿真结果曲线
xlabel('time(天) t0=0,tf=30');%对 t-x 轴进行标注
ylabel('x(天);x1(0)=620,x2(0)=10;x3(0)=70');
legend('x1','x2', 'x3');
grid;
```

其中的 fun2_3 是保存在 fun2_3 中的 M 文件中的 M 函数

```
function xdot=fun2_3(t,x)
xdotl(1)=-0.001*x(1)*x(2);              %第一个微分方程
xdot1(2)=0.001*x(1)*x(2)-0.072*x(2);   %第二个微分方程
xdotl(3)=0.072*x(2);                    %第三个微分方程
xdot=xdot1';
```

运行上述程序后可得到如图 12-9 所示的曲线。

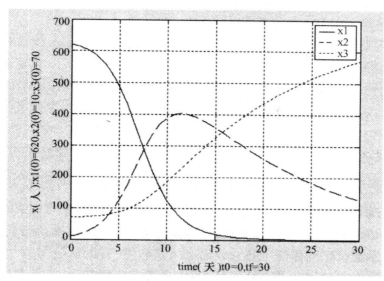

图 12-9　仿真病菌传染模型的结果

通过图 12-9 可以看出,随着时间的推移,受到病菌威胁的人数和被传染的病人数逐渐减少,而治愈的人数逐渐增加,这与病菌传染的医学统计结果吻合。

采用 Simulink 构模并仿真对于以系统结构图描述的数学模型是十分方便的,在大多数情况下,用户甚至不需要编制一条仿真程序就可以进行仿真。使用 Simulink 对系统进行仿真时,需要先在 Simulink 环境下打开一个空白模型窗口,依据系统结构图给定的环节和信号流程,从 Simulink 模块库的各个子库中选择相应的模块,并用鼠标左键将它们拖入模型窗口。最后通过双击选择的模块,设置需要的参数,并对各模块进行连接,进而构成需要的 Simulink 模型,即仿真结构图。完成 Simulink 模型的构建后,就需要设置仿真参数和选择 ODE 算法来保证仿真有效进行。

在完成了仿真参数的设置和 ODE 算法的选择后,就可以启动仿真。此时,Simulink 会自动将系统结构图转换成状态空间模型并调用所选择的算法进行计算。为了得到所需要的仿真结果,除可以直接采用 Scope 模块显示仿真结果曲线外,还可以将仿真结果数据传送到 MATLAB 工作空间中,利用 plot 函数绘制相应的图线。

【例 12-6】已知直流电机拖动系统如图 12-10 所示。

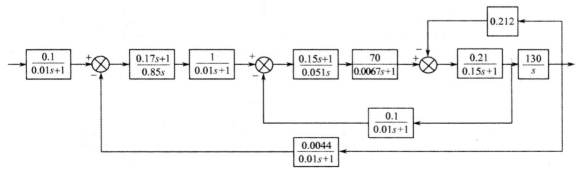

图 12-10　直流电机拖动系统

试研究外环 PI 控制器对系统阶跃响应的影响。

分析：构建如图 12-11 所示的系统 Simulink 模型。

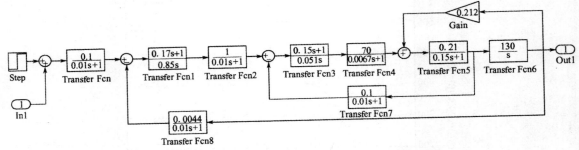

图 12-11　直流电机拖动系统的 Simulink 模型

启动仿真后，可以立即得出仿真结果，该结果将自动返回到 MATLAB 工作空间中，其中时间变量名默认为 tout，输出信号的变量名默认为 yout。在 MATLAB 命令窗中，运行指令

≫plot(tout,yout,'k');grid;

即可得到如图 12-12(a)所示的阶跃响应曲线。该曲线并不理想，且超调量较大。为此，可以将外环的 PI 控制器参数调整为 $\frac{as+1}{0.85s}$，并分别选择 $a=0.17,0.5,1,1.5$，从而得到如图 12-12(b) 所示的仿真曲线。可以看出，如果选择 PI 控制器为 $\frac{1.5s+1}{0.85s}$，就能够得到较为满意的控制效果。

Simulink 除了能将用系统结构图描述的数学模型进行建模仿真外，还可以用图形表示微分方程模型。

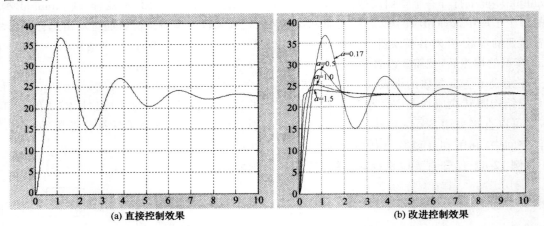

(a) 直接控制效果　　　　　　　　　　　　(b) 改进控制效果

图 12-12　直流电机拖动系统的阶跃响应

【例 12-7】已知某非线性系统的结构图如图 12-13 所示

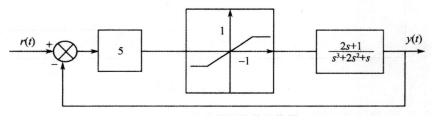

图 12-13　非线性系统的结构图

试求 r(t)＝2×1(t)时系统的动态响应。

分析:构建如图 12-14 所示系统的 simulink 模型。为了能够更加方便的研究问题,这里选择 User－Defined—Functions 子库中的 MATLABFcn 模块,并将参新 MATLAB Function 设置为 saturation—zone。

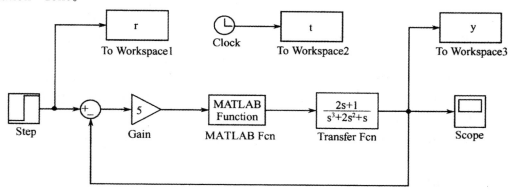

图 12-14　带有 M 函数的非线性系统的 Simulink 模型

接着编制如下 M 函数内容:

```
%saturation—zone 函数
function[uo]＝saturation_zone(ui)
if ui>＝1
  uo＝1;
elseif  ui<＝－1
  uo＝－1;
else
  uo＝yi;
end
```

启动仿真后即可得到如图 12-15 所示的仿真结果。

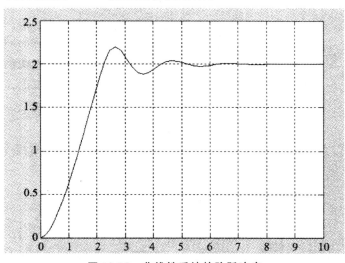

图 12-15　非线性系统的阶跃响应

2. 连续系统仿真的离散相似算法

前面介绍的各种数值积分算法都属于差分方程,使用这些差分方程仅可以计算出在各个离散时间点 t_k 处系统的近似解 y_k,即相当于对连续系统进行了离散化处理,把原来的连续系统模型近似等价为一个离散系统模型。从本质上讲,连续系统的数字仿真就是要找出一个与该系统等价的离散模型。因此,数值积分算法也是离散化算法,只不过其是从数值积分的角度出发,没有明确提出"离散"的概念。这里从连续系统离散化的角度出发,建立连续系统模型的等价离散化模型,并用采样系统的理论和方法来对另一种常用的仿真算法进行介绍。这种算法能够使连续系统在进行(虚拟的)离散化处理后仍保持与原系统"相似",因此常被称为离散相似算法。

离散相似算法与数值积分算法相比,其每步的计算量都很小,且稳定性也要好很多,因而允许采用较大的计算步长。但由于它通常只适合线性定常系统的仿真,因而具有一定的局限性。

由于连续系统既可以用状态空间模型来表示,也可以用传递函数来描述,因此,与连续系统等价的离散化模型可以通过下面两种途径获得。

1)对状态空间模型作离散化处理得到离散化状态空间模型,称为时域离散相似算法。

2)对传递函数进行离散化得到脉冲传递函数,称为 z 域离散相似算法。

这里仅对时域离散相似算法进行介绍。

连续系统的离散化是指在原连续系统的输入端、输出端分别加上虚拟的采样开关,使输入、输出信号离散化,此时得到的系统模型就是离散化模型。为了使输入信号 $u(t)$ 离散化后仍能保持原来的变化规律,则需要在输入采样开关后设置信号保持器(亦称为信号重构器),复现原输入信号 $u(t)$,其结构如图 12-16 所示。实际上,各种保持器是不可能完全不失真地复现输入信号的,因此,连续系统经过离散化后得到的模型具有一定的近似性,其近似程度与保持器的特点和采样周期有关。

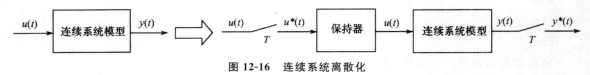

图 12-16 连续系统离散化

当用状态空间模型来表示连续系统时,则需要在状态方程的输入端、输出端分别加入虚拟的采样开关,并在输入采样开关后加上保持器,如图 12-17 所示。

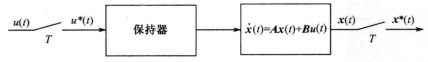

图 12-17 状态方程的离散化

下面对时域离散化模型进行推导。

假设设系统的状态空间模型为

$$\dot{x}(t) = Ax(t) + Bu(t) \tag{12-64}$$

$$y(t) = Cx(t) + Du(t) \tag{12-65}$$

对上述状态方程进行拉氏变换后即可得到

$$sX(s) - x(0) = AX(s) + BU(s) \tag{12-66}$$

从而得到

$$X(s)=(sI-A)^{-1}x(0)+(sI-A)^{-1}BU(s) \tag{12-67}$$

对式(12-67)进行拉氏变换,并利用卷积积分后即可得到

$$
\begin{aligned}
x(t) &= \mathrm{e}^{At}(0)+\int_0^t \mathrm{e}^{A(t-\tau)}Bu(\tau)\mathrm{d}\tau \\
&= \Phi(t)x(0)+\int_0^t \Phi(t-\tau)Bu(\tau)\mathrm{d}\tau
\end{aligned}
\tag{12-68}
$$

式中

$$\Phi(t)=\mathrm{e}^{At} \tag{12-69}$$

为系统的状态转移矩阵,常用于描述状态向量 $x(t)$ 由初始状态 $x(0)$ 向任一时刻 t 转移的特性。

式(12-68)是连续系统状态方程的解析解。下面对其进行离散化,以得到状态方程的离散化模型。

假设采样周期为 T,则状态向量 $x(t)$ 在 kT 及 $(k+1)T$ 两个相邻采样时刻的值可以已通过下列方式获取。

将 $t=(k+1)T$ 代入式(12-68),得

$$
\begin{aligned}
x[(k+1)T] &= \mathrm{e}^{A(k+1)T}x(0)+\int_0^{(k+1)T}\mathrm{e}^{A(kT+T-\tau)}Bu(\tau)\mathrm{d}\tau \\
&= \mathrm{e}^{AT}\left[\mathrm{e}^{AkT}x(0)+\int_0^{kT}\mathrm{e}^{A(kT-\tau)}Bu(\tau)\mathrm{d}\tau+\int_0^{(k+1)T}\mathrm{e}^{A(kT-\tau)}Bu(\tau)\mathrm{d}\tau\right]
\end{aligned}
$$

由式(12-68)得

$$x(kT)=\mathrm{e}^{AkT}x(0)+\int_0^{kT}Bu(\tau)\mathrm{d}\tau$$

此时即可得到

$$
\begin{aligned}
x[(k+1)T] &= \mathrm{e}^{AT}x(kT)+\mathrm{e}^{AT}\int_{kT}^{(k+1)T}\mathrm{e}^{A(kT-\tau)}Bu(\tau)\mathrm{d}\tau \\
&= \mathrm{e}^{AT}x(kT)+\int_{kT}^{(k+1)T}\mathrm{e}^{A[(k+1)T-\tau]}Bu(\tau)\mathrm{d}\tau
\end{aligned}
\tag{12-70}
$$

通过上述步骤即可得到两个相邻采样时刻 kT 和 $(k+1)T$ 处状态向量 $x(kT)$ 和 $x[(k+1)T]$ 之间的基本递推关系。对上式右端积分项中的输入向量 $u(t)$ 进行不同的处理,即可以得到不同的时域等价离散化模型。

MATLAB 的控制系统工具箱中提供了实现连续系统和离散系统之间相互转换的函数,其中最常用的就是将连续系统转换成离散系统的函数 c2d 和 c2dm,其调用格式分别为

[Ad,Bd]=c2d(A,B,T)

[Ad,Bd,Cd,Dd]= c2m(A,B,C,D,T,'method')

其中,c2d 用于将采用矩阵 A、B 描述的连续系统转换成离散系统,T 为离散化步长;c2dm 用于将采用矩阵 A、B、C、D 描述的连续系统按照指定的离散化方法转换成离散系统,其内包含的 method 为转换时所选用的离散化方法,常用的选项主要有:zoh、tustin、prewarp、matched 等。

此外,c2dm 函数还可以用于实现连续系统传递函数到离散系统脉冲传递函数之间的转换,调用格式为

[numd,dend]=c2dm(num,den,T,'method')

用于根据 method 所指定的转换方法,将由 num 和 den 描述的传递函数 $G(s)$ 转换成由

numd 和 dend 描述的脉冲传递函数 $G(z)$。

【例 12-8】已知非线性控制系统的结构图如图 12-18 所示。

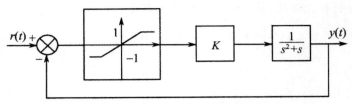

图 12-18　非线性控制系统结构图

试用时域离散相似算法研究其单位阶跃响应。

分析：该传递函数对应的状态空间模型为

$$y = \begin{bmatrix} 0 & 1 \end{bmatrix} \begin{bmatrix} x_1 \\ x_2 \end{bmatrix}$$

对该模型进行改造，即在其前面加上虚拟的采样开关和零阶保持器，得到的结果如图 12-19 所示。

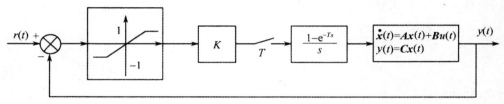

图 12-19　连续状态空间模型的离散化

此刻其对应的离散化空间模型为

$$x(k+1) = \Phi(T)x(k) + \Gamma(T)u(k)$$
$$y(k) = Cx(k)$$

式中

$$\Phi(T) = \begin{bmatrix} 1 & 0 \\ 1 - e^T & e^{-T} \end{bmatrix}$$

$$\Gamma(T) = \int_0^T \Phi(t-\tau)B\,d\tau = \begin{bmatrix} T \\ T - 1 - e^{-T} \end{bmatrix}$$

相应的仿真模型如图 12-20 所示。

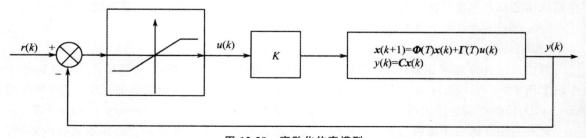

图 12-20　离散化仿真模型

这里采用如图 12-21 所示的 Simulink 模型，并将 Discrete State-Space 模块的 4 个参数 Parameters 分别设置为：a1,b1,c1,d1,Sample time 为 0.05，从而避免手工计算 $\Phi(T)$ 和 $\Gamma(T)$。

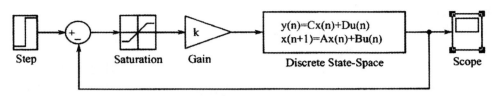

图 12-21　非线性控制系统的 Simulink 模型

在 MATLAB 命令窗口运行下列指令：

≫a＝[0 0;1 −1];b＝[1;0];c＝[0 1];d＝0;T＝0.05;

≫[a1,b1,c1,d1]＝c2dm(a,b,c,d,T,'zoh');

并分别输入 $K=1,10,30$。选择定步长的 discrete(no continuous states)算法，步长为 0.05。启动仿真后，就可以得到如图 12-22 所示的仿真结果。

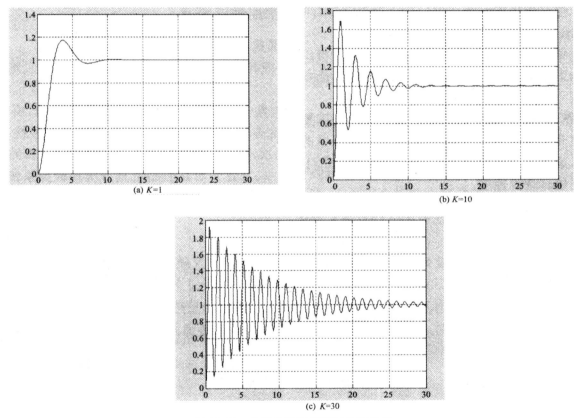

图 12-22　非线性控制系统的阶跃响应

3. 常用快速数字仿真算法

尽管使用数值积分算法和离散相似算法能够很方便的对控制系统进行仿真研究，特别是在 MATLAB/Simulink 环境下。但是，有时为了达到一定的计算精度，这些算法的计算量就会比较大，从在一定程度上限制仿真速度。而在实际应用中，通常都希望能尽可能快地获取仿真结果。这就构成了实际的快速需求和仿真速度之间的矛盾。当采用普通微型计算机对某些控制系统实施仿真时,就会使得这种矛盾变得非常突出,因此人们提出了快速仿真的需求。

一般快速数字仿真算法具有如下两点基本要求:

1)每步计算量要小。

2)算法具有良好的稳定性,允许采用较大的计算步长,同时又能保证必要的计算精度。

常用的快速数字仿真算法很多,由于它们各有优缺点,因此到现在还没有一种算法能够适用于所有问题。替换法、根匹配法能够减小仿真中附加信息的计算和处理,是应用比较广泛的两种快速数字仿真算法。

(1)替换法。

传递函数 $G(s)$ 是连续系统中最常见的数学模型。一般情况下,可将 $G(s)$ 转换成与之对应的脉冲传递函数 $G(s)$ 的方法有以下两种。

1)由 $G(s)$ 求出脉冲过渡函数 $g(t)$,然后按照公式

$$G(z) = \sum_{i=0}^{\infty} g(iT) z^{-i}$$

求出 $G(z)$。式中的 T 为采样周期。

2)将 $G(s)$ 展开成部分分式形式,然后通过查 Z 变换表求得 $G(z)$。

这两种方法对于高阶系统而言比较困难,因此应该尽量先找到一个由 $G(s)$ 直接转换成 $G(z)$ 的简便方法。

根据控制理论,s 域和 z 域之间的准确映射关系为

$$z = e^{Ts} \tag{12-71}$$

也可以是

$$s = \frac{1}{T} \ln z \tag{12-72}$$

式中,T 为采样周期或仿真时的步长。

对于式(12-72)所示的超越方程,如果直接将 $G(s)$ 中的变量 s 用 z 替换,由此得到的 $G(z)$ 也将是超越方程,很难由 $Y(z) = G(z)U(z)$ 得到一个关于变量 u 和 y 的线性差分方程。对于上述问题,使用替换法可以有效的解决。替换法的基本思想是:首先设法找到 s 域与 z 域之间的某种简单的映射关系

$$z = f(s) \tag{12-73}$$

然后将 $G(s)$ 中的变量 s 用 $s = f^{-1}(z)$ 替换,从而得到与 $G(s)$ 相对应的 $G(z)$。

对替换法的基本思想进行分析后即可得出,解决该问题的关键是找到一个与式(12-72)近似的比较简单的替换公式。下面用最常用的双线性变换法来解决这一问题。

首先将 $\ln z$ 展成无穷级数

$$\ln z = s \left[\frac{z-1}{z+1} + \frac{1}{3} \frac{(z-1)^3}{(z+1)^3} + \cdots + \frac{1}{(2m-1)} \frac{(z-1^{2m-1})}{(z+1)^{2m+1}} + \cdots \right] \tag{12-74}$$

如果只取该级数的第一项,则可以得到 s 域与 z 域之间一种近似映射关系

$$s = \frac{2}{T} \frac{z-1}{z+1} \tag{12-75}$$

或

$$z = \frac{1 + Ts/2}{1 - Ts/2} \tag{12-76}$$

利用式(12-75)将 s 平面上的传递函数 $G(s)$ 转换为 z 平面上的脉冲传递函数 $G(z)$,这种变换方法就是为双线性变换法(或 Tustin 法)。

相匹配是验证数学模型稳定性的重要依据。其基本原理是:如果被仿真系统的数学模型是稳定的,则其仿真模型也应该是稳定的,并且两者的瞬态、稳态特性一致。当对于同一输入信号,如果两者的输出具有相一致的时域特性,或者两者具有相一致的频率特性,则可以称仿真模型与原系统模型相匹配。

下面以相匹配原理为条件,对双线性变换法进行验证。

根据相匹配原理,当 $G(s)$ 稳定时,$G(z)$ 也应该是稳定的,由此需要对式(12-75)或式(12-76)的映射关系进行验证。

事实上,将

$$s = \sigma + \mathrm{j}\omega$$

代入式(12-76),得

$$z = \frac{1 + \dfrac{T}{2}(\sigma + \mathrm{j}\omega)}{1 - \dfrac{T}{2}(\sigma + \mathrm{j}\omega)}$$

即有

$$|z|^2 = \frac{\left(1 + \dfrac{T\sigma}{2}\right)^2 + \left(\dfrac{T\omega}{2}\right)^2}{\left(1 - \dfrac{T\sigma}{2}\right)^2 + \left(\dfrac{T\omega}{2}\right)^2} \tag{12-77}$$

由式(12-77)可知,若 $\sigma = 0$,即 $s = \mathrm{j}\omega s$,则 $|z| = 1$;若 $\sigma > 0$,则 $|z| > 1$;若 $\sigma < 0$,则 $|z| < 1$。因而双线性变换法将左半 s 平面映射到 z 平面的单位圆内,如图 12-23 所示。也就是说,如果原来系统的传递函数 $G(s)$ 是稳定的,则通过双线性变换法得到的脉冲传递函数 $G(s)$ 也一定是稳定的。

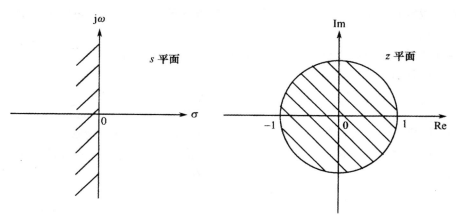

图 12-23　双线性变换的映射

由于双线性变换后的稳态增益不变,因此可以假设连续系统的传递函数为

$$G(s) = \frac{b_{n-m}s^m + \cdots + b_n}{s^n + a_1 s^{n-1} + \cdots + a_n}$$

其稳态增益为 b_0/a_0。若对 $G(s)$ 进行双线性变换,则有

$$G(z) = \frac{b_{n-m}\left(\dfrac{2}{T}\dfrac{z-1}{z+1}\right)^m + \cdots + b_n}{\left(\dfrac{2}{T}\dfrac{z-1}{z+1}\right)^n + a_1\left(\dfrac{2}{T}\dfrac{z-1}{z+1}\right)^{n-1} + \cdots + a_n}$$

这样，$G(z)$ 的稳态增益仍然是 b_n/a_n。

此外，由于双线性变换法具有一定的精度，因此这里可设方程

$$\dot{y} = u \tag{12-78}$$

即

$$G(s) = \frac{Y(s)}{U(s)} = \frac{1}{s} \tag{12-79}$$

将式(12-75)代入式(12-79)，得

$$G(z) = \frac{Y(z)}{U(z)} = \frac{T}{2}\frac{1+z^{-1}}{1-z^{-1}} \tag{12-80}$$

得到差分方程

$$\begin{aligned} y(k) &= y(k-1) + \frac{T}{2}\left[u(k) + u(k-1)\right] \\ &= y(k-1) + \frac{T}{2}\left[\dot{y}(k) + \dot{y}(k-1)\right] \end{aligned} \tag{12-81}$$

由此可以得出，双线性变换法符合相匹配原理，是一种具有一定计算精度的绝对稳定算法，适合于以分子、分母多项式形式描述的 $G(s)$。

(2)根匹配法。

根匹配法与替换法一样，也是一种从系统传递函数 $G(s)$ 直接推导出脉冲传递函数 $G(z)$ 的方法。同时，也是根据相匹配原理提出的又一种常用的快速仿真算法。

根匹配法的基本思想是：使离散化模型的瞬态特性和稳态特性与原连续系统模型的对应特性保持一致。具体地说，就是要使离散化后所得脉冲传递函数的零点和极点与原连续系统传递函数的零点和极点相匹配，即根匹配法适合于以零、极点形式描述的 $G(s)$。因此，这种算法也被称为零极点匹配法。

用根匹配法对连续系统进行离散化，求取仿真模型的步骤如下：

1)将系统的传递函数写成零、极点形式

$$G(s) = \frac{Y(s)}{U(s)} = \frac{K(s-z_1)(s-z_2)\cdots(s-z_m)}{(s-p_1)(s-p_2)\cdots(s-p_n)} \quad n \geqslant m \tag{12-82}$$

2)利用 s 域和 z 域之间的准确映射关系 $z = e^{Ts}$ 在 z 平面上一一对应地确定零、极点的位置。

对于由式(12-82)表示的系统，与 $z_1, z_2, \cdots, z_m$ 相对应的零点为 $e^{Tz_1}, e^{Tz_2}, \cdots e^{Tz_m}$，与 $p_1, p_2, \cdots, p_n$ 相对应的极点为 $e^{Tp_1}, e^{Tp_2}, \cdots, e^{Tp_n}$。于是，有

$$G(z) = \frac{K_z(z-e^{Tz_1})(z-e^{Tz_2})\cdots(z-e^{Tz_m})}{(z-e^{Tp_1})(z-e^{Tp_2})\cdots(z-e^{Tp_n})} \tag{12-83}$$

3)在 $G(z)$ 的分子上配上 $n-m$ 个附加零点，使 $G(z)$ 的分子多项式和分母多项式的阶次相同。当 $n-m$ 个零点位于 s 平面上负实轴的无穷远处时，$s = -\infty$，由此可知，z 平面上相应的零点为 $z = e^{-T\infty} = 0$，即应陪在原点处，此时其所对应的脉冲传递函数为

$$G(z) = \frac{K_z(z-e^{Tz_1})(z-e^{Tz_2})\cdots(z-e^{Tz_m})z^{n-m}}{(z-e^{Tp_1})(z-e^{Tp_2})\cdots(z-e^{Tp_n})} \tag{12-84}$$

　　4）根据 $G(s)$ 的特征确定 K_z。常用的方法有两种：一种是选择适当的输入信号，应用终值定理，分别确定连续系统模型 $G(s)$ 和离散化仿真模型 $G(z)$ 的终值，然后根据终值（不等于零或无穷大）相等的原则确定 $G(z)$ 的增益 K_z；另一种是使由 $G(s)$ 和 $G(z)$ 分别得到的频率特性在某一临界频率处相同，从而确定 K_z。通常，对于低通滤波器而言，应使其低频增益相同；而对于带通滤波器，则应使中频增益相同。

　　5）根据得到的 $G(z)$，对 $Y(z) = G(z)U(z)$ 两边取 Z 反变换，即可得到便于计算机递推计算的差分方程。

　　【例 12-9】 已知二阶系统的传递函数为

$$G(s) = \frac{Y(s)}{U(s)} = \frac{\omega_n^2}{s^2 + 2\zeta\omega_n s + \omega_n^2} \quad 0 < \zeta < 1$$

试用根匹配法求其离散化模型。

　　分析：将原系统的传递函数写成零、极点形式

$$G(s) = \frac{\omega_n^2}{(s - p_1)(s - p_2)}$$

式中

$$p_{1,2} = -\zeta\omega_n \pm j\omega_n\sqrt{1 - \zeta^2}$$

根据 s 域和 z 域之间的准确映射关系 $z = e^{Ts}$，得到 z 平面上的两个极点为

$$z_1 = e^{Tp_1} = e^{-\zeta\omega_n T} e^{j\omega_n T\sqrt{1-\zeta^2}}$$

$$z_2 = e^{Tp_2} = e^{-\zeta\omega_n T} e^{-j\omega_n T\sqrt{1-\zeta^2}}$$

　　由于原系统有两个无穷远处的零点，相应地，也应该在 z 平面上配上两个原点处的零点，则对应的脉冲传递函数为

$$
\begin{aligned}
G(z) &= \frac{K_z z^2}{(z - e^{-\zeta\omega_n T} e^{j\omega_n T\sqrt{1-\zeta^2}})(z - e^{-\zeta\omega_n T} e^{-j\omega_n T\sqrt{1-\zeta^2}})} \\
&= \frac{K_z z^2}{z^2 - e^{-\zeta\omega_n T}(e^{j\omega_n T\sqrt{1-\zeta^2}} + e^{-j\omega_n T\sqrt{1-\zeta^2}})z + e^{-2\zeta\omega_n T}} \\
&= \frac{K_z z^2}{z^2 - 2e^{\zeta\omega_n T}\cos(\omega_n T\sqrt{1-\zeta^2})z + e^{-2\zeta\omega_n T}}
\end{aligned}
$$

式中

$$y(\infty) = \lim_{s \to 0} s G(s) \frac{1}{s} = 1$$

$$y(\infty) = \lim_{z \to 1} \frac{z-1}{z} G(z) \frac{z}{z-1} = \frac{K_1}{1 - a + b}$$

根据终值定理即可分别求出单位阶跃响应输入作用下的终值为

$$a = 2e^{-\zeta\omega_n T}\cos(\omega_n T\sqrt{1-\zeta^2})$$

$$b = e^{-2\zeta\omega_n T}$$

　　令两终值相等，即可得到

$$\frac{K_z}{1 - a + b} = 1$$

由此

$$K_z = 1 - a + b$$

最后得到离散化模型为

$$G(z) = \frac{(1-a+b)z^2}{z^2 - az + b} = \frac{1-a+b}{1 - az^{-1} + bz^{-2}}$$

对应的差分方程为

$$y(k) = ay(k-1) - by(k-2) + (1-a+b)u(k)$$

在根匹配法中,当原系统模型 $G(s)$ 稳定时,则它的全部极点都位于左半 s 平面,此时所得的离散化模型 $G(z)$ 在 z 平面上的极点 $e^{Tp_1}, e^{Tp_2}, \cdots, e^{Tp_n}$ 的模必然均小于 1,即它们都在单位圆内。由此可以判断得到的 $G(z)$ 也一定是稳定的,与之对应的差分方程也是稳定的。也就是说,根匹配法是一种绝对稳定的算法,允许采用大步长。

4. 实时数字仿真算法

实时数字仿真是指把一个数字仿真过程嵌入到一个具有实物模型的实际系统或仿真系统的运行过程中。随着科学研究和大型工程设计的发展,以及计算机技术迅速发展,实时数字仿真已经在航天、航空、核工业、电子、电力、化工等领域中得到了广泛的应用。

一般的实时仿真都有实物或人员介入仿真中,这就要求仿真模型的时间比例尺必须完全等于原始模型的时间比例尺,因此,必须采用相应的实时仿真算法。实时仿真算法应该是一种能够快速仿真算法,但并不是所有的快速算法都适用于实时仿真。适合于对该系统进行实时仿真的算法一般应该具有如下特点。

1)允许采用大步长:在进行实时仿真时,要求在一个固定的时间间隔内将系统中所有的方程都计算一次,以获得下一时刻的输出。此时,如果系统比较复杂或者阶次较高,选用的仿真算法所要求的步长 h 比较小,就会对计算机的速度提出更高的要求。因此,选择算法应能采用大步长。

2)算法中使用的信息应与实施输入一致:是指算法中所用到的输入信息都应该是数字处理过程已经从实物系统或其他过程获取的,在计算时决不允许使用还没有获取到的信息。

下面是一些常用的试试数学仿真算法,其中对一些不满足实时要求的常用算法已经进行了适当的改进。

(1)Adams-Bashforth(AB)型算法。

1)欧拉法:

$$y_{k+1} = y_k + hf_k \tag{12-85}$$

2)AB2 法:

$$y_{k+1} = y_k + \frac{h}{2}(3f_k - f_{k-1}) \tag{12-86}$$

3)AB3 法:

$$y_{k+1} = y_k + \frac{h}{12}(23f_k - 16f_{k-1} + 5f_{k-2}) \tag{12-87}$$

4)AB4 法:

$$y_{k+1} = y_k + \frac{h}{24}(55f_k - 59f_{k-1} + 37f_{k-2} - 9f_{k-3}) \tag{12-88}$$

当采样周期 T 时,这些 AB 型算法在一个计算步长中只需要采样输入信息 u_k 并计算一次右端函数 f。因此,这些算法所用的信息与实时输入是一致的,同时算法的计算量也比较小。但是,这些算法的稳定区域却比较小。

（2）Adams-Moulton（AM）型算法。

1）RTAM2 法：

$$\begin{cases} y_{k+\frac{1}{2}}^{(0)} = y_k + \dfrac{h}{8}(5f_k - f_{k-1}) \\ y_{k+1} = y_k + h f_{k+\frac{1}{2}}^{(0)} \end{cases} \tag{12-89}$$

式中

$$f_{k+\frac{1}{2}}^{(0)} = f\left(t + \dfrac{h}{2}, y_{k+\frac{1}{2}}^{(0)}, u_{k+\frac{1}{2}}\right) \tag{12-90}$$

2）RTAM3 法：

$$\begin{cases} y_{k+\frac{1}{2}}^{(0)} = y_k + \dfrac{h}{24}(17f_k - 7f_{k-1} + 2f_{k-2}) \\ y_{k+1} = y_k + \dfrac{h}{18}(20 f_{k+\frac{1}{2}}^{(0)} - 3f_k + f_{k-1}) \end{cases} \tag{12-91}$$

上述算法属于预估—校正法。取采样周期 $T = \dfrac{h}{2}$,则在一个步长中需要采样输入信息为 u_k 和 $u_{k+\frac{1}{2}}$,并且需要计算 2 次右端函数 f。这样,AM 型算法的计算量为 AB 型算法的 2 倍。但是,AM 型算法的稳定区域比同阶的 AB 型算法大,并且局部截断误差系数也小于 AB 型算法。

（3）实时龙格-库塔（RK）型算法。

1）RTRK1 法：

$$y_{k+1} = y_k + h f(t_k, y_k, u_k) \tag{12-92}$$

2）RTRK2 法：

$$\begin{cases} y_{k+1} = y_k + h k_2 \\ k_1 = f(t_k, y_k, u_k) \\ k_2 = f\left(t_k + \dfrac{1}{2}h, y_k + \dfrac{1}{2}h k_1, u_{k+\frac{1}{2}}\right) \end{cases} \tag{12-93}$$

3）RTRK3 法：

$$\begin{cases} y_{k+1} = y_k + \dfrac{h}{4}(k_1 + 3k_3) \\ k_1 = f(t_k, y_k, u_k) \\ k_2 = f\left(t_k + \dfrac{1}{3}h, y_k + \dfrac{1}{3}h k_1, u_{k+\frac{1}{3}}\right) \\ k_3 = f\left(t_k + \dfrac{2}{3}h, y_k + \dfrac{2}{3}h k_1, u_{k+\frac{2}{3}}\right) \end{cases} \tag{12-94}$$

4）RTRK4 法：

$$\begin{cases} y_{k+1} = y_k + h \sum_{i=1}^{5} W_i k_i \\ k_i = f\left[t_n + c_i h, y_k + h \sum_{j=1}^{i=1} a_{ij} k_j, u(t_n + c_i h)\right] \\ c_i = \dfrac{i-1}{5} \\ i = 1, 2, 3, 4, 5 \end{cases} \tag{12-95}$$

式中，各个系数如表 12-2 所示。

表 12-2　具有最大稳定域的 RTRK4 法公式系数

$W_1 = -0.3895840010618859$	$W_2 = 2.016669337580876$	$W_3 = 2.295837339704645$
$W_4 = 1.600002670914207$	$W_5 = 0.06874933227144853$	$a_{21} = 0.200000000000000$
$a_{21} = 0.116608888352802$	$a_{31} = 0.2833911116472029$	$a_{41} = 0.1064391744636587$
$a_{42} = 0.4693967207498229$	$a_{43} = 0.2370424537172643$	$a_{51} = 0.118887936942095$
$a_{52} = 7.076287330024726$	$a_{53} = 11.0232541991851\ 1$	$a_{54} = 4.865854806102476$

（4）外推法。

利用外推法满足实时要求就是根据已经获取的 u 的采样值，利用插值公式外推下一时刻的 u_{k+1}。

外推法特别适合于如双线性变换法、根匹配法这些在计算 y_{k+1} 时一定要用到 u_{k+1} 的算法。当然，在外推计算 u_{k+1} 时会引入附加误差。

外推算法很多，下面是几个常用的外推算法公式（其中，$a > 0$）。

$$\tilde{u}_{k+a} = u_k + \alpha(u_k - u_{k-1}) \tag{12-96}$$

$$\tilde{u}_{k+a} = u_k + \alpha h \dot{u}_k \tag{12-97}$$

$$\tilde{u}_{k+a} = \left(1 + \frac{3}{2}\alpha + \frac{1}{2}\alpha^2\right)u_k - (2\alpha + \alpha^2)u_{k-1} + \left(\frac{1}{2}\alpha + \frac{1}{2}\alpha^2\right)u_{k-2} \tag{12-98}$$

$$\tilde{u}_{k+a} = (1 - \alpha^2)u_k + \alpha^2 u_{k-1} + (\alpha + \alpha^2)h\dot{u}_k \tag{12-99}$$

12.3.2　连续系统频率特性的数字仿真

在使用频率法对系统进行分析和设计时，其基本思路就是通过系统开环频率特性的分析，对系统闭环频率特性和性能指标进行估计。

假设有如图 12-24 所示的一闭环系统，其开环传递函数可写为

$$G(s)H(s) = \frac{K \prod\limits_{i=1}^{k_1}(T_{z_i}s + 1) \prod\limits_{i=1}^{k_2}\left(\dfrac{s^2}{\omega_{z_i}^2} + 2\zeta_{z_i}\dfrac{s}{\omega_{z_i}} + 1\right)}{S^\lambda \prod\limits_{j=1}^{k_3}(T_{p_j}s + 1) \prod\limits_{j=1}^{k_4}\left(\dfrac{s^2}{\omega_{p_j}^2} + 2\zeta_{p_j}\dfrac{s}{\omega_{p_j}} + 1\right)} \tag{12-100}$$

式中，λ 为积分环节的阶数；K 为开环增益；K_1，K_2，K_3，K_4 为阶和二阶环节的个数；T_{p_j}，T_{z_i} 为一阶环节时间常数；ω_{p_j}，ζ_{p_j}，ω_{z_i}，ζ_{z_i} 为二阶环节固有频率及阻尼比。

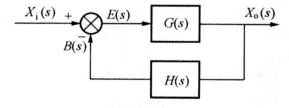

图 12-24　系统方框图

开环幅频特性为

$$|G(j\omega)H(j\omega)| = \frac{K \prod\limits_{i=1}^{k_1} \sqrt{1+T_{z_i}^2\omega^2} \prod\limits_{i=1}^{k_2} \sqrt{\left(1-\dfrac{\omega^2}{\omega_{z_i}^2}\right)^2 + \left(\dfrac{2\zeta_{z_i}\omega}{\omega_{z_i}}\right)^2}}{\omega^\lambda \prod\limits_{j=1}^{k_3} \sqrt{1+T_{p_j}^2\omega^2} \prod\limits_{j=1}^{k_4} \sqrt{\left(1-\dfrac{\omega^2}{\omega_{p_j}^2}\right)^2 + \left(\dfrac{2\zeta_{p_j}\omega}{\omega_{p_j}}\right)^2}} \tag{12-101}$$

或

$$L(\omega) = 20\lg|G(j\omega)H(j\omega)|$$

$$= 20\lg K + \sum_{i=1}^{K_1} 10\lg(1+T_{z_i}^2\omega^2) + \sum_{i=1}^{K_1} 10\lg\left[\left(1-\frac{\omega^2}{\omega_{z_i}^2}\right)^2 + \left(\frac{2\zeta_{z_i}\omega}{\omega_{z_i}}\right)^2\right]$$

$$- 20\lambda\lg\omega + \sum_{j=1}^{K_3} 10\lg(1+T_{p_j}^2\omega^2) + \sum_{j=1}^{K_4} 10\lg\left[\left(1-\frac{\omega^2}{\omega_{p_j}^2}\right)^2 + \left(\frac{2\zeta_{p_j}\omega}{\omega_{p_j}}\right)^2\right] \tag{12-102}$$

开环相频特性为

$$\varphi(\omega) = \sum_{i=1}^{K_1} \arctan(T_{z_i}\omega) + \sum_{i=1}^{K_2} \arctan\left[\frac{2\zeta_{z_i}\dfrac{\omega}{\omega_{z_i}^2}}{1-\dfrac{\omega^2}{\omega_{z_i}^2}}\right] \tag{12-103}$$

$$- \lambda\cdot\frac{\pi}{2} - \sum_{j=1}^{K_3} \arctan(T_{p_j}\omega) - \sum_{j=1}^{K_4} \arctan\left[\frac{2\zeta_{p_j}\dfrac{\omega}{\omega_{p_j}^2}}{1-\dfrac{\omega^2}{\omega_{p_j}^2}}\right]$$

则计算闭环系统频域性能指标的具体步骤如下。

(1)相位余量 γ。

当 $|G(j\omega)H(j\omega_c)|=1$ 或 $L(\omega_c)=0$ 时

$$\gamma = 180° + \varphi(\omega_c) \tag{12-104}$$

(2)幅值余量 K_g。

当 $\varphi(\omega_g) = -180°$ 时

$$K_g = \frac{1}{|G(j\omega_g)H(j\omega_g)|} \tag{12-105}$$

(3)谐振峰值 M_r 及谐振频率 ω_r。

闭环频率特性为

$$M(j\omega) = \frac{C(j\omega)}{R(j\omega)} = \frac{G(j\omega)}{1+G(j\omega)H(j\omega)} = \frac{G(j\omega)H(j\omega)}{1+G(j\omega)H(j\omega)} \times \frac{1}{H(j\omega)} \tag{12-106}$$

若令 $G(j\omega)H(j\omega)=\mathrm{Re}(\omega)+j\mathrm{Im}(\omega)$，则

$$M(\omega) = \left|\frac{C(j\omega)}{R(j\omega)}\right| = \left|\frac{\mathrm{Re}(\omega)+j\mathrm{Im}(\omega)}{1+\mathrm{Re}(\omega)+j\mathrm{Im}(\omega)}\right| \times \left|\frac{1}{H(j\omega)}\right|$$

$$= \sqrt{\frac{\mathrm{Re}(\omega)^2+\mathrm{Im}(\omega)^2}{(1+\mathrm{Re}(\omega))^2+\mathrm{Im}(\omega)^2}} \times \frac{1}{H(j\omega)} \tag{12-107}$$

$$\angle M(j) = \angle\frac{C(j\omega)}{R(j\omega)} = \arctan\frac{\mathrm{Im}(\omega)}{\mathrm{Re}(\omega)} - \arctan\frac{\mathrm{Im}(\omega)}{\mathrm{Re}(\omega)+1} - \angle H(j\omega) \tag{12-108}$$

改变 ω 的值,即可近似求得 ω_r 及 M_r。

(4)截止频率 ω_b。

$$20\lg M(\omega_b) = 20\lg M(0) - 3(\text{dB}) \qquad (12\text{-}109)$$

由以上的基本公式,即可设计系统频率特性的计算流程图如图 12-25 所示。

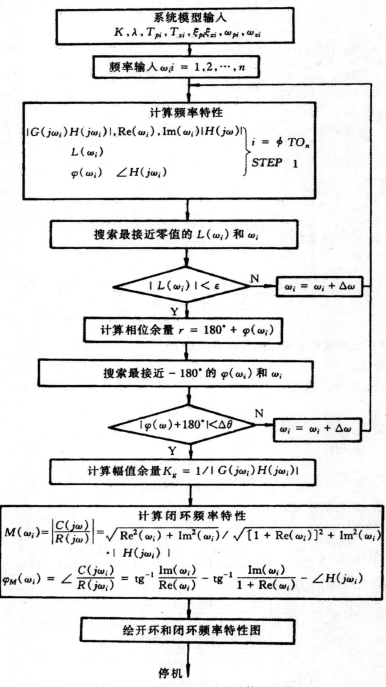

图 12-25　系统频率特性的计算流程图

选择频率 ω 时应注意以下几点：

1）起始频率 ω_0 应小于最低转折频率 ω_T，通常可取 $\omega_0 = \omega_T/100$；上限频率可以 $L(\omega) \leqslant -(60\sim80)\text{dB}$ 确定。ω 的增加在低频段应缓慢，在高频段可以倍频增加。

2）在转折频率附近，频率 ω 变化应小。

3）为了准确计算相位余量和幅值余量，在 $L(\omega)$ 接近零到 $\varphi(\omega)$ 接近 $-180°$ 这一段，频率 ω 变化应尽量小，以保证较精确找到 ω_c 和 ω_g，使 $L(\omega_c)\approx0$ 和 $\varphi(\omega_g)\approx180°$。

12.3.3 连续系统根轨迹的数字仿真

尽管根轨迹法是控制系统分析与设计的重要方法之一，但是由于它需要通过人工来绘制高阶系统的根轨迹，因此相对困难了一些。本节重点以半平面搜索法为例来介绍计算机绘制根轨迹的基本原理与方法。

1. 半平面搜索法求根轨迹的基本原理

根轨迹具有与实轴对称的性质，也就是说，只要能求出根平面（s 平面）上半平面的根轨迹，就可对应的绘出下半平面的根轨迹。半平面搜索法是指用计算机沿着与虚轴平行的直线上（s 上半平面），按一定规律搜索这些直线与根轨迹的交点，连接这些交点，从而得到要求的根轨迹。

假设一反馈控制系统的开环传递函数为

$$G(s)H(s) = K\frac{(s-z_1)(s-z_2)\cdots(s-z_m)}{(s-p_1)(s-p_2)\cdots(s-p_n)}$$

$$= K\frac{\prod_{i=1}^{m}(s-z_i)}{\prod_{j=1}^{n}(s-p_j)} \tag{12-110}$$

已知系统的特征方程为 $1+G(s)H(s)=0$，则根据绘制根轨迹的基本条件——幅角条件和幅值条件，可得

$$\frac{\prod_{i=1}^{m}|(s-z_i)|}{\prod_{i=1}^{m}|(s-p_j)|} = \frac{1}{K} \tag{12-111}$$

$$\angle G(s)H(s) = \sum_{i=1}^{m}\angle(s-z_i) - \sum_{j=1}^{m}\angle(s-p_j) = (2K+1)\pi$$
$$(k=\pm0,1,2,\cdots) \tag{12-112}$$

由于上式中的 z_i 和 p_j 一般为复数，则可假设开环零点和开环极点为

$$\left.\begin{array}{l}z_i = \text{Re}(z_i)+\text{jlm}(z_i)\\p_j = \text{Re}(p_j)+\text{jlm}(p_j)\end{array}\right\} \tag{12-113}$$

此时若复数 $s_1 = \text{Re}(s_1)+\text{jlm}(s_1)$ 是闭环特征方程的根，即根轨迹上的点，则它应满足上述幅角条件和幅值条件。零点 z_i，极点 p_j 到点 s_1 的模和幅角可由以下公式求出：

$$|s_1-z_i| = \sqrt{[\text{Re}(s_1)-\text{Re}(z_i)]^2+[\text{lm}(s_1)-\text{lm}(z_i)]^2} \tag{12-114}$$

$$|s_1-p_j| = \sqrt{[\text{Re}(s_1)-\text{Re}(p_j)]^2+[\text{lm}(s_1)-\text{lm}(p_j)]^2} \tag{12-115}$$

此外,在计算幅角时需要考虑以下两种不同的情况。

(1)当零点 z_i 和极点 p_i 在 s_1 的左边时

$$\angle(s_1 - z_i) = \arctan \frac{\operatorname{lm}(s_1) - \operatorname{lm}(z_j)}{||s_1 - z_i|} \tag{12-116}$$

$$\angle(s_1 - p_j) = \arcsin \frac{\operatorname{lm}(s_1) - \operatorname{lm}(p_j)}{|s - p_j|} \tag{12-117}$$

(2)当零点 z_i 和极点 p_i 在 s_1 的右边时

$$\angle(s_1 - z_i) = \pi - \arcsin \frac{\operatorname{lm}(s_1) - \operatorname{lm}(z_i)}{|s_1 - z_i|} \tag{12-118}$$

$$\angle(s_1 - p_j) = \pi - \arcsin \frac{\operatorname{lm}(s_1) - \operatorname{lm}(p_j)}{|s_1 - p_j|} \tag{12-119}$$

需要特别注意的是,从开环零点和极点到 s_1 的幅角,均是以逆时针方向为正值的,如图 12-26 所示。

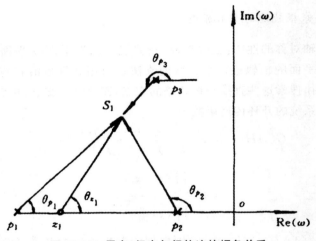

图 12-26　零点、极点与根轨迹的幅角关系

把式(12-112)改写成如下判别式:

$$\Delta\theta(s_1) = \left[\sum_{i=1}^{n}(s_1 - z_i) - \sum_{j=1}^{m}(s_1 - p_j)\right] - (2k+1)\pi \tag{12-120}$$

通过上述分析可以,求取根轨迹上点的方法如下:选一个试验点 $s_1 = \operatorname{Re}(s_1) + j\operatorname{lm}(s_1)$,由式 (12-119)可求出 $\Delta\theta(s_1)$。若为 $\Delta\theta(s_1)$ 零或趋近于零,则试验点 s_1 就是根轨迹上的点。由于 $\Delta\theta(s_1)$ 不可能绝对为零,其可取一很小的正数 ε(计算精度),当 $|\Delta\theta(s_1)| \leqslant \varepsilon$ 时,就可以认为 s_1 是根轨迹上的点。如果 $|\Delta\theta(s_1)| > \varepsilon$,则 s_1 不是根规迹上的点,此时需要改变试验点 s_1 的值。

求出根轨迹上的点 s_1 之后,由式(12-114)、式(12-115)及式(12-111),即可求出与 s_1 点对应的增益 K。

2. 用半平面搜索法求根轨迹的方法

如图 12-27 所示,根据开环传递函数的特点和具体要求,确定求取根轨迹的搜索范围,即沿实轴方向从 x_1 到 x_n,沿虚轴方向从 0 到 y_n。图中 H_x 为与虚轴平行的等间距直线簇的间距,H_y 为与实轴平行的等间距直线簇的间距,而直线簇的交点就是求取根轨迹的试验点,其中 H_x 和 H_y 又可称为搜索步距。

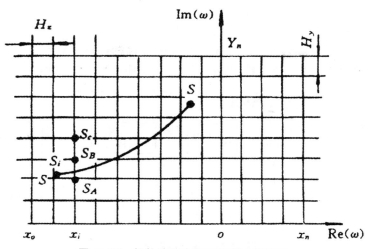

图 12-27　根轨迹的半平面搜索法示意图

从图 12-27 中可以看出,曲线 ss 为一条根轨迹,s_i 为根轨迹上的点,S_A 点、S_B 点和 S_C 点为与虚轴平行的直线 $Re=x_i$ 上的三个试验点。当沿虚轴方向搜索时,若点 S_A 为初选试验点,首先根据幅角计算公式(12-120)求出 $\Delta\theta(A_A)$。但是,由于点 S_A 并不是根轨迹上的点,所以 $|\Delta\theta(S_A)|>\varepsilon$,沿虚轴方向搜索并步进到 S_B 点,同样可知 $|\Delta\theta(S_B)|>\varepsilon$。由于根轨迹 SS 是从点 S_A 和点 S_B 之间穿过,因此 $\Delta\theta(A_A)$ 和 $\Delta\theta(S_B)$ 一定异号,由此就可以可判定点 S_i 一定在点 S_A 和点 S_B 之间。采用"对分逼近法"选择一个新试验点 S'_i,重新对 $\Delta\theta(S'_i)$ 进行计算,若 $|\Delta\theta(S'_i)|<\varepsilon$,$S'_i$ 为根轨迹上的点。若 $|\Delta\theta(S'_i)|>\varepsilon$,则可根据值的符号判断根轨迹是在 S'_i 和 S_A 点之间还是 S'_i 和 S_B 点之间,再用"对分逼近法"选择新试验点 S_i^2。对上述步骤进行重复,直到求出满足 $|\Delta\theta(S_i^n)|<\varepsilon$ 的试验点 S_i^n 为止,此时点 S_i^n 即为根轨迹上的点 S_i。求出点 S_i 后,继续沿虚轴方向从点 S_B 步进到点 S_C,由于点 S_B 和点 S_C 之间没有根轨迹,所以 $\Delta\theta(S_B)$ 与 $\Delta\theta(S_C)$ 同号。在搜索过程中,$\Delta\theta(S)$ 是否改变符号是判别在搜索方向上是否存在根轨迹点的条件。求根轨迹点的搜索顺序是:先沿实轴方向前进一个步距 H_x,然后沿虚轴方向步进搜索(步距 H_y)直到给定的搜索范围,然后再沿实轴方向前进一个步距 H_x,再沿虚轴方向搜索,直至全部搜索完为止。

在上述整个搜索过程中,为了避免漏掉垂直于实轴的根轨迹,当沿实轴方向步进时,同样需要判别在试验点 $(x,y+H_y)$ 与试验点 $(x+H_x,y)$ 之间是否异号,若异号,则用"对分逼近法"求出这两点之间的根轨迹点。

求出根轨迹上的点后,就可由式(12-111)求出增益 K,并调用绘图子程序绘制成根轨迹图。

当系统开环传递函数是以多项式之比的形式出现时,可以选择"多项式求根"程序,将其转换成式的形式。

12.4　采样控制系统的数字仿真

12.4.1　采样控制系统数字仿真概述

采样控制系统也称采样数据系统,它使用数字计算机或数字控制器作为系统的控制器,对连续的被控制对象进行控制的一类动态系统。在这类系统中,有一个或多个变量仅在采样的瞬时变化(这些瞬时可以以 kT 或 t_k 来表示，$k=0,1,2,\cdots$)，在这些瞬时上，可以对某些物理量进行测量，或者由数字计算机的存储器中进行读出。而两个采样瞬时之间的时间间隔，一般选择得比较短，因此可以用简单的插值法来近似的描述这些采样瞬时之间的数据。

用数字计算机或数字控制器来进行控制的系统是一个典型的采样控制系统，如图 12-28 所示。

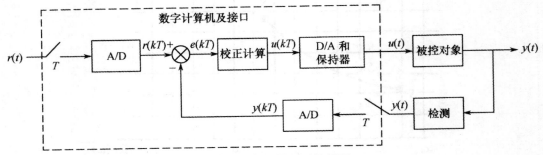

图 12-28　采样控制系统框图

由图 12-28 可知，在这个系统中输入量及输出量经过采样开关及 A/D 转换器后输入到计算机，然后在计算机中进行某种运算(如比较出差值)，然后对差值作比例、积分、微分运算，作各种优化计算等，最后由计算机将运算结果输出，并经过 D/A 转换及保持器，再施加给控制对象。如果计算机运算速度相当快，可忽略计算时间，此时计算机入口与出口的三只采样开关就可以认为是同步的。

若忽略量化误差，图 12-28 可等效为图 12-29(设检测环节的传递函数为 1)。

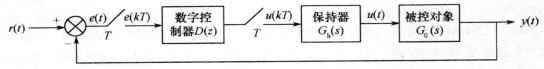

图 12-29　采样控制系统等效图

上述采样控制系统有别于连续控制系统的重要特点形成了采样控制系统数字仿真不同于连续系统数字仿真的特殊问题。一般来说，采样控制系统仿真有以下两个特殊问题。

(1)分别处理连续部分和离散部分以建立仿真模型。

当采样控制系统工作在真实的离散状态下时，可应用连续系统离散相似算法，根据保持器 $G_h(s)$ 的特性，建立连续被控对象 $G_0(s)$ 的离散化状态方程或差分方程。

离散部分(数字控制器)的脉冲传递函数 $D(z)$ 则可以直接转换为对应的差分方程或离散状态方程。

(2)采样周期与计算步长。

采样周期 T 是根据被控对象的反应快慢而事先设计的采样控制系统的重要参数。由连续系统仿真方法可知，每一种仿真算法均应按照选定的计算步长进行计算。当采用离散相似算法时，连续部分离散化模型的精度同步长 h 密切相关，每经过一个步长 h，就完成一次相应状态变量的计算。为了提高精度，应选择较小的离散化时的步长 h(虚拟采样周期)。此外，由于采样控制系统中离散部分(数字控制器 $D(z)$)的模型是未作近似的差分方程，其每经过一个实际的采样周期 T 计算一次。以图 12-30 所示的采样控制系统为例，为了达到协调离散部分 $D(z)$ 和连续部分 $G_h(s)$、$G_0(s)$ 的计算，选择连续部分离散化时的步长 h 可按以下两种情况进行。

1)若仿真的任务仅要求计算系统输出 $y(t)$ 而不要求计算系统内部状态变量，且连续部分的

整体脉冲传递函数 $G(z)=Z[G_h(s)G_0(s)]$ 较易求出时,则可由 $G(z)=Z[G_h(s)G_0(s)]$ 列写连续部分对应的差分方程。但是,由于此时系统未引入新的误差,故连续部分的计算步长 h 可选得大一些(如 $h \le T$)。为简化起见,这里使 $h=T$,即以同样的采样周期 T 分别建立离散部分(数字控制器 $D(z)$)和连续部分的差分方程(仿真模型),然后进行仿真计算。

2)若连续部分整体脉冲传递函数 $G(z)=Z[G_h(s)G_0(s)]$ 不易求出;或仿真的任务不仅要求计算系统输出 $y(t)$ 且要求计算系统内部状态变量;或被控对象含有非线性环节时,则需要将连续部分分成几个部分,在每个连续部分前分别人为地加上虚拟的采样开关和保持器,按连续系统离散相似算法建立仿真模型。为了保证精度,这些连续部分离散化时的步长 h(虚拟采样周期)应比数字计算机部分的实际采样周期 T 小。为简化起见,这里使 $h=T/N$(N 为正整数)。此时,整个采样控制系统的仿真计算,以步长 h 计算连续部分各环节的变化情况,而以实际采样周期 $T=Nh$ 的步长计算离散部分的变化。可见,每计算一次离散部分,连续部分就需要相应地进行 N 次计算。

12.4.2　采样控制系统数字仿真的方法

采样控制系统数字仿真的一般方法包括差分方程递推求解法和双重循环方法。

1. 差分方程递推求解法

由于构成采样控制仿真模型时,只要连续部分不要求计算内部状态变量或不含非线性环节,因此,可以用同样的采样周期 T 分别建立离散部分和连续部分的差分方程,然后采用差分方程递推求解。

这里还是图 12-30 所示的采样控制系统为例进行介绍,假设已分别求出的数字控制器和连续部分的脉冲传递函数为

$$D(z)=\frac{U(z)}{E(z)}=\frac{d_0+d_1 z^{-1}+\cdots+d_q z^{-q}}{1+c_1 z^{-1}+\cdots+c_p z^{-p}}, p \ge q \tag{12-121}$$

$$G(z)=\frac{Y(z)}{U(z)}=Z[G_h(s)G_0(s)]$$
$$=\frac{\beta_0+\beta_1 z^{-1}+\cdots+\beta_r z^{-r}}{1+\alpha_1 z^{-1}+\cdots+\alpha_1 z^{-1}}, \quad l \ge r \tag{12-122}$$

则有差分方程组

$$
\begin{cases}
e(k)=r(k)-y(k) \\
u(k)=-c_1 u(k-1)-\cdots-c_p u(k-p)+d_0 e(k)+d_1 e(k-1)+\cdots+d_q e(k-q) \\
y(k)=-a_1 u(k-1)-\cdots-a_1 u(k-1)+\beta_0 u(k)+\beta_1 u(k-1)+\cdots+\beta_r e(k-r)
\end{cases}
$$
$$\tag{12-123}$$

采用上述递推法求解差分方程组,即可逐步求得各采样时刻的 $e(k)$、$u(k)$ 及 $y(k)$。

若仿真的任务仅要求计算系统在采样时刻的输出 $y(k)$,则也可根据采样系统的闭环脉冲传递函数求出系统的高阶差分方程,并采用递推法求解。即采样控制系统的闭环脉冲传递函数为

$$G_d(z)=\frac{Y(z)}{R(z)}=\frac{D(z)G(z)}{1+D(z)G(z)}=\frac{b_0+b_1 z^{-1}+\cdots+b_m z^{-m}}{1+a_1 z^{-1}+\cdots+a_n z^{-n}}, \quad n \ge m \tag{12-124}$$

与式(12-124)对应的高阶差分方程为

$$y(k)=-a_1 y(k-1)-\cdots-a_n y(k-n)+b_0 r(k)+b_1 r(k-1)+\cdots+b_m r(k-m) \tag{12-125}$$

采用递推法求解差分方程式(12-125),也可逐步求得各采样时刻的 $y(k)$。

实际上，上述仿真算法均可归结为求解高阶差分方程。当仿真步长取为采样系统的实际采样周期 T 时，求解结果无截断误差，因此，该仿真算法不仅简单易行且仿真精度高。但是其不能计算被控对象的内部状态变量的响应特性，且也不适用于受控对象含有非线性环节的情况。

2. 采用双重循环方法分别计算离散部分和连续部分

这是一种按连续系统离散相似算法建立连续部分各环节的仿真模型的仿真方法，其计算步长 h 为实际采样周期 T 的 N 分之一（N 为正整数）。图 12-31 是采用双重循环方法对采样控制系统进行数字仿真的流程，整个仿真程序由内、外两个循环构成，其中内循环以步长 h 计算连续部分各环节的变化响应值；外循环以采样周期 $T=Nh$ 的步长计算离散部分的变化响应值。图中，R 为仿真运行的总时间，M 为离散部分的计算次数，N 为一个采样周期 T 内连续部分的计算次数。

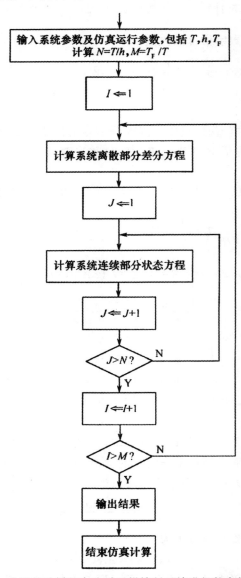

图 12-30　采用双重循环方法对采样控制系统进行数字仿真的流程

12.4.3　MATLAB 在采样控制系统数字仿真中的应用

1. 应用 MATLAB 函数求采样系统的时域响应

MATLAB 控制系统工具箱中提供的时域响应分析函数 dimpulse、dstep、dinitial、dlsim 可分别用于求解线性定常离散系统单位脉冲响应、单位阶跃响应、零输入响应、任意输入(包括系统初始状态)响应等。只要建立了采样系统的离散化模型,调用这些函数即可获得相应的系统时域响应。但是需要注意的是,当不带输出变量调用这些函数时,将在当前图形窗口中绘出对应的系统时域响应曲线;当带输出变量调用这些函数时,则不直接绘制响应曲线,而是返回系统输出时域响应的离散数据。

【例 12-10】已知某数字控制系统如图 12-31 所示。

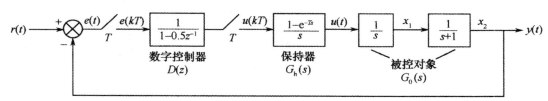

图 12-31　数字控制系统

试应用 MATLAB 时域响应分析函数求解该采样系统的单位阶跃响应。

分析:求得系统闭环脉冲传递函数(离散化模型)为

$$G_{c1} = \frac{Y(z)}{R(z)} = \frac{0.005z^{-1} + 0.005z^{-2}}{1 - 2.4z^{-1} + 1.863z^{-2} - 0.453z^{-3}}$$

$$= \frac{0.005z^2 + 0.005z}{z^3 - 2.4z^2 + 1.863z - 0.453}$$

调用 dstep 函数求解采样系统单位阶跃响应的程序如下:

```
clear all
num=[0.005,0.005,0];%num 为脉冲传递函数分子多项式按 z 的降幂系数排列的行向量
den=[1,-2.4,1.863,-0.453];%den 为脉冲传递函数分母多项式按 z 的降幂系数排列
的行向量
dstep(num,den);%调用 dstep 求离散系统单位阶跃响应
xlabel('采样周期数 K');%横坐标的单位为采样周期数
grid;
```

执行上述程序后即可得到的系统状态响应如图 12-32 所示。图中横坐标的单位并非秒(s),而是采样周期数。

若带输出变量调用 dstep,则不直接绘制系统单位阶跃响应曲线,而是返回系统输出阶跃响应的离散数据,此时该采样系统单位阶跃响应的另一个程序如下:

```
clear all
num=[0.005,0.005,0];%脉冲传递函数分子多项式按 z 的降幂系数排列的行向量
den=[1,-2.4,1.863,-0.453];%脉冲传递函数分母多项式按 z 的降幂系数排列的行
向量
```

［yk，x，n］＝dstep(num，den)；％yk 为存放输出离散序列的数组，n 为 dstep 函数自动设定的采样点数

T＝0.1；％已知系统采样周期为 0.1s

for k＝1：n

  plot(k＊T，yk(k)，'＊k')；％k 为采样序列号，k＊T 为第 k＊T 为第 k 次采样对应的时刻

  hold on

end

xlabel('时间(s)')；

grid

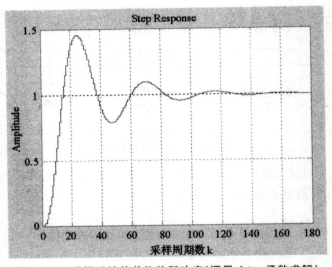

图 12-32　采样系统的单位阶跃响应(调用 dstep 函数求解)

执行以上程序所得到的采样系统单位阶跃响应如图 12-33 所示，其中横坐标的单位为秒(s)。

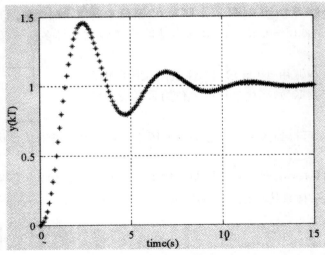

图 12-33　采样系统的单位阶跃响应

当然,采样系统的离散化模型也可用离散状态方程表示,这样该实例中对应的系统闭环脉冲传递函数的离散状态空间表达式的能控标准型为

$$\begin{cases} x(k+1)=Ax(k)+Bu(k) \\ y(k)=Cx(k) \end{cases}$$

式中

$$A=\begin{bmatrix} 0 & 1 & 0 \\ 0 & 0 & 1 \\ 0.453 & -1.863 & 2.4 \end{bmatrix}, B=\begin{bmatrix} 0 \\ 0 \\ 1 \end{bmatrix}, C=\begin{bmatrix} 0 & 0.005 & 0.005 \end{bmatrix}$$

此时,由该采样系统闭环离散状态空间表达式(离散化模型),调用 dstep 函数求系统单位阶跃响应的程序如下:

```
>>clear all
>>A=[0 1 0;0 0 1;0.453 -1.863 2.4];
>>B=[0;0;1];
>>C=[0 0.005 0.005];
>>D=0;
>>dstep(A,B,C,D);
>>xlabel('采样周期数 k');
>>grid;
```

执行以上程序也可得到与上面相同的采样系统单位阶跃响应曲线。

2. 基于 Simulink 的采样控制系统仿真

基于 MATLAB/Simulink 建立采样控制系统的仿真模型时,需要用到 Simulink 模块库中的连续系统(Continous)子库和离散系统(Discrete)子库等。需要注意的是,在采样控制系统的 Simulink 仿真中,常采用默认的变步长 ode45 算法。

【例 12-11】 已知计算机控制系统的结构图如图 12-34 所示。

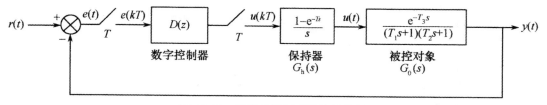

图 12-34　计算机控制系统的结构图

其中 $T_1=0.1, T_2=0.2, T_3=0.1$。

若采样周期 $T=0.01s$,数字控制器采用数字 PID 调节器,即

$$D(z)=K_p+\frac{K_i}{1-z^{-1}}+K_d(1-z^{-1})$$

式中,比例系数 $K_p=0.7$,积分系数 $K_i=0.9T$,微分系数 $K_d=0.1/T$。试基于 SireulinkPID 实现对该采样控制系统单位阶跃响应的仿真。

分析:系统数字 PID 调节器的脉冲传递函数为

$$D(z) = K_p + \frac{K_i}{1 - z^{-1}} + K_d(1 - z^{-1}) = \frac{(K_p + K_i + K_d)z^2 - (K_p + 2K_d)z + K_d}{z^2 - z}$$

$$= \frac{10.709z^2 - 20.7z + 10}{z^2 - z}$$

则基于 Simulink 建立的系统动态仿真模型如图 12-35 所示。其中,离散环节 Discrete Transfer Fcn 模块采样周期设置为 0.01(s),纯滞后环节的纯滞后时间设置为 0.1(s)。

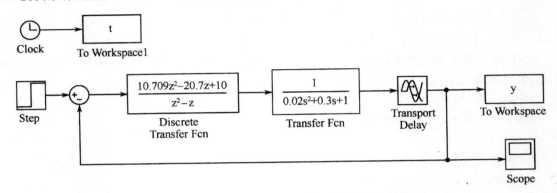

图 12-35　基于 Simulink 建立的系统动态仿真模型

采用 Simulink 默认的变步长 ode45 算法进行仿真。仿真时间结束后,双击 Scope 模块,即可得系统输出阶跃响应曲线。当然,也可以在仿真时间结束后,执行下列命令

≫plot(t,y,'. k');

≫axis([0 10 0 1.2]);

≫xlabel('t(s)',ylabel('y'));

≫grid;

执行上述命令后即可得到如图 12-36 所示的系统输出的阶跃响应。

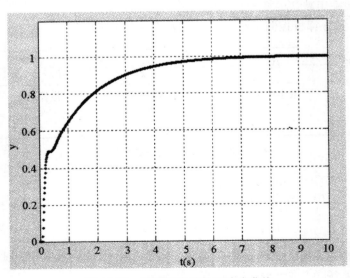

图 12-36　系统输出的阶跃响应曲线

该实例讲述的是以单回路采样系统为例的采样控制系统仿真的基本方法。对于包含多个回

路的复杂控制系统,由于其各回路的频宽不同即快慢有异,则应针对各回路的快慢情况选择不同的采样频率,以提高各回路工作的有效性和合理性,保证多回路采样控制系统具有优良的性能。

12.5　控制系统的优化设计及仿真

12.5.1　控制系统的优化问题

在实际应用中,为了获得最佳的设计效果,对于一些复杂的系统,其优化过程往往需要采用仿真来完成。随着计算机的发展为仿真技术提供了更有效的计算手段,使得这种技术得以广泛地应用。目前,为了确定控制器的结构及其参数,人们提出了两类优化问题:函数优化问题和参数优化问题。

1. 函数优化问题

函数优化问题也称为动态优化问题。通常在这类问题中,并不能预先得知控制器的结构,往往需要设计出满足某种优化条件的控制器。在数学上,此类问题也被称为泛函问题,即所谓寻找最优函数的问题。在控制理论中,通常将这类问题归为最优控制的范畴。

2. 参数优化问题

参数优化问题也称为静态优化问题。在这类问题中,控制器的结构和形式往往是已经确定的,但需要调整或寻找控制器的参数,使系统性能在某种指标意义下达到最优。

在数学上,解决参数优化问题的途径一般有两条:间接寻优和直接寻优。

(1)间接寻优。

间接寻优法是一种按照普通极值存在的充分必要条件来进行寻优的方法。目标函数 $Q(\alpha)$ 在 $\alpha=\alpha^*$ 处为极小的充分必要条件为

$$\nabla Q(\alpha)|_{\alpha=\alpha^*} = \left[\frac{\partial Q}{\partial \alpha_1}, \frac{\partial Q}{\partial \alpha_2}, \cdots, \frac{\partial Q}{\partial \alpha_m}\right]^T_{\alpha=\alpha^*} = 0 \tag{12-126}$$

和

$$\nabla^2 Q(\alpha)|_{\alpha=\alpha^*} = \begin{bmatrix} \frac{\partial^2 Q}{\partial \alpha_1^2} & \frac{\partial^2 Q}{\partial \alpha_1 \partial \alpha_2} & \cdots & \frac{\partial^2 Q}{\partial \alpha_1 \partial \alpha_m} \\ \frac{\partial^2 Q}{\partial \alpha_2 \partial \alpha_1} & \frac{\partial^2 Q}{\partial \alpha_2^2} & \cdots & \frac{\partial^2 Q}{\partial \alpha_2 \partial \alpha_m} \\ \vdots & \vdots & \ddots & \vdots \\ \frac{\partial^2 Q}{\partial \alpha_m \partial \alpha_1} & \frac{\partial^2 Q}{\partial \alpha_m \partial \alpha_2} & \cdots & \frac{\partial^2 Q}{\partial \alpha_m^2} \end{bmatrix}_{\alpha=\alpha^*} \tag{12-127}$$

为正定阵。

间接寻优法也可以看作是一种解析方法。它首先寻找满足优个非线性方程 $\nabla Q(\alpha)=0$ 的参数 α,然后代入式(12-127)中来验证 $\nabla^2 Q(\alpha)$ 是否为正定阵。如果是,则参数 α 为最优参数 α^*。

由于在控制系统的参数优化问题中,一般很难将目标函数 $Q(\alpha)$ 写成解析形式,只能在对系统进行仿真的过程中将其计算出来,并且求导 $Q(\alpha)$ 的过程也不易实现,基于这些原因,间接寻优法的应用较少。

（2）直接寻优。

直接寻优法是一种按照一定的寻优规律改变 α，并且直接计算目标函数 $Q(\alpha)$ 的值，然后判断 $Q(\alpha)$ 是否达到极小。当达到极小，则停止搜索；否则再改变 α，并计算 $Q(\alpha)$，不断重复该步骤，直到满足要求为止。

采用直接寻优法的具体迭代搜索过程如下。

1）预置寻优参数 α 的初始值 $\alpha^{(0)}$，并对系统的运动方程 $\dot{x}=F(t,x,\alpha^{(0)})$ 进行仿真，以此得到目标函数 $Q(\alpha^{(0)})$。

2）按照某种寻优规律或方法改变 α，使

$$\alpha^{(1)}=\alpha^{(0)}+h^{(0)}P^{(0)}$$

式中，$h^{(0)}$ 是一个实数，称为寻优步距；$P^{(0)}$ 是一个 m 维向量，称为在 $\alpha^{(0)}$ 处的寻优方向。

一般地，对于第 i 步，其一般形式为

$$\alpha^{(i+1)}=\alpha^{(i)}+h^{(i)}P^{(i)} \tag{12-128}$$

确定 $\alpha^{(i+1)}$ 之后，接下来就需要对 $\dot{x}=F(t,x,\alpha^{(i+1)})$ 进行仿真并计算 $Q(\alpha^{(i+1)})$。

3）判断是否已搜索到极小值点。

这里使用直接比较 $Q(\alpha^{(i)})$ 和 $Q(\alpha^{(i+1)})$ 的方法，若

$$|Q(\alpha^{(i+1)})-Q(\alpha^{(i)})|<\varepsilon \tag{12-129}$$

则停止迭代的搜索过程，并有

$$\alpha^{*}=\alpha^{(i)}$$

否则

$$\alpha^{(i)}\leftarrow\alpha^{(i+1)}$$

并重复步骤 2）继续迭代计算。

12.5.2　优化问题的专用名词

1. 寻优参数

假设 α 为 m 维寻优参数向量，由于具体取值有待于选择，因此将其称为设计变量（或设计参数）。m 为设计变量的个数。显然，当 α 取不同值，就能够得到不同的设计方案。因此，需要在 m 维参数空间中进行参数优化。

2. 约束条件

在优化过程中，寻优参数的某些组合情况可能会产生一些明显不合理的设计。如设计的结果不满足工程技术要求，或超出了某些允许范围。而这些允许范围在数学上是可以化为约束条件的。

值得注意的是，在许多工程问题中，约束条件往往不能写成优化参数的显函数形式，只要是"可计算"的函数即可。

3. 目标函数

在控制器的所有可行设计中，一些较好的设计肯定具有更好的某种（或某些）性质。如果这种性质可以表示为寻优参数的一个可计算的函数，那么只需要寻求这个函数的极值，即可得到

"最优"的设计,而这个用来使设计得以优化的函数就称为目标函数。为了强调它对寻优参数的依赖性,可以将其写成 $Q(\alpha)$。同样在工程问题中,$Q(\alpha)$ 不一定能写成显函数形式,只要求是"可计算"的函数。

整个优化设计中,选择目标函数是最重要的决策。如果选择不当,寻优结果对实际应用可能没有太大的帮助。

4. 约束优化问题的无约束处理

在实际的工程应用中,寻优参数的取值范围总是要受到限制的,即总是要在一定的约束条件下来求目标函数的最优解。当这些约束对于寻优参数的限制是很宽的,以至于可以确信在附近约束条件都能够得到满足,则可以把它看成无约束优化问题来处理。如果在附近约束条件可能被破坏,那么就需要根据约束的不同情况,将约束优化问题转换成无约束优化问题来处理。

12.5.3　控制系统优化设计中目标函数的构成

加权性能指标型目标函数和误差积分型目标函数是控制系统参数优化设计中两大类常用的目标函数。

1. 加权性能指标型目标函数

加权性能指标型目标函数是一类根据经典控制理论设计系统的性能指标建立起来的,如系统在阶跃信号作用下的上升时间 t_r、调整时间 t_s、超调量 $\delta\%$ 及振荡次数 N 等。通常,对于这些性能指标的要求往往存在矛盾性,此时可以采用加权的方法建立目标函数。

例如,按照

$$Q(\alpha) = \left(\omega_1 \frac{t_r}{t_{rs}} + \omega_2 \frac{t_s}{t_{ss}} \right) \times \left(1 + \frac{D_{Mr}}{0.01} \right) \tag{12-130}$$

建立目标函数。式中,ω_1、ω_2 为加权系数,满足

$$\omega_1 + \omega_2 = 1, \omega_1 \geqslant 0, \omega_2 \geqslant 0$$

D_{Mr} 表示超调量在目标函数中的成分,其具体取值为

$$D_{Mr} = \begin{cases} 0 & \delta\% \leqslant \delta_s\% \\ \delta\% - \delta_s\% & \delta\% > \delta_s\% \end{cases} \tag{12-131}$$

式(12-130)和式(12-131)中的 t_{rs}、t_{ss} 和 $\delta_s\%$ 分别为系统上升时间、调整时间和超调量的期望值。

对上述内容进行分析后得知,式(12-130)可以将 3 个性能指标的要求统一在一个目标函数中。

2. 误差积分型目标函数

误差积分型目标函数是一类由误差构成的目标函数。对于一般随动系统,误差 $e(t)$ 定义为输入信号 $r(t)$ 和系统输出 $c(t)$ 之差,即

$$e(t) = r(t) - c(t) \tag{12-132}$$

一般常用的几种目标函数如下:

1）误差绝对值的积分（IAE）：

$$Q(\alpha) = \int_0^\infty | e(t) | \, \mathrm{d}t \tag{12-133}$$

2）误差平方的积分（ISE）：

$$Q(\alpha) = \int_0^\infty \mathrm{e}^2(t) \, \mathrm{d}t \tag{12-134}$$

3）时间乘以误差绝对值积分（ITAE）：

$$Q(\alpha) = \int_0^\infty t | e(t) | \, \mathrm{d}t \tag{12-135}$$

4）时间乘以误差平方的积分（ITSE）：

$$Q(\alpha) = \int_0^\infty t\mathrm{e}^2(t) \, \mathrm{d}t \tag{12-136}$$

5）时间平方乘以误差绝对值的积分（ISTAE）：

$$Q(\alpha) = \int_0^\infty t^2 | e(t) | \, \mathrm{d}t \tag{12-137}$$

6）时间平方乘以误差平方的积分（ISTSE）：

$$Q(\alpha) = \int_0^\infty t^2 \mathrm{e}^2(t) \, \mathrm{d}t \tag{12-138}$$

上面这些积分，在 $t \to \infty$，$e(t) \to 0$ 时是收敛的。一般的，在实际计算时，t 不可能取无穷大，而是根据系统的过渡过程时间，即一个足够反映系统响应的有限值来确定。需要指出的是，无论是哪一种类型的目标函数，通常都很难写成寻优参数倪的解析表达式，而只是隐含这些参数，因而很难采用解析法计算 $Q(\alpha)$。

12.5.4　数字仿真在优化设计中的应用

通过数字仿真进行寻优的过程如图 12-37 所示。

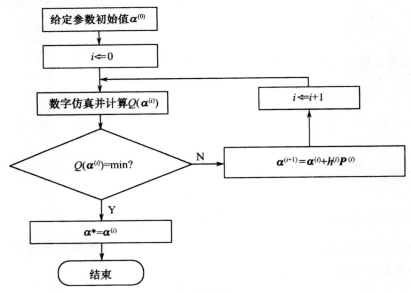

图 12-37　数字仿真寻优过程

通常,为了找到最优参数 α^*,就需要对系统进行许多次仿真和搜索。一般的数字仿真所需的时间是确定新的寻优试验点计算时间的 10 倍以上。因此,为了提高仿真寻优速度,应该从以下 3 个方面加以考虑。

1)选择收敛性好的优化算法,减少在整个寻优过程中计算目标函数的次数,以减少仿真试验的次数。

2)选用快速仿真算法,以加快仿真计算速度。

3)依据工程经验,选择合适的参数初始值 $\alpha^{(0)}$。

12.6　控制系统的仿真建模

通常,为了对一个系统进行研究、分析、设计和实现,就需要进行试验。试验过程包括两种:一种是直接在真实系统上进行;另一种是用在模型上的试验来代替或部分代替在真实系统的试验。随着科学技术的发展,第二种方法日益成为人们更常用的方法,仿真建模技术也就随之发展了起来。为了研究系统的特征,应当对它的输入、输出变量进行观察(测量)。人们对系统的了解都是从观察开始的,再经过进一步的研究与加工,建立一个系统本质方面的表达——模型。用一个(或一组)方程式表示的模型称为数学模型,它(们)是用来描述该系统的运动规律。建立数学模型的整个过程简称为建模。

12.6.1　控制系统建模的要求及原则

抽象和映射是模型与真实世界之间最重要的关系。抽象过程是建模的基础。例如,在研究飞行器的飞行轨道时,常将飞行器当作一个质点。使用质点运动学、质点动力学等基本运动定律,而对于飞行器在飞行过程中的姿态等性质可以暂不去考虑,这就是一种抽象。

在建立一个数学描述之前,首先需要建立几个抽象,即定义以下几个集合:输入集、输出集、状态变量集。定义了上述集合之后,再在这些抽象的基础上,建立复合的集合结构,包括一些特定的函数关系,这个过程通常称为理论构造。

由于建立数学描述的目的主要是为了帮助人们帮助分析和解决实际问题,认识客观世界,因此,所构建的集合最终要应用到现实世界中去。也就是说,抽象必须与真实目标相关联,否则就无法代表原系统。

实现抽象模型结构与实际系统之间的联系的过程,称为映射。一般的,理论构造就是指根据充分的抽象概念来建立系统的集合结构,使模型具有广泛的代表性和适应范围。而映射则相当于添加细节,用集合结构代替抽象集合,使抽象模型逐渐靠近实际。

通过对上面内容的分析可知,一个合理的模型应该是:模型的复杂程度能适度描述一个给定的系统,即在实用前提下的最优(参数最少)。

12.6.2　常用控制系统建模的方法

数学建模是仿真建模常用的方法,目前数学建模方法大致包括机理建模法、试验建模法和综合(混合)建模法 3 类。

1. 机理建模法

机理建模法是一种倾向于运用先验信息,通过数学上的逻辑推导和演绎推理,从理论上建立描述系统中各部分的数学表达式或逻辑表达式。同时,机理建模法还是一种从一般到特殊的方法,并且将模型看做在一组前提下经过演绎而得到的结果,此时试验数据只被用来证实或否定原始的假设或原理。栅建模法又称演绎法或理论建模法。

用演绎法建模时,有一个模型存在性问题,一组完整的公理和一些给定的假设将导致一个唯一的模型,因此必须对该唯一的模型的有效性进行验证。此外,在演绎法中,实质不同的一组公理可能导致一组非常类似的模型。

2. 试验建模法

根据观测到的系统行为结果,导出与观测结果相符合的模型,这是一个从特殊到一般的过程。试验建模法又称归纳法或系统辨识法,是基于系统的试验和运行数据建立系统模型的方法,即根据系统的输入、输出数据的分析和处理来建立系统的模型。

系统辨识法就是按照一个准则在一组模型中选取一个与数据拟合得最好的模型。

3. 综合(混合)建模法

通常情况下,机理建模法可用于那些内部结构和特性基本清楚的系统,如飞行器轨道、电子电路系统等;试验建模法可用于那些内部结构和特性尚不清楚的系统(黑箱问题);而对于那些内部结构和特性有些了解但又不十分清楚的"灰色"系统(灰箱问题),只能采用综合建模法(机理法、辨识法及其他一些方法)。

一般来说,要获得一个满意的模型是非常不容易的,尤其是在建模初始阶段,它会受到客观因素和建模者主观意志的影响,因此必须对所建立的模型进行反复检验。同时,在模型应用过程中,也需要不断地对模型进行修改,且这个修改的过程也是一个永无止境的过程。

12.6.3 控制系统建模的步骤

最小二乘批处理算法是一种经典的、有效的数据处理方法,它于 1795 年由著名学者高斯在高斯(K. F. Gauss)在预测行星和慧星运动的轨道时,提出并实际使用了这个方法。尽管它的出现已经有 200 多年的历史了,但是由于其容易理解和掌握,其辨识算法在实施上比较简单,有时在其他辨识方法失效时,最小二乘法却能提供出对问题的解决方案。此外,许多用于系统辨识的参数估计算法也往往可以理解为是最小二乘法的推广。因此,目前仍然是自然科学研究及工程技术实践中的最常用方法之一。在系统辨识中,最小二乘法是一种基本的参数估计方法。它可用于动态系统,也可用于静态系统;可用于线性系统,也可用于非线性系统;可用于离线估计,也可用于在线估计。

下面给出最小二乘批处理算法的完整计算机仿真算法的步骤。

设 $N-2p>150$,其中 p 为待辨识模型可能的最大阶次,且取风险水平 $\alpha=0.05$。

1)采样数据 $\{u(i)\},\{y(i)\}$,置

$$f^{\cdot} \Leftarrow 3.00, n \Leftarrow 1$$

2)令

$$\theta=\begin{bmatrix} a_1 \\ \vdots \\ a_n \\ b_1 \\ \vdots \\ b_n \end{bmatrix} \quad \xi(N)=\begin{bmatrix} y(1) \\ y(2) \\ \vdots \\ y(N) \end{bmatrix} \quad \varepsilon(N)=\begin{bmatrix} e(1) \\ e(2) \\ \vdots \\ e(N) \end{bmatrix} \tag{12-139}$$

$$\Phi(N) = \begin{bmatrix} -y(0) & \cdots & -y(1-n) & u(0) & \cdots & u(1-n) \\ -y(1) & \cdots & -y(2-n) & u(1) & \cdots & u(2-n) \\ \vdots & \vdots & \vdots & \vdots & \vdots & \vdots \\ -y(N-1) & \cdots & -y(N-n) & -y(N-n) & \cdots & u(N-n) \end{bmatrix} \quad (12\text{-}140)$$

式中，θ 是待估计的 $2n$ 维参数向量；$\xi(N)$ 是 N 维观测向量；$\varepsilon(N)$ 是 N 维误差向量；$\Phi(N)$ 是 $N \times 2n$ 维数据矩阵，通常也称为设计矩阵。

按式(12-139)构造 $\xi = \xi(N)$，按式(12-140)构造 $\Phi = \Phi(N)$。

3）再由最小二乘估计值公式

$$\hat{\theta} = [\Phi^T(N)\Phi(N)]^{-1}\Phi^T(N)\xi(N) \quad (12\text{-}141)$$

求得参数估计量 $\hat{\theta}$，并计算残差平方和，即

$$e(k) = y(k) + \sum_{i=1}^{n}\hat{a}_i y(k-i) - \sum_{i=1}^{n}\hat{b}_i y(k-i), k = 1, 2, \cdots, N$$

$$J_1 = \sum_{k=1}^{N} e(k)$$

4）令 $n^* \Leftarrow n+1$，根据

$$\Phi_2 = \Phi_2(N) = \begin{bmatrix} -y(1-n-n) & \cdots & -y(1-n-m) & u(1-n-1) & \cdots & u(1-n-m) \\ -y(2-n-1) & \cdots & -y(2-n-m) & u(2-n-1) & \cdots & u(2-n-m) \\ \vdots & \vdots & \vdots & \vdots & \vdots & \vdots \\ -y(N-n-1) & \cdots & -y(N-n-m) & -y(N-n-1) & \cdots & u(N-n-m) \end{bmatrix}$$

构造 $\Phi_2(m=1)$。

5）根据

$$\hat{\theta}^* = \begin{bmatrix} \hat{\theta} + P_3\Phi_2^T(\hat{\Phi}\theta - \xi) \\ -P_2\Phi_2^T(\hat{\Phi}\theta - \xi) \end{bmatrix}$$

计算 $\hat{\theta}^*$，并计算残差平方和

$$\begin{cases} e(k) = y(k) + \sum_{i=1}^{n^*}\hat{a}_i^* y(k-i) - \sum_{i=1}^{n^*}\hat{b}_i^* u(k-i) \\ J_1 = \sum_{k=1}^{N} e(k) \end{cases}$$

6）计算

$$f = \frac{J_1 - J_2}{J_2}\frac{N - 2n^*}{2}$$

7）若 $f < f^*$，则输出 n 及 $\hat{\theta}$，否则跳到第 8）步执行。

8）判断 $n \geqslant p$？若成立，则输出辨识失败信息；否则，置

$$n \Leftarrow n^*, \hat{\theta} \Leftarrow \hat{\theta}^*, J_1 = J_2$$

并在新的 n 水平下，重新构造 $\Phi = \Phi(N)$，转到第 4）步。

可以这样认为，建模是人类对客观世界不断认识的过程，即建模活动本身是一个持续的、永

无止境的活动集合。但是，由于受实际存在的一些限制，如有限的开销与时间、研究的目的及对实际系统认识的程度等，一个具体的建模过程将在达到有限目标后终止。建模过程涉及许多信息源，其中主要有建模目的、先验知识和试验数据3类，它们的关系如图12-38所示。

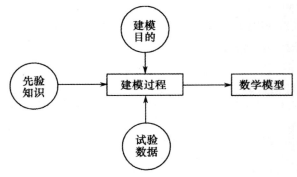

图 12-38　数学建模的信息源

（1）建模的目的。

数学模型是一种对实际系统的相似描述。从认识论观点来看，可以认为它就是对实际系统给出的一个极有限的映像。同一个实际系统中可能有多个相互耦合的实体。目的的不同、选择实体的不同就会导致建模过程沿不同的方向进行。

（2）先验知识。

在很多情况下，所研究的过程是前人已经探讨过的，而建模过程就是尽量利用以往的知识源。这样，在一些更加明确的环境下，建模者可能已经从对类似的实际系统的试验中得到了某些似乎合理的概念，而所这些可利用的先验知识是可以用一个信息源来表示的。

（3）试验数据。

在进行建模时，关于过程的信息还可以通过对过程的试验与测量获得。合适的定量观测是建模的另一个途径。

12.6.4　控制系统模型的确认与修改

控制系统的数学模型能够在多大程度上反映原系统的特性，是必须经过确认的。如果不合适，就必须再次进行修改。

此外，模型的确认不仅要检验所选模型的类型、大小是否合适，还必须检验建模过程中所作的一些假设是否符合实际情况，如必须检验原来提出的模型是线性时不变假设的有效性。

目前，确认模型是否合适的最简单方法就是将施加到实际系统上的输入同时施加到模型上，然后比较实际系统输出和模型输出之间的一致性。当然，除此以外，还有其他几种方法。

（1）与验前信息的一致性。

这种方法是通过仿真对所建立的模型产生一组输出，并对其进行统计分析，从而估计出模型的各种性质，判断它是否符合对所建模型提出的要求，并与系统已有知识或直觉的理解相比较。例如，在考察所建模型与系统所属学科的基本理论是否一致时，只有在模型的输出不违背有关的基本理论的情况下，才认为模型是合理的。

（2）模型的满意度。

对模型的满意度是可以根据建模的目的来衡量的。如果模型是用来设计调节器的，当根据模型所设计的调节器能够满意地运行时,则无论怎样,该模型就是一个有用的模型;如果模型是用于预测的,当模型的预测结果与系统的实际结果相差不大时,该模型就是一个较好的预测莫型。

(3)交叉验证。

交叉验证就是将由系统的一组观测数据产生的模型与同一系统在相同条件下得到的另一组独立观测数据产生的模型进行比较。交叉验证被认为是一种有效的、值得采用的验证方法,特别适合于试验建模法。

(4)原始参数核验。

在系统的参数模型中,包含有各个原始参数 μ_i,这些参数往往具有一定的物理意义。例如在力学系统中,它们可以是质量或者黏度;在微生物生灭过程中,是衰减率和生长系数等。所建模型 θ_j 中的参数 μ_i 是原始参数的函数,即有 $\theta_j(\mu_i)$。照这样,在选定系统的某个具体模型时,就可以从中确定出 $\mu_i = \mu_i(\theta_j)$。如果出现原始参数的含义并未得到保持,即所求出的 μ_i 的数值与其应有的物理含义并不一致的情况(如质量出现负值),此时就可以完全有理由认为,所建模型是不能被接受的。

模型的确认可以说是一项带有主观因素的工作。目前,各种模型验证方法只是部分地理解所建模型的一些手段。要使建模工作获得成功,其关键还在于要对所建模型的功能及其局限性有较好的理解。

12.6.5 控制系统仿真建模实例

前面对数学建模中的机理建模法、试验建模法和综合(混合)建模法进行简单描述,这里以具体实例的形式对其中的机理建模法和实验建模法进行更详细的说明。

1. 机理建模法

【例 12-12】已知控制系统原理结构图如图 12-39 所示。

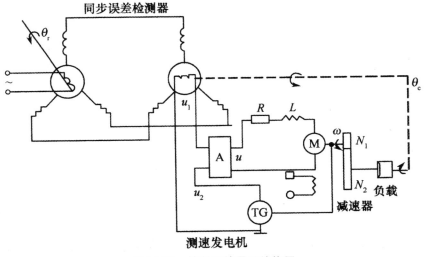

图 12-39 控制系统原理结构图

该系统是由自整角机和伺服结构组成的随动系统。理想位置和实际位置的偏差经过自整角机转变为电压信号,该信号与速度反馈信号之差经放大去控制电机,再经减速器带动负载。通过控制使系统的实际位置跟随理想位置,达到跟随的目的。试运用机理模型法建立系统的数学模型。

分析:由于图 12-40 所示的系统是位置伺服闭环控制系统,因此可将其分解为基本元件或部件,并可按工作机理分别列写出输入、输出动态方程;按各元件、部件之间的关系,画出系统结构图,最后通过结构图求出系统的总传递函数,从而建立起系统的数学模型。

(1)同步误差检测器。

设输入为给定角位移 θ_r 与实际角位移 θ_c 之差,输出为位移误差电压 u_1,且位移－电压转换系数为 k_1,则有

$$u_1 = k_1(\theta_r - \theta_c)$$

(2)放大器(A)。

设输入为位移误差电压 u_1 与测速发电机反馈电压 u_2 之差,输出为直流电动机端电压 u,电压放大系数 k_2,则有

$$u = k_2(u_1 - u_2)$$

(3)直流电动机(M)。

设输入为 u,输出为电动机电角度 ω,R 为电枢回路等效电阻,L 为电枢回路等效电感,k_m 为电磁转矩系数,J 为电动机转动惯量,忽略反电动势和负载转矩影响,则由电动机电压平衡方程和力矩平衡方程可以得到

$$u = L\frac{\mathrm{d}i_a}{\mathrm{d}t} + Ri_a$$

$$k_m i_a = J\frac{\mathrm{d}\omega}{\mathrm{d}t}$$

式中,i_a 为电枢电流。

消去中间变量电枢电流 i_a 后,则有

$$T\frac{\mathrm{d}^2\omega}{\mathrm{d}t^2} + \frac{\mathrm{d}\omega}{\mathrm{d}t} = k_3 u$$

式中,T 为电动机电磁时间常数,$T = \dfrac{L}{R}$;k_3 为电压－速度转换系数,且 $k_3 = \dfrac{k_m}{RJ}$。

(4)测速发电机。

设输入为电动机角速度 ω,输出为测速电压值 u_2,速度—电压转换系数为 k_4,则有

$$u_2 = k_4\omega$$

(5)负载输出。

设输入为电动机角速度 ω,输出为负载角位移 θ_c,传动比 $n = N_1/N_2 < 1$,则有

$$\frac{\mathrm{d}\theta_c}{\mathrm{d}t} = n\omega$$

(6)画出系统各部分结构图。

对(1)～(5)中的公式进行拉氏变换,按输入、输出关系表示各环节传递函数,并据此画出各部分的结构,如图 12-40 所示。

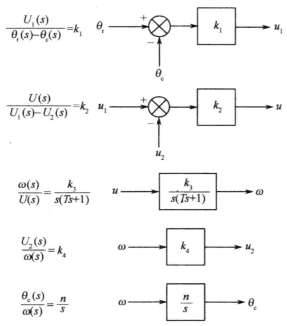

图 12-40　各环节传递函数及其结构图

(7)求出系统模型。

按照相互之间的作用关系,构成系统总结构图如图 12-41 所示。

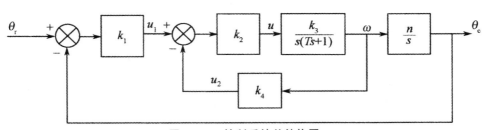

图 12-41　控制系统总结构图

利用结构图等效变换化简或直接运用梅逊公式,求出该系统总传递函数 $G_B(s)$ 为

$$G_B(s)=\frac{\theta_c(s)}{\theta_r(s)}=\frac{k_1k_2k_3n}{Ts^3+s^2+k_2k_3k_4s+k_1k_2k_3n}$$

通过上述步骤即可求出所需的系统数学模型。

2. 试验方法

【例 12-13】已知通过试验方法测得某系统的开环频率响应数据如表 12-3 所示。

表 12-3　系统的开环频率响应实测数据表

ω(rad/s)	0.09	0.13	0.22	0.36	0.60	0.92	1.53	2.44	3.90	6.23	10.0
$L(\omega)$(dB)	−0.049	−0.102	−0.258	−0.639	−1.507	−3.269	−6.313	−10.81	−16.69	−23.64	−31.26
$\varphi(\omega)$(°)	−9.71	−14.10	−22.44	−35.36	−54.56	−81.25	−115.5	−157.2	−207.9	−271.7	−358.9

表中, ω 为输入信号角频率; $L(\omega)$ 为输出信号对数幅频特性值; $\varphi(\omega)$ 为输出信号对数相频特性值。

分析:通过对该问题进行分析,下面将其分为以下几步研究。

1)由已知数据绘制该系统的开环频率响应,如图 12-42 所示。

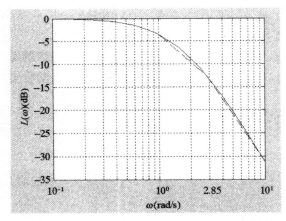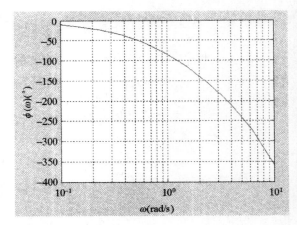

图 12-42　系统的开环频率响应

2)用 $\pm20\mathrm{dB/dec}$ 及其倍数的折线逼近幅频特性,得到两个转折频率,即

$$\omega_1 = 1\mathrm{rad/s}, \quad \omega_2 = 2.85\mathrm{rad/s}$$

即可求得相应惯性环节的时间常数为

$$T_1 = \frac{1}{\omega_1} = 1\mathrm{s} \quad T_2 = \frac{1}{\omega_2} = 0.35\mathrm{s}$$

3)由低频段幅频特性可知

$$L(\omega)\big|_{\omega \to 0} = 0$$

由此求出

$$K = 1$$

4)由高频段相频特性可知,相位滞后已超过 $-180°$,且随 ω 的增大,滞后就会越加严重。显然,该系统存在纯滞后环节 $\mathrm{e}^{-\tau s}$,是非最小相位系统。因此,系统开环传递函数可以写成以下形式

$$G(s) = \frac{K\mathrm{e}^{-\tau s}}{(T_1 s + 1)(T_2 s + 1)} = \frac{1}{(s+1)(0.35s+1)}\mathrm{e}^{-\tau s}$$

5)通过适当的方法确定纯滞后时间 τ 值。

当 $\omega = \omega_1 = 1\mathrm{rad/s}$ 时, $\varphi(\omega_1) = -86°$ 。而按所求得的传递函数,则有

$$\varphi(\omega_1) = -\arctan 1 - \arctan 0.35 - \tau_1 \times \frac{180°}{\pi} = -86°$$

从而解得

$$\tau_1 = 0.37\mathrm{s}$$

当 $\omega = \omega_2 = 2.85\mathrm{rad/s}$ 时,

$$\varphi(\omega_2) = -169°$$

同理,由

$$\varphi(\omega_2) = -\arctan 2.85 - \arctan(0.35 \times 2.85) - 2.85\tau_2 \times \frac{180°}{\pi} = -169°$$

可解得

$$\tau_2 = 0.33s$$

取两次结果的平均值,可得

$$\tau = \frac{\tau_1 + \tau_2}{2} = 0.35s$$

6)最终求得该系统开环传递函数模型 $G(s)$ 为

$$G(s) = \frac{Ke^{-\tau s}}{(T_1 s + 1)(T_2 s + 1)} = \frac{1}{(s+1)(0.35s+1)}e^{-0.35s}$$

通过上述的两个实例可知,无论采用何种方法进行建模,其本质上主要还是为了尽可能多得获取系统信息,并通过恰当的处理得到系统的模型。在建模过程中,系统的先验知识、物理定律公式、实验实测数据等都是反映系统性能的重要信息,而机理建模法和实验建模法只是信息处理过程不同而已,在实际建模的过程中应灵活掌握。

参考文献

[1]杨叔子,杨克冲等.机械工程控制基础(第五版).武汉:华中科技大学出版社,2005.

[2]陈康宁,王馨等.机械工程控制基础(修订本).西安:西安交通大学出版社,1997.

[3]柳洪义,罗忠,王菲.现代机械工程自动控制.北京:科学出版社,2008.

[4]陈小昇,孔晓红.机械工程控制基础.北京:高等教育出版社,2010.

[5]董明晓,李娟等.机械工程控制基础.北京:电子工业出版社,2010.

[6]玄兆燕,朱洪俊,杨秀萍等.机械工程控制基础.北京:电子工业出版社,2010.

[7]王仲民.机械控制工程基础.北京:国防大学出版社,2009.

[8](美)Ogata Katsuhiko.现代控制工程(第 4 版).卢伯英,于海勋等译.北京:电子工业出版社,2007.

[9]祝守新,邢英杰等.机械工程控制基础.北京:清华大学出版社,2008.

[10]柳洪义等.机械工程控制基础.北京:科学出版社,2006.

[11]董玉红,杨清梅.机械控制工程基础.哈尔滨:哈尔滨工业大学出版社,2003.

[12]杨前明,吴炳胜等.机械工程控制基础.武汉:华中科技大学出版社,2010.

[13]飞思科技产品研发中心.辅助控制系统设计与仿真.北京:电子工业出版社,2005.

[14]刘豹等.现代控制理论(第 2 版).北京:机械工业出版社,2003.

[15]曾励.控制工程基础.北京:电子工业出版社,2007.

[16]孔祥东,王益群.控制工程基础(第 3 版).北京:机械工业出版社,2008.

[17]王正林,王胜开等.MATLAB/Simulink 与控制系统仿真.北京:电子工业出版社,2005.

[18]钱学森,宋健.工程控制论(上册).北京:科学出版社,1980.

[19]黄家英.自动控制原理(上册).北京:高等教育出版社,2003.

[20]John J. D'Azzo, Constantine H. Houpis. Linear Control System Anlysis with MATLAB(Fifth Edition). New York:Marcel Dekker Inc,2003.

[21]Jerry H. Ginsberg. Mechanical and Structural Theory and Applications(First Edition). New York:John Wiley&Sons Inc,2001.

[22]南京工学院.积分变换.北京:人民教育出版社,1997.

[23]宋健.制造业与现代化.机械工程学报,2002(12).

[24]丛爽,李泽湘.使用运动控制技术.北京:电子工业出版社,2006.

[25]王积伟.现在控制理论与工程.北京:高等教育出版社,2003.

[26]刘金琨.先进 PID 控制 MATLAB 仿真(第 2 版).北京:电子工业出版社,2004.

[27]王忠礼.MATLAB 应用技术——在电气工程与自动化专业中的应用.北京:清华大学出版社,2007.

[28]谢克明.自动控制原理.北京:电子工业出版社,2005.

[29]胡寿松.自动控制原理(第四版).北京:科学出版社,2001.

[30]郑君里等.信号与系统(第二版).北京:高等教育出版社,2000.